中国母乳
营养素参考值循证报告

主　编　赖建强　杨振宇
副主编　汪之项　郭浩岩
主　审　杨月欣　苏宜香

中国轻工业出版社

图书在版编目（CIP）数据

中国母乳营养素参考值循证报告 / 赖建强，杨振宇主编. —北京：中国轻工业出版社，2024.7
ISBN 978-7-5184-4949-1

Ⅰ.①中… Ⅱ.①赖… ②杨… Ⅲ.①母乳—营养成分—参考值—研究报告—中国 Ⅳ.①Q592.6

中国国家版本馆 CIP 数据核字（2024）第 085746 号

责任编辑：何 花　　责任终审：许春英　　封面设计：伍毓泉
版式设计：锋尚设计　　责任校对：吴大朋　　责任监印：张京华

出版发行：中国轻工业出版社（北京鲁谷东街5号，邮编：100040）
印　　刷：艺堂印刷（天津）有限公司
经　　销：各地新华书店
版　　次：2024年7月第1版第1次印刷
开　　本：787×1092　1/16　印张：20.75
字　　数：340千字
书　　号：ISBN 978-7-5184-4949-1　定价：158.00元
邮购电话：010-85119873
发行电话：010-85119832　010-85119912
网　　址：http://www.chlip.com.cn
Email：club@chlip.com.cn

240193K7X101ZBW

本书编写人员

主编　赖建强　中国疾病预防控制中心
杨振宇　中国疾病预防控制中心营养与健康所

副主编　汪之顼　南京医科大学
郭浩岩　中国疾病预防控制中心营养与健康所

参编（按姓氏笔画排序）
丁　叶　南京医科大学
王淑霞　中国疾病预防控制中心营养与健康所
王瑛瑶　中国营养学会
叶文慧　内蒙古伊利实业集团股份有限公司
邢新新　中国疾病预防控制中心营养与健康所
毕　烨　中国疾病预防控制中心营养与健康所
朱　婧　北京市科学技术研究院生物技术与健康研究所
任向楠　中国疾病预防控制中心营养与健康所
齐　策　青岛大学
闫雅璐　内蒙古伊利实业集团股份有限公司
张环美　中国疾病预防控制中心营养与健康所
张喆庆　南方医科大学
罗小琴　西安交通大学
赵　艾　清华大学
荣　爽　武汉大学
姜　珊　中国疾病预防控制中心营养与健康所
席元第　首都医科大学

秘书组　任向楠　中国疾病预防控制中心营养与健康所
张喆庆　南方医科大学

主审　杨月欣　中国营养学会
苏宜香　中山大学

序

母乳是哺乳动物进化的产物，母乳喂养是自然选择的结果，没有母乳喂养就没有哺乳动物的存在。人乳以其无可比拟的营养价值和保护功能，为婴儿健康成长提供了最初的滋养与保护。它不仅是新生儿的天然食物，更是一份充满爱与关怀的礼物。今天，《中国母乳营养素参考值循证报告》与大家见面。它汇集国内外母乳营养成分研究的宝贵成果，不仅为专业人员提供了丰富可靠的参考资料，也为所有关心婴儿健康成长的人士提供了科学依据。

母乳科学研究成为世界生命科学研究领域的热点，不仅推动人们不断探索生命发展规律和解开母乳组成密码，还为合理喂养提供科学指导。本书是对国内外母乳营养成分研究的系统综述。编写团队采用了标准的研究方法，通过严谨的科学归纳，得到了真实可靠的结果。这些数据不仅涵盖蛋白质、脂肪、碳水化合物这些宏量营养素，还包括了维生素、矿物质以及对婴儿免疫力和智力发展至关重要的生物活性物质。

本书的研究成果首次为制定母乳营养素参考值提供科学依据。这不仅是中国母乳研究领域的一大突破，也是全球婴幼儿营养学研究的重要贡献。它不仅为医疗专业人员提供宝贵的指导，也为政策制定者、营养师提供科学的参考。本书还深入探讨了母乳成分的动态变化，以及如何通过合理的膳食调理和生活方式调整来优化母乳质量。

《中国母乳营养素参考值循证报告》的出版，是我们对守护婴幼儿健康成长承诺的体现，也是向母乳研究领域贡献的一份力量。在此，我们向所有参与本书编写的专家学者表示最诚挚的感谢，他们的辛勤工作和无私奉献使得这一科学成果得以呈现。更要感谢中国营养学会专家委员会对本书的指导，感谢中国疾病预防控制中心母乳科学研究重点实验室提供的大力支持。同时，我们也期待本书能够激发更多的研究兴趣，推动母乳营养成分研究的进一步发展，为未来的研究和实践提供坚实的基石，为全球婴幼儿的健康与福祉贡献一份力量。

我们深知，正因本书是中国营养史上母乳科学领域第一个系统研究报告，限于数据资源和编写能力等诸多不足，书中难免存在不妥或者错误之处，敬请读者提出意见和建议，以便我们及时修订。

遵循自然规律，坚持母乳喂养，让我们共同为守护每一个新生命的健康成长而努力。

编者

2024年3月1日

前 言

母乳是婴儿最理想的食物，含有满足0～6月龄婴儿生长发育的各种营养素以及保护婴儿健康成长的多种生物活性物质，不仅能为婴儿提供生长发育所需的能量，还能提供各种微量营养素。了解母乳中的各营养素含量，有助于婴儿适宜摄入量的制定，对指导孕妇饮食和婴儿配方乳粉的研发也有重要意义。

尽管目前关于母乳营养素的国内外研究似乎较多，也有少量综述探讨母乳营养素的含量，但缺少完善的母乳营养素系统研究数据和明确的结果。母乳营养素含量受较多因素的影响，如种族、基因、生活环境、乳母膳食和生活方式、泌乳期和泌乳不同阶段等。因此，极有必要探讨中国人群母乳各营养素含量，以填补国内外母乳营养素含量代表性数据的空白。为此，中国营养学会于2021年成立母乳营养成分研究项目专家工作组，系统而有针对性地开展中国不同地区人群母乳营养成分含量分布研究。工作组收集、分析、整合了截至2021年5月以前国内外母乳营养素文献数据，结合学会有关项目阶段性研究结果、各研究机构检测数据，获得全球足月儿各泌乳期母乳成分含量数据；经过6次工作组会议，讨论得出“中国母乳营养素参考值”。

本书在此基础上进一步细化，研究了不同泌乳阶段、不同地区、不同分析方法等的母乳营养成分，并探讨了影响母乳营养成分的因素，以期为婴儿营养素DRIs（膳食营养素参考摄入量）修订、婴儿配方食品营养素的优化及相关标准的修订提供科学依据。

中国母乳营养素参考值（2022年）

本次中国母乳营养素参考值制定的数据来源于中国6481份母乳成分的实验室实测数据、国内文献数据、国外文献数据，DRIs母乳营养成分工作组采用一致的工作程序，对文献数据进行处理和分析，特别是所用数据库，经过乳汁分期、样本采集、检测方法和实验数据筛选，具有较好的一致性和数据质量。

母乳成分实验室实测数据，检测了15～180天成熟乳。实测值数据如果呈正态分布，用平均值；如果呈非正态分布，用中位数。中国母乳泌乳量：0～6月龄泌乳量（mL）按每天750.0mL（780g）计算。结合修约规则和文献参考，做出母乳营养素含量的合理建议值，如下表。

营养素	推荐值	营养素	推荐值
能量（kcal/L）	630.0	碳水化合物（g/L）	70.0
蛋白质（g/L）	12.0	脂肪（g/L）	34.0
ALA（%FA）	1.8	LA（%FA）	18.0
DHA（%FA）	0.30	EPA（%FA）	0.05
维生素A（μg/L）	400.0	钙（mg/L）	270.0
维生素B_6（mg/L）	0.08	钠（mg/L）	110.0
泛酸（mg/L）	2.2	镁（mg/L）	25.0
维生素K（μg/L）	2.50	锌（mg/L）	2.0
维生素B_1（mg/L）	0.18	铜（mg/L）	0.30
维生素B_{12}（μg/L）	0.42	铬（μg/L）	0.252
维生素D（μg/L）	2.0	碘（μg/L）	112.0
维生素E（mg α-TE/L）	2.50	氯（mg/L）	318.3
维生素B_2（mg/L）	0.50	磷（mg/L）	140.0
烟酸（mg/L）	1.00	钾（mg/L）	490.0
生物素（μg/L）	8.5	铁（mg/L）	0.30
维生素C（mg/L）	50.0	硒（μg/L）	11.0
叶酸（μg/L）	87.0	锰（mg/L）	0.01
胆碱（mg/L）	160	钼（μg/L）	4.0
		氟（mg/L）	0.008

目 录

第1章 研究方法

一、数据来源

1．营养素检索式

见各章介绍。

2．母乳检索式

英文：‘breast milk’ OR ‘breast* milk’ OR ‘human* milk’ OR ‘mother* milk’ OR ‘woman* milk’ OR ‘women* milk’ OR ((lactating OR lactation) AND milk)。

中文：“母乳”OR“人乳”OR“乳汁”。

3．检索数据库

英文数据库：PubMed、Web of Science、Embase、Cochrane Library。

中文数据库：中国知网（简称知网）、万方数据库（简称万方）、维普资讯（简称维普）。

通过文献追溯方法进一步收集相关文献。

4．检索时间

截至2021年5月10日。

二、文献纳入与排除标准

1．纳入标准

①发表文章为中文或英文，含学位论文；②母亲：年龄18～45岁，健康；③婴幼儿：年龄0～48月龄，健康；④干预研究和观察性研究（横断面研究、病例对照研究、队列研究）。

2．排除标准

①母亲患有乳腺炎等疾病；②泌乳阶段未说明；③重要数据不全者；④综述、生态学研究和病例报告、会议论文。

3．初步纳入流程

将各数据库检索结果导入文献管理器，先通过题目筛选、再通过摘要筛选，最后阅读全文得到初步纳入文献。

三、数据提取

从纳入的文献中提取“文章作者，发表年份，国家，地区，泌乳阶段，样本量，母亲年龄，身体质量指数（BMI），孕周，营养补充剂使用情况，胎次，婴儿男女比例，检测方法，采样时间，是否吸空乳，采样体积，采样乳房，样品储藏温度，均值或中位数，标准误或标准差，95%CI（置信区间），全距，四分位间距，原始单位”等信息。对提取数据进行双复核，以确保数据的准确性。

四、统计方法

纳入的文献中，由于数据格式有所不同，有的采用均值 ± 标准差，有的采用中位数（全距或四分位间距），因此我们通过国际上推荐的公式将所有研究中的数据转化为均值 ± 标准差。中位数转化为均值，全距和四分位间距转化为标准差参照Wan等的推荐公式[1]及*Cochrane Handbook for Systematic Reviews of Interventions*（《科克伦干预措施系统评价手册》）。母乳脂类单位转化关系如下：1mg/mL=(1mg/g)*1.032。所有数据汇总采用样本量加权，计算样本量加权均值（$Mean_s$）和加权标准差（SD_s）。

$$Mean_s=(n_1\cdot M_1+n_2\cdot M_2+n_3\cdot M_3+\cdots+n_i\cdot M_i)/(n_1+n_2+n_3+\cdots+n_i)$$

M_i和n_i分别代表个项研究均值及样本量；

$$SD_s^2=[(A_1+A_2+A_3+\cdots+A_i)-(M_1\cdot n_1+M_2\cdot n_2+M_3\cdot n_3+\cdots+M_i\cdot n_i)^2/(n_1+n_2+n_3+\cdots+n_i)]/(N-1)$$

$$A_i=\sum x^2=SD_i^2(n_i-1)+M_i^2\times n_i;$$

$$SD_s=\sqrt{\frac{\sum A_i-\frac{[\sum(M_in_i)]^2}{N}}{N-1}}$$

SD_i代表个项研究标准差。

（编写：任向楠，张喆庆）

参考文献

[1] WAN X, WANG W, LIU J, et al. Estimating the sample mean and standard deviation from the sample size, median, range and/or interquartile range [J]. BMC Med Res Methodol, 2014, 14: 135.

第2章 泌乳量

一、背景

母乳是婴儿喂养的最理想的食物，能满足纯母乳喂养的婴儿出生后6个月内绝大多数营养素的需求。目前0~6月龄婴儿营养素参考摄入量的制定通常以母亲健康、足月产、纯母乳喂养儿的母乳摄入量为依据，我国采用的标准是WHO（世界卫生组织）的推荐量750mL/d。考虑到种族和外界环境的差异，有必要建立中国自己的母乳摄入量标准，为制订中国婴儿营养素参考摄入量提供良好基础[1]。

二、生理功能

对于0~6月婴儿，母乳喂养是最佳的喂养方式。婴儿要正常生长发育，摄入足量的母乳是必须的。目前国际公认的母乳摄入量测量方法主要有两种。一种是称重法，称量婴儿吃奶前后的体重差；另一种是同位素标记法。鉴于同位素标记法的伦理问题，本书以选定称重法的研究作为成熟乳数据支撑，而初乳、过渡乳、特殊状况母乳由于数据的有限性，则不限定方法[1,2]。

三、分析方法

泌乳量相关的国内外文献分析方法见表2.1和图2.1。

表2.1 泌乳量相关文献检索策略

数据库	检索式	篇数
知网	（篇关摘=泌乳量+泌乳体积+产奶量+奶量）AND（篇关摘=母乳+人乳）—模糊匹配	2314
万方	题名或关键词:（泌乳量OR泌乳体积OR产奶量OR奶量）AND题名或关键词:（母乳OR人乳）—模糊匹配	1943
维普	题名或关键词:（泌乳量+泌乳体积+产奶量+奶量）AND题名或关键词:（母乳OR人乳）—模糊匹配	218
PubMed	((milk volume [Title/Abstract] OR milk yield [Title/Abstract] OR milk output [Title/Abstract] OR milk production [Title/Abstract] OR milk express* [Title/Abstract] OR lactation yield [Title/Abstract] OR mammary volume [Title/Abstract]) AND (human milk [Title/Abstract] OR breastmilk [Title/Abstract] OR breast* milk [Title/Abstract] OR women* milk [Title/Abstract] OR ((lactation [Title/Abstract] OR lactating) [Title/Abstract] AND milk) [Title/Abstract])	12108（导出10000）

续表

数据库	检索式	篇数
Embase	((((((('milk'/exp OR milk) AND ('volume'/exp OR volume) OR 'milk'/exp OR milk) AND ('yield'/exp OR yield) OR 'milk' /exp OR milk) AND output OR 'milk' /exp OR milk) AND ('production'/exp OR production) OR 'milk'/ exp OR milk) AND express* OR 'lactation'/exp OR lactation) AND ('yield'/ exp OR yield) OR mammary) AND ('volume'/exp OR volume) AND (thiamin: ab, ti OR 'vitamin b1' : ab, ti)	6066
Web of Science	主题：(milk volume OR milk yield OR milk output OR milk production OR milk express* OR lactation yield OR mammary volume) AND 主题：(human milk OR breastmilk OR breast* milk OR women* milk OR ((lactation OR lactating) AND milk))	2488
Cochrane Library	milk volume OR milk yield OR milk output OR milk production OR milk express* OR lactation yield OR mammary volume in Title Abstract Keyword AND human milk OR breastmilk OR breast* milk OR women* milk OR ((lactation OR lactating) AND milk) in Title Abstract Keyword	2995

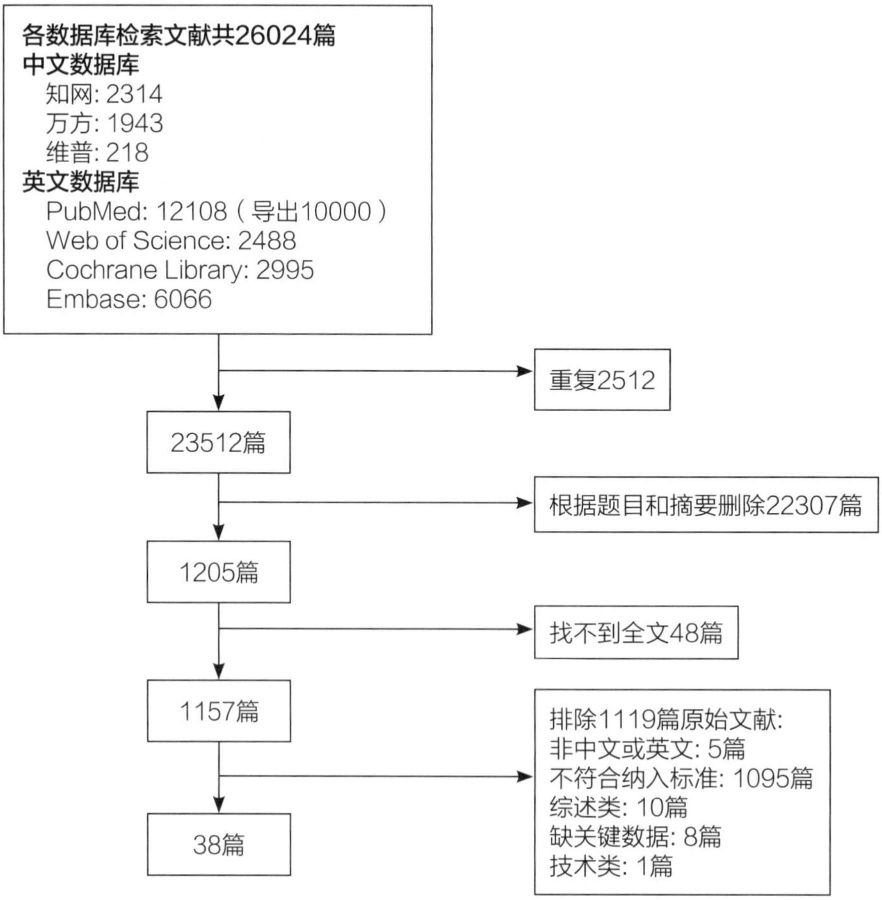

图2.1　泌乳量文献检索流程图

四、健康母亲足月儿初乳

关于初乳泌乳量有3篇国内的研究，整合后的数值为114.82mL[3-5]；5篇国外的研究，整合后数值为389.67mL[6-10]（见表2.2）。国内外差异较大，其可能原因是国内的初乳研究多集中在产后0～5天，国外初乳研究多在初乳后半段。由于初乳量随时间变化比较明显，所以数据产生较大差异。

五、健康母亲足月儿过渡乳

过渡乳泌乳量有4篇国外的研究，整合后数值为786.20mL[6, 10-12]，其中一篇文献（Saint.L等，1984）出现异常高值[6]（见表2.2）。

六、健康母亲足月儿成熟乳

成熟乳泌乳量有6篇国内的研究，整合后数值为737.96mL[13-18]；有27篇国外的研究，整合后数值为772.99mL[6, 7, 10, 11, 19-40]（见表2.2）。

表2.2 不同泌乳阶段的泌乳量

泌乳阶段	中国样本				国外样本			
	n	k	平均值/（mL/d）	标准差/（mL/d）	n	k	平均值/（mL/d）	标准差/（mL/d）
初乳	3	678	114.82	80.76	5	170	389.67	273.59
过渡乳	NA	NA	NA	NA	4	135	786.20	149.61
成熟乳	6	844	737.96	169.15	27	1508	772.99	121.98

注：n：研究的数目（若2篇文献是同一研究，计数为1）；k：样本量；NA：无有效值。

七、特殊状况的泌乳量

关于特殊情况下母亲泌乳量的文献见表2.3。合并计算后，特殊状况母亲初乳量为292.9mL，过渡乳量为603.4mL，成熟乳量为565.2mL，三个泌乳阶段都低于正常足月儿的泌乳量。

表2.3 特殊状况的泌乳量

特殊情况	第一作者	发表年份	国家	泌乳时间	泌乳阶段	样本量	分析方法	平均值/（mL/d）	标准差/（mL/d）
早产儿[41]	HillP D	2005	美国	6～7d	初乳	95	称重	433.4	350.1

续表

特殊情况	第一作者	发表年份	国家	泌乳时间	泌乳阶段	样本量	分析方法	平均值/（mL/d）	标准差/（mL/d）
早产儿	HillP D	2005	美国	2w	过渡乳	95	称重	551.8	428.7
早产儿	HillP D	2005	美国	3w	成熟乳	95	称重	565.7	428.5
早产儿	HillP D	2005	美国	4w	成熟乳	95	称重	555.7	443.6
早产儿	HillP D	2005	美国	5w	成熟乳	95	称重	548.1	456.4
早产儿	HillP D	2005	美国	6w	成熟乳	95	称重	541.5	450.9
早产儿[42]	Lai CT	2020	澳大利亚	10～15d	过渡乳	25	称重	799.6	403.3
极低出生体重儿[43]	Parker LA	2012	美国	1d	初乳	20	称重	19.2	
极低出生体重儿	Parker LA	2012	美国	2d	初乳	20	称重	76.7	
极低出生体重儿	Parker LA	2012	美国	3d	初乳	20	称重	142.3	
极低出生体重儿	Parker LA	2012	美国	4d	初乳	20	称重	185.7	
极低出生体重儿	Parker LA	2012	美国	5d	初乳	20	称重	282	中位数
极低出生体重儿	Parker LA	2012	美国	6d	初乳	20	称重	322	
极低出生体重儿	Parker LA	2012	美国	7d	初乳	20	称重	355	
极低出生体重儿	Parker LA	2012	美国	3w	成熟乳	20	称重	613	
极低出生体重儿	Parker LA	2012	美国	6w	成熟乳	20	称重	451	
膳食干预[44]	Leghi GE	2021	美国	3m	成熟乳	15	称重	760	NA
膳食干预	Leghi GE	2021	美国	4m	成熟乳	15	称重	773	NA

注：NA表示无有效值。

八、影响因素

研究发现早产儿母亲泌乳量低于足月儿母亲；极低出生体重儿的母亲泌乳量低于正常出生体重儿母亲；暂无证据证明膳食会影响泌乳量。

（编写：邢新新，赖建强）

参考文献

[1] 孙忠清，杨振宇. 0～6月龄纯母乳喂养儿每日母乳摄入量评估［J］. 营养学报，2013，35（2）：134-136.

[2] 贾妮，戴耀华. 婴儿母乳摄入量测量方法研究进展［J］. 中国妇幼健康研究，2020，31（1）：1-5.

[3] 张燕金，郑碧琴，林玲，等. 增乳膏对乳母泌乳量和血清基础泌乳素影响的观察［J］. 福建中医药，1995，（1）：13.

[4] 马西，马莉，甘露，等. 分娩方式对母乳喂养影响的队列研究［J］. 中国儿童保健杂志，2009，17（4）：428-429.

[5] 徐芳青，黄小琴，何可. 产后康复仪配合手法按摩对剖宫产术后子宫收缩和乳汁分泌的影响研究［J］. 现代诊断与治疗，2017，28（21）：4035-4036.

[6] SAINT L, SMITH M, HARTMANN PE. The yield and nutrient content of colostrum and milk of women from giving birth to 1 month post-partum [J]. The British journal of nutrition, 1984, 52 (1): 87-95.

[7] INGRAM JC, WOOLRIDGE MW, Greenwood RJ, et al. Maternal predictors of early breast milk output [J]. Acta Paediatrica, 1999, 88 (5): 493-499.

[8] PARITAKUL P, RUANGRONGMORAKOT K, LAOSOOKSATHIT W, et al. The effect of ginger on breast milk volume in the early postpartum period: a randomized, double-blind controlled trial [J]. Breastfeed Medicine, 2016, 11: 361-365.

[9] NEVILLE MC, KELLER R. Accuracy of single- and two-feed test weighing in assessing 24 h breast milk production [J]. Early human development, 1984, 9 (3): 275-281.

[10] ENGLISH RM. Breast-milk production and energy exchange in human lactation [J]. The British journal of nutrition, 1985, 53 (3): 459-466.

[11] NEVILLE MC, KELLER R, SEACAT J, et al. Studies in human lactation: milk volumes in lactating women during the onset of lactation and full lactation [J]. The American journal of clinical nutrition, 1988, 48 (6): 1375-1386.

[12] DANIELS L, GIBSON RS, DIANA A, et al. Micronutrient intakes of lactating mothers and their association with breast milk concentrations and micronutrient adequacy of exclusively breastfed Indonesian infants [J]. The American journal of clinical nutrition, 2019, 110 (2): 391-400.

[13] 付爱忠，刘冬生，靳雅笙，等. 婴儿一日摄入母乳量的测定——24、48和72小时称奶量结果的相关分析［J］. 营养学报，1987，（4）：393-395.

[14] 刘冬生，付爱忠，靳雅笙，等. 产后6个月内乳母营养摄入与哺乳的跟踪观察［J］. 营养学报，1988，（4）：297-304.

[15] 常莹，王文广，白继国，等. 北京市城乡乳母营养状况、乳成分和婴儿摄入母乳量与生长发育关系的研究——Ⅱ、1～6月龄母乳喂养儿摄入的乳量、热能和蛋白质及其生长发育［J］. 营养学报，1988，（1）：8-15.

[16] 王文广，殷太安，李丽祥，等. 北京市城乡乳母的营养状况、乳成分、乳量及婴儿生长发育关系的研究Ⅰ.乳母营养状况、乳量及乳中营养素含量的调查［J］. 营养学报，1987，（4）：338-342.

[17] 黄果，郑德元，钱幼琼. 乳母泌乳量及婴儿摄乳量的观察［J］. 新生儿科杂志，1987，2（3）：116-119.

[18] 何志谦，王身笏，许月初，等. 新会县农村妇女哺乳情况调查［J］. 营养学报，1983，（1）：3-10.

[19] KENT JC, MITOULAS LR, CREGAN MD, et al. Volume and frequency of breastfeedings and fat content of breast milk throughout the day [J]. Pediatrics, 2006, 117 (3): e387-395.

[20] KENT JC, HEPWORTH AR, LANGTON DB, et al. Impact of,measuring milk production by test weighing on breastfeeding confidence in mothers of term infants [J]. Breastfeed Medicine, 2015, 10 (6): 318-325.

[21] HALE T, ILETT K, HARTMANN P, et al. Pseudoephedrine effects on milk production in women and estimation of infant exposure via human milk [J]. Advances in experimental medicine and biology, 2004, 554: 437-438.

[22] MCCLELLAN HL, HEPWORTH AR, KENT JC, et al. Breastfeeding frequency, milk volume, and duration in mother-infant dyads with persistent nipple pain [J]. Breastfeed medicine, 2012, 7: 275-281.

[23] HENNART P, VIS HL. Breast-feeding and post partum amenorrhoea in Central Africa. 1. Milk production in rural areas [J]. Journal of tropical pediatrics, 1980, 26 (5): 177-183.

[24] DEWEY KG, FINLEY DA, LÖNNERDAL B. Breast milk volume and composition during late lactation (7-20 months)[J]. Journal of pediatric gastroenterology and nutrition, 1984, 3 (5): 713-720.

[25] DEWEY KG, LOVELADY CA, NOMMSEN-RIVERS LA, et al. A randomized study of the effects of aerobic exercise by lactating women on breast-milk volume and composition [J]. The New England journal of medicine, 1994, 330 (7): 449-453.

[26] CREGAN MD, MITOULAS LR, HARTMANN PE. Milk prolactin, feed volume and duration between feeds in women breastfeeding their full-term infants over a 24 h period [J]. Experimental physiology, 2002, 87 (2): 207-214.

[27] KÖHLER L, MEEUWISSE G, MORTENSSON W. Food intake and growth of infants between six and twenty-six weeks of age on breast milk, cow's milk formula, or soy formula [J]. Acta paediatrica Scandinavica, 1984, 73 (1): 40-48.

[28] MICHAELSEN KF, SAMUELSON G, GRAHAM TW, et al. Zinc intake, zinc status and growth in a longitudinal study of healthy Danish infants [J]. Acta paediatrica, 1994, 83 (11): 1115-1121.

[29] SALMENPERÄ L, PERHEENTUPA J, SIIMES MA. Exclusively breast-fed healthy infants grow slower than reference infants [J]. Pediatric research, 1985, 19 (3): 307-312.

[30] VAN RAAIJ JM, SCHONK CM, VERMAAT-MIEDEMA SH, et al. Energy cost of lactation, and energy balances of well-nourished Dutch lactating women: reappraisal of the extra energy requirements of lactation [J]. The American journal of clinical nutrition, 1991, 53 (3): 612-619.

[31] NIELSEN SB, REILLY JJ, FEWTRELL MS, et al. Adequacy of milk intake during exclusive breastfeeding: a longitudinal study [J]. Pediatrics, 2011, 128 (4): e907-914.

[32] COHEN RJ, BROWN KH, CANAHUATI J, et al. Effects of age of introduction of complementary foods on infant breast milk intake, total energy intake, and growth: a randomised intervention study in Honduras [J]. Lancet, 1994, 344 (8918): 288-293.

[33] VAN STEENBERGEN WM, KUSIN JA, KARDJATI S, et al. Nutritional transition during infancy in East Java, Indonesia: 1. A longitudinal study of feeding pattern, breast milk intake and the consumption of additional foods [J]. European journal of clinical nutrition, 1991, 45 (2): 67-75.

[34] DE KANASHIRO HC, BROWN KH, LOPEZ DE ROMAÑA G, et al. Consumption of food and nutrients by infants in Huascar (Lima), Peru [J]. The American journal of clinical nutrition, 1990, 52 (6): 995-1004.

[35] BUTTE NF, WONG WW, GARZA C, et al. Energy requirements of breast-fed infants [J]. Journal of the American College of Nutrition, 1991, 10 (3): 190-195.

[36] BUTTE NF, WONG WW, PATTERSON BW, et al. Human-milk intake measured by administration of deuterium oxide to the mother: a comparison with the test-weighing technique [J]. The American journal of clinical nutrition, 1988, 47 (5): 815-821.

[37] BUTTE NF, WONG WW, KLEIN PD, et al. Measurement of milk intake: tracer-to-infant deuterium dilution method [J]. The British journal of nutrition, 1991, 65 (1): 3-14.

[38] CANFIELD LM, HOPKINSON JM, LIMA AF, et al. Vitamin K in colostrum and mature human milk over the lactation period–a cross-sectional study [J]. The American journal of clinical nutrition, 1991, 53 (3): 730-735.

[39] GREER FR, MARSHALL SP, FOLEY AL, et al. Improving the vitamin K status of breastfeeding infants with maternal vitamin K supplements [J]. Pediatrics, 1997, 99 (1): 88-92.

[40] DEWEY KG, HEINIG MJ, NOMMSEN LA, et al. Growth of breast-fed and formula-fed infants from 0 to 18 months: the DARLING Study [J]. Pediatrics, 1992, 89 (6 Pt 1): 1035-1041.

[41] HILL PD, ALDAG JC, CHATTERTON RT, et al. Comparison of milk output between mothers of preterm and term infants: the first 6 weeks after birth [J]. Journal of human lactation, 2005, 21 (1): 22-30.

[42] LAI CT, REA A, MITOULAS LR, et al. Short-term rate of milk synthesis and expression interval of preterm mothers [J]. Archives of disease in childhood. Fetal and neonatal edition, 2020, 105 (3): 266-269.

[43] PARKER LA, SULLIVAN S, KRUEGER C, et al. Effect of early breast milk expression on milk volume and timing of lactogenesis stage II among mothers of very low birth weight infants: a pilot study [J]. Journal of perinatology, 2012, 32 (3): 205-209.

[44] LEGHI GE, NETTING MJ, LAI CT, et al. Reduction in maternal energy intake during lactation decreased maternal body weight and concentrations of leptin, insulin and adiponectin in human milk without affecting milk production, milk macronutrient composition or infant growth [J]. Nutrients, 2021, 13 (6): 1892.

第3章 能量

一、背景

人类一切生命活动都需要能量来维持，母乳是婴儿所需能量的主要来源。食物中碳水化合物、脂类、蛋白质这三种主要产能营养素被氧化后释放能量，满足婴幼儿基础代谢、身体活动和生长发育的需要，在产能过程中释放的热量可用于维持体温。特别是婴幼儿处于生长发育高峰，一方面新组织的合成需要能量，另一方面部分能量需要储存在新合成的组织中。在出生后前3个月，生长发育所需的能量占全部所需能量的35%。长期能量摄入不足易导致婴幼儿发育迟缓、消瘦等，但假若人为地提高宝宝喂奶粉的量和次数，过早添加高淀粉、高热量食物，使婴幼儿摄入热量过剩则易导致婴幼儿肥胖，不仅不利于婴幼儿健康，还可能造成其成年后肥胖、高血压、糖尿病等。因此，研究母乳中能量变化，对研究婴幼儿能量需要十分必要。

在本章节中，通过中英文数据库检索，着重探讨母乳中能量的生理功能、不同泌乳阶段含量及其影响因素。

二、生理功能

1．维持婴幼儿正常基础代谢

基础代谢是维持人体最基本生命活动所必须的能量消耗。按照单位体积计算，婴儿基础代谢率较成年人高，之后随年龄增长和体表面积增加而逐渐降低，12岁后与成人相仿。有学者采用间接量热法对（5 ± 0.8）月龄健康配方奶喂养婴儿基础代谢进行了测定，24小时内基础代谢能量消耗均值为（74.7 ± 3.8）kcal/（kg・d），晚上11：30—凌晨5：30基础代谢水平低于白天[1]。母乳中的能量含量是随着产后时间和一天中的哺乳频次、哺乳时间不断变化的。

2．维持婴幼儿生长发育

婴儿处于体格生长、脑组织发育、神经发育、免疫系统发育的高峰期，需要大量的能量来满足组织和器官的生长和成熟。美国儿科学会、WHO、中国营养学会膳食指南建议婴儿出生后前6个月纯母乳喂养，营养状况良好的母亲前6个月的母乳可以满足子代能量需求。并且母乳中能量含量可随着婴儿不同阶段的需求不断变化，有助于降低婴儿远期肥胖等一系列慢性病发生的风险。

3．维持婴幼儿身体活动

月龄较小的婴儿身体活动主要表现在挥舞手臂、踢腿等；在爬行前，随着月龄增加，婴儿逐渐学会爬行、站立；到2岁时，幼儿每分钟步数可多达170步[2]。当婴儿能量不足时，会降低其身体活动能力，触发“功能隔离”，导致学习量减少和智力发育下降[3]。

4. 食物的特殊动力作用

也称作食物热效应（thermic effect of food, TEF），是指人体摄食过程中引起的额外能量消耗，是人体在摄食后对营养素的一系列消化、吸收、合成、代谢转化过程中所引起的能量额外消耗现象。新生儿出生后，随着脐带的断开，葡萄糖持续经胎盘的供应突然中断，新生儿必须开启内源性葡萄糖生产，建立外源性营养摄入[4]。婴儿消化食物也是需要能量的，其中一方面包括消化液的分泌、胃肠道肌肉收缩与舒张等过程的能量消耗；另一方面主要是中间代谢过程所需要的能量。

三、分析方法

人体所需能量主要依靠食物中蛋白质、脂肪、碳水化合物三种产能营养素在体内氧化产生，母乳中三种产能营养素含量是不断变化的，三者的供能比例和母乳中能量含量均随着产后时间的变化而变化。

母乳中能量含量一般通过三大营养素的计算法获得。由于MIRIS（母乳分析仪）测得的能量结果是基于三大营养素计算得出，因此本文包含MIRIS测得结果。

1. 文献检索策略和范围

（1）检索数据库

英文数据库：PubMed、Cochrane Library、Web of Science、Embase。

中文数据库：知网、万方、维普。

（2）检索时间

截至2021年4月20日。

（3）检索关键词与检索结果

检索关键词见表3.1，搜索文献经EndNote（一款文献管理软件）去重后，共有英文文献628篇，中文文献141篇。

表3.1 搜索关键词

数据库	检索关键词	结果	去重
PubMed	‘human milk’ OR ‘breast milk’ AND ‘energy’ breast milk macronutrients	294	628
Cochrane Library		1040	
Web of Science		158	
Embase		31	
知网	母乳，能量，母乳宏量营养素，母乳成分	129	141
万方		443	
维普		78	

2．文献纳入与排除标准

（1）纳入标准

①发表文章语言为中文或者英文，中文为核心期刊。

②观察性研究或者干预性研究的基线数据。

③选取对象为健康母亲和足月出生的健康子代。

④ 检测方法：参照方法学文献和专家意见，能量计算主要为计算法。

（2）排除标准

①重要数据不全，仅用柱状图或曲线图表示含量无法获得标准差的，缺少具体检测方法的。

②综述、生态学研究、病例报告、会议论文。

③重复发表的研究保留数据最全的一篇。

④母乳来源为母乳库捐赠母乳的。

⑤添加强化剂对照试验的。

3．文献筛选流程

检索文献去重，根据纳入排除标准，涉及中国数据共18篇[5-22]，其中包括初乳9篇，过渡乳6篇，成熟乳14篇。报告国外数据共17篇[23-39]，其中包括初乳4篇，过渡乳4篇，成熟乳17篇。

四、健康母亲足月儿母乳

《中国居民膳食营养素参考摄入量（2013版）》0～6月龄婴儿能量需要量为90kcal/（kg·d），7～12月龄能量需要量为80kcal/（kg·d），无性别差异，1岁以后不同性别儿童所需能量不同。Meta（荟萃）分析显示母乳中能量测量值和计算值之间在足月儿中没有显著差异，但在早产儿中两种方法有统计学差异[40]，因此本文中足月儿能量含量未区分两种方法。健康母亲足月儿母乳能量含量数据见表3.2。

表3.2 健康母亲母乳能量含量

泌乳阶段	中国样本				国外样本			
	n	k	平均值/（kcal/100mL）	标准差/（kcal/100mL）	n	k	平均值/（kcal/100mL）	标准差/（kcal/100mL）
初乳	9	849	54.22	11.51	4	334	58.46	10.56
过渡乳	6	940	61.42	11.92	4	1000	63.42	8.43
成熟乳	14	16049	69.10	13.17	17	1575	64.36	14.23
成熟乳（180天以内）	14	15366	65.30	12.71	17	3618	65.05	17.44
成熟乳（180天以后）	5	683	71.79	13.76	3	191	83.94	19.86

注：n：研究的数目（若2篇文献是同一研究，计数为1）；k：样本量。

五、早产儿母亲母乳

通过检索知网、万方和维普等中文数据库以及PubMed、Cochrane Library、Web of Science、Embase等英文数据库检索汇总早产儿母乳成分数据。早产儿中文检索关键词为早产儿、母乳、宏量营养素、能量；英文检索关键词为preterm、prematurity、human milk、breast milk、macronutrients、energy。中文搜索结果为41篇，英文文献165篇；除早产儿外，其他纳入排除标准同足月儿母亲；为方便比对，能量测量方法仅包含计算法获得结果；最终获得中文文献7篇[41-47]，英文文献22篇[28, 48-68]。

母乳喂养的婴儿的血糖浓度低于配方奶粉喂养的婴儿，这可能是因为最初几天母乳中能量含量较低[69]。在出生的最初几小时内，早产儿的血糖浓度下降幅度明显大于足月婴儿，这表明他们不太适应宫内营养的停止。早产儿在第一次喂养后，任何代谢产物或肠道激素的浓度都没有明显变化，但在母乳喂养后，肠道激素会出现多次激增，到第6天时，该激素值会比出生时增加3～4倍。因此，对早产儿而言，母乳喂养不仅起到营养补充的作用，还可以刺激肠道发育。系统分析结果显示，小于37周胎龄的早产儿母亲初乳和过渡乳中能量含量与足月儿母亲初乳和过渡乳能量含量无差异，从第3周开始（至第9周）早产儿母亲母乳能量高于足月儿母亲[70]。

表3.3 早产儿母亲母乳能量含量

泌乳阶段	中国样本				国外样本			
	n	k	平均值/（kcal/100mL）	标准差/（kcal/100mL）	n	k	平均值/（kcal/100mL）	标准差/（kcal/100mL）
初乳	7	284	56.88	9.78	10	396	60.26	13.92
过渡乳	6	437	64.41	9.83	10	579	65.67	13.28
成熟乳（180天以内）	6	633	65.99	10.78	21	1161	70.61	9.87

注：n：研究的数目（若2篇文献是同一研究，计数为1）；k：样本量。

六、影响因素

1. 母亲因素

母乳能量含量的差异除了母亲基因差异以外，与母亲营养状况和身体质量指数（BMI）、体成分均有一定关联。一些证据表明，在营养不良的母亲中，其脂肪的储备与母乳能量含量具有相关性，但在营养状况良好的母亲中未发现二者之间的关联[71]。2018年的一项包含40位乳母的研究显示，在哺乳的第一个月，母亲BMI与母乳能量含量成正相关[72]。在产后第三个月，母乳中能量含量与母亲体重、BMI和肌肉量均成正相关，与身体总水分百分比成负相关[73]。以往有研究显示，营养状况良好的母亲母乳中能量含量与其膳食无关[74]。来自韩国进一步研究显示，影响母乳中能量含量的膳食影响因素主要是母亲从膳食碳水化合物和脂肪中摄入的能量百分比，母亲膳食中脂肪和碳水化合物所占供能比越高则母乳中能量含量就越高[75]。

2．哺乳频次

频繁的哺乳有助于母亲分泌催乳素，分泌更多的乳汁满足婴儿需要，生长速度更快的婴儿对能量需求更高，因此会更加频繁地吸吮母乳。在婴儿早期，特别是纯母乳喂养婴儿，频繁地吸吮母乳会使得母乳能量含量增加，以匹配婴儿能量需要。

3．产后时间

Meta分析显示，能量随着产后时间波动变化，初乳中能量含量最低[40]。我国母乳宏量营养素研究也呈现相同结果，初乳中能量最低，而后先升高再降低，最终趋于平稳[76]。

4．婴儿性别

早年有研究显示，男婴比女婴每日多摄入8%～10%的母乳[77]。有学者研究发现平均年龄为16.7周的男婴母乳摄入频率比女婴高7.95次/天，但该差异并未达到统计学意义[78]。一项包含244名孕妇的研究结果显示，怀有男孩的孕妇热量摄入高于怀有女孩的孕妇，考虑可能是由于妊娠期间基于胎儿性别分泌的激素差异导致的[79]。来自波兰的一项研究认为，在新生儿阶段，性别影响具有边际统计学意义，男婴母亲初乳中能量含量更高[80]。

母乳能量主要由母乳中脂肪、碳水化合物和蛋白质三大营养素提供，随着产后时间的变化，三大营养素占比也不断变化，从而引起母乳中能量的变化。母乳常规分析和个体化强化有助于科学指导母乳喂养，为婴儿6个月以后辅食添加提供依据，对于母婴健康均有积极意义。

（编写：毕烨）

参考文献

[1] RISING R, DURO D, CEDILLO M, et al. Daily metabolic rate in healthy infants [J]. J Pediatr, 2003, 143 (2): 180-185.

[2] 方爽，王梦婷．婴幼儿身体活动研究综述［J］．体育科技文献通报，2020，28（8）：151-152.

[3] HINKLEY T, TIMPERIO A, WATSON A, et al. Prospective associations with physiological, psychosocial and educational outcomes of meeting Australian 24-Hour Movement Guidelines for the Early Years [J]. Int J Behav Nutr Phys Act, 2020, 17 (1): 36.

[4] WARD PM, DESHPANDE S. Metabolic adaptation at birth [J]. Semin Fetal Neonatal Med, 2005, 10 (4): 341-350.

[5] 闫淑媛，匡晓妮，钱红艳，等．母乳成分动态分析及与乳母膳食营养摄入、婴儿生长发育关系研究［J］．中国妇幼健康研究，2020，31（11）：1531-1536.

[6] 钱继红，吴圣楣，张伟利，等．上海地区母乳成分调查［J］．上海医学，2002，25（7）：396-398.

[7] 刘建. 石家庄市乳母的乳成分动态变化与婴儿生长发育的影响因素研究［D］. 河北医科大学，2013.

[8] 魏九玲，任向楠，王鑫，等. 中国六地区人乳宏量营养成分研究［J］. 营养学报，2020，42（1）：7-11.

[9] 吴立芳. 母乳重要成分研究及其结果与婴幼儿配方粉对比研究［D］. 中国疾病预防控制中心，2015.

[10] 施茜. 母乳成分含量及其影响因素［D］. 苏州大学，2018.

[11] 王静. 母乳营养成分纵向调查及其影响因素［D］. 苏州大学，2015.

[12] 孔晓慧. 上海地区乳母产褥期膳食调查及其与母乳宏量营养素、脂肪酸的相关分析［D］. 上海交通大学，2016.

[13] YANG T, ZHANG Y, NING Y, et al. Breast milk macronutrient composition and the associated factors in urban Chinese mothers [J]. Chin Med J (Engl), 2014, 127 (9): 1721-1725.

[14] 王文广，殷太安，李丽祥，等. 北京市城乡乳母的营养状况、乳成分、乳量及婴儿生长发育关系的研究Ⅰ.乳母营养状况、乳量及乳中营养素含量的调查［J］. 营养学报，1987（4）：338-342.

[15] 黄丽丽，熊菲，杨凡. 母乳成分与纯母乳喂养婴儿体重增长速率的关系［J］. 中国当代儿科杂志，2016，18（10）：943-946.

[16] 郭倩颖，赵世隆，王勃诗，等. 高学历产妇产后不同阶段母乳成分及喂养方式变化的随访［J］. 中国生育健康杂志，2017，28（1）：6-9.

[17] 赵江，万蓉，刘志涛，等. 2011—2012年云南省汉族、白族和傣族母乳成分及影响因素［J］. 卫生研究，2017，46（4）：573-578.

[18] 吕金昌，李永进，徐彦，等. 北京市顺义区341例乳母基本状况及乳汁成分分析［J］. 首都公共卫生，2015，9（3）：134-136.

[19] 吴轲，王蓓，周丽莉，等. 母乳α-生育酚和宏量营养素水平及影响因素［J］. 中国生育健康杂志，2020，31（5）：414-419.

[20] 范玉震，王志忠，裴新颜，等. 母乳成分对纯母乳喂养婴幼儿早期生长发育速率的影响［J］. 中国食物与营养，2020，26（2）：78-81.

[21] 孙芸，韩艳宾，蒋海燕，等. 母乳成分分析［J］. 中国妇幼保健，2018，33（11）：2638-2640.

[22] 邓炳俊，陈文英，史丹红，等. 产后哺乳期妇女母乳营养成分分析［J］. 中国妇幼卫生杂志，2020，11（5）：87-89，94.

[23] AUMEISTERE L, CIPROVICA I, ZAVADSKA D, et al. Impact of maternal diet on human milk composition among lactating women in Latvia [J]. Medicina (Kaunas), 2019, 55 (5).

[24] GROTE V, VERDUCI E, SCAGLIONI S, et al. Breast milk composition and infant nutrient intakes during the first 12 months of life [J]. Eur J Clin Nutr, 2016, 70 (2): 250-256.

[25] CZOSNYKOWSKA-ŁUKACKA M, KRÓLAK-OLEJNIK B, ORCZYK-PAWIŁOWICZ M. Breast milk macronutrient components in prolonged lactation [J]. Nutrients, 2018. 10 (12).

[26] ANDERSON GH, ATKINSON SA, BRYAN MH. Energy and macronutrient content of human milk during early lactation from mothers giving birth prematurely and at term [J]. Am J Clin Nutr, 1981, 34 (2): 258-265.

[27] YAMAWAKI N, YAMADA M, KAN-NO T, et al. Macronutrient, mineral and trace element composition of breast milk from Japanese women [J]. J Trace Elem Med Biol, 2005, 19 (2-3): 171-181.

[28] SAARELA T, KOKKONEN J, KOIVISTO M. Macronutrient and energy contents of human milk fractions during the first six months of lactation [J]. Acta Paediatr, 2005, 94 (9): 1176-1181.

[29] SAY B, DIZDAR EA, DEGIRMENCIOGLU H, et al. The effect of lactational mastitis on the macronutrient content of breast milk [J]. Early Hum Dev, 2016, 98: 7-9.

[30] WHITFIELD KC, SHAHAB-FERDOWS S, KROEUN H, et al. Macro- and micronutrients in milk from healthy cambodian mothers: Status and Interrelations [J]. J Nutr, 2020, 150 (6): 1461-1469.

[31] PERRIN MT, FOGLEMAN AD, NEWBURG DS, et al. A longitudinal study of human milk composition in the second year postpartum: implications for human milk banking [J]. Matern Child Nutr, 2017, 13 (1).

[32] LÖNNERDAL B, FORSUM E, HAMBRAEUS L. A longitudinal study of the protein, nitrogen, and lactose contents of human milk from Swedish well-nourished mothers [J]. Am J Clin Nutr, 1976. 29 (10): 1127-1133.

[33] KHAN S, HEPWORTH AR, PRIME DK, et al. Variation in fat, lactose, and protein composition in breast milk over 24 hours: associations with infant feeding patterns [J]. J Hum Lact, 2013, 29 (1): 81-89.

[34] BE'ER M, MANDEL D, YELAK A, et al. The effect of physical activity on human milk macronutrient content and its volume [J]. Breastfeed Med, 2020, 15 (6): 357-361.

[35] CHANG N, JUNG JA, KIM H, et al. Macronutrient composition of human milk from Korean mothers of full term infants born at 37-42 gestational weeks [J]. Nutr Res Pract, 2015, 9 (4): 433-438.

[36] KHAN S, PRIME DK, HEPWORTH AR, et al. Investigation of short-term variations in term breast milk composition during repeated breast expression sessions [J]. J Hum Lact, 2013, 29 (2): 196-204.

[37] BUTTS CA, HEDDERLEY DI, HERATH TD, et al. Human milk composition and dietary intakes of breastfeeding women of different ethnicity from the manawatu-wanganui region of new zealand [J]. Nutrients, 2018, 10 (9).

[38] ERIKSEN KG, CHRISTENSEN SH, LIND MV, et al. Human milk composition and infant growth [J]. Curr Opin Clin Nutr Metab Care, 2018, 21 (3): 200-206.

[39] LUBETZKY R, SEVER O, MIMOUNI FB, et al. Human milk macronutrients content: effect of advanced maternal age [J]. Breastfeed Med, 2015, 10 (9): 433-436.

[40] GIDREWICZ DA, FENTON TR. A systematic review and meta-analysis of the nutrient content of preterm and term breast milk [J]. BMC Pediatr, 2014, 14: 216.

[41] 刘婵，王丽，窦亚兰，等. 早产儿母乳宏量营养素和总能量横断面调查［J］. 中国循证儿科杂志，2021，16（4）：301-305.

[42] 何必子，孙秀静，全美盈，等. 早产母乳营养成分的分析［J］. 中国当代儿科杂志，2014，16（7）：679-683.

[43] 郑倩，龙伟，张琳，等. 早产儿生后早期母乳营养成分变化分析［J］. 中国儿童保健杂志，2018，26（12）：1364-1368.

[44] 单春荣，冯琪. 多变的早产儿母乳宏量营养素含量［J］. 中国新生儿科杂志，2015，30（6）：1673-6710.

[45] 何必子. 早产儿母乳喂养的临床与实验研究［D］. 北京协和医学院，2014.

[46] 孙芸，韩艳宾，蒋海燕，等. 足月儿及早产儿乳母不同泌乳期乳汁成分研究［J］. 包头医学院学报，2018，34（10）：44-46.

[47] 戴定威，唐泽媛. 早产儿母乳主要成分和矿物质动态分析［J］. 华西医科大学学报，1991（3）：332-336.

[48] BUTTE NF, GARZA C, STUFF JE, et al. Effect of maternal diet and body composition on lactational performance [J]. Am J Clin Nutr, 1984, 39 (2): 296-306.

[49] BUTTE NF, WONG WW, FERLIC L, et al. Energy expenditure and deposition of breast-fed and formula-fed infants during early infancy [J]. Pediatr Res, 1990, 28 (6): 631-640.

[50] HIBBERD CM, BROOKE OG, CARTER ND, et al. Variation in the composition of breast milk during the first 5 weeks of lactation: implications for the feeding of preterm infants [J]. Arch Dis Child, 1982, 57 (9): 658-662.

[51] MAAS YG, GERRITSEN J, HART AA, et al. Development of macronutrient composition of very preterm human milk [J]. Br J Nutr, 1998, 80 (1): 35-40.

[52] FISCHER FC, GARCIA-RODENAS CL, DE CASTRO CA, et al. Longitudinal analysis of macronutrient composition in preterm and term human milk: a prospective cohort study [J]. Nutrients, 2019, 11 (7).

[53] BHATIA J. Human milk and the premature infant [J]. Ann Nutr Metab, 2013, 62 Suppl 3: 8-14.

[54] SAHIN S, OZDEMIR T, KATIPOGLU N, et al. Comparison of changes in breast milk macronutrient content during the first month in preterm and term infants [J]. Breastfeed Med, 2020, 15 (1): 56-62.

[55] KREISSL A, ZWIAUER V, REPA A, et al. Human Milk Analyser shows that the lactation period affects protein levels in preterm breastmilk [J]. Acta Paediatr, 2016, 105 (6): 635-640.

[56] LEMONS JA, MOYE L, HALL D, et al. Differences in the composition of preterm and term human milk during early lactation [J]. Pediatr Res 1982, 16 (2): 113-117.

[57] DRITSAKOU K, LIOSIS G, VALSAMI G, et al. The impact of maternal- and neonatal-associated factors on human milk's macronutrients and energy [J]. J Matern Fetal Neonatal Med, 2017, 30 (11): 1302-1308.

[58] DRITSAKOU K, LIOSIS G, VALSAMI G, et al. The impact of maternal- and neonatal-associated factors on human milk's macronutrients and energy [J]. J Matern Fetal Neonatal Med, 2017, 30 (11): 1302-1308.

[59] ZOMMERFROIND I, MORAN-LEV H, MANDEL D, et al. Changes in macronutrients of human milk after bolus feeding: a simulation study [J]. J Perinatol, 2021, 41 (5): 1069-1073.

[60] GATES A, MARIN T, DE LEO G, et aL. Nutrient composition of preterm mother's milk and factors that influence nutrient content [J]. Am J Clin Nutr, 2021, 114 (5): 1719-1728.

[61] BULUT O, COBAN A, INCE Z. Macronutrient analysis of preterm human milk using mid-infrared spectrophotometry [J]. J Perinat Med, 2019, 47 (7): 785-791.

[62] MAHAJAN S, CHAWLA D, KAUR J, et al. Macronutrients in breastmilk of mothers of preterm infants [J]. Indian Pediatr, 2017, 54 (8): 635-637.

[63] STOLTZ SE, OHLUND I, TORNEVI A, et al. Intake and macronutrient content of human milk given to extremely preterm infants [J]. J Hum Lact, 2014, 30 (4): 442-449.
[64] KOCISZEWSKA-NAJMAN B, BOREK-DZIECIOL B, SZPOTANSKA-SIKORSKA M, et al. The creamatocrit, fat and energy concentration in human milk produced by mothers of preterm and term infants [J]. J Matern Fetal Neonatal Med, 2012, 25 (9): 1599-1602.
[65] HSU YC, CHEN CH, LIN M C, et al. Changes in preterm breast milk nutrient content in the first month [J]. Pediatr Neonatol, 2014, 55 (6): 449-454.
[66] PAULAVICIENE IJ, LIUBSYS A, MOLYTE A, et al. Circadian changes in the composition of human milk macronutrients depending on pregnancy duration: a cross-sectional study [J]. Int Breastfeed J, 2020, 15 (1): 49.
[67] BAUER J, GERSS J. Longitudinal analysis of macronutrients and minerals in human milk produced by mothers of preterm infants [J]. Clin Nutr, 2011, 30 (2): 215-220.
[68] BOYCE C, WATSON M, LAZIDIS G, et al. Preterm human milk composition: a systematic literature review [J]. Br J Nutr, 2016, 116 (6): 1033-1045.
[69] HAWDON JM, WARD PM, AYNSLEY-GREEN A. Patterns of metabolic adaptation for preterm and term infants in the first neonatal week [J]. Arch Dis Child, 1992, 67 (4 Spec No): 357-365.
[70] MIMOUNI FB, LUBETZKY R, YOCHPAZ S, et al. Preterm human milk macronutrient and energy composition: a systematic review and meta-analysis [J]. Clin Perinatol, 2017, 44 (1): 165-172.
[71] BARBOSA L, BUTTE NF, VILLALPANDO S, et al. Maternal energy balance and lactation performance of Mesoamerindians as a function of body mass index [J]. Am J Clin Nutr, 1997, 66 (3): 575-583.
[72] BZIKOWSKA A, CZERWONOGRODZKA-SENCZYNA A, WEKER H, et al. Correlation between human milk composition and maternal nutritional status [J]. Rocz Panstw Zakl Hig, 2018, 69 (4): 363-367.
[73] BZIKOWSKA-JURA A, CZERWONOGRODZKA-SENCZYNA A, OLEDZKA G, et al. Maternal nutrition and body composition during breastfeeding: association with human milk composition [J]. Nutrients, 2018, 10 (10).
[74] INNIS SM. Impact of maternal diet on human milk composition and neurological development of infants [J]. Am J Clin Nutr, 2014, 99 (3): 734S-741S.
[75] RYOO CJ, KANG NM. Maternal factors affecting the macronutrient composition of transitional human milk [J]. Int J Environ Res Public Health, 2022, 19 (6).
[76] 毕烨，洪新宇，董彩霞，等. 中国城乡乳母不同泌乳阶段乳汁中宏量营养素含量的研究［J］. 营养学报，2021，43（4）：322-327.
[77] MICHAELSEN KF, LARSEN PS, THOMSEN BL, et al. The copenhagen cohort study on infant nutrition and growth: breast-milk intake, human milk macronutrient content, and influencing factors [J]. Am J Clin Nutr, 1994, 59 (3): 600-611.
[78] POWE CE, KNOTT CD, CONKLIN-BRITTAIN N. Infant sex predicts breast milk energy content [J]. Am J Hum Biol, 2010, 22 (1): 50-54.

[79] TAMIMI RM, LAGIOU P, MUCCI LA, et al. Average energy intake among pregnant women carrying a boy compared with a girl [J]. BMJ, 2003, 326 (7401): 1245-1246.

[80] BZIKOWSKA-JURA A, SOBIERAJ P, SZOSTAK-WEGIEREK D, et al. Impact of infant and maternal factors on energy and macronutrient composition of human milk [J]. Nutrients, 2020, 12 (9).

第4章 宏量营养素

第1节 蛋白质

一、背景

母乳是婴儿的最佳蛋白质来源，可提供婴儿生长所需的必需氨基酸，还参与广泛的免疫保护和生物过程。在引入补充食物之前，母乳通常是唯一的蛋白质来源，母乳喂养婴儿的蛋白质摄入量被认为是确定婴儿蛋白质需要量的金标准。

在整个哺乳期，母乳的成分不断变化，以满足婴儿在生长和发育过程中的需求。哺乳期是确定母乳成分的关键指标之一，可分为初乳（产后7天内）、过渡乳（8～14天）、成熟乳（≥15天）。母乳的蛋白质可以分为三大类：酪蛋白、乳清蛋白和乳脂球膜（milk fat globule membrane, MFGM）蛋白[1]。在这些组别中，MFGM蛋白通常只占总蛋白含量的1%以下[2]，并且在整个哺乳期相对稳定[3]。酪蛋白和乳清蛋白的比例在整个哺乳期都会发生变化，初乳期乳清蛋白/酪蛋白的比例最高，在成熟乳中达到稳定状态[1, 3-6]。

除哺乳期之外，母乳蛋白质的含量还受多种因素影响，如乳母营养状况、母婴人群特征及健康状况、地域和饮食习惯差异、膳食营养状况、乳样采集方法及时段等[1, 7]。因此，制定我国婴儿蛋白质需要量，需要以我国母乳蛋白质含量的代表性数据作为依据。本研究对3个中文数据库及5个英文数据库进行了系统检索及分析，为提出我国母乳中蛋白质含量的参考值提供数据支持。

此外，确定蛋白质浓度的各实验室方法也会造成母乳蛋白质含量的差异，使得不同文献来源的母乳蛋白质含量很难进行比较和合并。本研究通过对不同蛋白质含量测定方法的优缺点的分析，将凯氏定氮法测定的母乳粗蛋白质含量作为我国母乳蛋白质含量的代表性数据的来源。

二、生理功能

母乳中的蛋白质被认为是许多生物活性的主要贡献者，参与广泛的生物过程[2]，包括提供婴儿生长所需的必需氨基酸，增强维生素、矿物质等营养素的生物利用率，改善认知发展，提供固有免疫和适应性免疫保护，通过与微生物的相互作用促进肠道的成熟等。

（一）生长发育

婴儿蛋白质的膳食参考摄入值（dietary reference intake values, DRIs）是以母乳中的蛋白质含量为基础的。在0～4个月大的婴儿中，食用母乳的婴儿平均蛋白质摄入量为8g/d[8]。母乳蛋白质被消化后是婴儿必需氨基酸和非必需氨基酸的重要来源，而这些氨基酸又被婴儿用于生长所需的蛋白质合成。

增强营养物质吸收的第一个机制是通过增加营养物质的可溶性和生物利用率。一个著名的例子是β-酪蛋白，它在乳腺中部分分解产生酪蛋白磷酸肽（casein phosphopeptides, CPPs），可与矿物质螯合，促进婴儿对钙、锌和铁的吸收[9-11]。另一个例子是母乳中的α-乳白蛋白，具有钙和锌的结合点，有助于促进这些矿物质的吸收[12, 13]。维生素B_{12}结合蛋白可结合和保护对酸敏感的维生素B_{12}通过婴儿的胃，以在小肠吸收[14]。另一个增强营养物质吸收的机制是通过蛋白质受体。例如，与乳铁蛋白结合的铁在肠道中不会被释放，因为它有很高的结合亲和力，但对婴儿来说，通过乳铁蛋白受体可以增加铁的吸收[15]，乳铁蛋白受体被认为是生命早期的主要铁运输途径[16]。

新生儿的消化系统相当不成熟，没有能力产生足够数量的酶来完成营养物质的消化，因此母乳中的酶对于新生儿的消化是必不可少的[17]。例如，母乳中的胆盐刺激脂肪酶（bile salt-stimulated lipase, BSSL），可以水解单、双和三酸甘油酯、胆固醇酯、脂溶性维生素酯、磷脂、半乳脂以及神经酰胺等多种底物[18, 19]，有助于新生儿消化母乳中的脂肪[20]。新生儿的小肠通常有能力分泌足够的乳糖酶来消化乳糖[21]，然而，消化复杂碳水化合物的α-淀粉酶在婴儿出生时含量很低[22]，但可从母乳补充[23]；当婴儿引入补充食物时，可能有助于复杂碳水化合物的消化[24]。

（二）免疫保护和调节

母乳中的蛋白质可帮助婴儿尚不完善的免疫系统发展，发挥免疫保护和免疫调节作用。母乳中存在大量的免疫调节成分，母乳蛋白质的免疫活性对于建立固有免疫和发展适应性免疫至关重要。

1. 固有免疫

固有免疫系统是宿主防御病原体的第一道防线[25]，对婴儿极为重要，因为婴儿缺乏成熟的适应性免疫。母乳中的蛋白质通过多种方式补偿新生儿的固有免疫，包括抑制病原体生长、抑制病原体与受体的结合以及调节免疫反应和炎症。

（1）抑制病原体生长。抑制病原体生长的一个方法是竞争生长所需的资源。例如，乳铁蛋白对游离铁离子有很高的亲和力，而游离铁离子是细菌生长所必需的。通过使游离铁离子不可用，乳铁蛋白具有广泛的抑菌作用。维生素B_{12}结合蛋白在母乳中通常是不饱和的，因此可以结合维生素B_{12}并抑制细菌的生长[26]。

抑制病原体生长的另一个方法是通过破坏病原体的膜结构。母乳中含有高浓度的溶菌酶，可导致细菌细胞壁不稳定和细菌死亡[27]。溶菌酶已被证明能与乳铁蛋白协同工作，在体外杀死革兰氏阴性菌[28]。乳铁蛋白结合并去除革兰氏阴性菌的外细胞膜上的脂多糖，使其曝露的内部蛋白多糖基质更容易被溶菌酶作用破坏。除了酶的活性外，由于溶菌酶是阳离子，它还可以插入带负电荷的细菌膜并形成孔隙[29, 30]。补体系统激活时，形成的膜攻击复合物（membrane attack complex, MAC）能够在细菌的脂质双层中形成孔隙，从而导致细胞裂解和死亡[31]。

此外，乳过氧化物酶系统（lactoperoxidase system, LPS）也可破坏病原体的膜结构和抑制病原体的生长。该系统由乳过氧化物酶和硫氰酸盐（SCN^-）组成，二者都天然存在于母乳中，而过氧化氢H_2O_2则由细菌产生[32]。当H_2O_2存在时，乳过氧化物酶将SCN^-转变成次硫氰酸盐（$OSCN^-$），后者具有广泛的抗菌活性[33]。此外，多余的$OSCN^-$可以被母乳中的抗氧化剂消除，以限制氧化应激对局部组织的损害[34]。

（2）抑制病原体与受体的结合。当病原体进入婴儿的胃肠道时，感染的第一阶段是通过黏附宿主上皮细胞进行定植。肠道上皮细胞被大量的糖类所覆盖。细胞表面聚糖表位识别是肠道病原体致病的第一步[35]。母乳中的糖类以游离形式的母乳低聚糖（human milk oligosaccharides, HMOs）或糖蛋白和糖脂中的共轭形式存在，可能存在竞争性地识别和结合上皮细胞的凝集素受体或病原体凝集素受体的表位[36]，从而可能抑制病原体的黏附，阻止随后的感染。母乳中的蛋白多数为糖蛋白，已经发现许多糖蛋白有能力阻止上皮细胞和肠道病原体的相互作用。例如，腱糖蛋白C（tenascin-C）可作用于HIV-1（艾滋病病毒1型）[37]；乳铁蛋白作用于大肠杆菌O157：H7和肠道沙门氏菌[38]；BSSL作用于诺沃克病毒[39]；黏蛋白作用于轮状病毒[40]、诺沃克病毒[39]、肠道沙门氏菌SL1344血清型[41]等。

（3）调节免疫反应和炎症。由于新生儿炎症基因过度表达，而负反馈调节基因表达不足，其未成熟的肠道黏膜对感染过于敏感[42]。母乳中的许多蛋白质有助于调节新生儿的这种免疫平衡，不仅通过减少接触病原体防止感染，还通过调节免疫反应使母乳喂养的婴儿的炎症病变最小化[43]。例如，母乳中的Toll样受体2（toll-like receptor 2，TLR2）的可溶性异构体可作为诱饵受体，抑制TLR2的激活，减少白细胞介素-8（interleukin-8，IL-8）和肿瘤坏死因子-α（tumor necrosis factor-α, TNF-α）的释放，从而减少炎症反应[44]。一些母乳中的蛋白质，如CD14[45]、乳铁蛋白[46]和乳凝集素lactadherin[47]，可以调节TLR4信号传导。

2. 适应性免疫

当新生儿自身的适应性免疫系统逐渐成熟时，他们可以从母亲的适应性免疫系统的产物中获得保护，这方面的研究早在1912年就已经报道[48]。主要的保护性成分是被称为免疫球蛋白或抗体的蛋白质家族，它们来自不同来源，通过受体介导的过程被输送到乳汁中，反映了母亲抗原刺激的免疫反应[49]。免疫球蛋白包括不同类别，如IgM、IgA、IgG、IgE和IgD[50]。在母乳中，最丰富的免疫球蛋白是sIgA，其次是sIgM和IgG[51]。

sIgA和sIgM的产生方式相似，代表了母体黏膜免疫的抗原刺激史[52]。当病原体进入母亲的肠道或上呼吸道时，派尔集合淋巴结（Peyer’s patch）获得病原体，其抗原由M细胞（一种抗原转运细胞）呈现给循环B细胞，B细胞迁移到乳腺上皮细胞的浆膜（基底）侧，产生IgA和IgM。当IgA和IgM从乳腺上皮细胞的基底侧移到管腔（顶端）时，它们被糖基化并复合成sIgA和sIgM，分泌到乳汁中[53]。当婴儿摄入母乳时，sIgA

和sIgM对消化有抵抗力[54]，并带有母亲所面对的病原体的记忆，这使得它们能够与病原体结合并抑制病原体感染婴儿的能力，为婴儿提供同样的保护[55]。这种机制被称为肠乳联结，使得母体的免疫力被转移到母乳喂养的婴儿身上[56]。母乳中的sIgA被认为是最主要的免疫球蛋白，通过中和、病毒排泄和免疫排斥等方式保护婴儿的黏膜表面，免受病原体和肠道毒素的侵害[51, 57]。此外，体外研究还发现sIgM可激活补体系统级联反应[58]。

IgG是提供全身免疫力所必需的，并且在出生前已经转移。在怀孕期间，IgG通过胎盘从母体转移到胎儿体内，并在新生儿出生后的头几周为其提供至关重要的保护[59]。母乳中的IgG主要通过Fc受体（Fc receptor, FcRn）从血清中转运[60]。由于人类乳腺中的FcRn比pIgR少得多，所以母乳中的IgG浓度比sIgA少得多。此外，IgG对消化的抵抗力比sIgA低。肠腔内剩余的完整IgG可能通过结合抗原参与免疫监视，并通过将IgG-抗原复合物运送到固有层诱导免疫激活或耐受来增强局部黏膜免疫反应[61]。

3．肠道发育

婴儿的免疫系统和肠道是同时发展的。就像婴儿的免疫系统在出生时是不成熟的，胃肠道的黏膜也是不成熟的，肠道中的微生物群是有限的。婴儿期肠道的成熟广泛依赖于充足的营养支持，并由母乳中的生物活性成分来塑造。母乳中的蛋白质通过对肠道上皮、黏膜、微生物群的发展提供支持，在肠道的成熟过程中发挥了重要作用[62]。此外，肠道的趋向性更依赖母乳中的蛋白质，而不是其中的脂类或碳水化合物[62]。母乳蛋白质的抑菌特性有助于在婴儿的胃肠道内创造一个禁止细菌无限制地生长的环境，微生物从小肠中被清除而不引起炎症，这也有助于婴儿健康微生物组的发展[63]。

婴儿的肠道生理结构由黏液层覆盖的肠道上皮细胞（intestinal epithelial cells, IECs）组成，固有免疫和适应性免疫在这里必须合作发挥作用，以保护婴儿免受大量病原体刺激的攻击[54]。肠道平衡是由IECs维持的，IECs作为一个物理屏障驱动着对入侵病原体的协同免疫。母乳中的sIgA提供给婴儿足够的数量以促进肠道健康和成熟，因为婴儿在大约2岁前不能产生足够数量的sIgA。sIgA从IECs转运后，进入肠道黏液层，有助于维持微生物群和上皮表面之间的空间隔离[64]。

黏膜发育是决定婴儿肠道健康和平衡的一个主要因素。肠道中产生黏液的吞咽细胞、潘氏细胞和M细胞，其功能超越了营养吸收，在细菌黏膜交叉对话和先天屏障功能中具有重要作用[62]。这些细胞负责分泌黏液和黏液蛋白，这对肠道内壁的非特异性保护很重要[62]。肠道内壁的黏液是一种复杂的凝胶，主要由水和电解质组成，但也含有许多母乳可提供的蛋白质成分，如黏蛋白、糖蛋白、免疫球蛋白、白蛋白和生物活性肽[62]。

通过对婴儿粪便的检测，一些母乳中的蛋白质可在婴儿肠道中保持完整蛋白状态[65, 66]，微生物糖苷酶从这些未消化的糖蛋白中释放出的糖链具有益生元作用[67]，这些蛋白质可能在功能上有利于帮助推动共生肠道微生物群的建立。此外，有人认为这些糖蛋白的糖类多样性程度和糖类位点占用率的变化是为了满足发展中的肠道微生物多样性[38]。

三、分析方法

（一）文献检索策略和范围

1．检索数据库

①英文检索数据库：PubMed, Embase, Science Direct, Cochrane Library, Web of Science。

②中文检索数据库：知网，万方，维普，并对营养学报进行补充搜索。

2．检索时间

截至2021年4月20日前。

3．检索式与检索结果

检索式及检索结果如表4.1.1所示，搜索文献经EndNote去重后，英文文献为11562篇，中文文献为9428篇。

表4.1.1 检索式及检索结果

数据库	检索式	结果	去重后
PubMed	(breast milk[tiab] OR human milk[tiab] OR ‘milk, human’[Mesh]) AND (protein[tiab] OR ‘milk proteins’[Mesh]) NOT (animals[mh] NOT humans[mh])	4311	英文 11562
Embase	(‘breast milk’ /exp OR ‘breast milk’ : ab, ti OR ‘human milk’ : ab, ti) AND (‘milk protein’ /exp OR ‘protein’ : ab, ti) AND [humans]/lim	4094	
Science Direct	Title, abstract, keywords: (breast milk OR human milk) AND protein (2505 results) (research article)	2136	
Cochrane Library	((breast milk): ti, ab, kw OR (human milk): ti, ab, kw OR mesh descriptor: [milk, human] explode all trees) AND ((protein): ti, ab, kw OR (mesh descriptor: [milk proteins] explode all trees)) NOT (MeSH descriptor: [Animals] explode all trees) NOT (MeSH descriptor: [Humans] explode all trees)	1623	
Web of Science	(‘breast milk’ /exp OR ‘breast milk’: ab, ti OR ‘human milk’: ab, ti) AND (‘milk protein’ /exp OR ‘protein’ : ab, ti) AND [humans]/lim	4093	
知网	（篇关摘：母乳）OR（篇关摘：人乳）OR（篇关摘：乳母）OR（篇关摘：乳汁）AND（主题：蛋白）	2734	中文 9428
万方	((题名或关键词:（“人乳”）OR 题名或关键词:（“母乳”）OR 题名或关键词:（“乳汁”）OR 题名或关键词:（“乳母”）) AND 主题:（“蛋白”）	5253	
维普	文摘=母乳OR文摘=人乳OR文摘=乳母OR文摘=乳汁AND文摘=蛋白	2849	
营养学报补充搜索	（篇关摘：母乳）OR（篇关摘：人乳）OR（篇关摘：乳母）OR（篇关摘：乳汁）AND（文献来源：营养学报）	103	

（二）文献纳入排除标准

1. 纳入标准

①发表文章为中文或英文；

②干预研究的基线数据和观察性研究（横断面研究、病例对照研究、队列研究）；

③检测方法限定：参照方法学文献或与专家讨论，以凯氏定氮法和氨基酸法为主。

2. 排除标准

①重要数据不全者；

②综述、生态学研究、病例报告、会议论文；

③重复发表的研究仅保留数据最全的一篇。

（三）文献筛选流程

检索的文献去重后，根据纳入排除标准，筛选流程如图4.1.1所示。最终纳入英文文献62篇，中文文献16篇。其中健康母亲足月儿母乳文献66篇，包含中国母乳样本文献15篇，国外母乳样本文献51篇；早产儿母乳文献12篇，包含国内母乳样本文献2篇，国外母乳样本文献10篇。

（四）数据提取和合并计算

从文献中提取样本来源地区、乳母年龄（岁）、乳母BMI（kg/m^2）、孕周、是否有疾病/特殊情况（早产儿、妊娠糖尿病GDM、吸烟、素食等）、胎次、婴儿性别比（女：男）、乳样采集方法及时段、母乳样本量、

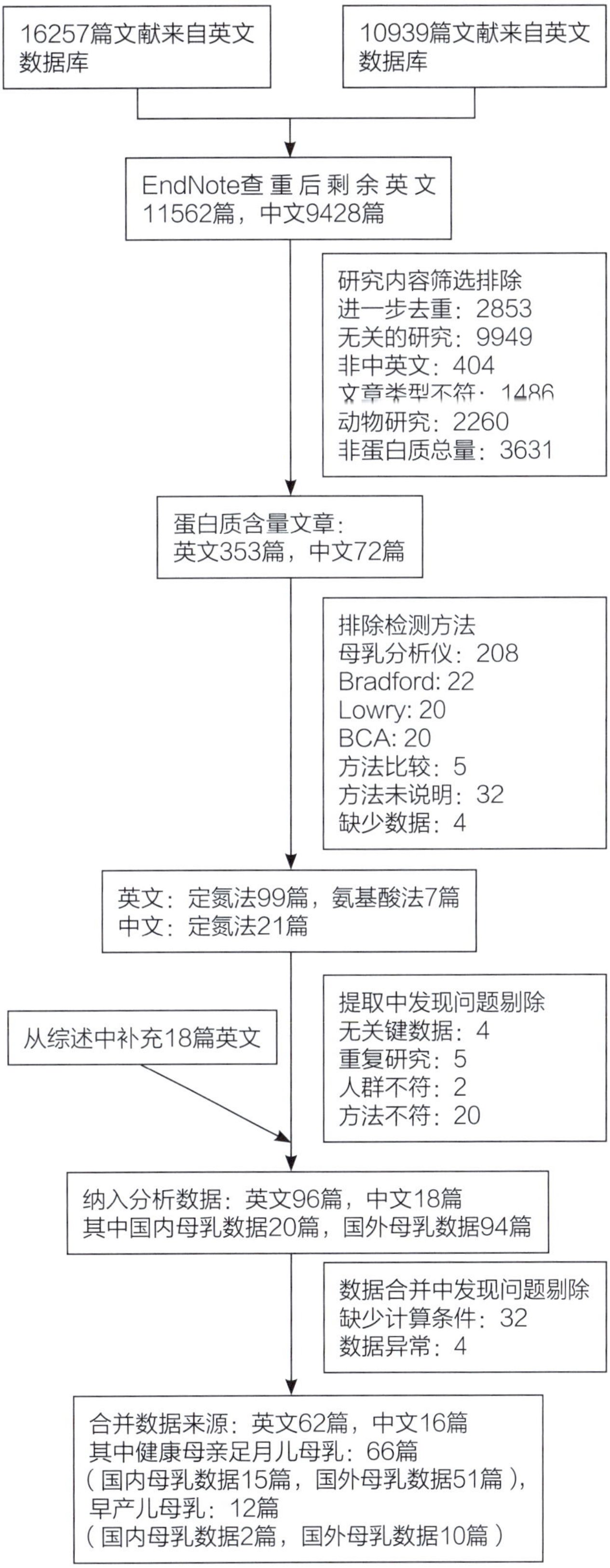

图4.1.1　蛋白质含量文献检索流程图

储藏温度、具体分析方法、含量数值（最小值、P25值、中位数、P75值、最大值、平均值、标准差、标准误、95%置信区间的下限、95%置信区间的上限）和计量单位等信息。对于蛋白质含量分析，只提取了使用凯氏定氮法（转换因子为6.38）和氨基酸法获得的蛋白质数据。当其他转换因子（即6.25）用于使用凯氏定氮法估计蛋白质含量时，使用6.38作为转换因子重新计算数据。将凯氏定氮法测定的粗蛋白（总氮计算）和真蛋白（总氮－非蛋白质氮）分开计算。使用原始报告中的方法转换为一致的单位（g/L）来准备数据摘要。当采样时间作为范围而不是具体天数提供时，采样时间根据平均泌乳天数计算。数据按泌乳阶段分类如下：初乳（产后0～7天）、过渡乳（8～14天）、成熟乳（≥15天），成熟乳进一步分为成熟乳（产后15～180天）和成熟乳（180天以后）。将同一泌乳阶段、同样检测方法、同一地区（中国和国外）的数据，通过样本量加权分别合并计算平均值和标准差。

（五）蛋白质检测方法优缺点及检测方法选择

确定母乳蛋白质含量的不同检测方法由于其原理不同，也会造成母乳蛋白质含量的差异，使得不同文献来源的母乳蛋白质含量很难进行比较和合并。通过对不同蛋白质含量测定方法原理和优缺点的分析，对数据提取文献的蛋白质检测方法进行了限定。

1．BCA（bicinchoninic acid）法

BCA法基于双缩脲原理，蛋白质分子中含有很多与双缩脲（H_2NOC-NH-$CONH_2$）结构相似的肽键。碱性条件下蛋白质将Cu^{2+}还原成Cu^+，BCA螯合Cu^+作为显色剂，产生蓝紫色并在562nm有吸收峰，产生的颜色强度与参与反应的肽键数目成正比。可以根据待测蛋白在562nm处的吸光度计算待测蛋白浓度。优点为：①灵敏度高，检测浓度下限达到25μg/mL，最小检测蛋白量达到0.5μg；②不易受一般浓度去污剂的干扰，抗干扰能力强；③在20～2000μg/mL浓度范围内有良好的线性关系。缺点为：会受螯合剂、高浓度还原剂的影响。

2．Bradford法（即考马斯亮蓝法）

Bradford法的原理是染料考马斯亮蓝G-250可以在酸性条件下与蛋白质结合产生特殊的蓝色复合物，其最大吸收峰位置在595nm，形成的复合物颜色的深浅与蛋白浓度的高低成正比。可以根据待测蛋白在595nm处的吸光度计算待测蛋白浓度。优点为：①方便、简单、快速；②灵敏度高；③受生物制品中的非蛋白质组分和常用试剂的干扰少。缺点为：①易受强碱性缓冲液、TritonX-100、SDS等去污剂的影响；②标准曲线有轻微的非线性；③染料考马斯亮蓝G-250最容易与蛋白质中的精氨酰残基和赖氨酰残基结合，由于各种蛋白质中的含量不同，与染料的相互作用有强有弱，导致测定不同蛋白质时偏差较大。

3．Folin-酚试剂法（福林-酚试剂法，即Lowry法）

Lowry法的显色原理是根据双缩脲反应，蛋白质中的肽键在碱性条件下与Cu^{2+}反应，生成紫红色Cu^+复合物。Folin-酚试剂在Cu^+的催化下，其中的磷钼酸-磷钨酸盐被蛋白质中的芳香族氨基酸残基还原，产生深蓝色的钼蓝和钨蓝混合物，其最大吸收

峰在745～750nm处。在一定的浓度范围内，所形成蓝色的深浅与蛋白质含量之间有线性关系，可用于蛋白质含量的测定。优点为：①加入Folin-酚试剂强化了双缩脲反应，使得显色量增加，检测灵敏度提高且比较恒定；②灵敏度高，检测灵敏度范围在5～100μg/mL。缺点为：①由于产生的混合物的蓝色强度部分取决于酪氨酸和色氨酸含量，而它们在各种蛋白质中含量不同，因此会随不同的蛋白质而出现显色深浅的变化。②蛋白质的Lowry法专一性较差，干扰物质较多且影响大，干扰性物质主要包括缓冲液、药物、核酸和糖类、EDTA（乙二胺四乙酸）等。

4．凯氏定氮法

凯氏定氮法是一种检测物质中氮含量的方法。蛋白质是一种含氮有机化合物，食品中的蛋白质经硫酸和催化剂分解后，产生的氨能够与硫酸结合，生成硫酸氨；再经过碱化蒸馏后，氨即成为游离状态。游离氨经硼酸吸引，再以硫酸或盐酸的标准溶液进行滴定，根据酸的消耗量再乘以换算系数，就可以推算出食品中的蛋白含量。优点为：①稳定，是我国国标（GB）和国际分析家学会（AOAC）标准方法；②受基质影响小。缺点为：①只报道粗蛋白数值时，氮的来源可能有非蛋白氮，可能高估含量；②检测时消耗母乳较多。

5．氨基酸法

蛋白质由氨基酸构成，氨基酸的总和即为蛋白质。优点为：①能够检测到真蛋白；②稳定，氨基酸有标准检测方法。缺点为：①可能存在游离氨基酸，高估蛋白质含量；②部分氨基酸可能混合出峰，影响定量准确性。

6．母乳分析仪

使用中红外吸收光谱原理，是利用物质分子对红外光的吸收及产生的红外吸收光谱来鉴别分子的组成和结构或定量的方法。

优点为：①方便、简单、快速；②灵敏度高，一次只需要1～3mL母乳，便可同时获得多种宏量营养素结果；③无须添加化学试剂。缺点为：与经典方法凯氏定氮法检测结果比较，结果存在显著性差异。如图4.1.2所示，可能低估了母乳蛋白质含量，并且在蛋白质水平较高时更不准确[68]。

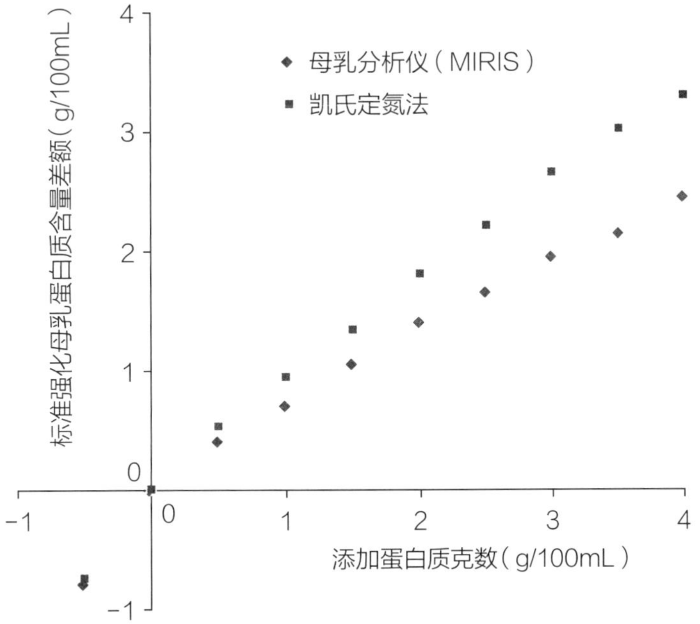

图4.1.2　母乳分析仪（MIRIS）与凯氏定氮法所测得蛋白质数据比较[68]

综上所述，由于凯氏定氮法和总氨基酸的检测受母乳中其他成分、蛋白质构成等的影响最小，且具有国家标准GB和AOAC标准方法，纳入凯氏定氮法和总氨基酸的文献进行数据提取，并对文献中粗蛋白、真蛋白的检测情况及蛋白质的换算系数进行提取。

四、健康母亲足月儿母乳

《中国居民膳食营养素参考摄入量（2013版）》推荐0～6月龄婴儿蛋白质的适宜摄入量（adequate intake, AI）为9g/d，7～12月龄婴儿蛋白质的推荐摄入量（recommended nutrient intake, RNI）为20g/d。本次健康母亲母乳蛋白质含量文献总结共纳入66篇文献的研究结果，其中中国母乳文献15篇，国外母乳文献51篇。合并计算结果如表4.1.2、表4.1.3、表4.1.4所示。

表4.1.2 健康母亲足月儿母乳的蛋白质含量（凯氏定氮法，粗蛋白）

泌乳阶段	中国样本				国外样本			
	研究数目	样本量	平均值/（g/L）	标准差/（g/L）	研究数目	样本量	平均值/（g/L）	标准差/（g/L）
初乳	3	92	22.29	6.14	10	390	20.21	6.19
过渡乳	5	372	18.24	4.92	3	57	17.21	5.58
成熟乳	9	1122	14.47	6.15	19	2469	12.05	2.97
180天前成熟乳	9	1046	14.70	6.26	19	2048	12.12	2.85
180天后成熟乳	1	76	11.23	2.82	7	421	11.74	3.51

表4.1.3 健康母亲足月儿母乳的蛋白质含量（凯氏定氮法，真蛋白）

泌乳阶段	中国样本				国外样本			
	研究数目	样本量	平均值/（g/L）	标准差/（g/L）	研究数目	样本量	平均值/（g/L）	标准差/（g/L）
初乳	NA	NA	NA	NA	2	46	18.64	3.75
过渡乳	NA	NA	NA	NA	3	64	13.86	1.31
成熟乳	NA	NA	NA	NA	18	1269	11.43	2.69
180天前成熟乳	NA	NA	NA	NA	16	1236	11.47	2.70
180天后成熟乳	NA	NA	NA	NA	2	33	10.00	1.71

注：NA表示无有效值。

表4.1.4　健康母亲足月儿母乳的蛋白质含量（氨基酸法）

泌乳阶段	中国样本				国外样本			
	研究数目	样本量	平均值/（g/L）	标准差/（g/L）	研究数目	样本量	平均值/（g/L）	标准差/（g/L）
初乳	NA	NA	NA	NA	1	9	19.04	2.41
过渡乳	NA	NA	NA	NA	NA	NA	NA	NA
成熟乳	1	91	10.37	1.36	4	132	10.20	1.56
180天前成熟乳	1	91	10.37	1.36	4	122	10.25	1.61
180天后成熟乳	NA	NA	NA	NA	1	10	9.58	0.47

注：NA表示无有效值。

（一）中国母乳样本文献数值汇总

1. 凯氏定氮法（粗蛋白）

凯氏定氮法（粗蛋白）测定的初乳蛋白质含量为（22.29 ± 6.14）g/L，过渡乳蛋白质含量为（18.24 ± 4.92）g/L，成熟乳蛋白质含量为（14.47 ± 6.15）g/L。其中180天前成熟乳蛋白质含量为（14.70 ± 6.26）g/L，180天后成熟乳蛋白质含量为（11.23 ± 2.82）g/L。

2. 凯氏定氮法（真蛋白）

无中国母乳样本数据。

3. 氨基酸法

仅有180天前成熟乳，蛋白质含量为（10.37 ± 1.36）g/L。

（二）国外母乳样本文献

1. 凯氏定氮法（粗蛋白）

凯氏定氮法（粗蛋白）测定的初乳蛋白质含量为（20.21 ± 6.19）g/L，过渡乳蛋白质含量为（17.21 ± 5.58）g/L，成熟乳蛋白质含量为（12.05 ± 2.97）g/L。其中180天前成熟乳蛋白质含量为（12.12 ± 2.85）g/L，180天后成熟乳蛋白质含量为（11.74 ± 3.51）g/L。

2. 凯氏定氮法（真蛋白）

凯氏定氮法（真蛋白）测定的初乳蛋白质含量为（18.64 ± 3.75）g/L，过渡乳蛋白质含量为（13.86 ± 1.31）g/L，成熟乳蛋白质含量为（11.43 ± 2.69）g/L。其中180天前成熟乳蛋白质含量为（11.47 ± 2.70）g/L，180天后成熟乳蛋白质含量为（10.00 ± 1.71）g/L。

3. 氨基酸法

氨基酸法测定的初乳蛋白质含量为（19.04 ± 2.41）g/L，无过渡乳蛋白质含量数据，成熟乳蛋白质含量为（10.20 ± 1.56）g/L。其中180天前成熟乳蛋白质含量为（10.25 ± 1.61）g/L，180天后成熟乳蛋白质含量为（9.58 ± 0.47）g/L。

五、特殊状况母乳

本次特殊状况母乳蛋白质含量文献总结共纳入12篇文献的研究结果，均为早产儿母亲母乳，其中中国母乳文献2篇，国外母乳文献10篇。合并计算结果如表4.1.5、表4.1.6所示。

（一）中国母乳样本文献数值汇总

1．凯氏定氮法（粗蛋白）

凯氏定氮法（粗蛋白）测定的初乳蛋白质含量为（24.28 ± 6.53）g/L，过渡乳蛋白质含量为（19.95 ± 3.57）g/L，成熟乳蛋白质含量为（15.79 ± 3.51）g/L。其中180天前成熟乳蛋白质含量为（15.79 ± 3.51）g/L，无180天后成熟乳蛋白质含量数据。

2．凯氏定氮法（真蛋白）

无中国母乳样本数据。

3．氨基酸法

无中国母乳样本数据。

（二）国外母乳样本文献

1．凯氏定氮法（粗蛋白）

凯氏定氮法（粗蛋白）测定的初乳蛋白质含量为（24.98 ± 6.61）g/L，过渡乳蛋白质含量为（21.68 ± 6.20）g/L，成熟乳蛋白质含量为（16.09 ± 3.81）g/L。其中180天前成熟乳蛋白质含量为（16.07 ± 3.84）g/L，无180天后成熟乳蛋白质含量数据。

2．凯氏定氮法（真蛋白）

凯氏定氮法（真蛋白）测定的初乳蛋白质含量为（14.83 ± 8.86）g/L，过渡乳蛋白质含量为（16.08 ± 3.59）g/L，成熟乳蛋白质含量为（14.25 ± 3.10）g/L。其中180天前成熟乳蛋白质含量为（12.79 ± 3.22）g/L，无180天后成熟乳蛋白质含量数据。

3．氨基酸法

无国外母乳样本数据。

表4.1.5　早产儿母乳的蛋白质含量（凯氏定氮法，粗蛋白）

泌乳阶段	中国样本				国外样本			
	研究数目	样本量	平均值/（g/L）	标准差/（g/L）	研究数目	样本量	平均值/（g/L）	标准差/（g/L）
初乳	2	64	24.28	6.53	4	136	24.98	6.61
过渡乳	1	13	19.95	3.57	4	165	21.68	6.20

续表

泌乳阶段	中国样本				国外样本			
	研究数目	样本量	平均值/（g/L）	标准差/（g/L）	研究数目	样本量	平均值/（g/L）	标准差/（g/L）
成熟乳	2	62	15.79	3.51	8	627	16.09	3.81
180天前成熟乳	2	62	15.79	3.51	6	587	16.07	3.84
180天后成熟乳	NA	NA	NA	NA	NA	NA	NA	NA

注：NA表示无有效值。

表4.1.6 早产儿母乳的蛋白质含量（凯氏定氮法，真蛋白）

泌乳阶段	中国样本				国外样本			
	研究数目	样本量	平均值/（g/L）	标准差/（g/L）	研究数目	样本量	平均值/（g/L）	标准差/（g/L）
初乳	NA	NA	NA	NA	3	108	14.83	8.86
过渡乳	NA	NA	NA	NA	4	111	16.08	3.59
成熟乳	NA	NA	NA	NA	3	419	14.25	3.10
180天前成熟乳	NA	NA	NA	NA	1	80	12.79	3.22
180天后成熟乳	NA	NA	NA	NA	NA	NA	NA	NA

注：NA表示无有效值。

结果显示，以数据最为丰富的凯氏定氮法（粗蛋白）测定的母乳蛋白质含量进行比较，在各个泌乳阶段，早产儿母乳的蛋白质含量均高于健康足月儿母乳，这一现象在中国母乳样本和国外母乳样本中均存在。

六、影响因素

影响母乳蛋白质含量的因素包括多个方面，最主要的影响因素是哺乳时期。母乳蛋白质含量随着哺乳期的延长而下降，表现为初乳中蛋白质含量远高于成熟乳[69]。其原因主要是与婴儿的生长发育相匹配；其次与婴儿的消化系统发育有关，由于新生儿小肠上皮细胞有较强渗透性的生理特点，从而具有很强的蛋白吸收能力。因此形成随着泌乳时间的延长母乳中的蛋白质呈现逐渐减少的趋势。

除哺乳期之外，母乳蛋白质的含量还可能受多种因素影响，如乳母营养状况、母亲健康状况、婴儿因素、地域和饮食习惯差异、膳食营养状况、乳样采集方法及时段等[1, 6, 7]。有研究发现，乳母的膳食情况对母乳蛋白质的含量没有显著影响，但母亲的BMI较高时，母乳蛋白质含量较高，而每天产生乳汁较多的母亲的母乳中蛋白质含量较低[70]。此外，早产可导致母乳蛋白质含量升高，这与早产儿蛋白质的高摄入需求相匹配[71]。

（编写：朱婧，王一然，李程，木其尔）

参考文献

[1] DONOVAN SM. Human milk proteins: composition and physiological significance [C]//Human milk: composition, clinical benefits and future opportunities. Karger Publishers, 2019, 90: 93-101.

[2] BALLARD O, MORROW AL. Human milk composition: nutrients and bioactive factors [J]. Pediatr Clin North Am, 2013, 60 (1): 49-74.

[3] LÖNNERDAL B. Nutritional and physiologic significance of human milk proteins [J]. Am J Clin Nutr, 2003, 77 (6): 1537s-1543s.

[4] ZHANG Q, CUNDIFF JK, MARIA SD, et al. Quantitative analysis of the human milk whey proteome reveals developing milk and mammary-gland functions across the first year of lactation [J]. Proteomes, 2013, 1 (2): 128-158.

[5] GAO X, MCMAHON RJ, WOO JG, et al. Temporal changes in milk proteomes reveal developing milk functions [J]. Journal of proteome research, 2012, 11 (7): 3897-3907.

[6] LIAO Y, WEBER D, XU W, et al. Absolute quantification of human milk caseins and the whey/casein ratio during the first year of lactation [J]. J Proteome Res, 2017, 16 (11): 4113-4121.

[7] LIU B, GU F, YE W, et al. Colostral and mature breast milk protein compositional determinants in Qingdao, Wuhan and Hohhot: maternal food culture, vaginal delivery and neonatal gender [J]. Asia Pac J Clin Nutr, 2019, 28 (4): 800-811.

[8] RICHTER M, BAERLOCHER K, BAUER JM, et al. Revised reference values for the intake of protein [J]. Ann Nutr Metab, 2019, 74 (3): 242-250.

[9] KIBANGOU I, BOUHALLAB S, BUREAU F, et al. Caseinophosphopeptide-bound iron: protective effect against gut peroxidation [J]. Ann Nutr Metab, 2008, 52 (3): 177-180.

[10] GARCÍA-NEBOT MJ, BARBERÁ R, ALEGRÍA A. Iron and zinc bioavailability in Caco-2 cells: influence of caseinophosphopeptides [J]. Food Chem, 2013, 138 (2-3): 1298-1303.

[11] HANSEN M, SANDSTRÖM B, LÖNNERDAL B. The effect of casein phosphopeptides on zinc and calcium absorption from high phytate infant diets assessed in rat pups and Caco-2 cells [J]. Pediatr Res, 1996, 40 (4): 547-552.

[12] LÖNNERDAL B, GLAZIER C. Calcium binding by alpha-lactalbumin in human milk and bovine milk [J]. J Nutr, 1985, 115 (9): 1209-1216.

[13] REN J, STUART DI, ACHARYA KR. Alpha-lactalbumin possesses a distinct zinc binding site [J]. J Biol Chem, 1993, 268 (26): 19292-19298.

[14] ADKINS Y, LÖNNERDAL B. Mechanisms of vitamin B_{12} absorption in breast-fed infants [J]. J Pediatr Gastroenterol Nutr, 2002, 35 (2): 192-198.

[15] SUZUKI YA, SHIN K, LÖNNERDAL B. Molecular cloning and functional expression of a human intestinal lactoferrin receptor [J]. Biochemistry, 2001, 40 (51): 15771-15779.

[16] LOPEZ V, SUZUKI YA, LÖNNERDAL B. Ontogenic changes in lactoferrin receptor and DMT1 in mouse small intestine: implications for iron absorption during early life [J]. Biochem Cell Biol, 2006. 84 (3): 337-344.

[17] DALLAS DC, GERMAN JB. Enzymes in human milk [C]// Intestinal microbiome: functional aspects in health and disease. Karger Publishers, 2017, 88: 129-136.

[18] BLÄCKBERG L, HERNELL O. Further characterization of the bile salt-stimulated lipase in human milk [J]. FEBS Lett, 1983, 157 (2): 337-341.

[19] LI X, LINDQUIST S, LOWE M, et al. Bile salt-stimulated lipase and pancreatic lipase-related protein 2 are the dominating lipases in neonatal fat digestion in mice and rats [J]. Pediatr Res, 2007, 62 (5): 537-541.

[20] HAMOSH M. Lipid metabolism in premature infants [J]. Biol Neonate, 1987, 52 (Suppl 1): 50-64.

[21] SÉGUREL L, BON C. On the evolution of lactase persistence in humans [J]. Annu Rev Genomics Hum Genet, 2017, 18: 297-319.

[22] SEVENHUYSEN GP, HOLODINSKY C, DAWES C. Development of salivary alpha-amylase in infants from birth to 5 months [J]. Am J Clin Nutr, 1984, 39 (4): 584-588.

[23] HAMOSH M. Enzymes in milk: their function in the mammary gland, in milk, and in the infant [J]. Biology of human milk, 1988, 15: 45-61.

[24] HEITLINGER LA, LEE PC, DILLON WP, et al. Mammary amylase: a possible alternate pathway of carbohydrate digestion in infancy [J]. Pediatr Res, 1983, 17 (1): 15-18.

[25] AKIRA S, UEMATSU S, TAKEUCHI O. Pathogen recognition and innate immunity [J]. Cell, 2006, 124 (4): 783-801.

[26] MORKBAK AL, POULSEN SS, NEXO E. Haptocorrin in humans [J]. Clin Chem Lab Med, 2007, 45 (12): 1751-1759.

[27] CALLEWAERT L, MICHIELS CW. Lysozymes in the animal kingdom [J]. J Biosci, 2010, 35 (1): 127-160.

[28] ELLISON RT 3RD, GIEHL TJ. Killing of gram-negative bacteria by lactoferrin and lysozyme [J]. J Clin Invest, 1991, 88 (4): 1080-1091.

[29] ZHANG X, JIANG A, YU H, et al. Human lysozyme synergistically enhances bactericidal dynamics and lowers the resistant mutant prevention concentration for metronidazole to helicobacter pylori by increasing cell permeability [J]. Molecules, 2016, 21 (11): 1435.

[30] RAGLAND SA, CRISS AK. From bacterial killing to immune modulation: recent insights into the functions of lysozyme [J]. PLoS Pathog, 2017, 13 (9): 1006512.

[31] SERNA M, GILES JL, MORGAN BP, et al. Structural basis of complement membrane attack complex formation [J]. Nat Commun, 2016, 7: 10587.

[32] SHARMA S, SINGH AK, KAUSHIK S, et al. Lactoperoxidase: structural insights into the function, ligand binding and inhibition [J]. Int J Biochem Mol Biol, 2013, 4 (3): 108-128.

[33] SARR D, TÓTH E, GINGERICH A, et al. Antimicrobial actions of dual oxidases and lactoperoxidase [J]. J Microbiol, 2018, 56 (6): 373-386.

[34] PALMEIRA P, CARNEIRO-SAMPAIO M. Immunology of breast milk [J]. Rev Assoc Med Bras, 2016, 62 (6): 584-593.

[35] NEWBURG DS. Neonatal protection by an innate immune system of human milk consisting of oligosaccharides and glycans [J]. J Anim Sci, 2009, 87 (Suppl_13): 26-34.

[36] LIS-KUBERKA J, ORCZYK-PAWIŁOWICZ M. Sialylated oligosaccharides and glycoconjugates of human milk. the impact on infant and newborn protection, development and well-being [J]. Nutrients, 2019, 11 (2): 306.

[37] FOUDA GG, JAEGER FH, AMOS JD, et al. Tenascin-C is an innate broad-spectrum, HIV-1-neutralizing protein in breast milk [J]. Proc Natl Acad Sci, 2013, 110 (45): 18220-18225.

[38] BARBOZA M, PINZON J, WICKRAMASINGHE S, et al. Glycosylation of human milk lactoferrin exhibits dynamic changes during early lactation enhancing its role in pathogenic bacteria-host interactions [J]. Mol Cell Proteomics, 2012, 11 (6): M111 015248.

[39] RUVOËN-CLOUET N, MAS E, MARIONNEAU S, et al., Bile-salt-stimulated lipase and mucins from milk of 'secretor' mothers inhibit the binding of Norwalk virus capsids to their carbohydrate ligands [J]. Biochem J, 2006, 393: 627-634.

[40] YOLKEN RH, PETERSON JA, VONDERFECHT SL, et al. Human milk mucin inhibits rotavirus replication and prevents experimental gastroenteritis [J]. J Clin Invest, 1992, 90 (5): 1984-1991.

[41] LIU B, YU Z, CHEN C, et al. Human milk mucin 1 and mucin 4 inhibit Salmonella enterica serovar Typhimurium invasion of human intestinal epithelial cells in vitro [J]. J Nutr, 2012, 142 (8): 1504-1509.

[42] NANTHAKUMAR N, MENG D, GOLDSTEIN AM, et al. The mechanism of excessive intestinal inflammation in necrotizing enterocolitis: an immature innate immune response [J]. PLoS One, 2011, 6 (3): e17776.

[43] BUESCHER ES. Anti-inflammatory characteristics of human milk: how, where, why [J]. Adv Exp Med Biol, 2001, 501: 207-222.

[44] LANGJAHR P, DIAZ-JIMENEZ D, DE LA FUENTE M, et al. Metalloproteinase-dependent TLR2 ectodomain shedding is involved in soluble toll-like receptor 2 (sTLR2) production [J]. PLoS One, 2014, 9 (12): e104624.

[45] KITCHENS RL, THOMPSON PA. Modulatory effects of sCD14 and LBP on LPS-host cell interactions [J]. J Endotoxin Res, 2005, 11 (4): 225-229.

[46] ANDO K, HASEGAWA K, SHINDO KI, et al. Human lactoferrin activates NF-kappaB through the Toll-like receptor 4 pathway while it interferes with the lipopolysaccharide-stimulated TLR4 signaling [J]. FEBS J, 2010, 277 (9): 2051-2066.

[47] AZIZ M, JACOB A, MATSUDA A, et al. Milk fat globule-EGF factor 8 expression, function and plausible signal transduction in resolving inflammation [J]. Apoptosis, 2011, 16 (11): 1077-1086.

[48] FAMULENER LW. On the transmission of immunity from mother to offspring: a study upon serum hemolysins in goats [with discussion][J]. The Journal of Infectious Diseases, 1912: 332-368.

[49] HURLEY WL, THEIL PK. Perspectives on immunoglobulins in colostrum and milk [J]. Nutrients, 2011, 3 (4): 442-474.

[50] MIX E, GOERTSCHES R, ZETT UK. Immunoglobulins--basic considerations [J]. J Neurol, 2006, 253: v9-v17.

[51] VAN DE PERRE P. Transfer of antibody via mother's milk [J]. Vaccine, 2003, 21 (24): 3374-3376.

[52] BRANDTZAEG P. The mucosal immune system and its integration with the mammary glands [J]. J Pediatr, 2010, 156 (2): S8-15.

[53] NEWBURG DS. Innate immunity and human milk [J]. J Nutr, 2005, 135 (5): 1308-1312.

[54] ASANO M, KOMIYAMA K. Polymeric immunoglobulin receptor [J]. J Oral Sci, 2011, 53 (2): 147-156.

[55] HANSON LÅ, STRÖMBÄCK L, ERLING V, et al. The immunological role of breast feeding [J]. Pediatr Allergy Immunol, 2001, 12: 15-19.

[56] GOLDMAN AS. Evolution of the mammary gland defense system and the ontogeny of the immune system [J]. J Mammary Gland Biol Neoplasia, 2002, 7 (3): 277-289.

[57] MANTIS NJ, ROL N, CORTHÉSY BJ. Secretory IgA's complex roles in immunity and mucosal homeostasis in the gut [J]. Mucosal Immunol, 2011, 4 (6): 603-611.

[58] MICHAELSEN TE, EMILSEN S, SANDIN RH, et al. Human secretory IgM antibodies activate human complement and offer protection at mucosal surface [J]. Scand J Immunol, 2017, 85 (1): 43-50.

[59] WILCOX CR, HOLDER B, JONES CE. Factors affecting the FcRn-mediated transplacental transfer of antibodies and implications for vaccination in pregnancy [J]. Front Immunol, 2017, 8: 1294.

[60] JIANG X, HU J, THIRUMALAI D, et al. Immunoglobulin transporting receptors are potential targets for the immunity enhancement and generation of mammary gland bioreactor [J]. Front Immunol, 2016, 7: 214.

[61] ROJAS R, APODACA G. Immunoglobulin transport across polarized epithelial cells [J]. Nat Rev Mol Cell Biol, 2002, 3 (12): 944-955.

[62] NEU J. Gastrointestinal maturation and implications for infant feeding [J]. Early Human Development, 2007, 83 (12): 767-775.

[63] DEMMELMAIR H, PRELL C, TIMBY N, et al. Benefits of lactoferrin, osteopontin and milk fat globule membranes for infants [J]. Nutrients, 2017, 9 (8): 817.

[64] KAETZEL CS. Cooperativity among secretory IgA, the polymeric immunoglobulin receptor, and the gut microbiota promotes host-microbial mutualism [J]. Immunol Lett, 2014, 162 (2): 10-21.

[65] LÖNNERDAL B. Bioactive proteins in human milk: health, nutrition, and implications for infant formulas [J]. J Pediatr, 2016, 173: S4-S9.

[66] DONOVAN SM. The role of lactoferrin in gastrointestinal and immune development and function: a preclinical perspective [J]. J Pediatr, 2016, 173: S16-S28.

[67] KARAV S, LE PARC A, LEITE NOBREGA DE MOURA BELL JM, et al. Oligosaccharides released from milk glycoproteins are selective growth substrates for infant-associated bifidobacteria [J]. Appl Environ Microbiol, 2016. 82 (12): 3622-3630.

[68] THAJER A, FUSCH G, BINDER C, et al. Human milk analyser underestimated protein content of unfortified and fortified samples compared to elemental analysis [J]. Acta Paediatr, 2019. 108 (12): 2298.

[69] LÖNNERDAL B, ERDMANN P, THAKKAR SK, et al. Longitudinal evolution of true protein, amino acids and bioactive proteins in breast milk: a developmental perspective [J]. J Nutr Biochem, 2017. 41: 1-11.

[70] NOMMSEN LA, LOVELADY CA, HEINIG MJ, et al. Determinants of energy, protein, lipid, and lactose concentrations in human milk during the first 12 mo of lactation: the DARLING Study [J]. Am J Clin Nutr, 1991, 53 (2): 457-465.

[71] GIDREWICZ DA, FENTON TR. A systematic review and meta-analysis of the nutrient content of preterm and term breast milk [J]. BMC Pediatr, 2014, 14: 1-14.

第2节　脂肪

一、背景

脂质是母乳的重要组成部分，具有较高的能量密度，是婴儿重要的能量来源。脂肪酸是母乳脂质中甘油三酯和磷脂的重要构成成分，除了提供婴儿生长发育所需的能量，还参与细胞功能的调节、细胞间和细胞内的通讯，以及基因组的表观遗传调节。母乳中的长链多不饱和脂肪酸（polyunsaturated fatty acid, PUFA）对婴儿器官、组织和神经系统的发育非常重要。

针对母乳脂肪和脂肪酸的观察性研究有很多，但多是针对一个或几个地区的小规模研究，全国性的数据仍处于缺乏状态。本研究对中英文数据库进行了检索分析，为提出我国母乳中脂肪和几种关键脂肪酸含量的参考值提供数据支持。

二、生理功能

1．提供能量

脂肪是构成体成分的重要物质，是人体重要的能量来源。合理膳食能量中的20%～30%由脂肪供给，脂肪甚至可以提供婴儿每日能量需求的50%以上。当人体摄入能量过多不能被利用时，就转变为脂肪储存起来；当机体需要时，可分解为甘油和脂肪酸进入血液循环，和从食物中吸收的脂肪一起释放出能量。

2．维持体温及缓冲、润滑作用

脂肪是热的不良导体，皮下脂肪可以起到隔热保温的作用，维持体温恒定。脂肪组织可以保护内部器官免受外力伤害，减少器官间的摩擦，缓冲因震动造成的对脏器、组织和关节的损害。腹腔大网膜中的脂肪在胃肠蠕动中能起到润滑的作用。

3．提供婴儿生长发育所需的脂肪酸

在生命的前两年摄入充足的多不饱和脂肪酸对婴儿神经系统的发育至关重要。PUFA中的亚油酸（linoleic acid, LA）和α-亚麻酸（α-Linolenic acid, ALA）属于必需脂肪酸，是合成多种PUFA的前体，只能从饮食中摄入。亚油酸和α-亚麻酸能够通过酶系统转化成花生四烯酸（arachidonic acid, AA）、二十碳五烯酸（eicosapentaenoic acid, EPA）、二十二碳六烯酸（docosahexaenoic acid, DHA）等对婴儿生长发育有重要作用的脂肪酸，但鉴于α-亚麻酸在体内转化为DHA的效率有限，仍需从饮食中获取。PUFA是中枢神经系统细胞膜中的重要化合物，人脑中DHA、AA的含量处于较高的水平，DHA约占人脑脂肪酸总量的10%。DHA在视网膜感光细胞外节段的含量也很高，主要在视觉信号转导中起作用。

4．内分泌作用

由脂肪组织分泌的因子有瘦素、肿瘤坏死因子α（tumor necrosis factor α, TNF-α）、白细胞介素-6（interleukin-6，IL-6）、白细胞介素-8（interleukin-8，IL-8）、雌激素、

胰岛素样生长因子-1（insulin-like growth factor, IGF-1）、IGF 结合蛋白3（insulin-like growth factor binding protein3, IGFBP3）、脂联素及抵抗素等。这些脂肪组织来源的因子参与机体的代谢、免疫、生长发育等生理过程。

三、分析方法

本研究围绕母乳脂肪及脂肪酸的含量进行系统性文献检索，共查阅文献17526篇。检索时间截至2021年5月。文献检索情况见表4.2.1。

表4.2.1 文献检索情况

数据库	检索式
PubMed	fatty acid* OR lipid* OR fat OR phospholipid* OR cholesterol *OR milk fat globule membrane*OR triacylglyceride *OR gangliosides [Title/Abstract] AND human milk OR breastmilk OR breast-milk OR breastmilk [Title/Abstract]
Embase	fatty acid* OR lipid* OR fat OR phospholipid* OR cholesterol *OR milk fat globule membrane*OR triacylglyceride *OR gangliosides [Title/Abstract] AND human milk OR breastmilk OR breast-milk OR breastmilk [Title/Abstract]
Web of Science	fatty acid* OR lipid* OR fat OR phospholipid* OR cholesterol *OR milk fat globule membrane*OR triacylglyceride *OR gangliosides [Title/Abstract] AND human milk OR breastmilk OR breast-milk OR breastmilk [Title/Abstract]
Cochrane Library	fatty acid* OR lipid* OR fat OR phospholipid* OR cholesterol *OR milk fat globule membrane*OR triacylglyceride *OR gangliosides [Title/Abstract] AND human milk OR breastmilk OR breast-milk OR breastmilk [Title/Abstract]
知网	(SU OR AB=(‘fatty acid lipid’+‘fat’+‘phospholipid’+‘cholesterol’+‘milk fat globule membrane’+‘triacylglyceride’+‘gangliosides’)) AND (SU OR AB= (‘human milk’+‘breastmilk’+‘breast-milk’+‘breastmilk’))
万方	题名或关键词：((fatty acid lipid) OR (fat) OR (phospholipid) OR (cholesterol) OR (milk fat globule membrane) OR (triacylglyceride) OR (gangliosides)) AND 题名或关键词：((human milk) OR (breastmilk) OR (breast-milk) OR (breastmilk))

本研究明确了中英文检索词及筛选流程，最终纳入中国母乳样本文献48篇，国外母乳样本文献143篇，同时包含国内外样本文献3篇。文献筛选流程见图4.2.1。

四、健康母亲足月儿初乳

本次健康母亲足月儿初乳总脂肪及关键脂肪酸含量文献汇总结果见表4.2.2。可以看出，我国母亲初乳中总脂肪和PUFA的平均含量高于国外平均水平。

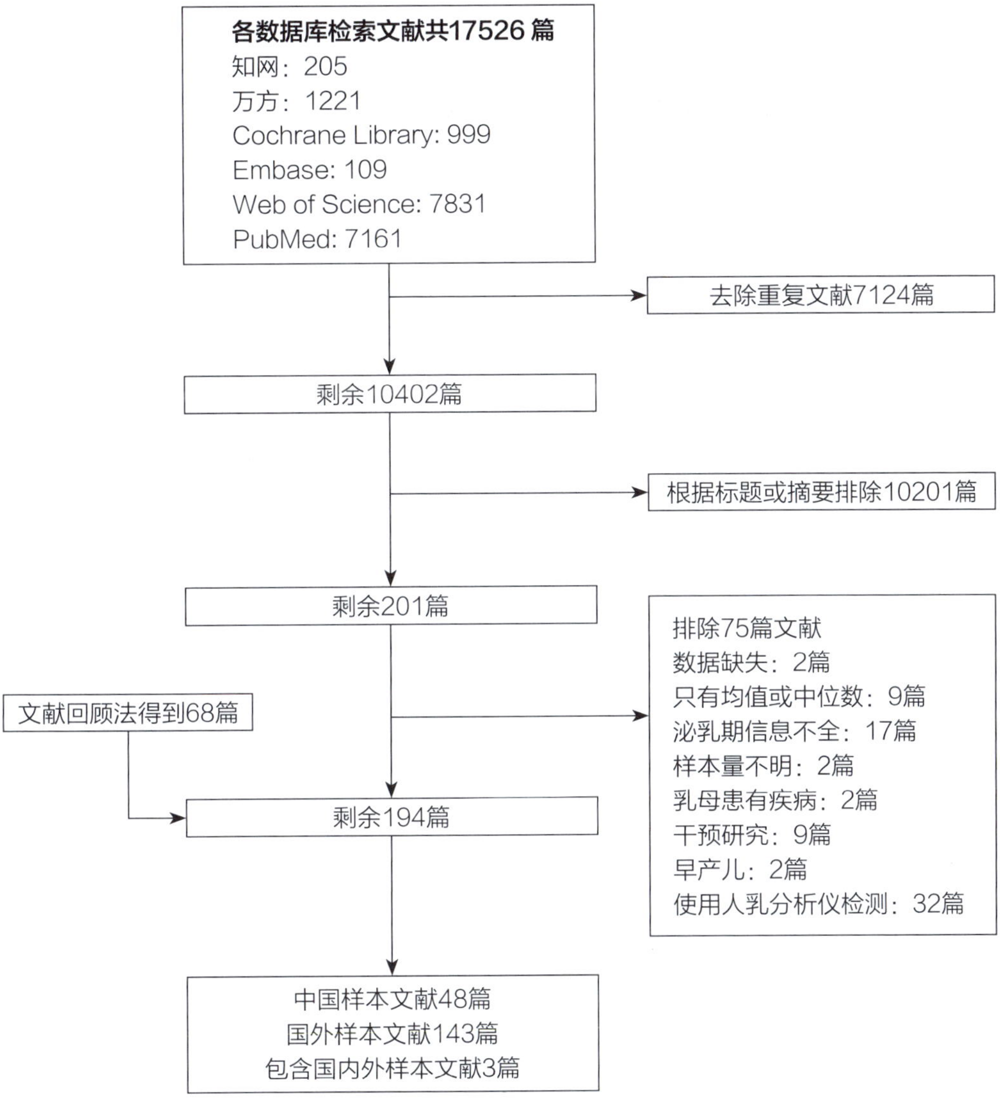

图4.2.1　脂肪含量文献检索流程图

表4.2.2　健康母亲足月儿初乳的总脂肪及关键脂肪酸含量

总脂肪及关键脂肪酸	中国样本				国外样本			
	研究数目	样本量	平均值	标准差	研究数目	样本量	平均值	标准差
总脂肪 (g/L)	7	623	26.6	10.7	9	397	23	12.4
SFA(%FA)	18	2722	36.37	5.17	27	1785	43.57	5.45
MUFA(%FA)	16	2575	37.52	6.17	28	1778	40.11	4.97
PUFA(%FA)	15	2462	25.66	6.51	14	431	17.02	4.55

续表

总脂肪及关键脂肪酸	中国样本				国外样本			
	研究数目	样本量	平均值	标准差	研究数目	样本量	平均值	标准差
n-6 PUFA(%FA)	13	1494	23.33	6.85	25	1846	13.89	3.62
LA(%FA)	18	2547	19.74	5.32	35	3012	10.9	3.19
n-3 PUFA(%FA)	15	2649	1.41	1.07	25	1846	1.85	0.74
ALA(%FA)	19	2589	1.34	1.16	35	3006	0.64	0.31
EPA(%FA)	14	2307	0.23	0.49	31	2850	0.08	0.09
DHA(%FA)	19	2588	0.56	0.24	32	3043	0.58	0.25

注：%FA指脂肪酸含量占全部脂肪酸的百分比。

五、健康母亲足月儿过渡乳

本次健康母亲足月儿过渡乳总脂肪及关键脂肪酸含量文献汇总结果见表4.2.3。可以看出，相比初乳，过渡乳中脂肪含量增多，我国母亲过渡乳中总脂肪和PUFA的平均含量高于国外平均水平。

表4.2.3 健康母亲足月儿过渡乳的总脂肪及关键脂肪酸含量

总脂肪及关键脂肪酸	中国样本				国外样本			
	研究数目	样本量	平均值	标准差	研究数目	样本量	平均值	标准差
总脂肪 (g/L)	8	800	33.8	11.5	7	222	32	11.8
SFA(%FA)	14	1471	37.32	5.7	12	340	44.57	6.06
MUFA(%FA)	12	1323	35.89	5.43	11	302	37.45	5.34
PUFA(%FA)	11	1242	26.3	6.17	7	193	16.37	4.32
n-6PUFA(%FA)	11	1312	22.67	5.96	12	333	15.34	4.87
LA(%FA)	13	1345	20.54	5.7	13	337	13.37	4.43
n-3PUFA(%FA)	12	1376	2.72	2.46	12	317	1.35	0.55
ALA(%FA)	14	1407	1.92	2.18	15	350	0.7	0.37
EPA(%FA)	10	1106	0.26	0.89	11	284	0.1	0.09
DHA(%FA)	14	1404	0.54	0.26	16	376	0.43	0.26

注：%FA指脂肪酸含量占全部脂肪酸的百分比。

六、健康母亲足月儿成熟乳

本次健康母亲足月儿成熟乳总脂肪及关键脂肪酸含量文献汇总结果见表4.2.4。将文献中成熟乳数据按照泌乳时间划分为180天前成熟乳和180天后成熟乳分别进行汇总，相比过渡乳，我国母亲成熟乳的脂肪含量进一步增多。

表4.2.4 健康母亲足月儿成熟乳的总脂肪及关键脂肪酸含量

总脂肪及关键脂肪酸	泌乳阶段	中国样本				国外样本			
		研究数目	样本量	平均值	标准差	研究数目	样本量	平均值	标准差
总脂肪(g/L)	成熟乳	10	1714	36.7	11	23	15364	31.4	10.3
	180天前成熟乳	9	1593	37	10.2	20	15077	31.2	9.7
	180天后成熟乳	—	—	—	—	1	9	37	10
SFA(%FA)	成熟乳	24	3554	36.36	5.57	61	5643	43.64	7.14
	180天前成熟乳	21	3107	36.22	5.55	54	5432	43.67	7.22
	180天后成熟乳	1	73	41.43	6.07	2	42	44.61	5.01
MUFA(%FA)	成熟乳	23	3457	36.79	5.71	59	4525	38.73	6.42
	180天前成熟乳	21	3355	36.79	5.74	53	4348	38.88	6.44
	180天后成熟乳	1	73	36.42	3.66	2	42	35.91	7.39
PUFA(%FA)	成熟乳	19	2899	25.86	6.31	36	2105	17.04	5.72
	180天前成熟乳	17	2797	26.03	6.27	31	1915	16.85	5.8
	180天后成熟乳	1	73	22.14	4.27	2	42	19.41	4.66
n-6PUFA(%FA)	成熟乳	21	3520	22.01	6.67	46	4543	14.69	4.84
	180天前成熟乳	19	3102	21.86	6.83	41	4368	14.65	4.86
	180天后成熟乳	1	73	18.65	3.6	2	42	16.79	4.1
LA(%FA)	成熟乳	30	4263	21.49	5.96	74	7816	12.8	4.58
	180天前成熟乳	26	3614	21.47	6.15	65	7189	12.74	4.6
	180天后成熟乳	1	73	17.16	3.5	3	57	13.99	4
n-3PUFA(%FA)	成熟乳	21	3554	2.28	1.56	47	4473	1.68	0.76
	180天前成熟乳	19	3136	2.29	1.61	44	4324	1.68	0.77
	180天后成熟乳	1	73	3.54	1.41	2	42	1.8	0.93

续表

总脂肪及关键脂肪酸	泌乳阶段	中国样本				国外样本			
		研究数目	样本量	平均值	标准差	研究数目	样本量	平均值	标准差
ALA (%FA)	成熟乳	31	4407	1.76	1.31	81	7896	1.05	0.67
	180天前成熟乳	28	3960	1.79	1.34	77	7805	1.05	0.66
	180天后成熟乳	1	73	1.49	1.12	3	57	0.72	0.58
EPA (%FA)	成熟乳	24	3132	0.15	0.41	60	6950	0.09	0.09
	180天前成熟乳	20	2635	0.16	0.44	53	6337	0.08	0.08
	180天后成熟乳	1	73	0.29	0.29	2	47	0.11	0.08
DHA (%FA)	成熟乳	30	4151	0.4	0.3	79	7939	0.28	0.27
	180天前成熟乳	27	3999	0.4	0.28	71	7380	0.28	0.27
	180天后成熟乳	1	73	0.8	0.65	3	57	0.44	0.27

注：%FA指脂肪酸含量占全部脂肪酸的百分比。

《中国居民膳食营养素参考摄入量（2013版）》推荐0～6月龄婴儿总脂肪的适宜摄入量（AI）为48%E（35.3g/L），LA的AI为7.3%E（15.27%FA），ALA的AI为0.87%E（1.82% FA），DHA的AI为100mg（0.38%FA），除LA外，与我国母亲成熟乳的实际含量基本一致。

七、早产儿母亲母乳

检索到国内外共有9篇文献的研究中包含早产儿母乳总脂肪及关键脂肪酸的含量，国外母乳样本文献有8篇[1-8]，国内母乳样本文献1篇[9]。文献研究中使用的检测方法均为气相色谱法。本次早产儿母乳总脂肪及关键脂肪酸含量文献汇总结果见表4.2.5。

表4.2.5 早产儿母亲母乳中总脂肪及关键脂肪酸含量

总脂肪及关键脂肪酸	泌乳阶段	中国样本				国外样本			
		研究数目	样本量	平均值	标准差	研究数目	样本量	平均值	标准差
总脂肪 (g/L)	初乳	—	—	—	—	1	29	26.1	3.6
	过渡乳	—	—	—	—	1	37	32.56	7.57
	成熟乳	—	—	—	—	1	53	34.1	7.63

续表

总脂肪及关键脂肪酸	泌乳阶段	中国样本				国外样本			
		研究数目	样本量	平均值	标准差	研究数目	样本量	平均值	标准差
SFA (%FA)	初乳	1	9	31.1	2.4	6	176	46.34	7.21
	过渡乳	1	11	39.3	5	5	135	47.4	8.08
	成熟乳	1	11	38.9	4.3	5	168	46.26	7.47
MUFA (%FA)	初乳	1	9	37.9	3.4	5	157	33.8	6.7
	过渡乳	1	11	34	3.9	4	116	32.81	8.2
	成熟乳	1	11	35.3	3.4	4	138	34.47	7.78
PUFA (%FA)	初乳	1	9	30.5	3.2	3	122	20.62	4.29
	过渡乳	1	11	26.2	4.4	3	110	20.13	5.58
	成熟乳	1	11	25.8	4.8	3	132	19.91	4
n-6PUFA (%FA)	初乳	1	9	—	—	7	200	15.44	4.34
	过渡乳	1	11	—	—	6	143	16.28	5.07
	成熟乳	1	11	—	—	5	176	15.72	4.27
LA (%FA)	初乳	1	9	25	3.8	7	200	13.15	4.14
	过渡乳	1	11	22.3	4.3	6	143	14.06	4.51
	成熟乳	1	11	22.1	4.5	6	176	13.93	4.17
n-3PUFA (%FA)	初乳	1	9	—	—	7	200	2.88	2.07
	过渡乳	1	11	—	—	6	143	2.75	1.75
	成熟乳	1	11	—	—	6	176	2.78	1.65
ALA (%FA)	初乳	1	9	3	1.6	6	194	1.01	0.91
	过渡乳	1	11	2.7	0.5	5	137	1.06	0.78
	成熟乳	1	11	2.6	0.7	5	170	1.18	0.72
EPA (%FA)	初乳	1	9	—	—	6	176	0.16	0.15
	过渡乳	1	11	—	—	5	135	0.19	0.18
	成熟乳	1	11	—	—	4	162	0.24	0.2
DHA (%FA)	初乳	1	9	0.6	0.3	7	200	0.72	0.49
	过渡乳	1	11	0.5	0.1	6	143	0.7	0.39
	成熟乳	1	11	0.4	0.1	6	176	0.6	0.39

注：%FA指脂肪酸含量占全部脂肪酸的百分比。

八、影响因素

母乳中的脂肪酸主要有三个来源：乳腺的内源性生物合成、妊娠期间储备的脂肪组织释放以及乳母的饮食摄入[10]，会受母亲的身体状态、饮食习惯和生活方式等多种因素的影响。

母乳脂质与乳母的身体状态有一定相关性。有研究发现孕前BMI≥30kg/m^{2}的母亲母乳中具有较高的能量和脂肪含量[11]。Daniel等人[12]的Meta分析发现，在1～6月哺乳期内，母亲的BMI和母乳脂肪之间存在统计学上显著的正相关，但证据的确定性较低。与正常体重的女性相比，超重和肥胖女性的母乳成分，包括脂肪、蛋白质和代谢激素水平均有差异，但这些差异也可能与乳母的饮食相关[13, 14]。

妊娠期糖尿病对母乳中脂质含量也有一定的影响。Azulay等人[15]研究发现，患有妊娠期糖尿病的女性初乳中部分n-6PUFA含量高于健康乳母；Shapira等人[16]则发现患有妊娠期糖尿病母亲成熟乳中脂肪的含量比非妊娠期糖尿病乳母的更低。这些差异可能是内源性代谢途径的改变引起的。此外，婴儿的性别也可能对母乳成分产生影响。Hosseini等人的研究发现，女婴母亲母乳中平均脂肪含量高于男婴母亲[17]。

母亲的生活方式和饮食习惯也会对母乳的脂质产生影响。Bachour[18]和Burianova[11]的研究均发现吸烟会显著降低母乳中的脂质含量，这一效应可能是由吸烟产生的有毒物质引起的，它们在脂肪组织和乳腺中积累，从而影响泌乳[19]。乳母的饮食是影响母乳脂肪含量和构成的主要因素，多项干预研究表明，母亲饮食中的脂肪酸摄入与母乳中对应脂肪酸的含量成正相关[20-24]。与杂食者相比，纯素食者的母乳含有更高的不饱和脂肪酸和n-3PUFA，更低的饱和脂肪酸（saturated fatty acid，SFA）、反式脂肪酸和n-6PUFA与n-3PUFA含量比[25]。高脂肪乳制品的摄入会增加母乳中总脂质的含量[26]，在高脂肪饮食（40.3%E）中大量摄入硬脂酸和ALA可以在短期（4天）显著增加母乳中对应脂肪酸的比例[27]。然而，也有研究发现母乳中n-3PUFA的含量与乳母的习惯性摄入情况有关，短期摄入并不能直接转化为母乳中的含量[28]。Ailhaud等人[29]对60年来美国母乳脂肪酸组成的变化进行了总结，发现从1944年到2005年，美国母亲母乳中LA的含量增加了3倍，而ALA的含量长期处于稳定状态，这与几十年来美国饮食中n-6和n-3PUFA摄入的变化趋势是一致的。

综上所述，除了随泌乳期规律变化，母亲的身体状况、生活方式和饮食习惯都可能与母乳中脂类的含量有关。进行合理的生活方式和饮食干预，维持母亲健康的身体状态，对新生儿从母乳中获取适宜脂类营养十分重要。

（编写：王瑛瑶，张喆庆，周锦）

参考文献

[1] GENZEL-BOROVICZÉNY O, WAHLE J, KOLETZKO B. Fatty acid composition of human milk during the 1st month after term and preterm delivery [J]. European journal of pediatrics, 1997, 156 (2): 142-147.

[2] JANG SH, LEE BS, PARK JH, et al. Serial changes of fatty acids in preterm breast milk of Korean women [J]. Journal of human lactation, 2011, 27 (3): 279-285.

[3] KOVÁCS A, FUNKE S, MAROSVÖLGYI T, et al. Fatty acids in early human milk after preterm and full-term delivery [J]. Journal of pediatric gastroenterology and nutrition, 2005, 41 (4): 454-459.

[4] KUIPERS RS, LUXWOLDA MF, DIJCK-BROUWER DA, et al. Fatty acid compositions of preterm and term colostrum, transitional and mature milks in a sub-Saharan population with high fish intakes [J]. Prostaglandins leukotrienes and essential fatty acids, 2012, 86 (4-5): 201-207.

[5] LEMONS JA, MOYE L, HALL D, et al. Differences in the composition of preterm and term human milk during early lactation [J]. Pediatric research. 1982, 16 (2): 113-117.

[6] MOLTÓ-PUIGMARTÍ C, CASTELLOTE AI, CARBONELL-ESTRANY X, et al. Differences in fat content and fatty acid proportions among colostrum, transitional, and mature milk from women delivering very preterm, preterm, and term infants [J]. Clinical nutrition (Edinburgh, Scotland), 2011, 30 (1): 116-123.

[7] NARANG AP, BAINS HS, KANSAL S, et al. Serial composition of human milk in preterm and term mothers [J]. Indian journal of clinical biochemistry, 2006, 21 (1): 89-94.

[8] RUEDA R, RAMÍREZ M, GARCÍA-SALMERÓN JL, et al. Gestational age and origin of human milk influence total lipid and fatty acid contents [J]. Annals of nutrition & metabolism, 1998, 42 (1): 12-22.

[9] 戚秋芬，吴圣楣，张伟利. 早产儿和足月儿母乳中脂肪酸组成比较研究［J］. 中华儿科杂志，1997（11）：21-24.

[10] BOBIŃSKI R, BOBIŃSKA J. Fatty acids of human milk - a review [J]. Int J Vitam Nutr Res, 2022, 92 (3-4): 280-291.

[11] BURIANOVA I, BRONSKY J, PAVLIKOVA M, et al. Maternal body mass index, parity and smoking are associated with human milk macronutrient content after preterm delivery [J]. Early human development, 2019, 137: 104832.

[12] DANIEL AI, SHAMA S, ISMAIL S, et al. Maternal BMI is positively associated with human milk fat: a systematic review and meta-regression analysis [J]. Am J Clin Nutr, 2021, 113 (4): 1009-1022.

[13] ANDREAS NJ, HYDE MJ, HERBERT BR, et al. Impact of maternal BMI and sampling strategy on the concentration of leptin, insulin, ghrelin and resistin in breast milk across a single feed: a longitudinal cohort study [J]. BMJ open. 2016, 6 (7): e010778.

[14] KUGANANTHAN S, GRIDNEVA Z, LAI CT, et al. Associations between Maternal Body Composition and Appetite Hormones and Macronutrients in Human Milk [J]. Nutrients, 2017, 9 (3).

[15] AZULAY CHERTOK IR, HAILE ZT, EVENTOV-FRIEDMAN S, et al. Influence of gestational diabetes mellitus on fatty acid concentrations in human colostrum [J]. Nutrition (Burbank, Los Angeles County, Calif), 2017, 36: 17-21.

[16] SHAPIRA D, MANDEL D, MIMOUNI FB, et al. The effect of gestational diabetes mellitus on human milk macronutrients content [J]. Journal of perinatology: official journal of the California Perinatal Association, 2019, 39 (6): 820-823.

[17] HOSSEINI M, VALIZADEH E, HOSSEINI N, et al. The role of infant sex on human milk composition [J]. Breastfeeding medicine: the official journal of the Academy of Breastfeeding Medicine, 2020, 15 (5): 341-346.

[18] BACHOUR P, YAFAWI R, JABER F, et al. Effects of smoking, mother's age, body mass index, and parity number on lipid, protein, and secretory immunoglobulin A concentrations of human milk [J]. Breastfeeding medicine, 2012, 7 (3): 179-188.

[19] AGOSTONI C, MARANGONI F, GRANDI F, et al. Earlier smoking habits are associated with higher serum lipids and lower milk fat and polyunsaturated fatty acid content in the first 6 months of lactation [J]. European journal of clinical nutrition, 2003, 57 (11): 1466-1472.

[20] VAN GOOR SA, DIJCK-BROUWER DA, HADDERS-ALGRA M, et al. Human milk arachidonic acid and docosahexaenoic acid contents increase following supplementation during pregnancy and lactation [J]. Prostaglandins leukotrienes and essential fatty acids, 2009, 80 (1): 65-69.

[21] FIDLER N, SAUERWALD T, POHL A, et al. Docosahexaenoic acid transfer into human milk after dietary supplementation: a randomized clinical trial [J]. Journal of lipid research, 2000, 41 (9): 1376-1383.

[22] YAHVAH KM, BROOKER SL, WILLIAMS JE, et al. Elevated dairy fat intake in lactating women alters milk lipid and fatty acids without detectible changes in expression of genes related to lipid uptake or synthesis [J]. Nutrition research (New York, NY), 2015, 35 (3): 221-228.

[23] IMHOFF-KUNSCH B, STEIN AD, VILLALPANDO S, et al. Docosahexaenoic acid supplementation from mid-pregnancy to parturition influenced breast milk fatty acid concentrations at 1 month postpartum in Mexican women [J]. The Journal of nutrition, 2011, 141 (2): 321-326.

[24] BORIS J, JENSEN B, SALVIG JD, et al. A randomized controlled trial of the effect of fish oil supplementation in late pregnancy and early lactation on the n-3 fatty acid content in human breast milk [J]. Lipids, 2004, 39 (12): 1191-1196.

[25] PERRIN MT, PAWLAK R, DEAN LL, et al. A cross-sectional study of fatty acids and brain-derived neurotrophic factor (BDNF) in human milk from lactating women following vegan, vegetarian, and omnivore diets [J]. European journal of nutrition, 2019, 58 (6): 2401-2410.

[26] PARK Y, MCGUIRE MK, BEHR R, et al. High-fat dairy product consumption increases delta 9c, 11t-18: 2 (rumenic acid) and total lipid concentrations of human milk [J]. Lipids, 1999, 34 (6): 543-549.

[27] NASSER R, STEPHEN AM, GOH YK, et al. The effect of a controlled manipulation of maternal dietary fat intake on medium and long chain fatty acids in human breast milk in Saskatoon, Canada [J]. International breastfeeding journal, 2010, 5: 3.

[28] BZIKOWSKA JURA A, CZERWONOGRODZKA SENCZYNA A, JASIŃSKA-MELON E, et al. The concentration of omega-3 fatty acids in human milk is related to their habitual but not current intake [J]. Nutrients, 2019, 11 (7).

[29] AILHAUD G, MASSIERA F, WEILL P, et al. Temporal changes in dietary fats: role of n-6 polyunsaturated fatty acids in excessive adipose tissue development and relationship to obesity [J]. Progress in lipid research, 2006, 45 (3): 203-236.

第3节　碳水化合物

一、背景

碳水化合物含量约占母乳的7%，是母乳中含量最丰富的营养成分。其中，乳糖占全部碳水化合物的90%，是母乳碳水化合物最主要的组成成分，由乳腺上皮细胞合成，为婴儿生长发育提供能量，促进钙、镁等矿物质的吸收，同时也是母亲泌乳量的主要影响因素。母乳中乳糖不仅适应婴儿体内消化酶的发育特点，且浓度也与婴儿胃肠道消化吸收功能成熟度相适应；既能适应婴儿对营养和能量的需求，又能保证适宜的渗透压，在满足婴儿营养需要与肠道耐受之间取得平衡[1]。

婴幼儿不同生长发育阶段对营养素的需求不同，母乳的营养成分也随之改变。母乳中碳水化合物含量随着产后时间延长而增加，至早期成熟乳阶段趋于稳定。除哺乳阶段外，母乳中碳水化合物含量也随着地域、母婴营养状况变化而存在差异。此外，不同的储存方式和检测方法也会对母乳中碳水化合物的含量产生影响。由于母乳中碳水化合物以乳糖为主，含量受乳糖影响最大，以往研究测定母乳中宏量营养素时多为测定乳糖，或者通过计算法获得碳水化合物含量。因此，在本章节中，通过检索知网、万方和维普等中文数据库以及PubMed、Cochrane Library、Web of Science, Embase等英文数据库，着重探讨母乳中乳糖的生理功能、分析方法、母乳中含量以及影响因素，母乳中的低聚糖不在本章节讨论内。

二、生理功能

1．影响婴幼儿体重增长

婴幼儿对糖的分解消化和吸收利用都比成年人旺盛，乳糖在婴儿体内被双糖酶分解成一分子的葡萄糖和一分子的半乳糖后被其吸收利用，葡萄糖进入血液循环，提供机体尤其是大脑和神经组织对能量的需要。母乳中乳糖提供的能量约占母乳总能量的40%，可以促进婴儿糖原和脂肪的储存；母乳中乳糖可以促进婴儿体重增长，与婴儿BMI的变化和婴儿肥胖成正相关[2]。

2．参与婴儿大脑和神经发育

研究表明，与其他物种相比，乳糖在人类体内含量最高，这与人类大脑发育的需求息息相关[3]。不同年龄组的大脑发育与母乳中乳糖含量存在相关性。脑神经细胞的糖脂质，包括脑苷脂以及神经节苷脂，都含有半乳糖作为其重要结构物质。葡萄糖调节不良与人类认知功能受损有关，处于发育阶段的大脑对葡萄糖的利用率较发育完善的大脑要高。动物实验表明，海马体的发育与生命早期对葡萄糖的不同利用率有关，从而影响其记忆力的发展[4]。母乳中的乳糖能够促进早期大脑发育，提高后期认知能力。

3．促进矿物质和维生素吸收

乳糖可以增进矿物质钙、磷、镁等的吸收，增加血钙浓度，使骨钙沉积更迅速，增加婴儿对母乳中钙、镁等矿物质的利用率。乳糖在体内分解成的半乳糖，能够促进婴幼儿肠道细菌合成维生素K和B族维生素。

4. 影响母乳渗透压

乳糖在合成的过程中会影响乳汁对水分的吸收，稳定的乳糖浓度对维持母乳渗透压有重要作用，因此乳糖的合成是决定哺乳期母亲产乳量的主要因素，与24小时泌乳量相关[5]。

除上述生理功能外，乳糖还具有调整保护婴幼儿胃肠道的作用，生命早期乳糖的摄入还有可能影响婴儿成年后对甜味食物的偏好。

三、分析方法

1. 文献检索策略和范围

（1）检索数据库

英文检索数据库：PubMed、Cochrane Library、Web of Science、Embase；

中文件所数据库：知网、万方、维普

（2）检索时间

截至2021年4月20日。

（3）检索关键词与检索结果

检索关键词如表4.3.1所示，中文数据库显示650篇，英文数据库显示20149篇，经EndNot去重后，共有英文文献1040篇，中文文献158篇。

表4.3.1　检索关键词

数据库	检索关键词	结果	去重
PubMed		294	
Cochrane Library	‘human milk’ OR ‘breast milk’ AND ‘carbohydrate’ OR ‘lactose’ breast milk macronutrients	1040	1040
Web of Science		158	
Embase		31	
知网		129	
万方	母乳、碳水化合物、乳糖、母乳宏量营养素	443	158
维普		78	

2. 文献纳入与排除标准

（1）纳入标准

①发表文章语言为中文或英文，中文为核心期刊。

②观察性研究或干预性研究的基线数据。

③选取对象为健康母亲和足月出生的健康子代。

④检测方法：参照方法学文献和专家意见，以高效液相色谱（HPLC）、红外原理的母乳成分分析仪、计算法为主。

（2）排除标准

①重要数据不全，仅用柱状图或曲线图表示含量无法获得标准差的，缺少具体检测方法的。

②综述、生态学研究、病例报告、会议论文。

③重复发表的研究保留数据最全的一篇。

3．文献筛选流程

根据纳入排除标准，涉及中国数据共有24篇（2篇为英文文章），其中包括初乳13篇、过渡乳12篇、成熟乳21篇。报告国外数据共22篇，其中包括初乳13篇、过渡乳4篇、成熟乳15篇。

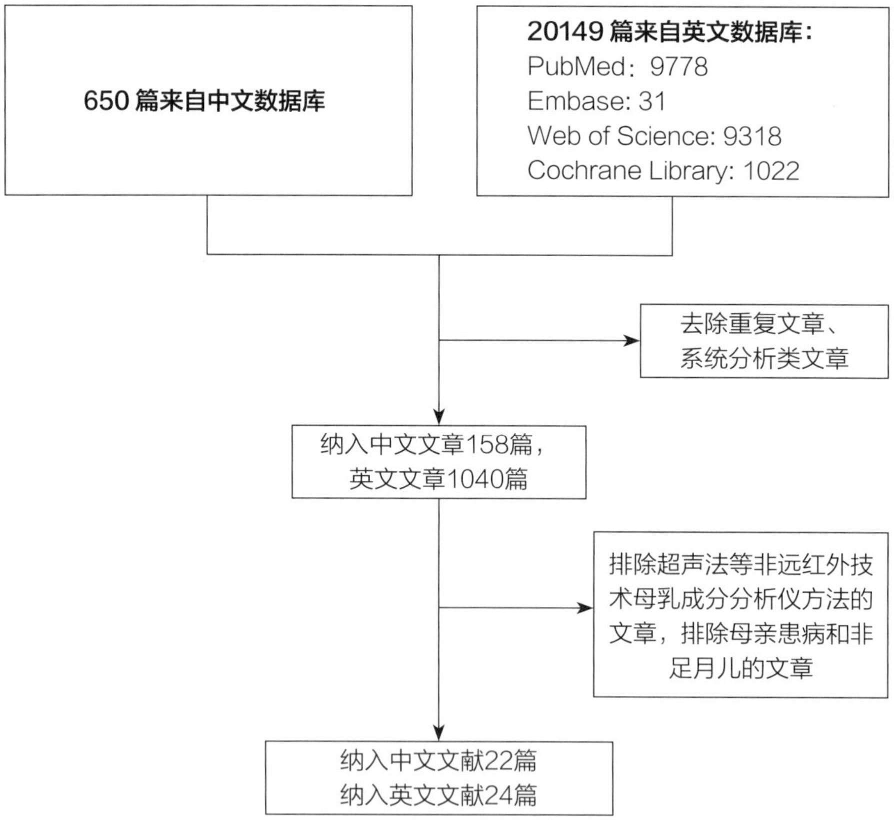

图4.3.1　碳水化合物含量文献检索流程图

4．数据的提取与合并

从文献中提取样本来源国家/地区、乳母年龄（岁）、乳母BMI、孕周、乳母采集方法及时段、乳母样本量、储藏温度、分析方法、计量单位等信息。由于乳糖是母乳碳水化合物最主要的组成成分，国内外文献对母乳宏量营养素分析大多测量的是母乳中的乳糖含量，报告结果为碳水化合物的一般采用的是计算法，因此文献报告结果为乳糖或碳水化合物，均纳入本次研究中。由于乳糖约占碳水化合物的90%，在获取乳糖含量数据后，通过计算式“碳水化合物含量=乳糖含量 / 90%”，计算出母乳碳水化合物的含量。使用原始报告中的方法转换为一致的单位（g/L）准备数据摘要。数据按照泌乳阶段分类如下：初乳（产后0～7天）、过渡乳（8～14天）、成熟乳（≥15天），成熟乳进一步分为成熟乳（产后15～180天）和成熟乳（180天以后）。将同一泌乳阶段、同样检测方法、同一地区（中国和国外）的数据，通过样本量加权分别合并计算平均值和标准差。

5．母乳碳水化合物检测方法

目前国内外对母乳中总碳水化合物的方法学研究较少，大多数研究主要是关注母乳中乳糖和母乳低聚糖的含量。已发表文献中对母乳总碳水化合物的测量主要是应用计算法和MIRIS母乳成分分析仪测定法。对乳糖的测定方法主要有：化学法、比色法、HPLC法、母乳成分分析仪测定法、离子色谱法、磁共振法。

在上述方法中，母乳成分分析仪是最近几年大规模人群现场环境分析的主要仪器。目前，母乳成分分析仪原理主要有超声和红外两种。欧盟、北美采用的母乳成分分析仪均为中红外原理。有文献表明，在大规模人群研究中，现场使用红外技术的母乳成分分析仪估计的平均值精度更好[6]。为便于与国外母乳乳糖数据比较，查找文献检测方法为母乳成分分析仪时，仅选用中红外原理母乳成分分析仪检测的乳糖结果。

四、健康母亲足月儿母乳

《中国居民膳食营养素参考摄入量（2013版）》推荐0～6个月婴儿的碳水化合物适宜摄入量（AI）为60g/d，7～12个月婴儿碳水化合物AI为85g/d。美国设定的0～6个月婴儿碳水化合物的AI为65g、7～12个月的碳水化合物AI为95g/d。本次健康母亲母乳碳水化合物含量文献总共纳入46篇，其中中文文献23篇，英文文献24篇（其中2篇涉及中国）。成熟乳研究中，采用母乳成分分析仪（红外原理）方法的文献共21篇，中国样本16797个，国外样本381个；采用HPLC方法的文献共4篇，中国样本96个，国外样本110个。此外还有斐林试剂法、磁共振法等其他方法共7篇，涉及中国样本498个、国外样本637个。将文献数据汇总，计算不同泌乳阶段母乳乳糖均值，健康母亲母乳乳糖含量文献数值汇总见表4.3.2。不同年代、不同研究乳糖检测结果存在一定差异。国内研究初乳碳水化合物含量最大值为吴轲[7]等采用MIRIS母乳成分分析仪进行分析测得的，为（83.78 ± 12.33）mg/L；最小值为吴立芳[8]等采用高效液相色谱进行分析测得的，为（52.53 ± 14.19）mg/L。过渡乳乳糖含量最大值同样为吴轲等测得的，为（84.67 ± 11.22）mg/L；最小值为吴立芳[8]等测得的，为（45.66 ± 8.58）mg/L。成熟乳碳水化合物含量最大值为王文广[9]等在1987年测得的，为（89.27 ± 6.87）mg/L；最小值为赵江[10]等通过计算法得出的，为（61.68 ± 5.99）mg/L。国外研究初乳含量最小值为Oehringer乳糖检测试剂盒检测的加拿大乳母结果[11]（57.11 ± 2.44）mg/L，最大值为韩国[12]母乳检测结果（77.78 ± 3.33）mg/L。过渡乳含量最小值为Oehringer乳糖检测试剂盒检测的加拿大乳母结果（66.44±2.56）mg/L，最大值为韩国[12]母乳检测结果（78.89±3.33）mg/L。成熟乳最大值为一项来自泰国[13]的研究，检测结果为（96.2±10.4）mg/L；最小值为来自土耳其[14]的研究，检测结果为（51.3±36.8）mg/L。

表4.3.2 健康母亲足月儿母乳碳水化合物含量

泌乳阶段	中国样本				国外样本			
	n	k	平均值/（g/L）	标准差/（g/L）	n	k	平均值/（g/L）	标准差/（g/L）
初乳	9	1254	75.77	12.19	3	277	76.53	5.39
过渡乳	10	946	78.26	10.21	4	973	78.46	4.68
成熟乳	22	17880	77.86	5.05	10	4381	79.61	10.57
成熟乳（180天以内）	15	16227	78.42	4.32	7	3284	79.91	9.74
成熟乳（180天以后）	5	962	68.90	7.57	4	621	73.36	14.53

注：n：研究的数目（若2篇文献是同一研究，计数为1）；k：样本量。

五、早产儿母亲母乳

胎龄在37足周以前出生的活产婴儿均称为早产儿或未成熟儿。营养是提高早产儿存活率的关键，母乳是婴儿尤其是早产儿最理想的天然营养品。但早产儿母乳与足月儿母乳在营养成分上存在差异，为此，通过检索知网、万方和维普等中文数据库以及PubMed, Cochrane Library, Web of Science, Embase 等英文数据库，检索汇总早产儿母乳成分数据。早产儿中文检索关键词为早产儿、母乳、宏量营养素、碳水化合物、乳糖；英文检索关键词为'preterm' 'prematurity' 'human milk' 'breast milk' 'macronutrients' 'carbohydrates' 'lactose'。中文文献搜索结果为15篇，英文文献搜索结果为306篇。纳入排除标准准则同健康儿母亲，但选取对象为出生孕周小于37足周的婴儿，最终获得中文文献5篇，1篇为乳糖，4篇为碳水化合物。中文文献除1991年戴定威的研究是采用斐林试剂滴定的方法外，其余均采用MIRIS母乳成分仪分析。国外文献21篇报告结果为乳糖，9篇报告结果为碳水化合物，国外研究多为气相/液相色谱法。

对早产儿母乳成分的研究始于1978年[13]。与足月儿相比，早产儿器官发育不成熟，适应能力较差。早产儿的最佳食物仍然是母乳。国内外对早产儿母乳碳水化合物有关大于180天母乳的研究较少，因此未单独列出。国内研究中成熟乳碳水化合物含量最高的为1991年发表的结果，转换成碳水化合物均值为83.33g/L，与2000年后研究的结果差异较大。有研究结果显示，不同孕周出生的早产儿过渡乳中碳水化合物含量不同，≤30周早产儿过渡乳中碳水化合物显著高于30+1～33+6周组[14]，但研究孕周分类并未统一。国内研究最小孕周为小于28周，国外研究最小孕周为23周。早产儿母乳碳水化合物含量见表4.3.3。

表4.3.3　早产儿母亲母乳中碳水化合物含量

泌乳阶段	中国样本				国外样本			
	n	k	平均值/（g/L）	标准差/（g/L）	n	k	平均值/（g/L）	标准差/（g/L）
初乳	5	239	64.82	7.95	21	207	68.76	4.19
过渡乳	5	228	69.51	7.05	21	465	74.02	5.21
成熟乳（180天以内）	4	413	75.06	12.89	21	1201	78.89	4.31

注：n：研究的数目（若2篇文献是同一研究，计数为1）；k：样本量。

可以看出，国内外研究结果均显示，在各个泌乳阶段，早产儿母乳碳水化合物含量均低于足月儿。早产儿的碳水化合物消化取决于摄入的碳水化合物的组成、肠道水解酶的功能成熟度和胃肠系统[15]。有研究发现，28～34孕周出生的婴儿的乳糖酶活性仅为足月儿的30%。早产儿乳糖酶的发育缺陷可能会干扰母乳中乳糖的完全消化[16]。乳糖酶嵌入小肠绒毛上皮细胞的深处，它位于肠绒毛尖端，容易受到肠黏膜损伤[17]。因此母乳中较低含量的碳水化合物利于早产儿吸收。但由于早产儿需要“追赶式生长”才能达到宫内生长速度，欧洲有研究认为，早产儿母亲的母乳中碳水化合物含量可能不能满足早产儿生长发育需要，但补充乳糖可能增加肠损伤。研究发现，早产儿在妊娠28周时的葡萄糖合成速率为6～8mg（min·kg），而足月儿为3～5mg（min·kg）[18]。因此，欧洲儿科胃肠病、肝病和营养委员会建议早产儿在母乳喂养基础上根据婴儿体重添加一定量的葡萄糖以满足早产儿生长发育的需要[19]。目前国内对早产儿母乳碳水化合物研究较少，尤其是初乳样本含量较小，最大样本量来自郑倩[20]等，初乳样本量为70。另外，不同孕周也会对早产儿母乳碳水化合物产生影响，但国内外均没有统一划分标准。对于早产儿母乳中碳水化合物还应进一步研究，将碳水化合物细化为乳糖、葡萄糖、寡糖等多个种类，以期在不损添加早产儿肠道负担的前提下，满足其生长发育需要。

六、影响因素

母乳中的碳水化合物是含量较稳定的营养素之一，最主要的影响是产后时间。母乳中碳水化合物含量随着产后时间的延长而增加，至成熟乳阶段逐渐趋于稳定，表现为初乳中的碳水化合物低于成熟乳中的含量。本次研究结果显示，从初乳到早期成熟乳，碳水化合物含量逐渐升高，但晚期成熟乳（180天以后）比早期成熟乳（180天以内）碳水化合物含量略低，这可能是由于不同研究晚期成熟乳包含的时间段存在差异造成的。如来自泰国[21]的研究，成熟乳时间段包含产后6～24个月，来自土耳其[22]的研究成熟乳时间段包含产后38～40周。晚期成熟乳采集时间跨度较大可能是造成180天之后成熟乳碳水化合物含量低于早期成熟乳的原因之一。

母亲是否肥胖对母乳中乳糖浓度影响不显著[23]，但母亲营养不均衡或者缺乏某种营养素时，母乳中的营养成分会有所改变。这是由于血液中的葡萄糖是乳糖合成的主要前体，母体内葡萄糖供应会影响母乳乳糖含量。母亲处于极度营养不良或葡萄糖供应过剩的情况下，都有可能对母乳中乳糖含量产生影响。当母亲营养不良处于低血糖状态时，母乳乳糖含量和泌乳量均有所下降[24]；而在母体葡萄糖供应过剩的状态下，葡萄糖代谢物向细胞内积累转移，会抑制乳糖的合成。在一项动物实验中发现，每天注入50克或60克葡萄糖，产乳量最高，乳糖浓度最高[25]。早期一项小规模临床试验中，每天生产少于500毫升母乳的喂养者血糖水平上升至8mmol/L时，母乳乳糖浓度从189mmol/L上升至203mmol/L[26]。但母亲血糖对母乳乳糖含量的影响，仍然缺乏大规模试验数据，血糖浓度和供应在乳糖合成调节中的作用尚需进一步研究。

除营养因素外，婴儿较频繁地吸吮母乳、地区的差异和母婴的健康状况也会对母乳中碳水化合物含量产生一定影响。例如，不同出生体重婴儿的母亲母乳中乳糖含量不同，巨大儿母亲母乳中乳糖含量高于正常儿组[27]。此外，对于已恢复月经的母亲，在排卵前5～6天和排卵后6～7天，乳糖、葡萄糖、钠、钾和氯化物的浓度会发生剧烈变化[28]，母亲体内激素水平的变化也会影响母乳乳糖含量。

（编写：毕烨）

参考文献

[1] MARTIN CR, LING PR, BLACKBURN GL. Review of infant feeding: key features of breast milk and infant formula [J]. Nutrients, 2016, 8 (5).

[2] PRENTICE P, ONG KK, SCHOEMAKER MH, et al. Breast milk nutrient content and infancy growth [J]. Acta Paediatr, 2016, 105 (6): 641-647.

[3] ANDREAS NJ, KAMPMANN B, MEHRING LK. Human breast milk: a review on its composition and bioactivity [J]. Early Hum Dev, 2015, 91 (11): 629-635.

[4] CONRAD MS, DILGER RN, JOHNSON RW. Brain growth of the domestic pig (Sus scrofa) from 2 to 24 weeks of age: a longitudinal MRI study [J]. Dev Neurosci, 2012, 34 (4): 291-298.

[5] HERNANDEZ LM, ALVAREZ-BUENO C, POZUELO-CARRASCOSA DP, et al. Relationship between breast feeding and motor development in children: protocol for a systematic review and meta-analysis [J]. BMJ Open, 2019, 9 (9): e29063.

[6] ZHU M, YANG Z, REN Y, et al. Comparison of macronutrient contents in human milk measured using mid - infrared human milk analyser in a field study vs. chemical reference methods [J]. Maternal & Child Nutrition, 2016, 13 (1).

[7] 吴轲，王蓓，周丽莉，等. 母乳α-生育酚和宏量营养素水平及影响因素［J］. 中国生育健康杂志，2020，31（5）：414-419.

[8] 吴立芳. 母乳重要成分研究及其结果与婴幼儿配方粉对比研究［D］. 中国疾病预防控制中心，2015.

[9] 王文广，殷太安，李丽祥，等. 北京市城乡乳母的营养状况、乳成分、乳量及婴儿生长发育关系的研究 Ⅰ.乳母营养状况、乳量及乳中营养素含量的调查［J］. 营养学报，1987（4）：338-342.

[10] 赵江，万蓉，刘志涛，等. 2011—2012年云南省汉族、白族和傣族母乳成分及影响因素［J］. 卫生研究，2017，46（4）：573-578.

[11] ANDERSON GH, ATKINSON SA, BRYAN MH. Energy and macronutrient content of human milk during early lactation from mothers giving birth prematurely and at term [J]. Am J Clin Nutr, 1981, 34 (2): 258-265.

[12] CHANG N, JUNG JA, KIM H, et al. Macronutrient composition of human milk from Korean mothers of full term infants born at 37-42 gestational weeks [J]. Nutr Res Pract, 2015, 9 (4): 433-438.

[13] ATKINSON SA, BRYAN MH, ANDERSON GH. Human milk: difference in nitrogen concentration in milk from mothers of term and premature infants [J]. J Pediatr, 1978, 93 (1): 67-69.

[14] 何必子，孙秀静，全美盈，等. 早产母乳营养成分的分析［J］. 中国当代儿科杂志，2014，16（7）：679-683.

[15] ELZOUKI AY, HARFI HA, NAZER HM. Textbook of clinical pediatrics [M]. Philadelphia: Lippincott Williams & Wilkins, 2001, 1800.

[16] AYEDE AI. Achieving optimal feeds for preterm babies, recommendations and realities in practice: nigerian perspective [J]. Ann Ib Postgrad Med, 2011, 9 (1): 1-7.

[17] DUGGAN C, Watkins JB, Koletzko B, et al. Nutrition in pediatrics :basic science, clinical applications [M]. Fifth edition. 2016, 2.

[18] HAY WJ. Strategies for feeding the preterm infant [J]. Neonatology, 2008, 94 (4): 245-254.

[19] AGOSTONI C, BUONOCORE G, Carnielli VP, et al. Enteral nutrient supply for preterm infants: commentary from the European Society of Paediatric Gastroenterology, Hepatology and Nutrition Committee on Nutrition [J]. J Pediatr Gastroenterol Nutr, 2010, 50 (1): 85-91.

[20] 郑倩，龙伟，张琳，等. 早产儿生后早期母乳营养成分变化分析［J］. 中国儿童保健杂志，2018，26（12）：1364-1368.

[21] ONGPRASERT K, RUANGSURIYA J, MALASAO R, et al. Macronutrient, immunoglobulin a and total antioxidant capacity profiles of human milk from 1 to 24 months: a cross-sectional study in Thailand [J]. International Breastfeeding Journal, 2020, 15 (1): 90.

[22] SAY B, DIZDAR EA, Degirmencioglu H, et al. The effect of lactational mastitis on the macronutrient content of breast milk [J]. Early Hum Dev, 2016, 98: 7-9.

[23] BUTTE NF, WONG WW, HOPKINSON JM, et al. Infant feeding mode affects early growth and body composition [J]. Pediatrics, 2000, 106 (6): 1355-1366.

[24] MOHAMMAD MA, SUNEHAG AL, CHACKO SK, et al. Mechanisms to conserve glucose in lactating women during a 42-h fast [J]. Am J Physiol Endocrinol Metab, 2009, 297 (4): E879-E888.

[25] CAI J, ZHAO FQ, LIU JX, et al. Local mammary glucose supply regulates availability and intracellular metabolic pathways of glucose in the mammary gland of lactating dairy goats under malnutrition of energy [J]. Front Physiol, 2018, 9: 1467.

[26] NEVILLE MC, SAWICKI VS, HAY WJ. Effects of fasting, elevated plasma glucose and plasma insulin concentrations on milk secretion in women [J]. J Endocrinol, 1993, 139 (1): 165-173.

[27] 侯艳梅，于珊，郑晓霞，等. 济南市240例乳母乳汁成分分析［J］. 中国妇幼保健，2008（2）: 241-243.

[28] HARTMANN PE, PROSSER CG. Physiological basis of longitudinal changes in human milk yield and composition [J]. Fed Proc, 1984, 43 (9): 2448-2453.

第5章 脂溶性维生素

第1节　维生素A

一、背景

维生素A属于脂溶性必需微量营养素，是指具有视黄醇生物活性的化合物，包括类视黄醇和类胡萝卜素。类视黄醇包括视黄醇、视黄醛、视黄酸、视黄酯等。对于纯母乳喂养的婴儿，母乳是其维生素A的唯一营养来源。在营养状况良好的乳母成熟乳中，超过95%的视黄醇以视黄酰酯的形式存在[1-3]。

母乳维生素A含量受多种因素影响，包括泌乳期、膳食、膳食补充剂、母婴人群特征及健康状况等[2]。迄今为止，有关中国母乳维生素A含量研究较少，对我国婴幼儿维生素A膳食推荐摄入量研究（DRIs）贡献微弱。为填补我国DRIs母乳维生素A含量参考值研究的空白，本研究专门对国内外相关数据库进行系统检索和数据分析。

二、生理功能

1．参与维持正常视觉

11-顺式视黄醛是维生素A参与视网膜上视觉信号传导和处理的活性形式。当光线进入人眼后，视黄醛吸收光子发生异构，由11-顺式变为全反式，由此启动细胞信号转导过程，最终由大脑产生视觉[4]。在视觉循环过程中，部分视黄醛转变为视黄醇被排泄掉，因此须不断由血液中的视黄醇来补充以维持视黄醛的合成。维生素A缺乏会导致视黄醛和对暗光敏感的视觉色素视紫红质的合成减少，临床表现为眼睛曝露于强光后暗适应能力降低，严重者发展为夜盲症。适时补充充足维生素A可逆转因维生素A营养不良导致的夜盲症[5]。维生素A缺乏会使眼睛出现干燥和毕托斑（细胞碎片和细菌），缺乏严重者会导致角膜损伤不可逆，发生角膜软化、角膜溃疡，甚至失明。

2．参与基因调节

全反式视黄酸是维生素A参与基因调节的活性形式，通过与靶细胞核内视黄酸受体（RARs）与类维生素A受体（RXRs）构成的异源二聚体结合成复合物来调控靶基因的转录和表达水平，进而影响机体的生理生化功能[6]。通常情况下，视黄酸增加基因表达。视黄酸参与500多种基因转录和表达通路，包括维生素A自身的代谢、转运及活动通路、正常细胞增殖及分化、多种基因编码蛋白或酶的表达等，其中正常细胞增殖及分化体现在人类和其他哺乳动物的胚胎发生和发展上。

3．维持和促进免疫功能

维生素A缺乏时，机体抗感染能力降低[5]。给麻疹或者腹泻的婴幼儿补充维生素A可显著降低婴幼儿死亡率。维生素A是正常免疫系统发育和调节的必要因素，在T细胞分化中起作用，调节一些T细胞发育平衡，调节B细胞成熟、抗体反应水平，以及先天免疫和黏膜免疫。维生素A缺乏导致肠道内T细胞和B细胞运输受损。

4．维持上皮细胞的形态完整和功能健全

作为辅酶，维生素A参与糖蛋白合成[3]。上皮细胞细胞膜富含糖蛋白，对上皮细胞的形态完整和功能健全起稳定作用。上皮细胞分布于眼睛、皮肤、呼吸道、肠道、尿道、生殖道、汗腺、口腔等各种组织的黏膜上。维生素A缺乏会影响上皮组织形态，黏膜屏障功能受损，进而出现相关临床症状。

三、分析方法

查阅中英文数据库，按检索式搜索至2021年6月9日之前关于一般健康母亲母乳维生素A含量的文献，导入到EndNote文献管理软件。首先根据纳入和排除标准，按标题、摘要、全文筛选的次序依次剔除重复性题录、无关文献、会议论文等，获得待纳入数据分析的全文文献集；再通过查阅全文，将数据分别提取汇总后进行数据分析，经加权计算后得到母乳维生素A含量。如有文献疏漏，通过文献追溯方法进一步收集补充相关文献。中英文数据库及检索式见表5.1.1和表5.1.2，文献检索流程图见图5.1.1。

报道一般健康母亲母乳维生素A含量的文献纳入与排除标准如下。

纳入标准：①发表文章为中文或者英文，含学位论文；②母亲：年龄18～45岁，健康；③婴幼儿：健康，0～48月龄；④干预研究或观察性研究（横断面研究、病例对照研究、队列研究）。

排除标准：①母亲患有乳腺炎等疾病；②泌乳阶段未说明；③重要数据不全者；④综述、生态学研究、病例报告、会议论文。

表5.1.1　母乳维生素A含量中文数据库检索策略

数据库	检索式	篇数
知网	（篇名=母乳+人乳+乳汁+乳母）AND（篇关摘=维生素+维生素A+视黄醇+营养素+营养成分）—模糊匹配	608
万方	题名:（母乳OR人乳OR乳汁OR乳母）AND 题名或关键词:（维生素A OR视黄醇OR维生素OR营养素OR营养成分）—模糊匹配	435
维普	（题名或关键词=母乳+人乳+乳汁+乳母）AND（题名或关键词=维生素+维生素A+视黄醇+营养素+营养成分）—模糊匹配	435

表5.1.2　母乳维生素A含量英文数据库检索策略

数据库	检索式	篇数
Web of Science	((TS=(vitamin A)) OR TS=(retinol)) AND ((((((TS=(human* milk)) OR TS=(woman*milk)) OR TS=(mother* milk)) OR TS=(breast* milk)) OR TS=(lactation)) OR TS=(lactating)) ((TS=(vitamin A)) OR TS=(retinol)) AND ((((((TS=(breastfeeding)) OR TS=(breastfed)) OR TS=(breast feeding)) OR TS=(breast fed)) OR TS=(breastfeed)) OR TS=(breast feed))	2126
Embase	(retinol*: ab,ti OR 'vitamin a': ab,ti OR composition:ti)AND ('breastmilk': ab,ti OR 'breast* milk': ab,ti OR 'human* milk' : ab,ti OR 'mother* milk': ab,ti OR 'woman* milk' : ab,ti OR 'women* milk' : ab,ti OR (lactating: ab, ti OR lactation: ab, ti OR postpartum: ab, ti) AND milk: ab, ti) (retinol*: ab, ti OR 'vitamin a' : ab, ti OR composition:ti) AND (breastfed: ab, ti OR breastfeed: ab, ti OR breastfeeding: ab, ti OR 'breast fed': ab, ti OR 'breast feed': ab, ti OR 'breast feeding' : ab, ti)	1111
PubMed	('vitamin A'*[Title/Abstract] OR retinol[Title/Abstract]) AND ('breast milk' [Title/Abstract] OR 'breast* milk' [Title/Abstract] OR 'human* milk' [Title/Abstract] OR 'mother* milk' [Title/Abstract] OR 'woman* milk' [Title/Abstract] OR 'women* milk' [Title/Abstract] OR ((lactating OR lactation) AND milk)[Title/Abstract]) ('vitamin A'*[Title/Abstract] OR retinol[Title/Abstract]) AND (breastfed [Title/Abstract] OR breastfeed [Title/Abstract] OR breastfeeding [Title/Abstract] OR 'breast fed' [Title/Abstract] OR 'breast feed' [Title/Abstract] OR 'breast feeding' [Title/Abstract])	1321
Cochrane Library	('vitamin A' *[Title/Abstract] OR retinol [Title/Abstract]) AND (breastfed [Title/Abstract] OR breastfeed [Title/Abstract] OR breastfeeding [Title/Abstract] OR 'breast fed' [Title/Abstract] OR 'breast feed' [Title/Abstract] OR 'breast feeding' [Title/Abstract]) ('vitamin A' *[Title/Abstract] OR retinol [Title/Abstract]) AND ('breast milk' [Title/Abstract] OR 'breast* milk' [Title/Abstract] OR 'human* milk' [Title/Abstract] OR 'mother* milk' [Title/Abstract] OR 'woman* milk' [Title/Abstract] OR 'women* milk' [Title/Abstract] OR ((lactating OR lactation) AND milk) [Title/Abstract])	1013

四、健康母亲足月儿初乳

经检索和筛选后，获得产后妇女初乳维生素A含量的研究共34篇，其中5篇来自国内，样本量281例；29篇来自国外，样本量达到2099例。将国内外研究结果分别整合再加权计算维生素A含量，得到国内健康母亲足月儿初乳维生素A含量为872.8μg/L，国外为875.1μg/L，见表5.1.3。

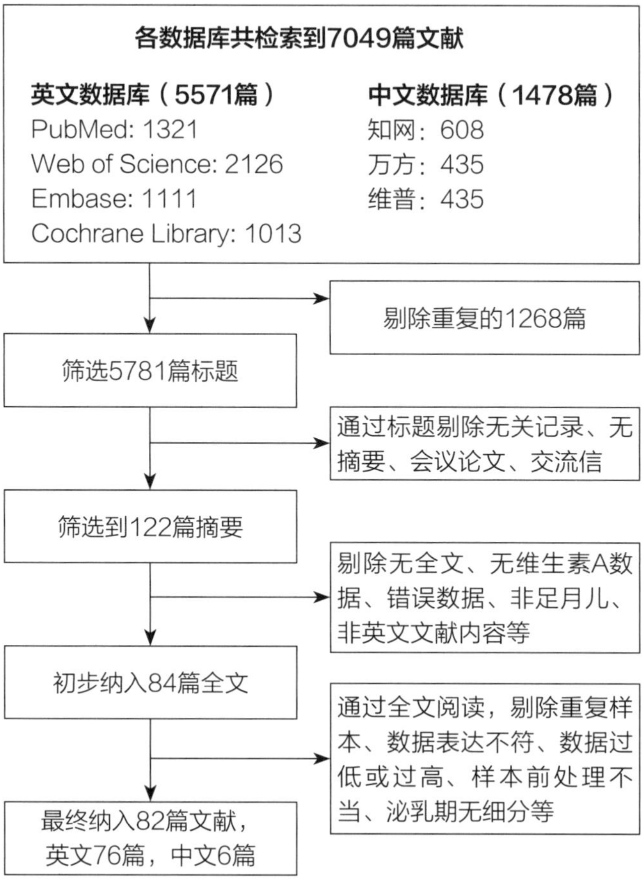

图 5.1.1 维生素A含量文献检索流程图

表5.1.3 不同泌乳期国内外母乳样本维生素A含量对比

泌乳阶段	中国样本				国外样本			
	n	k	平均值/（μg/L）	标准差/（μg/L）	n	k	平均值/（μg/L）	标准差/（μg/L）
初乳	5	281	872.8	779.5	29	2099	875.1	638.1
过渡乳	2	187	532.3	504.9	12	1185	371.6	307.0
所有成熟乳	7	574	260.3	354.5	49	4897	423.4	428.9

注：n：研究的数目（若2篇文献是同一研究，计数为1）；k：样本量。不区分方法。

五、健康母亲足月儿过渡乳

经检索和筛选后，获得产后妇女初乳维生素A含量的研究共14篇，其中2篇来自国内，样本量187例；12篇来自国外，样本量1185例。将国内外研究结果分别整合计算后得到健康母亲足月儿过渡乳中维生素A含量，国内为532.3μg/L，国外为371.6μg/L，见表5.1.3。

六、健康母亲足月儿成熟乳

经检索和筛选后，获得产后健康母亲初乳维生素A含量的研究共56篇，其中7篇来自国内，样本量574例；49篇来自国外，样本量达到4897例。将国内外研究结果分别整合后得到健康母亲足月儿乳母成熟乳维生素A含量，国内为260.3μg/L，国外为423.4μg/L，见表5.1.3。

维生素A检测方法分三氟乙酸法、荧光光度计法、高效液相色谱法（HPLC）和超高效液相色谱质谱联用（UPLC-MS/MS）。结合国外推荐方法和国内外研究现况，选定HPLC方法，由此得到国内研究健康母亲成熟乳文献共4篇，合计样本量347例，维生素A含量为292.8μg/L；国外研究成熟乳文献共45篇，合计样本量4514例，维生素A含量为429.3μg/L。

七、特殊状况母乳

在前述所得的健康母亲足月儿母乳文献库基础上，分别纳入母亲为妊娠期糖尿病、肥胖等常见疾病状态或高龄乳母，或者婴幼儿为早产儿（不满37孕周的新生儿）、低体重儿、巨大儿的母乳维生素A含量研究文献。未检索到关于巨大儿母亲母乳以及妊娠期糖尿病母亲的母乳维生素A含量研究。

1．早产儿母亲的母乳

固定HPLC检测方法，经筛选后获得早产儿母亲母乳维生素A含量研究共7篇，全部来自国外，样本量518例。按泌乳期分类，得到早产儿母乳维生素A含量，初乳750.7μg/L，过渡乳911.1μg/L，成熟乳593.8μg/L，见表5.1.4。

表5.1.4　不同泌乳期国外早产儿母乳维生素A含量对比

泌乳阶段	n	k	平均值/（μg/L）	标准差/（μg/L）
初乳	6	230	750.7	522.8
过渡乳	4	122	911.1	389.4
所有成熟乳	7	166	593.8	412.0
早期成熟乳（180天以内）	6	154	562.6	269.7
晚期成熟乳（180天以后）	1	12	994.0	1160.0

注：n：研究数目（若2篇文献是同一研究，计数为1）；k：样本量。

2．低体重儿母亲的母乳

经文献查询，仅获得1篇研究低体重儿母亲母乳维生素A含量，来自国外，样本量4例，初乳维生素A含量为764.0μg/L。

3．肥胖乳母的母乳

固定HPLC检测方法，经筛选后获得孕期和孕前肥胖乳母的母乳维生素A含量研究各2篇。孕期肥胖乳母初乳维生素A含量为842.2μg/L；孕前肥胖乳母母乳维生素A含量，初乳247.5μg/L，过渡乳315.0μg/L，成熟乳355.0μg/L，见表5.1.5。

表5.1.5 国外肥胖乳母不同泌乳期母乳维生素A含量对比

	泌乳阶段	n	k	平均值/（μg/L）	标准差/（μg/L）
孕期肥胖乳母	初乳	1	7	842.2	635.9
孕前肥胖乳母	初乳	1	1	247.5	—
	过渡乳	1	14	315.0	82.4
	早期成熟乳	1	14	355.0	70.0

注：n：研究数目（若2篇文献是同一研究，计数为1）；k：样本量。

4．高龄乳母（≥35岁）的母乳

固定HPLC检测方法，经筛选后获得年龄≥35岁乳母的母乳维生素A含量研究共3篇，全部来自国外，样本量140例。按泌乳期分类，得到高龄乳母母乳维生素A含量，初乳期753.4μg/L，过渡乳606.7μg/L，成熟乳550.0μg/L，见表5.1.6。

表5.1.6 国外高龄乳母（≥35岁）不同泌乳期母乳维生素A含量对比

泌乳阶段	n	k	平均值/（μg/L）	标准差/（μg/L）
初乳	3	74	753.4	428.5
过渡乳	1	22	606.7	332.8
成熟乳（早期）	2	44	550.0	147.2

注：n：研究数目（若2篇文献是同一研究，计数为1）；k：样本量。

八、服用膳食补充剂母亲母乳

固定HPLC检测方法，经筛选后获得孕期或哺乳期服用维生素A膳食补充剂的乳母母乳维生素A含量随机对照干预性研究11篇，经加权计算后得到初乳和成熟乳维生素A含量。结果显示，初乳文献共4篇，维生素A含量干预组981.1μg/L，对照组634.7μg/L；早期成熟乳维生素A含量干预组487.4μg/L，对照组460.3μg/L；晚期成熟乳含量干预组262.5μg/L，对照组231.6μg/L，见表5.1.7。

表5.1.7 国外孕期或哺乳期补充维生素A膳食补充剂研究母乳维生素A含量

泌乳阶段	干预组				对照组			
	n	k	平均值/（μg/L）	标准差/（μg/L）	n	k	平均值/（μg/L）	标准差/（μg/L）
初乳	4	211	981.1	976.1	4	165	634.7	512.8
所有成熟乳	9	1496	438.7	287.1	9	1447	49.9	285.0
早期成熟乳	8	1172	487.4	277.1	8	1128	460.3	284.0
晚期成熟乳	4	324	262.5	251.9	4	319	231.6	206.2

注：n：研究数目（若2篇文献是同一研究，计数为1）；k：样本量。

九、影响因素

母乳维生素A水平受多种因素影响，包括泌乳期、膳食及膳食补充剂、母婴人群特征及健康状况等。

1．泌乳期

研究显示，母乳维生素A含量随着泌乳期延长而逐渐降低，初乳阶段最高，过渡乳次之，成熟乳最低[7-10]。成熟乳早期和晚期母乳含量也存在显著差异[7]。

2．膳食及膳食补充剂

母乳维生素A含量或视黄醇活性当量（RE）含量与膳食维生素A含量、脂肪摄入量以及服用维生素A补充剂等相关。对于膳食维生素A摄入不足或母乳维生素A含量低的乳母[11]，多摄入富含鱼肝油的膳食、橙红色水果或者维生素A含量高的动物性食物有助于提高其母乳维生素A含量[12, 13]。膳食油脂种类可能会影响母乳维生素A含量。摄入红棕榈油的乳母产后第1个月和第3个月的母乳维生素A含量变化不明显[14]。但孕中期孕妇服用大豆油补充剂至产后第6个月，仅产后第 3 个月母乳维生素A含量显著高于对照组[12]。不论在孕期还是哺乳期补充摄入维生素A，乳母母乳中维生素A 含量均有显著增加[16-19]。

3．母婴人群特征及健康状况

国外研究显示，孕期或哺乳期妇女的维生素A营养状况、年龄、早产、高风险妊娠因子等均会影响到乳母母乳维生素A含量。妇女孕晚期血清维生素A水平高，过渡乳和早期成熟乳维生素A含量也高[20]，乳母血清维生素A水平与初乳以及成熟乳维生素A含量成正相关[21, 22]。女性孕前或孕期超重、子痫前期均会影响其母乳维生素A含量[21, 23, 24]。乳母BMI与其早期成熟乳维生素A含量不相关[25]，但乳母体脂百分比含量与其早期成熟乳维生素A含量成负相关[22]。

从初乳期到早期成熟乳期，早产儿与足月儿母亲的母乳维生素A含量差异存在不一致的报道，可能与各研究样本量小有关。Chappell等[8]发现产后37天内初乳维生素A水平，早产儿母亲与足月儿母亲（n1=n2=12）接近；但过渡乳和早期成熟乳维生素A水平，早产儿母亲均显著高于足月儿母亲。而Vaisman等[10]发现产后5周内，初乳维生素A含量早产儿母亲低于足月儿母亲（n1=16，n2=7）；在过渡乳期二者接近；后续3周内母乳维生素A水平，早产儿母亲则高于足月儿母亲。而Redeuil等[26]发现，在产后2月内从初乳到早期成熟乳维生素A含量，足月儿母亲和早产儿母亲（n1=22 ~ 28，n2=16 ~ 25）无显著差异。Samano等[24]观察到，初乳、过渡乳和成熟乳的维生素A含量，早产儿母亲均低于足月儿母亲（n1=48，n2=47）。

4．乳母年龄

研究显示，年龄大的乳母初乳维生素A含量更高[27]，但乳母年龄与成熟乳维生素A含量的关系存在不一致的报道。Denic等[28]发现，高年龄组乳母（≥35岁）初乳维生素A含量更高；而早期成熟乳维生素A含量，高、低年龄组（＜35岁）无差异。Barua等[29]发现18至＜32岁孟加拉国乳母按年龄分层后，不同年龄组间（18 ~ 20岁，21 ~ 25岁，26 ~ 32岁）乳母在产后1.5 ~ 26个月内的成熟乳维生素A含量没有差异。而Mello-Neto等[22]发现母乳捐赠库的16 ~ 41岁乳母，按年龄分层后（16 ~ 19岁，20 ~ 29岁，30 ~ 41岁），早期成熟乳维生素A含量与乳母年龄成正相关。

5. 母亲社会学特征

研究显示，家庭收入、母亲教育水平等对母乳维生素A含量有影响。家庭收入高的乳母其初乳[27]、早期成熟乳和晚期成熟乳的维生素A含量更高[29]。教育程度可能会影响初乳维生素A含量[27]，但对成熟乳维生素A含量影响不大[30]。家庭社会经济状况可能对母乳维生素A含量有影响[23, 29-31]。

（编写：张环美，杨振宇，赖建强）

参考文献

[1] KUPKA R, VILLAMOR E. Vitamins [M]//Duggan CWJB, Koletzko B, Walker WA. Nutrition in Pediatrics 儿科营养学. 北京；人民卫生出版社. 2016：142.

[2] 段一凡，荫士安. 人乳成分：存在形式、含量、功能、检测方法［M］. 北京：化学工业出版社，2021：285.

[3] 汪之顼. 脂溶性维生素：维生素A［M］. 中国营养学会. 中国居民膳食营养素参考摄入量（2013版）. 北京：科学出版社. 2014：307.

[4] GRUHL T, WEINERT T, RODRIGUES M J, et al. Ultrafast structural changes direct the first molecular events of vision [J]. Nature. 2023; 615(7954): 939-944.

[5] Ross C A. Chapter 17, Vitamin A [M]// Ross C A, Caballero B, Cousins R J, et al. Modern Nutrition in Health and Diseases. 11th edition.Wolters Kluwer|Lippincott Willams&Wilkins. 2014: 260-277.

[6] BLANER WS. Vitamin A and Provitamin A Carotenoids [M]// Marriott B P, Birt D F, Stallings V A, et al. Present Knowledge in Nutrition: Clinical and Applied Topics in Nutrition. 11th edition. Academic Press. 2020: 73-89.

[7] 张环美，万蓉，陈波，等. 中国城乡不同泌乳阶段母乳维生素A和维生素E含量研究［J］. 营养学报，2021，43（4）：347-351+357.

[8] CHAPPELL JE, FRANCIS T, CLANDININ MT. Vitamin A and E content of human milk at early stages of lactation [J]. Early Human Development, 1985, 11 (2): 157-167.

[9] MACIAS C, SCHWEIGERT FJ. Changes in the concentration of carotenoids, vitamin A, alpha-tocopherol and total lipids in human milk throughout early lactation [J]. Annals of Nutrition and Metabolism, 2001, 45 (2): 82-85.

[10] VAISMAN N, MOGILNER BM, SKLAN D. Vitamin A and E content of preterm and term milk [J]. Nutrition Research, 1985, 5 (9): 931-935.

[11] MACHADO MR, KAMP F, NUNES JC, et al. Breast milk content of vitamin A and E from early- to mid-lactation is affected by inadequate dietary intake in brazilian adult women [J]. Nutrients, 2019, 11 (9).

[12] KHAN NC, WEST CE, DE PEE S, et al. The contribution of plant foods to the vitamin A supply of

lactating women in Vietnam: a randomized controlled trial [J]. Am J Clin Nutr, 2007, 85 (4): 1112-1120.

[13] OLAFSDOTTIR A S, WAGNER K H, THORSDOTTIR I, et al. Fat-soluble vitamins in the maternal diet, influence of cod liver oil supplementation and impact of the maternal diet on human milk composition [J]. Annals of Nutrition and Metabolism, 2001, 45 (6): 265-272.

[14] CANFIELD LM, KAMINSKY RG, TAREN DL, et al. Red palm oil in the maternal diet increases provitamin A carotenoids in breastmilk and serum of the mother-infant dyad [J]. European Journal of Nutrition, 2001, 40 (1): 30-38.

[15] ALAM DS, VAN RAAIJ JM, HAUTVAST JG, et al. Effect of dietary fat supplementation during late pregnancy and first six months of lactation on maternal and infant vitamin A status in rural Bangladesh [J]. J Health Popul Nutr, 2010, 28 (4): 333-342.

[16] GRILO EC, MEDEIROS WF, SILVA AG, et al. Maternal supplementation with a megadose of vitamin A reduces colostrum level of α-tocopherol: a randomised controlled trial [J]. J Hum Nutr Diet, 2016, 29 (5): 652-661.

[17] SÂNZIO GURGEL CS, ALVES DE ARAÚJO PEREIRA L, DE ASSIS COSTA A, et al. Effect of routine prenatal supplementation on vitamin concentrations in maternal serum and breast milk [J]. Nutrition, 2017, 33: 261-265.

[18] TURNER T, BURRI BJ, JAMIL KM, et al. The effects of daily consumption of β-cryptoxanthin-rich tangerines and β-carotene-rich sweet potatoes on vitamin A and carotenoid concentrations in plasma and breast milk of Bangladeshi women with low vitamin A status in a randomized controlled trial [J]. Am J Clin Nutr, 2013, 98 (5): 1200-1208.

[19] STOLTZFUS RJ, HAKIMI M, MILLER KW, et al. High dose vitamin A supplementation of breast-feeding Indonesian mothers: effects on the vitamin A status of mother and infant [J]. Journal of nutrition, 1993, 123 (4): 666-675.

[20] ORTEGA RM, ANDRÉS P, MARTÍNEZ RM, et al. Vitamin A status during the third trimester of pregnancy in Spanish women: influence on concentrations of vitamin A in breast milk [J]. Am J Clin Nutr, 1997, 66 (3): 564-568.

[21] FARES S, SETHOM MM, KACEM S, et al. Retinol and alpha-tocopherol in the colostrum of lactating tunisian women delivering prematurely: associations with maternal characteristics [J]. Pediatr Neonatol, 2016, 57 (2): 120-126.

[22] MELLO-NETO J, RONDÓ PH, OSHIIWA M, et al. The influence of maternal factors on the concentration of vitamin A in mature breast milk [J]. Clinical Nutrition, 2009, 28 (2): 178-181.

[23] DIMENSTEIN R, SIMPLÍCIO J L, RIBEIRO KD, et al. Retinol levels in human colostrum: Influence of child, maternal and socioeconomic variables [J]. Jornal de Pediatria, 2003, 79 (6): 513-518.

[24] SAMANO R, MARTINEZ-ROJANO H, HERNANDEZ RM, et al. Retinol and alpha-tocopherol in the Breast milk of women after a high-risk pregnancy [J]. NUTRIENTS, 2017, 9 (1).

[25] MENESES F, TRUGO NM. Retinol, β-carotene, and lutein + zeaxanthin in the milk of Brazilian nursing women: associations with plasma concentrations and influences of maternal characteristics [J]. Nutrition Research, 2005, 25 (5): 443-451.

[26] REDEUIL K, LÉVÊQUES A, OBERSON JM, et al. Vitamins and carotenoids in human milk delivering preterm and term infants: Implications for preterm nutrient requirements and human milk fortification strategies [J]. Clin Nutr, 2021, 40 (1): 222-228.

[27] BEZERRA DS, RIBEIRO KDS, LIMA MSR, et al. Retinol status and associated factors in mother-newborn pairs [J]. J Hum Nutr Diet, 2020, 33 (2): 222-231.

[28] DENIĆ M, SUNARIĆ S, GENČIĆ M, et al. Maternal age has more pronounced effect on breast milk retinol and β-carotene content than maternal dietary pattern [J]. Nutrition, 2019, 65: 120-125.

[29] BARUA S, TARANNUM S, NAHAR L, et al. Retinol and alpha-tocopherol content in breast milk of Bangladeshi mothers under low socio-economic status [J]. Int J Food Sci Nutr, 1997, 48 (1): 13-18.

[30] TOKUŞOĞLU Ö, TANSUĞ N, AKŞIT S, et al. Retinol and α-tocopherol concentrations in breast milk of Turkish lactating mothers under different socio-economic status [J]. International Journal of Food Sciences and Nutrition, 2008, 59 (2): 166-174.

[31] GURGEL CSS, GRILO EC, LIRA LQ, et al. Vitamin A nutritional status in high- and low-income postpartum women and its effect on colostrum and the requirements of the term newborn [J]. Jornal de Pediatria, 2018, 94 (2): 207-215.

第2节　维生素D

一、背景

维生素D是维持人体生理功能的脂溶性维生素之一。维生素D主要包括维生素D_2和维生素D_3两种存在形式，在人体内的代谢产物为1,25$(OH)_2D_2$和1,25$(OH)_2D_3$[1]。维生素D主要通过阳光照射在皮肤上合成，然而阳光曝露情况受地理环境、季节和文化习惯等因素影响[2]，且婴儿皮肤娇嫩，过早曝露于日光会对皮肤造成损伤，因此婴儿难以从光照中获得充足的维生素D[3]。母乳中维生素D含量较低，通常认为纯母乳喂养婴儿不能从母乳中获得足量的维生素D[4]。《中国妇幼人群膳食指南》推荐婴儿期使用维生素D补充剂[3]。但母乳维生素D受多种因素影响，包括哺乳阶段、地理环境、检测季节、母亲膳食摄入等，对母乳维生素D水平进行综述，有助于为制定婴儿维生素D的补充水平提供参考建议。

二、生理功能

生理功能方面，维生素D作为参与钙磷代谢的调节因子，能促进钙在肠道内的吸收，维持体内的钙磷平衡，促进婴儿的骨骼发育[1]；维生素D还有减少炎症、调节细胞生长和血糖代谢、促进免疫等作用。婴儿维生素D缺乏将导致骨骼变薄、变脆，甚至引发佝偻病。此外，维生素D缺乏与多种急性感染和慢性疾病有关[5]，如婴儿期维生素D缺乏可能增加成年期罹患心血管疾病、自身免疫疾病的风险[6]。

三、分析方法

1．检索策略

在中文数据库知网、万方、维普、中国生物医学文献数据库（CBMdisc）和英文数据库PubMed、Web of Science、Embase、Cochrane Library检索2021年5月之前公开发表的文献。采取组合检索策略获得报告了母乳维生素D含量的原始文献。

中文检索词包括：（“维生素D” OR “25(OH)D” OR “脂溶性维生素”）AND（“人乳” OR “母乳” OR “泌乳” OR “哺乳”）。英文检索词包括：（‘vitamin D’ OR ‘25-dihydroxy-vitamin D’ OR ‘25-dihydroxyvitamin D’ OR ‘25 (OH)D’ OR ‘lipid-soluble vitamin’ OR ‘fat-soluble vitamin’ OR ‘liposoluble vitamin’) AND (‘breast milk’ OR ‘breast* milk’ OR ‘human* milk’ OR ‘mother* milk’ OR ‘woman* milk’ OR ‘women* milk’ OR ((lactating OR lactation) AND milk)) OR ‘breastfed’ OR ‘breastfeed’ OR ‘breastfeeding’ OR ‘breast fed’ OR ‘breast feed’ OR ‘breast feeding’)。

2．文献筛选

根据关键词检索，从各文献数据库中检索到6195条记录。根据纳入排除标准，最终纳入17篇原始文献（图5.2.1）；其中14篇报告了健康母亲足月儿母乳中维生素D含量，3篇报告了特殊状况母乳中维生素D含量。研究对象为中国人群3篇，国外人群11篇。健康母亲足月儿相关文献的基本信息见表5.2.1。

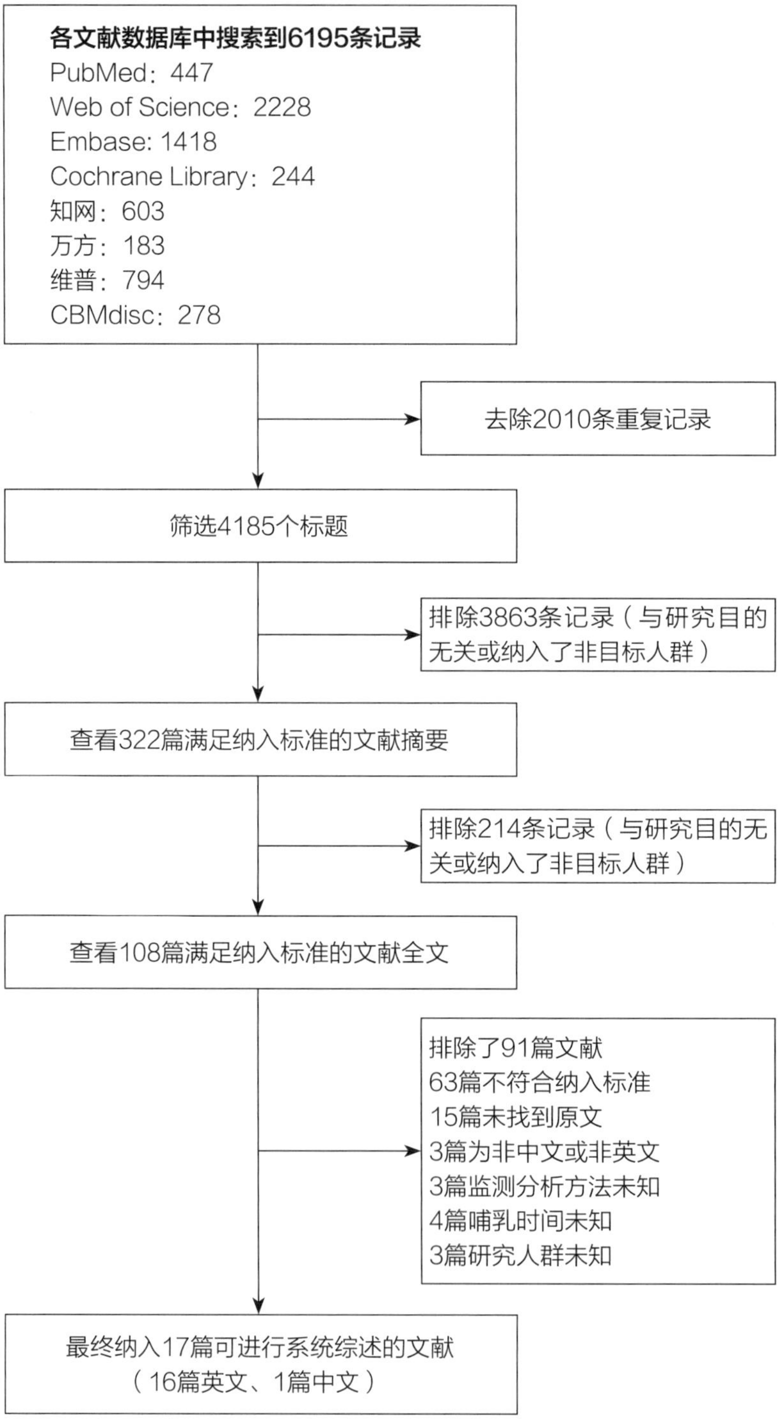

图5.2.1 维生素D含量文献检索流程图

表5.2.1　健康母亲足月儿母乳维生素D相关文献的基本信息

第一作者	发表年份	国家	测量指标	哺乳时间/(d)	哺乳阶段	样本量	检测方法	储存温度/(℃)
Takeuchi[16]	1989	非中国	维生素D_2, 维生素D_3, 1, 25 $(OH)_2D_3$	7，35	过渡乳、成熟乳	40	HPLC	−20
Hollis[17]	1986	非中国	维生素D_2, 维生素D_3, 1, 25 $(OH)_2D_2$, 1, 25 $(OH)_2D_3$	14 ~ 90	成熟乳	51	竞争蛋白结合分析法	−20
Wagner[18]	2006	非中国	antirachitic activity（抗佝偻病活性）	30 ~ 210	成熟乳	19	HPLC	NA
Mohamed[19]	2014	马来西亚	1, 25 $(OH)_2D$	15 ~ 360	成熟乳	102	HPLC	−80
Zhang[20]	2012	欧洲某国	维生素D	14 ~ 21	过渡乳	108	HPLC	NA
Gjerde[21]	2020	挪威	1, 25 $(OH)_2D_2$	89	成熟乳	137	LC-MS/MS	−80
Cancela[22]	1986	非洲某国	维生素D 1, 25 $(OH)_2D$	3 ~ 30	初乳、成熟乳	11	HPLC	−20
Wang[7]	2020	中国	$25(OH)D_3$	60 ~ 120	成熟乳	45	LC-MS/MS	−80
Kamao[23]	2007	日本	维生素D_2, 维生素D_3, 1, 25 $(OH)_2D_2$, 1, 25 $(OH)_2D_3$	45 ± 30	成熟乳	51	LC-APCI/MS/MS	NA
Tsugawa[12]	2021	日本	维生素D	90 ~ 120	成熟乳	90	HPLC	−80
Niramitm-ahapanya[24]	2017	泰国	1, 25 $(OH)_2D$	0，180	初乳	76	HPLC	−80
Hoogenbo-ezem[25]	1989	欧洲某国	1, 25 $(OH)_2D$	7 ~ 147	过渡乳、成熟乳	39	HPLC	−20
Shi[26]	2011	中国	维生素D	8 ~ 180	过渡乳、成熟乳	17	HPLC	−20
郑明慈[27]	1996	中国	1, 25 $(OH)_2D$	4	初乳	53	竞争蛋白结合分析法	−20

注：NA表示无有效值。

3．单位转化和数据分析

首先，将原始文献中维生素D、维生素D_2、维生素D_3、25(OH)D、25(OH)D_2、25(OH)D_3的实际质量根据各自的相对分子质量统一转化为摩尔质量。由于维生素D、25(OH)D为混合物，无法获得相对分子质量，因此分别以维生素D_3、25(OH)D_3的相对分子质量代替，转化为摩尔质量。然后，将各文献中摩尔质量的平均值和标准差合并，得到母乳维生素D的平均摩尔质量。最后，根据维生素D_3的相对分子质量，将平均摩尔质量转化为母乳中维生素D的实际质量。

四、健康母亲足月儿初乳

共有3篇文献报告了健康母亲足月儿初乳维生素D含量，其中1篇研究对象为中国母亲，2篇研究对象为国外母亲。研究结果显示，中国健康母亲足月儿初乳维生素D含量为（0.801 ± 0.342）μg/L，采用竞争蛋白结合分析法检测。国外健康母亲足月儿初乳维生素D含量为（25.191 ± 15.845）μg/L，均采用HPLC进行检测（表5.2.2）。

五、健康母亲足月儿过渡乳

共有4篇文献报告了健康母亲足月儿过渡乳维生素D含量，其中1篇研究对象为中国母亲，3篇研究对象为国外母亲。中国健康母亲足月儿过渡乳维生素D含量为（25.132 ± 30.540）μg/L，采用竞争蛋白结合分析法检测。国外健康母亲足月儿过渡乳维生素D含量为（1.045 ± 1.740）μg/L，均采用HPLC进行检测（表5.2.3）。

六、健康母亲足月儿成熟乳

共有11篇文献报告了健康母亲足月儿成熟乳维生素D含量，其中1篇研究对象为中国母亲，10篇研究对象为国外母亲。中国健康母亲足月儿成熟乳维生素D含量为（3.792 ± 0.614）μg/L，检测方法为HPLC。国外健康母亲足月儿成熟乳维生素D含量为（0.943 ± 2.034）μg/L，不同检测方法检测结果差异有统计学意义（表5.2.4）。

七、特殊状况母乳

仅有3篇文献报告了特殊状况母乳的维生素D含量。1篇文献报告29位中国台湾地区过敏性皮炎婴儿的母乳25(OH)D_3含量为（1.720 ± 0.300）μg/L，显著低于健康婴儿的母乳25(OH)D_3含量（（3.950 ± 0.640）μg/L）[7]；1篇文献报告40位亚洲早产儿的母乳25(OH)D含量为（1.360 ± 0.160）μg/L，显著高于足月儿的母乳25(OH)D含量（（0.860 ± 0.100）μg/L）[8]；1篇文献报告31位土耳其产后抑郁母亲的母乳维生素D含量为（13.480 ± 5.440）μg/L[9]，未患抑郁母亲的母乳维生素D含量为（13.100 ± 5.410）μg/L，组间差异无统计学意义。

表5.2.2 健康母亲足月儿初乳维生素D含量

		中国样本[27]				国外样本[22, 24]				DRIS AI		其他推荐			
泌乳阶段	检测方法	研究数目	样本量	平均值/（μg/L）	标准差/（μg/L）	研究数目	样本量	平均值/（μg/L）	标准差/（μg/L）	DRIS AI/0～0.5岁（μg/d）	DRIS AI/0.5～1岁（μg/d ）	美国/加拿大（IU/d）	粮农/世卫组织（μg/d）	英国（μg/d）	欧洲食品安全局（IU/d）
初乳	总体	1	53	0.801	0.342	2	79	25.191	15.845	10	10	400	5	8.5 ~ 10	400
	HPLC	0				2	79	25.191	15.845						
	竞争蛋白结合分析法	1	53	0.801	0.342	0									
	P														

表5.2.3 健康母亲足月儿过渡乳维生素D含量

		中国样本[26]				国外样本[16, 20, 25]				DRIS AI		其他推荐			
泌乳阶段	检测方法	研究数目	样本量	平均值/（μg/L）	标准差/（μg/L）	研究数目	样本量	平均值/（μg/L）	标准差/（μg/L）	DRIS AI/0～0.5岁（μg/d）	DRIS AI/0.5～1岁（μg/d ）	美国/加拿大（IU/d）	粮农/世卫组织（μg/d）	英国（μg/d）	欧洲食品安全局（IU/d）
过渡乳	总体	1	2	25.132	30.540	3	195	1.045	1.740	10	10	400	5	8.5 ~ 10	400
	HPLC	0				3	195	1.045	1.740						
	竞争蛋白结合分析法	1	2	25.132	30.540	0									
	P														

表5.2.4 健康母亲足月儿母乳维生素D含量

		中国样本[7]				国外样本[12, 16-19, 21-23, 25, 26]				DRIS AI		其他推荐			
泌乳阶段	检测方法	研究数目	样本量	平均值/（μg/L）	标准差/（μg/L）	研究数目	样本量	平均值/（μg/L）	标准差/（μg/L）	DRIS AI/0～0.5岁（μg/d）	DRIS AI/0.5～1岁（μg/d）	美国/加拿大（IU/d）	粮农/世卫组织（μg/d）	英国（μg/d）	欧洲食品安全局（IU/d）
	总体	1	45	3.792	0.614	10	1768	0.943	2.034						
	LC	1	45	3.792	0.614	9	1564	1.044	2.141						
成熟乳	竞争蛋白结合分析法	0				1	204	0.173	0.193	10	10	400	5	8.5～10	400
	P							<0.001							
	LC	1	45	3.792	0.614	9	1352	1.171	2.267						
180天前成熟乳	竞争蛋白结合分析法	0				0	0								
	P														
	LC	0				2	59	0.694	0.851						
180天后成熟乳	竞争蛋白结合分析法	0				0	0								
	P														

注：LC法包括HPLC、LC-MS/MS、LC-APCI/MS/MS。

八、服用膳食补充剂母亲母乳

共有3篇文献报告了服用膳食补充剂母亲母乳维生素D含量，研究对象均为国外母亲。国外服用膳食补充剂的母亲母乳维生素D含量为（19.635 ± 18.563）μg/L，高于本研究计算的未补充膳食补充剂母亲的过渡乳和成熟乳维生素D含量（表5.2.5）。

九、影响因素

母乳维生素D含量受多种因素影响，包括哺乳阶段、地理环境、检测季节、母亲膳食摄入等因素。

1．哺乳阶段

一项纳入了107位国外健康母亲的随访研究结果显示，母乳中维生素D含量较稳定，但是前乳中的维生素D含量比后乳低，初乳中的维生素D含量比成熟乳低，且均不能达到婴儿所需推荐摄入量的20%[10]。

2．地理环境

日光照射充足地区母亲的母乳维生素D含量更高[2]。一项调查中国30个省1981名母亲的横断面研究结果显示，我国高纬度地区日照时间小于低纬度地区，经皮肤合成的维生素D较少，母亲缺乏维生素D的风险也更高[11]，母乳中的维生素D含量可能更低。

3．检测季节

日本的一项横断面研究检测了162名母亲不同季节成熟乳中维生素D的含量，结果显示，夏季母乳中维生素D含量比冬季高[12]。

4．母亲膳食摄入

Meta分析结果认为，母亲通过膳食补充维生素D可以增加母乳中的维生素D[13]。一项样本量为19人，干预时间为6个月的随机对照试验结果显示，补充6400IU/d维生素D_3的母亲母乳中25(OH)D含量显著高于400IU/d组[14]。但是目前研究样本量较小，且缺乏长期的观察，需进一步探究膳食补充的长期效果和适宜的补充剂量。

5．疾病因素

目前特殊状况母乳维生素D的相关研究较少，土耳其的一项横断面研究结果显示，产后抑郁（n=31）与未抑郁（n=44）母亲的母乳维生素D含量的差异无统计学意义[9]。但是中国的一项横断面调查显示，产后抑郁母亲（n=26）的血清维生素D含量低于未抑郁母亲（n=187）[15]，而血清维生素D与母乳维生素D含量有关[2]。目前结论不一致，需进一步探究疾病因素与母乳维生素D含量的关系。

（编写：赵艾，那晓娜，谭越峰，于昊冉）

表5.2.5 服用膳食补充剂母亲母乳维生素D含量

检测方法	中国样本				国外样本[16, 18, 24]				DRIS AI		其他推荐			
	研究数目	样本量	平均值/（μg/L）	标准差/（μg/L）	研究数目	样本量	平均值/（μg/L）	标准差/（μg/L）	DRIS AI/ 0～0.5岁（μg/d）	DRIS AI/ 0.5～1岁（μg/d）	美国/加拿大（IU/d）	粮农/世卫组织（μg/d）	英国（μg/d）	欧洲食品安全局（IU/d）
总体	0	/	/	/	3	126	19.635	18.563	10	10	400	5	8.5～10	400
HPLC	0				3	126	19.635	18.563						
自动化学发光免疫测定	0				0									
P														

参考文献

[1] ROSS AC, CABALLERO B, COUSINS RJ, et al. Modern Nutrition in Health and Disease [M]. 11th ed. Philadelphia: Lippincott Williams & Wilkins, 2014.

[2] 冯雪英，单延春，衣明纪. 母乳中维生素D水平及影响因素研究［J］，中国儿童保健杂志，2017，25（6）：579-581.

[3] 中国营养学会妇幼营养分会. 中国妇幼人群膳食指南［M］. 北京：人民卫生出版社，2016.

[4] GREER FRANK R, TSANG REGINALD C. Vitamin D in human milk: is there enough?[J]. Journal of Pediatric Gastroenterology and Nutrition, 1983, 2 (SUPPL. 1): S277-S281.

[5] ABRAMS SA, COSS-BU JA, TIOSANO D. Vitamin D: effects on childhood health and disease [J]. Nature Reviews Endocrinology, 2013, 9 (3): 162-170.

[6] MULLIN GE, DOBS A. Vitamin D and its role in cancer and immunity: a prescription for sunlight [J]. Nutrition in Clinical Practice, 2007, 22 (3): 305-322.

[7] WANG LC, CHIANG BL, HUANG YM, et al. Lower vitamin D levels in the breast milk is associated with atopic dermatitis in early infancy [J]. Pediatric Allergy and Immunology, 2020, 31 (3): 258-264.

[8] ZHENG M, YAMAOKA K, OKADA S, et al. Vitamin D metabolites in human milk from mothers of preterm and full-term infants [J]. Journal of Bone and Mineral Metabolism, 1990, 8 (2): 11-16.

[9] YUVACI HU, YAZAR, ELIF K, et al. Evaluation of the relationship between the level of vitamin D in maternal blood and breast milk and postpartum depression [J]. Journal of Clinical Obstetrics and Gynecology, 2020, 30 (2): 58-64.

[10] VIÐ STREYM S, HØJSKOV C S, MØLLER U K, et al. Vitamin D content in human breast milk: a 9-mo follow-up study [J]. American Journal of Clinical Nutrition, 2016, 103 (1): 107-114.

[11] 庞学红，杨振宇，王杰，等. 2013年中国乳母维生素D营养状况及其影响因素［J］. 中华预防医学杂志，2016，50（12）：1056-1060.

[12] TSUGAWA N, NISHINO M, KUWABARA, A et al. Comparison of vitamin D and 25-hydroxyvitamin D concentrations in human breast milk between 1989 and 2016-2017[J]. Nutrients, 2021, 13 (2): 573.

[13] ZHONG X, XIONG Y, WEI D, et al. The influence of maternal vitamin D supplementation on infant vitamin D status: A systematic review and meta-analyses [J]. Complementary Therapies in Medicine, 2020, 52: 102491.

[14] WAGNER CL, HULSEY TC, FANNING D, et al. High-dose vitamin D_3 supplementation in a cohort of breastfeeding mothers and their infants: a 6-month follow-up pilot study [J]. Breastfeeding Medicine, 2006, 1 (2): 59-70.

[15] FU CW, LIU JT, TU WJ, et al. Association between serum 25-hydroxyvitamin D levels measured 24 hours after delivery and postpartum depression [J]. BJOG, 2015, 122 (12): 1688-1694.

[16] TAKEUCHI A, OKANO T, TSUGAWA N, et al. Effects of ergocalciferol supplementation on the concentration of vitamin D and its metabolites in human milk [J]. The Journal of Nutrition, 1989, 119 (11): 1639-1646.

[17] HOLLIS BW, PITTARD III WB, REINHARDT TA. Relationships among vitamin D, 25-hydroxyvitamin D, and vitamin D-binding protein concentrations in the plasma and milk of human subjects [J]. The Journal of Clinical Endocrinology & Metabolism, 1986, 62 (1): 41-44.

[18] WAGNER CL, HULSEY TC, FANNING D, et al. High-dose vitamin D_3 supplementation in a cohort of breastfeeding mothers and their infants: a 6-month follow-up pilot study [J]. Breastfeeding medicine: the official journal of the Academy of Breastfeeding Medicine, 2006, 1 (2): 59-70.

[19] JAN MOHAMED HJ, ROWAN A, FONG B, et al. Maternal serum and breast milk vitamin D levels: findings from the universiti sains malaysia pregnancy cohort study [J]. PLoS One, 2014, 9 (7): e100705.

[20] ZHANG JY, LUCEY AJ, GALVIN K, et al. Vitamin D content of human milk and associations with milk fat content and maternal serum 25-hydroxyvitamin D concentrations [J]. Proceedings of the Nutrition Society, 2012, 71 (OCE2): E54-E54.

[21] GJERDE J, KJELLEVOLD M, DAHL L, et al. Validation and determination of 25（OH) vitamin D and 3-Epi25（OH)D_3 in breastmilk and maternal- and infant plasma during breastfeeding [J]. Nutrients, 2020, 12 (8): 2271.

[22] CANCELA L, LE BOULCH N, MIRAVET L. Relationship between the vitamin D content of maternal milk and the vitamin D status of nursing women and breast-fed infants [J]. Journal of Endocrinology, 1986, 110 (1): 43-50.

[23] KAMAO M, TSUGAWA N, SUHARA Y, et al. Determination of fat-soluble vitamins in human plasma, breast milk and food samples: Application in nutrition survey for establishment of “Dietary reference intakes for Japanese” [J]. Journal of Health Science, 2007, 53 (3): 257-262.

[24] NIRAMITMAHAPANYA S, KAOIEAN S, SANGTAWESIN V, et al. Correlation of 25-Hydroxyvitamin D Levels in Serum vs. Breastmilk in Vitamin D-Supplementation Breastfeeding Women during Lactation: Randomized Double Blinded Control Trial [J]. Journal of The Medical Association of Thailand, 2017, 100 (2, Suppl. 1): S165-S171.

[25] HOOGENBOEZEM T, DEGENHART HJ, DE MUINCK KEIZER-SCHRAMA SM, et al. Vitamin D metabolism in breast-fed infants and their mothers [J]. Pediatric Research, 1989, 25 (6): 623-628.

[26] SHI YD, SUN GQ, ZHANG ZG, et al. The chemical composition of human milk from Inner Mongolia of China [J]. Food Chemistry, 2011, 127 (3): 1193-1198.

[27] 郑明慈，张国风，郑茜，等. 哺乳妇女初乳中25-羟维生素D含量测定［J］. 营养学报，1996: 487-488.

第3节 维生素E

一、背景

维生素E又名生育酚（tocopherol），是所有具有α-生育酚活性的生育酚和三烯生育酚（tocotrienol）及其衍生物的总称。维生素E包括α-生育酚，β-生育酚，γ-生育酚，δ-生育酚和四种生育三烯酚[1]。人体内的α-生育酚转移蛋白（α-TTP）会优先结合α-生育酚，故α-生育酚在体内的含量最多、活性最强。维生素E是体内重要的抗氧化剂，保护细胞免受过氧化损伤、维持正常免疫等功能，与婴幼儿的呼吸、免疫和认知系统发育密切相关[2]。新生儿出生时体内维生素E储存量低，母乳中维生素E的含量对母乳喂养婴儿的生长与发育影响至关重要[3]。

母乳维生素E含量受多种因素影响，如泌乳期、乳母营养状况、母婴人群特征及健康状况、膳食及膳食补充剂、乳样采集方法及时段等。为填补我国及国外母乳维生素E含量代表性数据的空白，本研究对3个中文数据库及4个英文数据库进行了系统检索及分析，为提出我国母乳中维生素E含量的参考值提供数据支持。

二、生理功能

（一）抗氧化作用

维生素E是非酶抗氧化系统中重要的抗氧化剂，能清除体内的自由基并阻断其引发的链式反应，防止生物膜（包括细胞膜、细胞器膜）和脂蛋白中多不饱和脂肪酸、细胞骨架及其他蛋白质的巯基免受自由基和氧化剂的攻击。在这个过程中，维生素E先被氧化，因此扮演的是“牺牲者”的角色。维生素E与氧自由基反应后，将自由基捕获，即转变为生育酚自由基，也就是氧化型维生素E。这种形式的自由基虽然不是完全没有活性，但对脂肪酸侧链的攻击作用比过氧自由基弱得多，因而维生素E总的作用是减慢脂质过氧化作用的链式反应。此后，机体可利用体内存在的自由基自体淬灭机制将生育酚自由基恢复为生育酚。维生素C、β-胡萝卜素与维生素E有一定的协同互补作用。在氧分压较高时，生育酚自由基在生物膜表面与维生素C接触进行反应，使维生素C氧化成维生素C自由基，而生育酚自由基可还原为生育酚，因此构成了维生素E与维生素C的抗氧化联合防线。

（二）抗动脉粥样硬化

LDL-C（低密度脂蛋白胆固醇）的氧化修饰是动脉粥样硬化（形成脂肪条纹和斑块）和冠心病的起始步骤。各种脂蛋白中都有维生素E存在，LDL（低密度脂蛋白）的氧化多发生在维生素E被消耗之后。体外试验表明，LDL中加入维生素E，可提高其抗氧化能力，使LDL氧化的迟后期延长，LDL的氧化反应率降低。这种作用在人体补充维生素E的试验中也得到证实。充足的维生素E可抑制细胞膜脂质的过氧化反应，增加LDL-C的抗氧化能力，减少氧化型LDL-C的产生，保护LDL-C免受氧化。维生素E还有抑制血小板在血管表面凝集和保护血管内皮的作用，因而被认为有预防动脉粥样硬化和心血管疾病的作用。

（三）对免疫功能的作用

维生素E对维持正常的免疫功能，特别是对T细胞的功能很重要，这一点已在动物模型和一些老年人群中得到证实。大鼠缺乏维生素E时免疫反应低下，外周血淋巴细胞对ConA（刀豆球蛋白A）刺激的转化作用出现抑制现象。Sakamoto等给大鼠每日腹腔注射维生素E，6天后实验组动物血中维生素E含量增高，淋巴细胞转化率及对羊红细胞的抗体应答反应比对照组增强数倍，同时腹腔巨噬细胞数及血中T细胞分裂素原（T-kininogen）含量均明显增加。他们认为这种作用是由于维生素E直接通过刺激巨噬细胞和一些细胞因子如集落刺激因子（G-CSF, GM-CSF）、IL-1及IL-6等的结果。至于维生素E是如何诱导细胞因子的机制尚不清楚。维生素E也可间接使T细胞分裂原（属于热反应蛋白）增加，引起T细胞增殖[4]。

（四）对胚胎发育和生殖的作用

维生素E是大鼠正常胚胎发育必不可少的微量营养素，维生素E吸收障碍可以引起胚胎死亡，维生素E缺乏可引起动物不孕。目前，补充维生素E已经成为促进饲养动物生长的一项常规措施，但是对于其机制的研究相当少。目前尚未找到维生素E对人类生殖作用的直接证据。女性妊娠期间，血浆α-生育酚的浓度随血脂水平的增加而升高。一般认为维生素E的需要量随妊娠月份增加而增加，因此，孕妇可以补充小剂量（50mg/d）维生素E。已有研究证明，母亲和胎儿血浆维生素E浓度之间没有清晰的关系。补充维生素E只能增加母亲血浆中的含量，维生素E不能有效地通过胎盘进入胎儿的血液循环。妊娠异常时，其相应妊娠月份时的血浆α-生育酚浓度比正常孕妇低。

（五）对神经系统和骨骼肌的保护作用

维生素E有保护神经系统、骨骼肌、视网膜免受氧化损伤的作用。人体神经肌肉系统的正常发育和视网膜的功能需要充足的维生素E。神经系统在产生神经递质的过程中，伴随大量自由基的产生。因此，维生素E在防止线粒体和神经系统的轴突膜受自由基损伤方面是必需的。

（六）其他作用

1．预防衰老

人们随着年龄增长，体内脂褐质不断增加。脂褐质俗称老年斑，是细胞内某些成分被氧化分解后产生的沉积物。补充维生素E可减少细胞中的脂褐质形成；维生素E还可改善皮肤弹性，减缓性腺萎缩，提高免疫力。

2．调节血小板的黏附力和聚集作用

维生素E缺乏时血小板聚集和凝血作用增强，从而增加心肌梗死和脑卒中的危险。这是由于维生素E可抑制磷脂酶A_2的活性，减少血小板血栓素A_2的释放，从而抑制血小板聚集。

3．降低血胆固醇水平

维生素E可抑制体内胆固醇合成限速酶，即3-羟基-3-甲基戊二酰辅酶A（3-hydroxy-3-methyl glutaryl coenzyme A, HMG-CoA）还原酶的活性，从而降低血浆胆固醇水平。

三、分析方法

本研究围绕母乳维生素E含量进行系统性文献检索，共查阅4791篇文献。中文文献和英文文献检索时间截至2021年4月30日。

1．纳入标准

①发表文章为中文或者英文；②母亲：年龄18～45岁，健康；③婴幼儿：年龄0～48月龄，健康；④干预研究和观察性研究（横断面研究、病例对照研究、队列研究）。

2．排除标准

①母亲患有乳腺炎、妊娠糖尿病等疾病；②母亲接受特殊膳食干预；③研究中泌乳阶段未说明；④研究中重要数据不全；⑤综述、生态学研究和病例报告、会议论文相关文章。

本研究明确规定了中英文检索词及筛选流程（表5.3.1、图5.3.1），同时本次计算仅包含使用高效液相色谱（HPLC）或超高效液相色谱（UPLC）检测的相关文献，最终纳入中国母乳样本文献15篇[5-19]，国外母乳样本文献38篇[20-57]。

表5.3.1　文献检索情况

数据库	检索式
知网	（篇名=母乳+人乳+乳汁+乳母）AND（篇关摘=维生素+维生素E+营养素+营养成分）—模糊匹配
	（篇名=维生素E+生育酚）AND（篇关摘=母乳+人乳+乳汁+乳母）—模糊匹配
万方	题名:（母乳OR人乳OR乳汁OR乳母）AND题名或关键词:（维生素E　OR生育酚OR维生素OR营养素OR营养成分）—模糊匹配

续表

数据库	检索式
维普	（题名或关键词=母乳+人乳+乳汁+乳母）AND（题名或关键词=维生素+维生素E+生育酚+营养素+营养成分）—模糊匹配
PubMed/Cochrane Library	('vitamin E' *[Title/Abstract] OR tocopherol[Title/Abstract]) AND ('breast milk'[Title/Abstract] OR 'breast* milk'[Title/Abstract] OR 'human* milk' [Title/Abstract] OR 'mother* milk' [Title/Abstract] OR 'woman* milk' [Title/Abstract] OR 'women* milk' [Title/Abstract] OR ((lactating OR lactation) AND milk)[Title/Abstract]) ('vitamin E'*[Title/Abstract] OR tocopherol[Title/Abstract]) AND (breastfed[Title/Abstract] OR breastfeed[Title/Abstract] OR breastfeeding [Title/Abstract] OR 'breast fed' [Title/Abstract] OR 'breast feed' [Title/Abstract] OR 'breast feeding' [Title/Abstract])
Web of Science	((TS=(tocopherol)) OR TS=(vitamin E)) AND ((((((TS=(breastfeeding)) OR TS=(breastfed)) OR TS=(breast feeding)) OR TS=(breast fed)) OR TS=(breastfeed)) OR TS=(breast feed)) ((TS=(tocopherol)) OR TS=(vitamin E)) AND ((((((TS=(human* milk)) OR TS=(woman*milk)) OR TS=(mother* milk)) OR TS=(breast* milk)) OR TS=(lactation)) OR TS=(lactating))
Embase	(tocopherol*: ab, ti OR 'vitaminE' : ab,ti) AND ('breastmilk' : ab,ti OR 'breast* milk' : ab,ti OR 'human* milk' : ab, ti OR 'mother* milk' : ab,ti OR 'woman* milk' : ab, ti OR 'women* milk' : ab, ti OR ((lactating OR lactation) AND milk)): ab, ti) (tocopherol*: ab, ti OR 'vitamin E' : ab, ti) AND (breastfed: ab, ti OR breastfeed: ab, ti OR breastfeeding: ab, ti OR 'breast fed' : ab, ti OR 'breast feed' : ab, ti OR 'breast feeding' : ab, ti)

四、健康母亲足月儿母乳

《中国居民膳食营养素参考摄入量（2013版）》推荐0～6月龄婴儿维生素E的适宜摄入量（AI）为3mg α-TE/d，7～12月龄婴儿维生素E的适宜摄入量（AI）为4mg α-TE/d。本次健康母亲母乳维生素E含量文献总结结果如下。

中国母乳样本文献：高效液相色谱法检测初乳维生素E含量为8.01 ± 4.78mg α-TE/L，过渡乳维生素E含量为4.00 ± 2.14mg α-TE/L，成熟乳维生素E含量为3.02 ± 1.80mg α-TE/L。

国外母乳样本文献：高效液相色谱法检测初乳维生素E含量为13.33 ± 7.50mg α-TE/L，过渡乳维生素E含量为4.40 ± 2.50mg α-TE/L，成熟乳维生素E含量为3.08 ± 1.90mg α-TE/L。

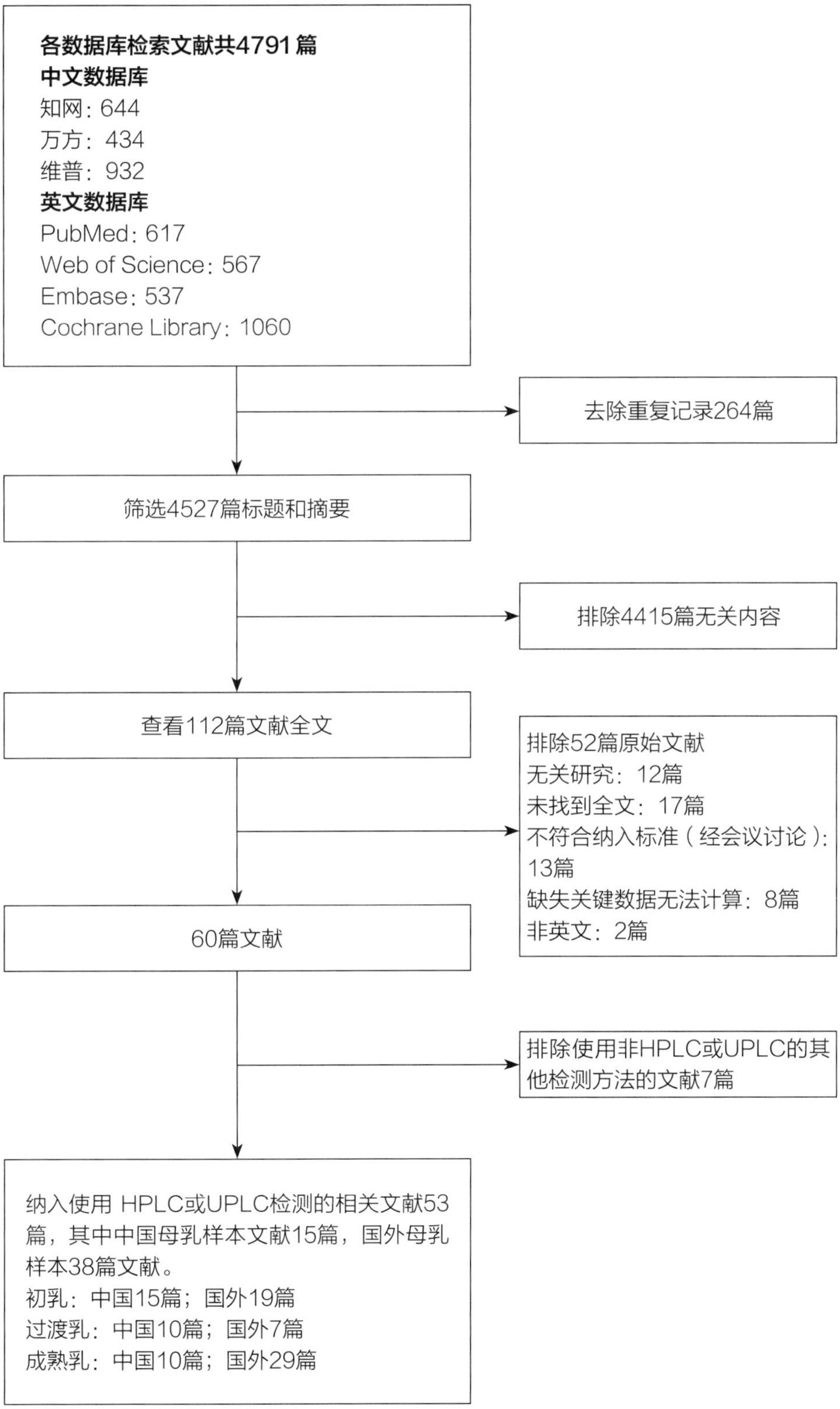

图5.3.1　维生素E含量文献检索流程图

表5.3.2 健康母亲足月儿母乳的维生素E含量

泌乳阶段	中国样本				国外样本			
	研究数目	样本量	平均值/（mg α-TE/L）	标准差/（mg α-TE/L）	研究数目	样本量	平均值/（mg α-TE/L）	标准差/（mg α-TE/L）
初乳	15	820	8.01	4.78	19	796	13.33	7.50
过渡乳	10	576	4.00	2.14	7	213	4.40	2.50
成熟乳	10	870	3.02	1.80	29	1516	3.08	1.90
180天前成熟乳	10	780	3.05	1.81	24	1205	3.22	2.02
180天后成熟乳	0				2	47	2.90	1.28

五、特殊状况母乳

国内外共有13篇文献的研究中包含特殊状况母亲的母乳维生素E含量，中国母乳样本文献2篇[5, 6]，国外母乳样本文献11篇[21-23, 45, 51, 58-63]；国外母乳样本的文献中专门研究早产儿母亲母乳维生素E情况的文献有4篇[58-61]，此结果并未针对特殊状况母乳进行专门检索。13篇研究显示在不同的泌乳阶段，早产儿母亲与正常分娩母亲乳汁中的维生素E含量的对比也有所不同。与妊娠32～37周分娩的孕妇相比，早产（<32周）孕妇的初乳中维生素E含量较低[51]；成熟乳的维生素E含量在二者之间几乎没有差别[58]。但其他研究得到了不同的结论，发现早产并不影响初乳中维生素E的含量[45, 61]。有关高危妊娠母亲母乳维生素E含量的研究仅有国外1篇文献[51]。

表5.3.3 特殊状况母乳的维生素E含量

泌乳阶段	特殊母亲	中国样本				国外样本			
		研究数目	样本量	平均值/（mg α-TE/L）	标准差/（mg α-TE/L）	研究数目	样本量	平均值/（mg α-TE/L）	标准差/（mg α-TE/L）
初乳	早产儿母亲	2	49	4.93	3.35	7	296	11.11	8.31
	巨大儿	0				1	6	18.21	5.75
	未成年母亲	0				1	25	14.17	6.81
过渡乳	早产儿母亲	1	11	2.94	0.94	1	48	2.32	2.22
成熟乳	早产儿母亲	0				5	158	3.52	4.02
	未成年母亲	0				1	72	1.18	0.09
	高危妊娠母亲	0				1	95	2.76	2.65

续表

泌乳阶段	特殊母亲	中国样本				国外样本			
		研究数目	样本量	平均值/（mg α-TE/L）	标准差/（mg α-TE/L）	研究数目	样本量	平均值/（mg α-TE/L）	标准差/（mg α-TE/L）
180天前成熟乳	早产儿母亲	0				5	158	3.52	4.02
	未成年母亲	0				1	72	1.18	0.09
	高危妊娠母亲	0				1	95	2.76	2.65

六、服用膳食补充剂母亲母乳

国外有6篇[39-40, 47, 50, 53, 58]文献报道了服用维生素E膳食补充剂母亲的母乳情况。国内仅有1篇2001年的文献调查了服用维生素E膳食补充剂母亲的初乳情况。这篇研究显示，对孕妇补充维生素E能显著提高初乳维生素E的浓度[9]。国内外均没有关于特殊母亲180天后成熟乳的相关研究。

表5.3.4 服用膳食补充剂母亲母乳维生素E含量

泌乳阶段	中国样本				国外样本			
	研究数目	样本量	平均值/（mg α-TE/L）	标准差/（mg α-TE/L）	研究数目	样本量	平均值/（mg α-TE/L）	标准差/（mg α-TE/L）
初乳	1	48	13.62	7.75	3	358	18.82	9.31
过渡乳	0				0			
成熟乳	0				3	175	3.44	2.07
180天前成熟乳	0				3	175	3.44	2.07

七、影响因素

影响母乳维生素E含量的因素包括各个方面。郑明慈等[5]研究发现母乳中α-生育酚浓度较低与受试者之间的种族和饮食结构的差异有关。国外一篇关于青少年母亲母乳的研究显示[63]，母亲的年龄并不是母乳中α-生育酚水平的决定因素。母乳的维生素E含量与其孕期的饮食习惯有关，孕期的饮食习惯又受个人经济能力、行为习惯及健康饮食意识的影响。青少年孕妇缺乏健康饮食的相关知识，这一点可能会促使她们选择自己喜欢的、容易获得但营养未必充足的食物，从而造成母乳维生素E的缺乏。其他一些文献也证明食用富含维生素E的食物或者使用维生素E膳食补充剂会增加母乳的维生素E含量[28, 39-40, 47, 50, 53]。

多数文献发现，早产、高危妊娠与母乳中维生素E的含量有一定相关性。Sámano R等[51]发现成熟乳中较低的α-生育酚水平与两个风险因素有关：早产，超重或肥胖。除此之外，母乳维生素E的浓度还会受母亲的生活方式、营养物质的摄入、膳食补充剂的使用、收集样本的日期和时间、分析方法的不同等因素的影响。Fares S等[60]发现与妊娠32～37周分娩的孕妇相比，妊娠＜32周孕妇的初乳中维生素E含量较低。如果妊娠期还患有子痫前期，并出现营养不良导致的血浆维生素缺乏，那么初乳中维生素E含量的降低就更加明显。Grilo EC等[45]研究显示，母亲怀孕前或怀孕期间体重增加过多与分娩巨大儿有很强的关联性。而正是因为母亲体内脂肪组织的更多堆积会导致母体维生素库存的增加，进而使初乳中α-生育酚的浓度增加；因此分娩巨大儿的母亲，其初乳维生素E含量可能会较高。

综上所述，母乳维生素E含量与众多因素有关，选择合适的干预政策，对维护母体健康、保证新生儿的营养充足十分重要。

（编写：席元第，蒋燕，王纤云，张环美）

参考文献

[1] 中国营养学会. 中国居民膳食营养素参考摄入量（2013版）[M]. 北京：科学出版社，2014：335.

[2] AZZI A. Many tocopherols, one vitamin E [J]. Molecular Aspects Of Medicine, 2018, 61: 92-103.

[3] 荫士安. 人乳成分：存在形式、含量、功能、检测方法 [M]. 北京：化学工业出版社，2016：112.

[4] 杨月欣，葛可佑. 中国营养科学全书 [M]. 北京：人民卫生出版社，2019：191-193.

[5] ZHENG MC, ZHANG GF, ZHOU LS, et al. Alpha-tocopherol concentrations in human milk from mothers of preterm and full-term infants in China [J]. Biomedical And Environmental Sciences, 1993, 6 (3): 259-264.

[6] ZHENG MC, ZHOU LS, ZHANG GF. Alpha-tocopherol content of breast milk in China [J]. Journal Of Nutritional Science And Vitaminology (Tokyo), 1993, 39 (5): 517-520.

[7] 郑明慈，周陆生，张国风，等. 广西北部城市与边远少数民族地区乳母初乳中α-生育酚含量比较 [J]. 营养学报，1994，16（1）：99-100.

[8] 郑明慈，全裕凤，程贞玉，等. 母血—脐血及母乳中维生素E含量及其相关性的探讨 [J]. 中国当代儿科杂志，2001，6（3）：305-306.

[9] 郑明慈，张丹霞，张红英，等. 围生期补充维生素E对母乳维生素E浓度的影响 [J]. 实用儿科临床杂志，2001，（1）：43-44.

[10] 朱长林，佟晓波，张小华，等. 不同阶段母乳中α-生育酚浓度的研究 [J]. 中国实用儿科杂志，2002. 17（10）：624-625.

[11] SHI YD, SUN GQ, ZHANG ZG, et al. The chemical composition of human milk from Inner Mongolia of China [J]. Food Chemistry, 2011, 127 (3): 1193-1198.

[12] 方芳，李婷，李艳杰，等．呼和浩特地区母乳中脂溶性VA、VD、VE含量［J］．乳业科学与技术，2014，37（3）：5-7.

[13] JIANG J, XIAO H, WU K, et al. Retinol and alpha-tocopherol in human milk and their relationship with dietary intake during lactation [J]. Food & Function, 2016, 7 (4): 1985-1991.

[14] 刘静．呼和浩特市母乳中维生素含量的研究［J］．食品研究与开发，2016，37（16）：20-22.

[15] XUE Y, CAMPOS-GIMÉNEZ E, REDEUIL KM, et al. Concentrations of carotenoids and tocopherols in breast milk from urban chinese mothers and their associations with maternal characteristics: a cross-sectional study [J]. Nutrients, 2017, 9 (11) :1229.

[16] WEI W, YANG J, XIA Y, et al. Tocopherols in human milk: Change during lactation, stability during frozen storage, and impact of maternal diet [J]. International Dairy Journal, 2018, 84: 1-5.

[17] 吴轲，孙涵潇，毛颖异，等．母乳α-生育酚中天然RRR及合成构型分布［J］．营养学报，2019，41（6）：539-543.

[18] WU K, ZHU J, ZHOU L, et al. Lactational changes of fatty acids and fat-soluble antioxidants in human milk from healthy Chinese mothers [J]. British Journal of Nutrition, 2020, 123 (8): 841-848.

[19] 吴轲，王蓓，周丽莉，等．母乳α-生育酚和宏量营养素水平及影响因素［J］．中国生育健康杂志，2020，31（5）：414-419.

[20] JANSSON L, AKESSON B, HOLMBERG L. Vitamin E and fatty acid composition of human milk [J]. American Journal of Clinical Nutrition, 1981, 34 (1): 8-13.

[21] CHAPPELL JE, FRANCIS T, CLANDININ MT. Vitamin A and E content of human milk at early stages of lactation [J]. Early Human Development, 1985, 11 (2): 157-167.

[22] CHAPPELL JE, FRANCIS T, CLANDININ MT. Simultaneous high performance liquid chromatography analysis of retinol ester and tocopherol isomers in human milk [J]. Nutrition Research, 1986, 6 (7): 849-852.

[23] HAUG M, LAUBACH C, BURKE M, et al. Vitamin E in human milk from mothers of preterm and term infants [J]. Journal Of Pediatric Gastroenterology And Nutrition, 1987, 6 (4): 605-609.

[24] MOFFATT PA, LAMMI-KEEFE CJ, FERRIS AM, et al. Alpha and gamma tocopherols in pooled mature human milk after storage [J]. Journal Of Pediatric Gastroenterology And Nutrition, 1987, 6 (2): 225-227.

[25] BOERSMA ER, OFFRINGA PJ, MUSKIET FA, et al. Vitamin E, lipid fractions, and fatty acid composition of colostrum, transitional milk, and mature milk: an international comparative study [J]. American Journal of Clinical Nutrition, 1991, 53 (5): 1197-1204.

[26] BARUA S, TARANNUM S, NAHAR L, et al. Retinol and alpha-tocopherol content in breast milk of Bangladeshi mothers under low socio-economic status [J]. International Journal Of Food Sciences And Nutrition, 1997, 48 (1): 13-18.

[27] BARBAS C, HERRERA E. Lipid composition and vitamin E content in human colostrum and mature milk [J]. Journal Of Physiology And Biochemistry, 1998. 54 (3): 167-173.

[28] ORTEGA RM, LÓPEZ-SOBALER AM, ANDRÉS P, et al. Maternal vitamin E status during the third trimester of pregnancy in Spanish women: Influence on breast milk vitamin E concentration [J]. Nutrition Research, 1999, 19 (1): 25-36.

[29] MACIAS C, SCHWEIGERT FJ. Changes in the concentration of carotenoids, vitamin A, alpha-

tocopherol and total lipids in human milk throughout early lactation [J]. Annals Of Nutrition And Metabolism, 2001, 45 (2): 82-85.

[30] OLAFSDOTTIR AS, WAGNER KH, THORSDOTTIR I, et al. Fat-soluble vitamins in the maternal diet, influence of cod liver oil supplementation and impact of the maternal diet on human milk composition [J]. Annals Of Nutrition And Metabolism, 2001, 45 (6): 265-272.

[31] SCHWEIGERT F J, BATHE K, CHEN F, et al. Effect of the stage of lactation in humans on carotenoid levels in milk, blood plasma and plasma lipoprotein fractions [J]. European Journal Of Nutrition, 2004, 43 (1): 39-44.

[32] SAKURAI T, FURUKAWA M, ASOH M, et al. Fat-soluble and water-soluble vitamin contents of breast milk from Japanese women [J]. Journal Of Nutritional Science And Vitaminology (Tokyo), 2005, 51 (4): 239-247.

[33] ROMEU-NADAL M, CASTELLOTE AI, LÓPEZ-SABATER MC. Effect of cold storage on vitamins C and E and fatty acids in human milk [J]. Food Chemistry, 2007, 106 (1): 65-70.

[34] TOKUSOGLU O, TANSUG N, AKSIT S, et al. Retinol and alpha-tocopherol concentrations in breast milk of Turkish lactating mothers under different socio-economic status [J]. International Journal Of Food Sciences And Nutrition, 2008, 59 (2): 166-174.

[35] DUDA G, NOGALA-KALUCKA M, KARWOWSKA W, et al. Influence of the Lactating Women Diet on the Concentration of the Lipophilic Vitamins in Human Milk [J]. Pakistan Journal of Nutrition, 2009, 8: 629-634.

[36] MOLTO-PUIGMARTI C, CASTELLOTE AI, LOPEZ-SABATER MC. Ultra-High-Pressure Liquid Chromatographic method for the analysis of tocopherols in human colostrum and milk [J]. Journal Of Chromatography A, 2009, 1216 (20): 4388-4394.

[37] ORHON F S, ULUKOL B, KAHYA D, et al. The influence of maternal smoking on maternal and newborn oxidant and antioxidant status [J]. European Journal Of Pediatrics, 2009, 168 (8): 975-981.

[38] SZIKLAI-LÁSZLÓ I, MAJCHRZAK D, ELMADFA I, et al. Selenium and vitamin E concentrations in human milk and formula milk from Hungary [J]. Journal of Radioanalytical and Nuclear Chemistry, 2009, 279 (2): 585-590.

[39] TIJERINA-SAENZ A, INNIS SM, KITTS DD. Antioxidant capacity of human milk and its association with vitamins A and E and fatty acid composition [J]. Acta Paediatrica, 2009, 98 (11): 1793-1798.

[40] GARCIA L, RIBEIRO K, ARAUJO K, et al. Alpha-tocopherol concentration in the colostrum of nursing women supplemented with retinyl palmitate and alpha-tocopherol [J]. Journal Of Human Nutrition And Dietetics, 2010, 23 (5): 529-534.

[41] ANTONAKOU A, CHIOU A, ANDRIKOPOULOS NK, et al. Breast milk tocopherol content during the first six months in exclusively breastfeeding Greek women [J]. European Journal Of Nutrition, 2011, 50 (3): 195-202.

[42] KASPAROVA M, PLISEK J, SOLICHOVA D, et al. Rapid sample preparation procedure for determination of retinol and alpha-tocopherol in human breast milk [J]. Talanta, 2012, 93: 147-152.

[43] SZLAGATYS-SIDORKIEWICZ A, ZAGIERSKI M, JANKOWSKA A, et al. Longitudinal study

of vitamins A, E and lipid oxidative damage in human milk throughout lactation [J]. Early Human Development, 2012, 88 (6): 421-424.

[44] DE LIRA LQ, LIMA MS, DE MEDEIROS JM, et al. Correlation of vitamin A nutritional status on alpha-tocopherol in the colostrum of lactating women [J]. Maternal And Child Nutrition, 2013, 9 (1): 31-40.

[45] GRILO EC, LIRA LQ, DIMENSTEIN R, et al. Influence of prematurity and birth weight on the concentration of alpha-tocopherol in colostrum milk [J]. Revista Paulista de Pediatria, 2013, 31 (4): 473-479.

[46] MARTYSIAK ZUROWSKA D, SZLAGATYS SIDORKIEWICZ A, ZAGIERSKI M. Concentrations of alpha- and gamma-tocopherols in human breast milk during the first months of lactation and in infant formulas [J]. Maternal And Child Nutrition, 2013, 9 (4): 473-482.

[47] CLEMENTE HA, RAMALHO HM, LIMA MS, et al. Maternal supplementation with natural or synthetic vitamin E and its levels in human colostrum [J]. Journal Of Pediatric Gastroenterology And Nutrition, 2015, 60 (4): 533-537.

[48] GRILO EC, MEDEIROS WF, SILVA AG, et al. Maternal supplementation with a megadose of vitamin A reduces colostrum level of alpha-tocopherol: a randomised controlled trial [J]. Journal Of Human Nutrition And Dietetics, 2016, 29 (5): 652-661.

[49] KIM H, JUNG BM, LEE BN, et al. Retinol, alpha-tocopherol, and selected minerals in breast milk of lactating women with full-term infants in Korea [J]. Nutrition Research And Practice, 2017, 11 (1): 64-69.

[50] MELO LR, CLEMENTE HA, BEZERRA DF, et al. Effect of maternal supplementation with vitamin E on the concentration of α - tocopherol in colostrum [J]. Jornal de Pediatria (Versão em Português), 2017, 93 (1): 40-46.

[51] SAMANO R, MARTINEZ ROJANO H, HERNANDEZ RM, et al. Retinol and alpha-Tocopherol in the Breast Milk of Women after a High-Risk Pregnancy [J]. Nutrients, 2017, 9 (1): 14.

[52] SILVA ALCD, RIBEIRO KDDS, MELO LRMD, et al. Vitamin E in human milk and its relation to the nutritional requirement of the term newborn [J]. Revista Paulista de Pediatria, 2017, 35 (2): 158-164.

[53] DE SOUSA REBOUCAS A, COSTA LEMOS DA SILVA AG, FREITAS DE OLIVEIRA A, et al. Factors associated with increased alpha-tocopherol content in milk in response to maternal supplementation with 800 IU of vitamin E [J]. Nutrients, 2019, 11 (4): 900.

[54] MACHADO MR, KAMP F, NUNES JC, et al. Breast milk content of vitamin A and E from early- to mid-lactation is affected by inadequate dietary intake in brazilian adult women [J]. Nutrients, 2019, 11 (9): 2025.

[55] DA MATA AMB, DA SILVA A, MEDEIROS JFP, et al. Dietary lipid intake influences the alpha-tocopherol levels in human milk [J]. Journal Of Pediatric Gastroenterology And Nutrition, 2020, 70 (6): 858-863.

[56] DUAN B, SO HJ, SHIN JA, et al. Different content of cholesterol, retinol, and tocopherols in human milk according to its fat content [J]. European Food Research and Technology, 2021, 247 (5): 1307-1318.

[57] ZAGIERSKI M, KRUKOWSKA A, KAWSKA K, et al. No evidence for sex-specificity in vitamins C, E,

and fatty acid content of human milk from healthy polish mothers [J]. J Pediatr Gastroenterol Nutr, 2021, 73 (1): e20-e25.

[58] KODENTSOVA VM, VRZHESINSKAYA OA. Evaluation of the vitamin status in nursing women by vitamin content in breast milk [J]. Bulletin of Experimental Biology and Medicine, 2006, 141 (3): 323-327.

[59] BISHARA R, DUNN MS, MERKO SE, et al. Nutrient composition of hindmilk produced by mothers of very low birth weight infants born at less than 28 weeks' gestation [J]. Journal Of Human Lactation, 2008, 24 (2): 159-167.

[60] FARES S, SETHOM MM, KACEM S, et al. Retinol and alpha-tocopherol in the colostrum of lactating tunisian women delivering prematurely: associations with maternal characteristics [J]. Pediatr Neonatol, 2016, 57 (2): 120-126.

[61] MEDEIROS JF, DA SILVA RIBEIRO RODRIGUES KD, LIMA MS, et al. Alpha-tocopherol concentration in colostrum and serum of women with premature labor [J]. Journal Of Pediatric Gastroenterology And Nutrition, 2016, 62 (2): 348-352.

[62] DE AZEREDO VB, TRUGO NM. Retinol, carotenoids, and tocopherols in the milk of lactating adolescents and relationships with plasma concentrations [J]. Nutrition, 2008, 24 (2): 133-139.

[63] DIMENSTEIN R, PIRES JF, GARCIA LR, et al. Levels of alpha-tocopherol in maternal serum and colostrum of adolescents and adults [J]. Revista Brasileira de Ginecologia e Obstetricia, 2010, 32 (6): 267-272.

第4节　维生素K

一、背景

维生素K是一种脂溶性维生素，有3种存在形式，其中维生素K_1和维生素K_2是天然形式，维生素K_3是人工合成形式[1, 2]。维生素K_1在植物中发现，又称作植物甲萘醌，常用于预防和治疗新生儿的维生素K缺乏，以及婴儿配方奶粉中的维生素配料[2]。维生素K_2发现于发酵食物，由肠道菌群生产，被称为甲基萘醌类，存在多种侧链长度不同的亚型，可能有1～13个不饱和异戊二烯残基，首字母缩略词MK-n中的n反映了脂肪族侧链中异戊二烯残基的数量。一定条件下，维生素K_1可以转化为维生素K_2[2, 3]。

不同于其他脂溶性维生素，母乳中维生素K的含量较低，并且维生素K难以通过胎盘转运至胎儿，母体和胎儿的维生素K浓度梯度高达40∶1，二者血液中的维生素K含量变化无显著相关性，即使母亲大剂量补充维生素K，这一浓度梯度也不会发生变化；加之新生儿普遍缺乏可合成维生素K的肠道菌群，因此新生儿往往面临着维生素K缺乏性出血的风险，补充维生素K对于预防新生儿出血也变得尤为重要[2]。美国儿科学会自1961年起推荐新生儿均应接受维生素K1mg肌肉注射或2mg口服，英国、日本、澳大利亚等国近年也相继发布了不同的新生儿维生素K的补充方案[4-6]。另外，也推荐乳母通过口服维生素K的形式，提高母乳中维生素K含量。

目前维生素K的参考摄入量仍不完善。基于具有代表性健康个体的膳食摄入数据，美国设定了婴儿维生素K的每日适宜摄入量（AI），以替代每日推荐摄入量（RDA）[7]。但意外的是，小部分纯母乳喂养的婴儿，其维生素K的摄入水平依旧无法避免新生儿出血。因此，0～6月龄的婴儿每日适宜摄入量，是建立在婴儿出生后接受过维生素K预防性补充基础上的。其计算方法基于婴儿每日0.78L的母乳平均摄入量及母乳维生素K浓度2.5μg/L，最终计算精确为2.0μg/d。但此种方法计算的AI值也存在不足，在其所纳入的研究中，包括来自美国两组人群的4项独立研究，即使母乳采集的时间点极为接近，但由于研究方法的差异性，文献所报告的母乳维生素K浓度也存在较大差异。其中一项报告，成熟母乳中的平均浓度范围为0.86～1.17μg/L；而另一组报告，平均浓度则要高得多，范围为2.31～3.15μg/L[8-10]。因此，若根据母乳维生素K浓度范围极值分别计算AI值，0～6月龄婴儿维生素K的AI值应为0.5～2.5μg/d[3]。

母乳是6月龄以内婴儿的理想食物，也是婴儿的主要营养来源，探索母乳维生素K含量为制定预防新生儿维生素K缺乏的补充方案、评估婴儿维生素K需要量、明确配方奶粉维生素K添加量等具有重要意义。

二、生理功能

1．促进凝血

作为一种抗出血因子，维生素K是肝脏合成功能性凝血酶原（因子Ⅱ）以及因子Ⅶ、Ⅸ和Ⅹ所必需的，这四种维生素K依赖性蛋白质分泌到血液中后，参与血液凝固过程，最终使纤维蛋白原转化为纤维蛋白并形成止血栓。维生素K的生化作用是作为辅助因子将特定的肽结合谷氨酸（Glu）残基转化为γ-羧基谷氨酸（Gla）残基[3, 11-13]。因此，维生素K依赖性蛋白通常称为Gla蛋白。另外两种Gla蛋白（蛋白C和蛋白S）也在凝血的负反馈控制中具有明确作用。

2．参与骨骼代谢

近十几年的研究显示，越来越多的证据支持维生素K在骨骼健康方面发挥着重要作用[14]。维生素K 通过辅助γ羧化酶催化，激活骨骼中的维生素K依赖性蛋白质：骨Gla蛋白、骨钙素、基质Gla蛋白（MGP蛋白）等，起到了促进成骨细胞转变为骨细胞、限制破骨细胞生成的作用，以及参与抑制骨矿化、调节矿物质成熟率、在骨基质和胶原蛋白之间形成复合物以增加骨量等过程[12, 15-18]。

三、分析方法

1．检索策略

分别在中、英文数据库检索2021年5月之前公开发表的文献。中文数据库包括知网、万方、维普、中国生物医学文献数据库（CBMdisc），英文数据库包括PubMed、Web of Science、Embase、Cochrane Library。

采取组合检索策略获得报告了母乳维生素K含量的文献。中文检索词包括：（维生素K或植物甲萘醌或甲基萘醌或脂溶性维生素）AND（母乳或人乳或泌乳）。英文检索词包括：① (vitamin K* OR phylloquinone OR menaquinone OR fat-soluble vitamins) AND (‘breast milk’ OR ‘breast* milk’ OR ‘human* milk’ OR ‘mother* milk’ OR ‘woman* milk’ OR ‘women* milk’ OR ((lactating OR lactation) AND milk)) ② (vitamin K* OR phylloquinone OR menaquinone OR fat-soluble vitamins) AND (breastfed OR breastfeed OR breastfeeding OR ‘breast fed’ OR ‘breast feed’ OR ‘breast feeding’)

2．文献筛选

根据关键词检索，从各文献数据库中共检索到3674条记录；根据纳入排除标准，最终纳入13篇原始文献进行分析（图5.4.1）。包含中国人群的文献2篇，国外人群的13篇。健康母亲足月儿相关文献的基本信息见表5.4.1。

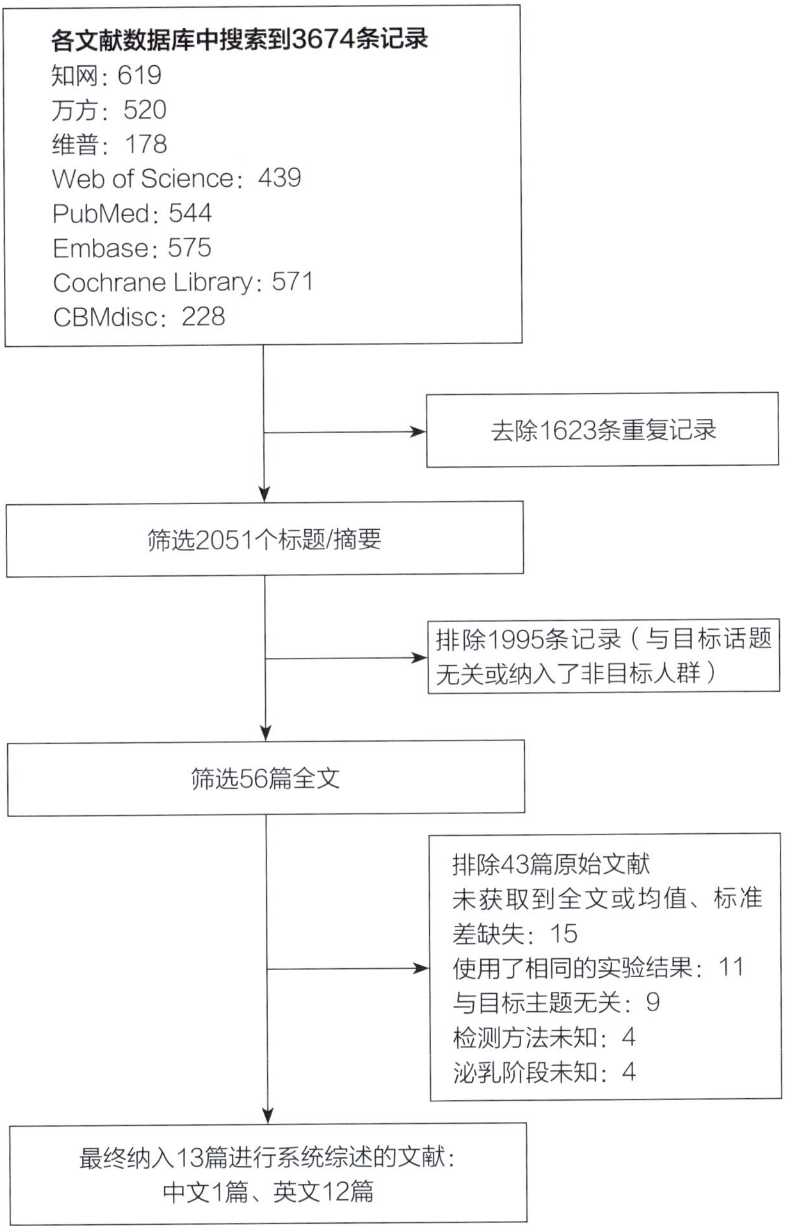

图5.4.1　维生素K含量文献检索流程图

表5.4.1　健康母亲足月儿母乳维生素K相关文献的基本信息

第一作者	年份	国家	检测项目	哺乳时间(d)	哺乳阶段	样本量	检测方法
H. H. W. Thijssen[24]	2002	荷兰	K_1，MK-4	4，8，16，19	初乳，过渡乳，成熟乳	104	HPLC
Fournier B[25]	1987	法国	K_1	3，21	初乳，成熟乳	20	HPLC

续表

第一作者	年份	国家	检测项目	哺乳时间（d）	哺乳阶段	样本量	检测方法
郑明慈[26]	1997	中国 日本	K_1	3	初乳	49	HPLC
Louise M. Canfield[9]	1990	美国	K_1	30	成熟乳	31	HPLC
Louise M. Canfield[10]	1991	美国	K_1	1～4，30，60，180	初乳，成熟乳	60	HPLC
Greer FR[27]	2001	美国	K_1	15～42，43～84，85～182	成熟乳	91	HPLC
Greer FR[8]	1991	美国	K_1	0～7，43～84，60～180，85～182	初乳，成熟乳	80	HPLC
Greer FR[23]	1997	美国	K_1	3，14，42，84	初乳，过渡乳，成熟乳	75	HPLC
MayaKamao[28]	2007	日本	K_1，MK-4，MK-7	19～71	成熟乳	153	LC-APCI/MS/MS
MayaKamao[29]	2007	日本	K_1，MK-4，MK-7	31～90，91～180，181～270	成熟乳	136	LC-MS
Kojima T[20]	2004	日本	K_1，MK-4	1～5，21～89，90～179，180～365	初乳，成熟乳	717	HPLC
Kunihiko Motohara[30]	1984	日本	K_1	27～47，30～60	成熟乳	347	HPLC
Yu-dong Shi[31]	2011	中国	K_1	22～180	成熟乳	15	HPLC

3．单位转化和数据分析

参照中国居民膳食营养素参考摄入量（2013版），将文献报告值的单位统一转换为μg/L，中位数统一转化为均值，95%CI，方差，全距或者四分位间距统一转化为标准差。采用均值和标准差合并公式，将各文献所报告的维生素K_1、维生素K_2～MK_4、维生素K_2～MK_7含量分别进行合并。最终将维生素K_1、维生素K_2～MK_4、维生素K_2～MK_7的合并均值、合并标准差分别进行加和，得到母乳维生素K总含量的均值及方差。

四、健康母亲足月儿初乳

研究结果显示，中国健康母亲足月儿初乳维生素K含量为（3.00 ± 3.10）μg/L；国外健康母亲足月儿初乳维生素K含量为（4.39 ± 5.48）μg/L。均采用LC进行检测，具体见表5.4.2。

五、健康母亲足月儿过渡乳

研究结果显示，暂无中国健康母亲足月儿过渡乳维生素K含量数据；国外健康母亲足月儿过渡乳维生素K含量为（2.28 ± 5.49）μg/L。均采用LC进行检测，具体见表5.4.3。

六、健康母亲足月儿成熟乳

研究结果显示，中国健康母亲足月儿成熟乳维生素K含量（8.24 ± 3.09）μg/L，国外健康母亲足月儿成熟乳维生素K含量为（6.24 ± 6.26）μg/L，具体见表5.4.4。

七、特殊状况母乳

目前针对特殊状况母乳维生素K含量的研究较少，仅有2篇且未明确标准泌乳阶段。其中一篇澳大利亚的研究报道了6名早产儿母乳维生素K含量（3.00 ± 2.30）μg/L，另一篇日本的研究报道了69名低体重儿的母乳维生素K含量（2.36 ± 1.18）μg/L[19, 20]。

八、服用膳食补充剂母亲母乳

国外服用膳食补充剂的母亲母乳维生素K含量为（37.61 ± 44.94）μg/L，中国无相关文献，具体见表5.4.5。

表5.4.2 健康母亲足月儿初乳维生素K含量

			中国样本[26]				国外样本[8, 10, 20, 23~26]				DRIS AI		其他推荐					
营养素	泌乳阶段	检测方法	研究数目	样本量	平均值/（μg/L）	标准差/（μg/L）	研究数目	样本量	平均值/（μg/L）	标准差/（μg/L）	DRIS AI/ 0~0.5岁（μg/d）	DRIS AI/ 0.5~1岁（μg/d）	美国/加拿大 0~0.5岁（μg/d）	美国/加拿大 0.5~1岁（μg/d）	粮农/世卫组织 0~0.5岁（μg/d）	粮农/世卫组织 0.5~1岁（μg/d）	英国（μg/d）	欧洲食品安全局（μg/d）
维生素K	初乳	LC	1	36	3.00	3.10	7	149	4.39	5.48	2	10	2	2.5	5	10	10	10

注：LC法包含LC-MS、LC-APCI/MS/MS、HPLC、HPLC-MS/MS、fluorescence detection following HPLC法。

表5.4.3 健康母亲足月儿过渡乳维生素K含量

			中国样本				国外样本[23, 24]				DRIS AI		其他推荐					
营养素	泌乳阶段	检测方法	研究数目	样本量	平均值/（μg/L）	标准差/（μg/L）	研究数目	样本量	平均值/（μg/L）	标准差/（μg/L）	DRIS AI/ 0~0.5岁（μg/d）	DRIS AI/ 0.5~1岁（μg/d）	美国/加拿大 0~0.5岁（μg/d）	美国/加拿大 0.5~1岁（μg/d）	粮农/世卫组织 0~0.5岁（μg/d）	粮农/世卫组织 0.5~1岁（μg/d）	英国（μg/d）	欧洲食品安全局（μg/d）
维生素K	过渡乳	LC	0	0	\	\	2	27	2.28	5.49	2	10	2	2.5	5	10	10	10

注：LC法包含LC-MS、LC-APCI/MS/MS、HPLC、HPLC-MS/MS、fluorescence detection following HPLC法。

表5.4.4 健康母亲足月儿成熟乳维生素K含量

营养素	泌乳阶段	检测方法	中国样本[31]				国外样本[8~10,20,23~25,27~30]				DRIS AI		其他推荐					
			研究数目	样本量	平均值/（μg/L）	标准差/（μg/L）	研究数目	样本量	平均值/（μg/L）	标准差/（μg/L）	DRIS AI/ 0~0.5岁（μg/d）	DRIS AI/ 0.5~1岁（μg/d）	美国/加拿大 0~0.5岁（μg/d）	美国/加拿大 0.5~1岁（μg/d）	粮农/世卫组织 0~0.5岁（μg/d）	粮农/世卫组织 0.5~1岁（μg/d）	英国（μg/d）	欧洲食品安全局（μg/d）
维生素K	成熟乳	LC	1	15	8.24	3.09	11	1753	6.24	6.26	2	10	2	2.5	5	10	10	10
	180天前成熟乳	LC	1	15	8.24	3.09	11	1488	6.39	6.43								
	180天后成熟乳	LC	0	0	\	\	2	305	6.43	3.42								

注：LC法包含LC-MS、LC-APCI/MS/MS、HPLC、HPLC-MS/MS、fluorescence detection following HPLC法。

表5.4.5 服用膳食补充剂母亲母乳维生素K含量

营养素	检测方法	中国样本				国外样本[23,24]				DRIS AI		其他推荐					
		研究数目	样本量	平均值/（μg/L）	标准差/（μg/L）	研究数目	样本量	平均值/（μg/L）	标准差/（μg/L）	DRIS AI/ 0~0.5岁（μg/d）	DRIS AI/ 0.5~1岁（μg/d）	美国/加拿大 0~0.5岁（μg/d）	美国/加拿大 0.5~1岁（μg/d）	粮农/世卫组织 0~0.5岁（μg/d）	粮农/世卫组织 0.5~1岁（μg/d）	英国（μg/d）	欧洲食品安全局（μg/d）
维生素K	LC	0	0	\	\	2	265	37.61	44.94	2	10	2	2.5	5	10	10	10

注：LC法包含LC-MS、LC-APCI/MS/MS、HPLC、HPLC-MS/MS、fluorescence detection following HPLC法。

九、影响因素

探究母乳维生素K含量的影响因素文献较少，影响母乳中维生素K含量的因素主要包括哺乳阶段、母亲膳食摄入、特殊疾病等[21]。

1．哺乳阶段

有研究检测了10名国外母亲不同阶段母乳维生素K_1的含量。结果显示，后乳的维生素K_1含量显著高于前乳，并且初乳中的维生素K_1含量高于成熟乳[22]。然而，一项纳入了15名美国休斯顿地区母亲的研究结果显示，初乳中维生素K_1高于成熟乳，但是差异无统计学意义[10]。因此，不同哺乳阶段的维生素K含量可能受地区等多种因素影响。

2．母亲的膳食摄入

一项纳入了20名美国母亲的随机对照试验探究了补充不同剂量的维生素K_1对母乳中维生素K_1含量影响。结果显示，补充5mg/d 维生素K_1组比2.5mg/d 组母乳中维生素K_1含量高，且差异有统计学意义[23]。然而，研究对象为美国休斯顿地区的15名母亲的横断面研究认为，摄入蔬菜与母乳维生素K含量无关[10]。因此膳食与母乳中维生素K含量的关系需进一步确定。

3．其他因素

一项纳入了834名日本母亲的研究发现，在未进行特殊膳食补充状态下的两组母亲，婴儿出生体重大于2.5kg组的母亲母乳维生素K含量显著低于婴儿出生体重小于2.5kg组[20]。同时这项研究还发现，所纳入的全部母乳中，冬季收集的母乳维生素K_1、维生素K_2及其二者总和的含量显著高于夏季收集的母乳。因此推测母乳维生素K的含量可能与特殊疾病状态、季节有关联，但仍需更多研究证实。

（编写：赵艾，谭越峰，那晓娜）

参考文献

[1] SHEARER MJ. Vitamin K [J]. The Lancet, 1995, 345 (8944): 229-234.

[2] C.TSANG R. 婴儿营养原理与实践［M］. 北京：人民卫生出版社，2010.

[3] SHEARER MJ, FU X, BOOTH SL. Vitamin K nutrition, metabolism, and requirements: current concepts and future research [J]. Advances in nutrition (Bethesda, Md) 2012, 3 (2): 182-195.

[4] Committee on Nutrition. Report of committee on nutrition: vitamin K compounds and the water-soluble analogues [J]. Pediatrics, 1961, 28 (3): 501-507.

[5] 李茂军，吴青，阳倩，等. 新生儿及小婴儿维生素K缺乏性出血的预防和管理——欧洲儿科胃肠病肝病和营养学协会意见书简介［J］. 实用医院临床杂志，2017，14（1）：29-31.

[6] FERLAND G. The discovery of vitamin K and its clinical applications [J]. Annals of Nutrition and Metabolism, 2012, 61 (3): 213-218.

[7] Institute of Medicine. Dietary Reference Intakes for Vitamin A, Vitamin K, Arsenic, Boron, Chromium, Copper, Iodine, Iron, Manganese, Molybdenum, Nickel, Silicon, Vanadium, and Zinc [M]. Washington, DC: The National Academies Press, 2001.

[8] GREER F R, MARSHALL S, CHERRY J, et al. Vitamin K status of lactating mothers, human milk, and breast-feeding infants [J]. Pediatrics, 1991, 88 (4): 751-756.

[9] CANFIELD LM, HOPKINSON JM, LIMA AF, et al. Quantitation of vitamin K in human milk [J]. Lipids, 1990, 25: 406-411.

[10] CANFIELD LM, HOPKINSON JM, LIMA AF, et al. Vitamin K in colostrum and mature human milk over the lactation period—a cross-sectional study [J]. The American journal of clinical nutrition, 1991, 53 (3): 730-735.

[11] SHEARER MJ. Vitamin K deficiency bleeding (VKDB) in early infancy [J]. Blood reviews, 2009, 23 (2): 49-59.

[12] NEWMAN P, SHEARER M J. Vitamin K metabolism [J]. Subcell Biochemistry. 1998, 30: 455-488.

[13] MIZUSHINA Y, MAEDA J, IRINO Y, et al. Effects of intermediates between vitamins K_2 and K_3 on mammalian DNA polymerase inhibition and anti-inflammatory activity [J]. International journal of molecular sciences, 2011, 12 (2): 1115-1132.

[14] BOOTH SL. Roles for vitamin K beyond coagulation [J]. Annual review of nutrition, 2009, 29: 89-110.

[15] FUSARO M, GALLIENI M, PORTA C, et al. Vitamin K effects in human health: new insights beyond bone and cardiovascular health [J]. Journal of nephrology, 2020, 33: 239-249.

[16] MORRIS DP, STEVENS RD, WRIGHT DJ, et al. Processive post-translational modification. vitamin K-dependent carboxylation of a peptide substrate [J]. Journal of Biological Chemistry, 1995, 270 (51): 30491-30498.

[17] PALERMO A, TUCCINARDI D, D'ONOFRIO L, et al. Vitamin K and osteoporosis: myth or reality?[J]. Metabolism, 2017, 70: 57-71.

[18] ATKINS GJ, WELLDON KJ, WIJENAYAKA AR, et al. Vitamin K promotes mineralization, osteoblast-to-osteocyte transition, and an anticatabolic phenotype by γ-carboxylation-dependent and-independent mechanisms [J]. American Journal of Physiology-Cell Physiology, 2009, 297 (6): C1358-C1367.

[19] BOLISETTY S, GUPTA J M, GRAHAM GG, et al. Vitamin K in preterm breastmilk with maternal supplementation [J]. Acta paediatrica, 1998, 87 (9): 960-962.

[20] KOJIMA T, ASOH M, YAMAWAKI N, et al. Vitamin K concentrations in the maternal milk of Japanese women [J]. Acta Paediatrica (Oslo, Norway: 1992), 2004, 93 (4): 457-463.

[21] DROR DK, ALLEN LH. Overview of nutrients in human milk [J]. Advances in nutrition, 2018, 9 (suppl_1): 278S-294S.

[22] SHEARER M, MCCARTHY PT, HAUG M, et al. Vitamin K_1 content of maternal milk: influence of the stage of lactation, lipid composition, and vitamin K_1 supplements given to the mother [J]. Pediatric research, 1987, 22 (5): 513-517.

[23] GREER FR, MARSHALL SP, FOLEY AL, et al. Improving the vitamin K status of breastfeeding infants with maternal vitamin K supplements [J]. Pediatrics, 1997, 99 (1): 88-92.

[24] THIJSSEN HH, DRITTIJ MJ, VERMEER C, et al. Menaquinone-4 in breast milk is derived from dietary phylloquinone [J]. British Journal of nutrition, 2002, 87 (3): 219-226.

[25] FOURNIER B, SANN L, GUILLAUMONT M, et al. Variations of phylloquinone concentration in human milk at various stages of lactation and in cow's milk at various seasons [J]. The American journal of clinical nutrition, 1987, 45 (3): 551-558.

[26] 郑明慈，玉井浩. 桂林大阪两市新生儿脐带血和母乳中脂溶性维生素浓度比较［J］. 广西科学，1997，4（3）：213-216.

[27] GREER F R. Are breast-fed infants vitamin K deficient?[J]. Bioactive Components of Human Milk, 2001: 391-395.

[28] KAMAO M, TSUGAWA N, SUHARA Y, et al. Quantification of fat-soluble vitamins in human breast milk by liquid chromatography–tandem mass spectrometry [J]. Journal of Chromatography B, 2007, 859 (2): 192-200.

[29] KAMAO M, TSUGAWA N, SUHARA Y, et al. Determination of fat-soluble vitamins in human plasma, breast milk and food samples: Application in nutrition survey for establishment of "Dietary Reference Intakes for Japanese" [J]. Journal of health science, 2007, 53 (3): 257-262.

[30] MOTOHARA K, MATSUKURA M, MATSUDA I, et al. Severe vitamin K deficiency in breast-fed infants [J]. The Journal of pediatrics 1984, 105 (6): 943-945.

[31] SHI Y, SUN G, ZHANG Z, et al. The chemical composition of human milk from Inner Mongolia of China [J]. Food chemistry, 2011, 127 (3): 1193-1198.

第6章 水溶性维生素

第1节 维生素B_1

一、背景

维生素B_1，又称硫胺素，主要以硫胺素盐酸盐的形式存在（约60%），另外还有约30%的游离硫胺素和少量的硫胺三磷酸盐。维生素B_1在人体内能量代谢中发挥重要作用。维生素B_1缺乏可引起婴儿脚气病；新生儿缺乏维生素B_1，3～5年后会发现在医学、神经发育、认知等多方面均受影响[1-3]。人乳中的维生素B_1有不同的存在形式，主要包括游离态硫胺素、单磷酸硫胺素和焦磷酸硫胺素。

二、生理功能

维生素B_1的主要活性形式为焦磷酸硫胺素，亦称辅羧酶，在体内的能量代谢中具有重要作用。维生素B_1对维持神经、肌肉特别是心肌的正常功能，以及维持正常食欲、胃肠蠕动和消化分泌方面有重要作用[4]。神经组织的能量主要由糖的氧化来供应。维生素B_1缺乏时，乙酰辅酶A的生成减少，影响乙酰胆碱的合成。同时，由于对胆碱酯酶的抑制减弱，乙酰胆碱分解加强，影响神经传导[5]。

三、分析方法

维生素B_1相关的国内外文献分析方法见表6.1.1、表6.1.2和图6.1.1。

表6.1.1 维生素B_1中文检索策关键词

数据库	检索式	篇数
知网	（篇关摘=维生素B_1+硫胺素）AND（篇关摘=母乳+人乳）—模糊匹配	90
万方	（主题=维生素B_1 OR 硫胺素）AND（主题=母乳OR人乳）—模糊匹配	118
维普	（题目名或关键词=维生素B_1+硫胺素）AND（题目名或关键词=母乳+人乳）—模糊匹配	3
CBMdisc	（“维生素B_1”[摘要：智能]OR“硫胺素”[摘要：智能]）AND（“母乳”[摘要：智能]OR“人乳”[摘要：智能]）	15
百度学术	用于文献追溯	

表6.1.2 维生素B_1英文检索策关键词

数据库	检索式	篇数
PubMed	(((B-vitamin[Title/Abstract]) OR (thiamin[Title/Abstract])) OR (vitamin B_1[Title/Abstract])) AND ((((((((breast milk[Title/Abstract]) OR (breast* milk[Title/Abstract])) OR (human*milk[Title/Abstract])) OR (mother* milk[Title/Abstract])) OR (woman* milk[Title/Abstract])) OR (women* milk[Title/Abstract])))	163
Embase	('breast milk' : ab, ti OR 'breast* milk' : ab, ti OR 'human* milk' : ab, ti OR 'mother* milk' : ab, ti OR 'woman* milk' : ab, ti OR 'women* milk' : ab, ti) AND (thiamin: ab, ti OR 'vitamin b1' : ab, ti)	52
Web of Science	TS=(vitamin B_1 OR thiamin) AND TS=('breast milk' OR 'breast *milk' OR 'human* milk' OR 'mother* milk' OR 'woman* milk' OR 'women* milk' OR lactating milk)	249
	TI=(vitamin B_1 OR thiamin) AND TI=('breast milk' OR 'breast *milk' OR 'human* milk' OR 'mother* milk' OR 'woman* milk' OR 'women* milk' OR lactating milk)	17
Cochrane Library	((vitamin B_1): ti, ab, kw OR (thiamin): ti, ab, kw) AND ((breast milk): ti, ab, kw OR (breast *milk): ti, ab, kw OR (human* milk): ti, ab, kw OR (mother* milk): ti, ab, kw OR (women* milk): ti, ab, kw)	34

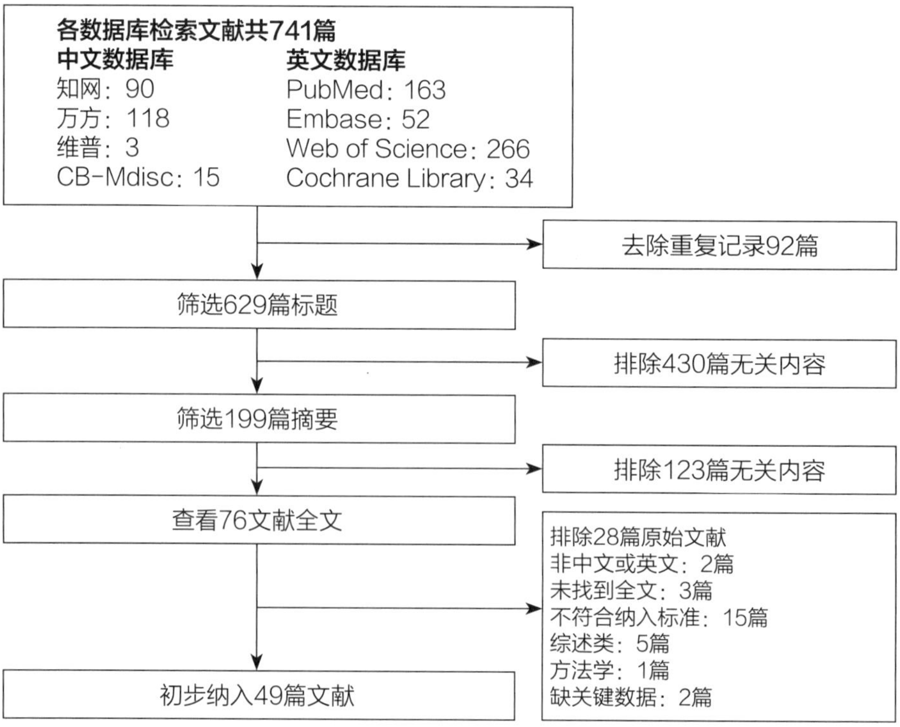

图6.1.1 维生素B_1含量文献检索流程图

四、健康母亲足月儿初乳

国内有4篇文献研究了初乳的维生素B_1，但都是游离态的维生素B_1，含量平均为0.017mg/L[6-9]。国外有3篇文献研究了初乳总维生素B_1的含量，整合后数值为0.036mg/L[10-12]。见表6.1.3。

表6.1.3　不同泌乳期母乳维生素B_1含量

	中国样本[13-16]				国外样本[10-12, 17-27]			
	n	k	平均值/（mg/L）	标准差/（mg/L）	n	k	平均值/（mg/L）	标准差/（mg/L）
初乳	NA	NA	NA	NA	3	43	0.036	0.039
过渡乳	NA	NA	NA	NA	3	73	0.101	0.104
所有成熟乳	4	303	0.089	0.071	14	1385	0.171	0.064

注：n：研究的数目（若2篇文献是同一研究，计数为1）；k：样本量；NA：无有效值。

五、健康母亲足月儿过渡乳

有2篇文献研究了国内过渡乳的维生素B_1，但都是游离态的维生素B_1，含量平均为0.012mg/L[9, 28]，有3篇文献研究了国外过渡乳的总维生素B_1的含量，整合后数值为0.101mg/L[10, 11, 19]，见表6.1.3。

六、健康母亲足月儿成熟乳

有4篇文献研究了成熟乳总维生素B_1的含量，整合后数值为0.089mg/L[13-16]；有14篇国外研究，整合后数值为0.171mg/L[10-12, 17-27]。在研究方法方面，有微生物法、荧光法（FLD）、高效液相色谱法（HPLC）、超高效液相色谱质谱联用（UPLC-MS/MS）及未明确检测方法的。结合国外推荐的方法和研究现况，选定荧光法和HPLC，荧光法分析国内样本成熟乳中总维生素B_1的含量为0.117mg/L[13, 15]，高效液相色谱法分析国内样本成熟乳中总维生素B_1的含量为0.050mg/L[14, 16]，用荧光法和HPLC分析国外样本成熟乳总维生素B_1的含量为0.170mg/L[11, 12, 17-26]。用荧光法和HPLC分析国外样本180天前成熟乳总维生素B_1的含量为0.179mg/L[11, 12, 17-26]，见表6.1.3。

母乳中维生素B_1的主要存在形式有游离态的维生素B_1、单磷酸硫胺素和焦磷酸硫胺素。Stuetz W等研究了636份母乳中各种形式的维生素B_1含量，发现单磷酸硫胺素占总维生素B_1的63%～67%，游离态硫胺素占总维生素B_1的36%～38%[18, 21]。Hampel D等[29]研究了HIV感染母亲母乳的维生素B_1存在形式，发现第2周和第6周母乳的游离态硫胺素占总维生素B_1的比例分别为7.0%和11.5%，第24周母乳的游离态硫胺素占总维生素B_1的比例为26.1%～27%；第2周和第6周母乳的单磷酸硫胺素（TMP）占总维生素B_1的比例分别为87.7%和85.7%，第24周母乳的TMP占总维生素B_1的比例大约为71.5%；第2周和第6周母乳的焦磷酸硫胺素（TPP）占总维生素B_1的比例分别为4.5%和2.4%，第24周母乳的焦磷酸硫胺素占总维生素B_1的比例大约为2.5%。见表6.1.4。

表6.1.4 健康母亲足月儿母乳维生素B_1相关文献的基本信息

第一作者	发表年份	国家或地区	哺乳时间/（d）	哺乳阶段	样本量	检测方法	采样乳房	储存温度/（℃）
张志国	2018	中国	16～180	成熟乳	32	HPLC或FLD	NA	NA
王德恺	1986	中国	90	成熟乳	27	FLD	双侧	NA
殷泰安	1989	中国	30～180	成熟乳	152	FLD	双侧	−35
刘会会	2014	中国	42～540	成熟乳	92	HPLC	单侧	−80
Daniela Hampel	2017	孟加拉国	60～120	成熟乳	35	HPLC	单侧	−20
Wolfgang Stuetz	2012	泰缅边境	84	成熟乳	636	HPLC	NA	−80
Juliana A Donohue	2020	中美洲	120～180	成熟乳	28	HPLC-FLD	单侧	−80
Wolfgang Stuetz	2012	泰缅边境	84	成熟乳	85	LC-FLD	NA	NA
Lisa Daniels	2019	印度尼西亚	60～159	成熟乳	112	HPLC	NA	−80
Kyly C Whitfield	2020	柬埔寨	21～189	成熟乳	23	HPLC-FLD	单侧	−80
Sakurai T	2005	日本	11～365		108	HPLC	NA	−40
Rosa M. Ortega	2004	西班牙	40	成熟乳	16	FLD	双侧	NA
Kodentsova V. M	2006	俄罗斯	3～10		15	FLD	NA	−20
Thomas, M. R	1980	瑞典	180		6	FLD	NA	−10
Patricia A. Nail	1980	美国	43～45		5	FLD	NA	−10
Macy I G	1949	美国	15～450	成熟乳	277	硫色素法		

注：NA表示无有效值。

七、早产儿母亲的母乳

有3篇文献研究了早产儿母亲母乳的维生素B_1含量。俄罗斯的早产儿母乳样本中维生素B_1的含量为0.15mg/L[25]；英国早产儿母亲的初乳、过渡乳和成熟乳中维生素B_1的含量分别为0.024mg/L、0.054mg/L和0.089mg/L[10]；瑞士早产儿母亲的初乳、过渡乳和成熟乳中维生素B_1的含量分别为0.0281mg/L、0.0838mg/L和0.118mg/L[10]。见表6.1.5。

表6.1.5　早产儿母乳维生素B_1含量

发表年份	国家	泌乳阶段	样本量	分析方法	平均值/（mg/L）	标准差/（mg/L）	参考文献
2006	俄罗斯	14～20天	6	FLD	0.15	0.03	[25]
1983	英国	1～5天	31	微生物法	0.024	0.016	[10]
1983	英国	6～15天	47	微生物法	0.054	0.047	
1983	英国	16～244天	32	微生物法	0.089	0.029	
2020	瑞士	产后一周	22	LC-MS/MS	0.0281	0.0228	[30]
2020	瑞士	产后二周	25	LC-MS/MS	0.0838	0.0386	
2020	瑞士	产后三周	23	LC-MS/MS	0.118	0.048	

八、服用膳食补充剂母亲母乳

乳母服用膳食补充剂后，母乳中维生素B_1的含量增加，但和服用剂量并不成正比，见表6.1.6。因此找到膳食补充剂的最佳剂量很关键。

表6.1.6　服用膳食补充剂母亲的母乳维生素B_1含量

补充时间	发表年份	国家或地区	泌乳阶段	样本量	分析方法	平均值/（mg/L）	标准差/（mg/L）	参考文献
第一天-未补充	2017	孟加拉国	成熟乳	17	HPLC	0.125	0.044	[17]
第二天-补充一片			成熟乳	17		0.143	0.054	
第三天-补充两片			成熟乳	16		0.148	0.072	
第四天-未补充			成熟乳	18		0.148	0.046	
未补充	2004	西班牙	过渡乳	13	FLD	0.239	0.273	[19]
有补充			过渡乳	38		0.234	0.151	
未补充			成熟乳	13		0.066	0.019	
有补充			成熟乳	38		0.157	0.117	

续表

补充时间	发表年份	国家或地区	泌乳阶段	样本量	分析方法	平均值/(mg/L)	标准差/(mg/L)	参考文献
未补充			成熟乳	28		0.020	0.002	
一次性补充	2020	中美洲	成熟乳	28	HPLC-FLD	0.025	0.003	[20]
多次补充			成熟乳	28		0.026	0.003	
未补充			成熟乳	112		0.131	0.051	
低剂量补充	2020	柬埔寨	成熟乳	23	HPLC-FLD	0.203	0.066	[23]
高剂量补充			成熟乳	26		0.172	0.058	

九、影响因素

1. 泌乳阶段

人乳中B族维生素水平在初乳阶段是最低的，硫胺素水平随哺乳期延长而增加。

2. 昼夜节律变化

进行母乳成分分析时，需要考虑人乳中水溶性维生素组成与含量的昼夜节律变化。设计大规模纵向研究时，为了获得准确的测量结果，可能需要收集每次喂哺的乳样。实用的和理想的方法是获得能够代表24小时期间给母乳喂养婴儿提供的营养素的单一样品，并且使对婴儿喂哺和受试者日常的干扰降到最低。

3. 乳母营养状况与膳食摄入量

乳母硫胺素的营养状况和膳食摄入量影响分泌乳汁中硫胺素的含量。

4. 早产

早产儿和低出生体重儿对一些水溶性维生素的需要量可能高于健康足月儿，而且母乳中水溶性维生素含量可能受胎儿成熟程度的影响。因此早产可能影响母乳中多种水溶性维生素含量。

（编写：任向楠，杨振宇）

参考文献

[1] ORNOY A, TEKUZENER E, BRAUN T, et al. Lack of severe long-term outcomes of acute, subclinical B_1 deficiency in 216 children in Israel exposed in early infancy [J]. Pediatric research, 2013, 73 (1): 111-119.

[2] 孙长颢. 营养与食品卫生学［M］. 北京：人民卫生出版社，2003：90-108.

[3] OGUZ SS, ERGENEKON E, TÜMER L, et al. A rare case of severe lactic acidosis in a preterm infant: lack of thiamine during total parenteral nutrition [J]. Journal of pediatric endocrinology & metabolism, 2011, 24 (9-10): 843-845.

[4] 中国营养学会. 中国居民膳食营养素参考摄入量（2013版）［M］. 北京：科学出版社，2014：356.

[5] 顾景范，杜寿玢，郭长江. 现代临床营养学［M］. 北京：科学出版社，2009.

[6] SHI YD, SUN GQ, ZHANG ZG, et al. The chemical composition of human milk from Inner Mongolia of China [J]. Food chemistry, 2011, 127 (3): 1193-1198.

[7] 方芳，李婷，刘彪，等. 呼和浩特地区母乳中水溶性维生素B1等质量浓度的研究［J］. 中国乳品工业，2014，42（10）：21-23.

[8] 刘静. 呼和浩特市母乳中维生素含量的研究［J］. 食品研究与开发，2016，37（16）：21-23.

[9] 任向楠. 人乳中B族维生素水平及其影响因素［D］. 北京：中国疾病预防控制中心，2015.

[10] FORD JE, ZECHALKO A, MURPHY J, et al. Comparison of the B vitamin composition of milk from mothers of preterm and term babies [J]. Archives of disease in childhood, 1983, 58 (5): 367-372.

[11] MACY IG. Composition of human colostrum and milk [J]. American journal of diseases of children (1911), 1949, 78 (4): 589-603.

[12] NAIL PA, THOMAS MR, EAKIN R. The effect of thiamin and riboflavin supplementation on the level of those vitamins in human breast milk and urine [J]. The American journal of clinical nutrition, 1980, 33 (2): 198-204.

[13] 殷泰安，刘冬生，李丽祥，等. 北京市城乡乳母的营养状况、乳成分、乳量及婴儿生长发育关系的研究［J］. 营养学报，1989，11（3）：233-239.

[14] 刘会会，韩秀霞，刘烈刚，等. 城乡乳母乳汁4种B族维生素含量及母婴营养状况对比分析［J］. 卫生研究，2014，43（3）：409-414.

[15] 王德恺，汪振林，刘广青，等. 上海市区母乳中几种无机盐和维生素含量测定［J］. 营养学报，1986，8（1）：81-85.

[16] 张志国，孙亚范，田玉新，等. 唐山地区母乳中营养成分分析［J］. 食品研究与开发，2018，39（10）：175-179.

[17] HAMPEL D, SHAHAB-FERDOWS S, ISLAM MM, et al. Vitamin concentrations in human milk vary with time within feed, circadian rhythm, and single-dose supplementation [J]. The Journal of nutrition, 2017, 147 (4): 603-611.

[18] STUETZ W, CARRARA VI, MCGREADY R, et al. Thiamine diphosphate in whole blood, thiamine and thiamine monophosphate in breast-milk in a refugee population [J]. PloS one, 2012, 7 (6): e36280.

[19] ORTEGA RM, MARTÍNEZ RM, ANDRÉS P, et al. Thiamin status during the third trimester of pregnancy and its influence on thiamin concentrations in transition and mature breast milk [J]. The British journal of nutrition, 2004, 92 (1): 129-135.

[20] DONOHUE JA, SOLOMONS NW, HAMPEL D, et al. Micronutrient supplementation of lactating Guatemalan women acutely increases infants' intake of riboflavin, thiamin, pyridoxal, and cobalamin, but not niacin, in a randomized crossover trial [J]. The American journal of clinical nutrition, 2020, 112 (3): 669-682.

[21] STUETZ W, CARRARA VI, MCGREADY R, et al. Micronutrient status in lactating mothers before and after introduction of fortified flour: cross-sectional surveys in Maela refugee camp [J]. Eur J Nutr, 2012, 51 (4): 425-434.

[22] DANIELS L, GIBSON RS, DIANA A, et al. Micronutrient intakes of lactating mothers and their association with breast milk concentrations and micronutrient adequacy of exclusively breastfed Indonesian infants [J]. The American journal of clinical nutrition, 2019, 110 (2): 391-400.

[23] WHITFIELD KC, SHAHAB-FERDOWS S, KROEUN H, et al. Macro- and Micronutrients in Milk from Healthy Cambodian Mothers: Status and Interrelations [J]. The Journal of nutrition, 2020, 150 (6): 1461-1469.

[24] SAKURAI T, FURUKAWA M, ASOH M, et al. Fat-soluble and water-soluble vitamin contents of breast milk from Japanese women [J]. Journal of nutritional science and vitaminology, 2005, 51 (4): 239-247.

[25] KODENTSOVA VM, VRZHESINSKAYA OA. Evaluation of the vitamin status in nursing women by vitamin content in breast milk [J]. Bulletin of experimental biology and medicine, 2006, 141 (3): 323-327.

[26] THOMAS MR, SNEED SM, WEI C, et al. The effects of vitamin C, vitamin B_6, vitamin B_{12}, folic acid, riboflavin, and thiamin on the breast milk and maternal status of well-nourished women at 6 months postpartum [J]. The American journal of clinical nutrition, 1980, 33 (10): 2151-2156.

[27] LIMA HK, VOGEL K, HAMPEL D, et al. The associations between light exposure during pumping and holder pasteurization and the macronutrient and vitamin concentrations in human milk [J]. J Hum Lact, 2020, 36 (2): 254-263.

[28] CHOW AY, SIMPSON IA. The thiamine content of human milk in Malaya. II. The effect of the administration of supplementary thiamine on the thiamine level of human milk [J]. Journal of tropical pediatrics (London, England: 1955), 1956, 2 (2): 69-76.

[29] HAMPEL D, SHAHAB-FERDOWS S, ADAIR LS, et al. Thiamin and riboflavin in human milk: Effects of lipid-based nutrient supplementation and stage of lactation on vitamer secretion and contributions to total vitamin content [J]. PloS one, 2016, 11 (2).

[30] REDEUIL K, LÉVÊQUES A, OBERSON JM, et al. Vitamins and carotenoids in human milk delivering preterm and term infants: Implications for preterm nutrient requirements and human milk fortification strategies [J]. Clinical Nutrition, 2021, 40 (1): 222-228.

第2节　维生素B_2

一、背景

人乳中的维生素B_2，又称核黄素，主要存在形式是黄素腺嘌呤二核苷酸（FAD）（60%）、游离核黄素（30%）以及其他黄素衍生物。作为FAD辅酶的一部分，维生素B_2参与体内生物氧化和能量产生、脂肪酸和氨基酸合成、DNA修复、色氨酸转变成烟酸的过程、谷胱甘肽的产生、游离基清除，以及作为甲基四氢叶酸还原酶的辅酶参与同型半胱氨酸的代谢等[1]。人乳中的维生素B_2有不同的存在形式，主要包括游离态核黄素、黄素腺嘌呤二核苷酸（FAD）和黄素腺嘌呤单核苷酸（FMN）。

二、生理功能

维生素B_2在人体以核黄素和FAD的形式存在，维生素B_2缺乏会影响生长发育和生殖功能等[2, 3]。生理功能主要包括：①参与体内生物氧化与能量生成；②参与色氨酸转化为烟酸、维生素B_6转变为磷酸吡哆醛；③作为谷胱甘肽还原酶的辅酶；④作为甲基四氢叶酸还原酶的辅酶；⑤有助于维持肠黏膜的结构与功能，影响铁的吸收和转运过程[1, 4]。

三、分析方法

维生素B_2相关的国内外文献分析方法见表6.2.1、表6.2.2和图6.2.1。

四、健康母亲足月儿初乳

有1篇文献研究了国内初乳样本总维生素B_2含量[5]，有3篇文献研究了国外初乳样本总维生素B_2含量[6-8]，整合后数值分别为0.585mg/L和0.304mg/L，见表6.2.3。有3篇文献研究了国内初乳样本游离态核黄素含量，整合后数值为0.185mg/L[9-11]。

表6.2.1　维生素B_2中文检索策关键词

数据库	检索式	篇数
知网	（篇关摘=维生素B_2+核黄素）AND（篇关摘=母乳+人乳）—模糊匹配	31
万方	（主题=维生素B_2 OR核黄素）AND（主题=母乳OR人乳）—模糊匹配	99
维普	（题目名或关键词=维生素B_2+核黄素）AND（题目名或关键词=母乳+人乳）—模糊匹配	2
CBMdisc	（“维生素B_2”［摘要：智能］OR“核黄素”［摘要：智能］）AND（“母乳”［摘要：智能］OR“人乳”［摘要：智能］）	6
百度学术	用于文献追溯	

表6.2.2 维生素B_2英文检索策关键词

数据库	检索式	篇数
PubMed	(((B-vitamin[Title/Abstract]) OR (riboflavin[Title/Abstract])) OR (vitamin B_2[Title/Abstract])) AND ((((((((breast milk[Title/Abstract]) OR (breast* milk[Title/Abstract])) OR (human* milk[Title/Abstract])) OR (mother* milk[Title/Abstract])) OR (woman* milk[Title/Abstract])) OR (women* milk[Title/Abstract])))	336
Embase	('breast milk' : ab, ti OR 'breast* milk' : ab, ti OR 'human* milk' : ab, ti OR 'mother* milk' : ab, ti OR 'woman* milk' : ab, ti OR 'women* milk' : ab, ti) AND (riboflavin: ab, ti OR 'vitamin b2' : ab, ti)	95
Web of Science	TS=(vitamin B_2 OR riboflavin) AND TS=('breast milk' OR 'breast *milk' OR 'human* milk' OR 'mother* milk' OR 'woman* milk' OR 'women* milk' OR lactating milk)	325
	TI=(vitamin B_2 OR riboflavin) AND TI=('breast milk' OR 'breast *milk' OR 'human* milk' OR 'mother* milk' OR 'woman* milk' OR 'women* milk' OR lactating milk)	21
Cochrane Library	((vitamin B_2): ti, ab, kw OR (riboflavin): ti, ab, kw) AND ((breast milk): ti, ab, kw OR (breast *milk): ti, ab, kw OR (human* milk): ti, ab, kw OR (mother* milk): ti, ab, kw OR (women* milk): ti, ab, kw)	47

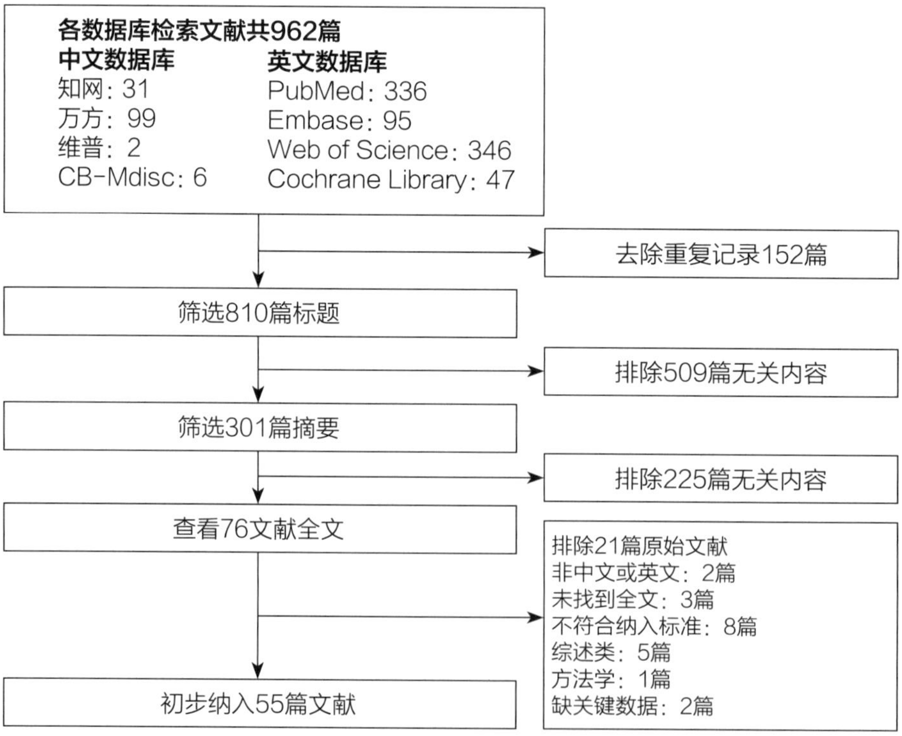

图6.2.1 维生素B_2含量文献检索流程图

五、健康母亲足月儿过渡乳

有1篇文献研究了国内过渡乳样本总维生素B_2含量[5]，有2篇文献研究了国外过渡乳样本总维生素B_2含量[6, 20]，整合后数值分别为0.764mg/L和0.325mg/L，见表6.2.3。

表6.2.3　不同泌乳期母乳维生素B_2含量

泌乳阶段	中国样本[12-17]				国外样本[6-8, 16, 18-28]			
	n	k	平均值/（mg/L）	标准差/（mg/L）	n	k	平均值/（mg/L）	标准差/（mg/L）
初乳	1	486	0.585	0.543	3	47	0.304	0.099
过渡乳	1	416	0.764	0.596	2	54	0.325	0.228
所有成熟乳	6	1143	0.659	0.546	15	800	0.279	0.184

注：n：研究的数目（若2篇文献是同一研究，计数为1）；k：样本量。

六、健康母亲足月儿成熟乳

有6篇文献研究了国内样本成熟乳的总维生素B_2的含量，整合后数值为0.659mg/L[12-17]；有15篇文献研究了国外成熟乳的总维生素B_2的含量，整合后数值为0.279mg/L[6-8, 16, 18-28]，见表6.2.3。在研究方法方面，有微生物法、荧光法（FLD）、高效液相色谱法（HPLC）、超高效液相色谱质谱联用（UPLC-MS/MS）及未明确检测方法的。结合国外推荐的方法和研究现况，选定荧光法、HPLC和UPLC-MS/MS，国内样本成熟乳中维生素B_2的含量为0.643mg/L[12-17]，国外样本成熟乳的含量为0.226mg/L[8, 16, 18-28]。所有成熟乳和180天前成熟乳数值有差异。有4篇文献研究了国内样本180天前成熟乳的总维生素B_2的含量，整合后数值为0.614mg/L[12, 13, 15, 17]；有15篇文献研究了国外180天前成熟乳的总维生素B_2的含量，整合后数值为0.136mg/L[8, 18, 20-23, 27]。

人乳中的维生素B_2有不同的存在形式，主要包括游离态核黄素、黄素腺嘌呤二核苷酸（FAD）和黄素腺嘌呤单核苷酸（FMN）。Hampel D等[29]研究了HIV感染母亲母乳的维生素B_2存在形式，发现第2周和第6周母乳的游离态核黄素占总维生素B_2的比例大约为5.7%，第24周母乳的游离态核黄素占总维生素B_2的比例为7.0%～7.8%；第2周和第6周母乳的黄素腺嘌呤二核苷酸（FAD）占总维生素B_2的比例大约为94.3%和94.2%，第24周母乳的FAD占总维生素B_2的比例为92.2%～93.0%。Ren X等[5]研究发现游离态核黄素占总维生素B_2的比例为7.16%～7.91%。

表6.2.4 健康母亲足月儿母乳维生素B_2相关文献的基本信息

第一作者	发表年份	国家或地区	哺乳时间/（d）	哺乳阶段	样本量	检测方法	采样乳房	储存温度/（℃）
王德恺	1986	中国	30～90	成熟乳	19	FLD	双侧	NA
殷泰安	1989	中国	30～180	成熟乳	152	FLD	双侧	-35
Daniela Hampel	2012	中国	14～245	成熟乳	5	UPLC-MS/MS	NA	-80
Xiangnan Ren	2015	中国	0～330	初乳、过渡乳、成熟乳	1745	UPLC-MS/MS	单侧	-80
张志国	2018	中国	16～180	成熟乳	32	HPLC或FLD	NA	NA
刘会会	2014	中国	42～540	成熟乳	92	HPLC	单侧	-80
Daniela Hampel	2017	孟加拉国	60～120		35	HPLC	单侧	-20
Rosa M. Ortega	1999	西班牙	40	成熟乳	32	FLD	双侧	NA
Juliana A Donohue	2020	中美洲	120～180	成熟乳	28	UPLC-MS/MS	单侧	-80
Lisa Daniels	2019	印度尼西亚	60～159	成熟乳	112	HPLC	NA	-80
Kyly C Whitfield	2020	柬埔寨	21～189	成熟乳	23	HPLC-FLD	单侧	-80
Patricia A. Nail	1980	美国	43～45		5	FLD	NA	-10
Thomas M. R	1980	瑞典	180		6	FLD	NA	-10
Van Zoeren-Grobben D	1987	荷兰	30～240	成熟乳	9	HPLC	NA	-20
Roughead Z. K	1990	美国	NA	NA	5	HPLC	NA	NA
Daniela Hampel	2012	喀麦隆、中国、印度、马拉维、美国	14～728	成熟乳	75	UPLC-MS/MS	NA	-80

续表

第一作者	发表年份	国家或地区	哺乳时间/（d）	哺乳阶段	样本量	检测方法	采样乳房	储存温度/（℃）
Bates C. J	1982	冈比亚	30～540	成熟乳	59	FLD	NA	NA
Ford J. E	1983	英国	16～244	成熟乳	24	微生物法	单侧	-20
Hope K. Lima	2020	美国		成熟乳	13	UPLC	NA	NA
Macy I G	1949	美国	15～450	成熟乳	272	Thiochrome 硫色素法	双侧	NA
Sakurai T	2005	日本	21～365	成熟乳	102	HPLC	NA	-40

注：NA表示无有效值。

七、早产儿母亲的母乳

有3篇文献研究了早产儿母亲母乳的维生素B_2含量。俄罗斯的早产儿母乳样本中维生素B_2的含量为0.25mg/L[30]；英国早产儿母亲的初乳、过渡乳和成熟乳中维生素B_2的含量分别为0.276mg/L、0.360mg/L和0.266mg/L[6]；瑞士早产儿母亲的初乳、过渡乳和成熟乳中维生素B_2的含量分别为0.735mg/L、0.883mg/L和0.831mg/L[6]。见表6.2.5。

表6.2.5　早产儿母乳维生素B_2含量

年份	国家	泌乳阶段	样本量	分析方法	平均值/（mg/L）	标准差/（mg/L）	参考文献
2006	俄罗斯	14～20天	6	分光光度法	0.250	0.080	[30]
1983	英国	1～5天	40	微生物法	0.276	0.095	
1983	英国	6～15天	42	微生物法	0.360	0.069	[6]
1983	英国	16～244天	36	微生物法	0.266	0.085	
2020	瑞士	产后一周	22	LC-MS/MS	0.735	0.307	
2020	瑞士	产后二周	25	LC-MS/MS	0.883	0.444	[31]
2020	瑞士	产后三周	23	LC-MS/MS	0.831	0.311	

八、服用膳食补充剂母亲母乳

乳母服用膳食补充剂后，母乳中维生素B_2的含量增加，但和服用剂量并不成正比。因此找到膳食补充剂的最佳剂量很关键。

表6.2.6 服用膳食补充剂母亲的母乳维生素B_2含量

	年份	国家或地区	泌乳阶段	样本量	分析方法	平均值/（mg/L）	标准差/（mg/L）	参考文献
第一天未补充	2017	孟加拉国	成熟乳	17	UPLC-MS/MS	0.027	0.021	[18]
第二天补充一片			成熟乳	17		0.033	0.033	
第三天补充两片			成熟乳	16		0.044	0.040	
第四天未补充			成熟乳	18		0.035	0.023	
未补充	1999	西班牙	过渡乳	25	荧光法	0.216	0.097	[20]
有补充			过渡乳	32		0.357	0.263	
未补充			成熟乳	25		0.273	0.096	
有补充			成熟乳	32		0.374	0.164	
未补充	2020	中美洲	成熟乳	28	UPLC-MS/MS	0.206	0.034	[21]
一次性补充			成熟乳	28		0.341	0.055	
多次补充			成熟乳	28		0.283	0.045	
未补充	2020	柬埔寨	成熟乳	112	UPLC-MS/MS	0.062	0.047	[23]
低剂量补充			成熟乳	23		0.060	0.047	
高剂量补充			成熟乳	26		0.059	0.045	

九、影响因素

1．泌乳阶段

人乳中核黄素、FAD的水平随哺乳期增大均呈现先增大后减小的变化趋势。

2．昼夜节律变化

进行母乳成分分析时，需要考虑人乳中水溶性维生素组成与含量的昼夜节律变化。设计大规模纵向研究时，为了获得准确的测量结果，可能需要收集每次喂哺的乳样。实用的和理想的方法是获得能够代表24小时期间给母乳喂养婴儿提供的营养素的单一样品，并且使对婴儿喂哺和受试者日常的干扰降到最低。

3．乳母营养状况与膳食摄入量

乳母硫胺素的营养状况和膳食摄入量影响分泌乳汁中核黄素的含量。

4．早产

早产儿和低出生体重儿对一些水溶性维生素的需要量可能高于健康足月儿，而且母乳中水溶性维生素含量可能受胎儿成熟程度的影响。因此早产可能影响母乳中多种水溶性维生素含量。

（编写：任向楠，杨振宇）

参考文献

[1] 中国营养学会. 中国居民膳食营养素参考摄入量（2013版）[M]. 北京：科学出版社，2014：356.

[2] 孙长颢. 营养与食品卫生学 [M]. 北京：人民卫生出版社，2003：90-108.

[3] POWERS HJ. Riboflavin (vitamin B-2) and health [J]. The American journal of clinical nutrition，2003, 77 (6): 1352-1360.

[4] 何志谦. 人类营养学 [M]. 北京：人民卫生出版社，2008：214-217.

[5] 任向楠. 人乳中B族维生素水平及其影响因素 [D]. 北京：中国疾病预防控制中心，2015.

[6] FORD JE, ZECHALKO A, MURPHY J, et al. Comparison of the B vitamin composition of milk from mothers of preterm and term babies [J]. Archives of disease in childhood, 1983, 58 (5): 367-372.

[7] MACY IG. Composition of human colostrum and milk [J]. American journal of diseases of children (1911), 1949, 78 (4): 589-603.

[8] NAIL PA, THOMAS MR, EAKIN R. The effect of thiamin and riboflavin supplementation on the level of those vitamins in human breast milk and urine [J]. The American journal of clinical nutrition, 1980, 33 (2): 198-204.

[9] SHI YD, SUN GQ, ZHANG ZG, et al. The chemical composition of human milk from Inner Mongolia of China [J]. Food chemistry, 2011, 127 (3): 1193-1198.

[10] 方芳，李婷，刘彪，等. 呼和浩特地区母乳中水溶性维生素B_1等质量浓度的研究 [J]. 中国乳品工业，2014，42（10）：21-23.

[11] 刘静. 呼和浩特市母乳中维生素含量的研究 [J]. 食品研究与开发，2016，37（16）：21-23.

[12] 张志国，孙亚范，田玉新，等. 唐山地区母乳中营养成分分析 [J]. 食品研究与开发，2018，39（10）：175-179.

[13] 王德恺，汪振林，刘广青，等. 上海市区母乳中几种无机盐和维生素含量测定 [J]. 营养学报，1986，8（1）：81-85.

[14] 刘会会，韩秀霞，刘烈刚，等. 城乡乳母乳汁4种B族维生素含量及母婴营养状况对比分析 [J]. 卫生研究，2014，43（3）：409-414.

[15] 殷泰安，刘冬生，李丽祥，等. 北京市城乡乳母的营养状况、乳成分、乳量及婴儿生长发育关系的研究 [J]. 营养学报，1989，11（3）：233-239.

[16] HAMPEL D, YORK ER, ALLEN LH. Ultra-performance liquid chromatography tandem mass-spectrometry (UPLC-MS/MS) for the rapid, simultaneous analysis of thiamin, riboflavin, flavin adenine dinucleotide, nicotinamide and pyridoxal in human milk [J]. Journal of Chromatography B, 2012, 903: 7-13.

[17] REN X, YANG Z, SHAO B, et al. B-vitamin levels in human milk among different lactation stages and areas in China [J]. PloS one, 2015, 10 (7): e0133285.

[18] HAMPEL D, SHAHAB-FERDOWS S, ISLAM MM, et al. Vitamin concentrations in human milk vary with time within feed, circadian rhythm, and single-dose supplementation [J]. The Journal of nutrition, 2017, 147 (4): 603-611.

[19] BATES CJ, PRENTICE AM, WATKINSON M, et al. Riboflavin requirements of lactating Gambian women: a controlled supplementation trial [J]. The American journal of clinical nutrition, 1982. 35 (4): 701-709.

[20] ORTEGA RM, QUINTAS ME, MARTÍNEZ RM, et al. Riboflavin levels in maternal milk: the influence of vitamin B2 status during the third trimester of pregnancy [J]. Journal of the American College of Nutrition, 1999, 18 (4): 324-329.

[21] DONOHUE JA, SOLOMONS NW, HAMPEL D, et al. Micronutrient supplementation of lactating Guatemalan women acutely increases infants' intake of riboflavin, thiamin, pyridoxal, and cobalamin, but not niacin, in a randomized crossover trial [J]. The American journal of clinical nutrition, 2020, 112 (3): 669-682.

[22] DANIELS L, GIBSON RS, DIANA A, et al. Micronutrient intakes of lactating mothers and their association with breast milk concentrations and micronutrient adequacy of exclusively breastfed Indonesian infants [J]. The American journal of clinical nutrition, 2019, 110 (2): 391-400.

[23] WHITFIELD KC, SHAHAB-FERDOWS S, KROEUN H, et al. Macro- and micronutrients in milk from healthy cambodian mothers: status and interrelations [J]. The Journal of nutrition, 2020, 150 (6): 1461-1469.

[24] VAN ZOEREN-GROBBEN D, SCHRIJVER J, VAN DEN BERG H, et al. Human milk vitamin content after pasteurisation, storage, or tube feeding [J]. Archives of disease in childhood, 1987, 62 (2): 161-165.

[25] ROUGHEAD ZK, MCCORMICK DB. Flavin composition of human milk [J]. The American journal of clinical nutrition, 1990, 52 (5): 854-857.

[26] SAKURAI T, FURUKAWA M, ASOH M, et al. Fat-soluble and water-soluble vitamin contents of breast milk from Japanese women [J]. Journal of nutritional science and vitaminology, 2005, 51 (4): 239-247.

[27] THOMAS MR, SNEED SM, WEI C, et al. The effects of vitamin C, vitamin B_6, vitamin B_{12}, folic acid, riboflavin, and thiamin on the breast milk and maternal status of well-nourished women at 6 months postpartum [J]. The American journal of clinical nutrition, 1980, 33 (10): 2151-2156.

[28] LIMA HK, VOGEL K, HAMPEL D, et al. The associations between light exposure during pumping and holder pasteurization and the macronutrient and vitamin concentrations in human milk [J]. J Hum Lact, 2020, 36 (2): 254-263.

[29] HAMPEL D, SHAHAB-FERDOWS S, ADAIR LS, et al. Thiamin and riboflavin in human milk: Effects of lipid-based nutrient supplementation and stage of lactation on vitamer secretion and contributions to total vitamin content [J]. PloS one, 2016, 11 (2).

[30] KODENTSOVA VM, VRZHESINSKAYA OA. Evaluation of the vitamin status in nursing women by vitamin content in breast milk [J]. Bulletin of experimental biology and medicine, 2006, 141 (3): 323-327.

[31] REDEUIL K, LÉVÊQUES A, OBERSON JM, et al. Vitamins and carotenoids in human milk delivering preterm and term infants: Implications for preterm nutrient requirements and human milk fortification strategies [J]. Clinical Nutrition, 2021, 40 (1): 222-228.

第3节　维生素B_6

一、背景

维生素B_6是吡哆醇（PN）、吡哆醛（PL）和吡哆胺（PM）的总称。在植物体内多以吡哆醇形式存在，在动物组织中多以吡哆醛和吡哆胺形式存在。在肝脏、红细胞和其他组织中吡哆醇、吡哆醛、吡哆胺的活性辅基形式为5'-磷酸吡哆醇（PNP）、5'-磷酸吡哆醛（PLP）、5'-磷酸吡哆胺（PMP），其中PLP是维生素B_6在体内的主要活性形式[1]。

由于维生素B_6、叶酸、维生素B_{12}在生理功能上较为相似，文献中多将三种维生素一起研究，故检索文献时共同检索。

二、生理功能

人体内维生素B_6主要以PLP辅酶形式参与许多酶系反应。是人体内约140种酶的辅酶，参与催化80多种生化反应。其主要作用为：作为蛋白质代谢中的辅酶参与所有氨基酸的生物合成和分解代谢；作为糖原磷酸化的辅酶直接参与肌肉和肝脏的糖原分解；参与脂肪的代谢，如和维生素C协同参与不饱和脂肪酸的代谢；参与烟酸的合成、维生素B_{12}和铁、锌的吸收；参与调节神经递质的合成和代谢；参与一碳单位和同型半胱氨酸代谢；参与造血、促进抗体合成等。维生素B_6缺乏时会引起皮肤炎症、高半胱氨酸血症、免疫力低下、神经精神症状等。维生素B_6缺乏对婴幼儿的影响更明显，会引起惊厥、呕吐、腹痛等临床症状[1, 2]。

三、分析方法

关于维生素B_6、叶酸和维生素B_{12}相关国内外文献的分析方法见表6.3.1和图6.3.1。

表6.3.1　维生素B_6、叶酸和维生素B_{12}相关文献检索策略

数据库	检索式	篇数
知网	主题：（维生素B_6 OR吡哆素OR吡哆醛OR吡哆醇OR吡哆胺 OR维生素B_9 OR叶酸OR维生素B_{12} OR钴胺素）AND（母乳OR人乳）	209
万方	题名或关键词：（维生素B_6 OR吡哆素OR吡哆醛OR吡哆醇OR吡哆胺OR维生素B_9 OR叶酸OR维生素B_{12} OR钴胺素）AND（母乳OR人乳）（模糊匹配）	54
维普	题名或关键词：（维生素B_6 OR吡哆素OR吡哆醛OR吡哆醇OR吡哆胺OR维生素B_9 OR叶酸 OR维生素B_{12} OR钴胺素）AND（母乳OR人乳）	19

续表

数据库	检索式	篇数
CBMdisc	（"维生素B_6"［标题：智能］OR "吡哆素"［标题：智能］OR "吡哆醛"［标题：智能］OR "吡哆醇"［标题：智能］OR "吡哆胺"［标题：智能］OR "维生素B_9"［标题：智能］OR "叶酸"［标题：智能］OR "维生素B_{12}"［标题：智能］OR "钴胺素"［标题：智能］）AND（"母乳"［摘要：智能］OR "人乳"［摘要：智能］）	43
PubMed	(vitamin B_6[Title/Abstract] OR pyridoxine[Title/Abstract] OR pyridoxal[Title/Abstract] OR pyridoxamine [Title/Abstract] OR vitamin B_9[Title/Abstract] OR folic acid [Title/Abstract] OR folate [Title/Abstract] OR vitamin B_{12}[Title/Abstract] OR cobalt amine [Title/Abstract] OR cobalamin [Title/Abstract]) AND (human milk[Title/Abstract] OR breastmilk [Title/Abstract] OR breast* milk [Title/Abstract] OR women* milk [Title/Abstract] OR ((lactation [Title/Abstract] OR lactating) [Title/Abstract] AND milk) [Title/Abstract])	650
Embase	主题：(vitamin B_6 OR pyridoxine OR pyridoxal OR pyridoxamine OR vitamin B_9 OR folic acid OR folate OR vitamin B_{12} OR cobalt amine OR cobalamin) AND 主题：(human milk OR breastmilk OR breast* milk OR women* milk OR ((lactation OR lactating) AND milk))	99
Web of Science	主题：(vitamin B_6 OR pyridoxine OR pyridoxal OR pyridoxamine OR vitamin B_9 OR folic acid OR folate OR vitamin B_{12} OR cobalt amine OR cobalamin) AND 主题：(human milk OR breastmilk OR breast* milk OR women* milk OR ((lactation OR lactating) AND milk))	581
Cochrane Library	vitamin B_6 OR pyridoxine OR pyridoxal OR pyridoxamine OR vitamin B_9 OR folic acid OR folate OR vitamin B_{12} OR cobalt amine OR cobalamin in Title Abstract Keyword AND human milk OR breastmilk OR breast* milk OR women* milk OR ((lactation OR lactating) AND milk) in Title Abstract keyword	173
百链	用于文献追溯	

四、健康母亲足月儿初乳

初乳维生素B_6的含量有2篇国内的研究[3-5]，整合后数值为0.016mg/L；有3篇国外的研究[6-8]，整合后数值为0.014mg/L（表6.3.2）。

五、健康母亲足月儿过渡乳

过渡乳维生素B_6的含量有3篇国内的研究[3-5]，整合后数值为0.027mg/L；4篇国外的研究[6-9]，整合后数值为0.040mg/L（表6.3.2）。

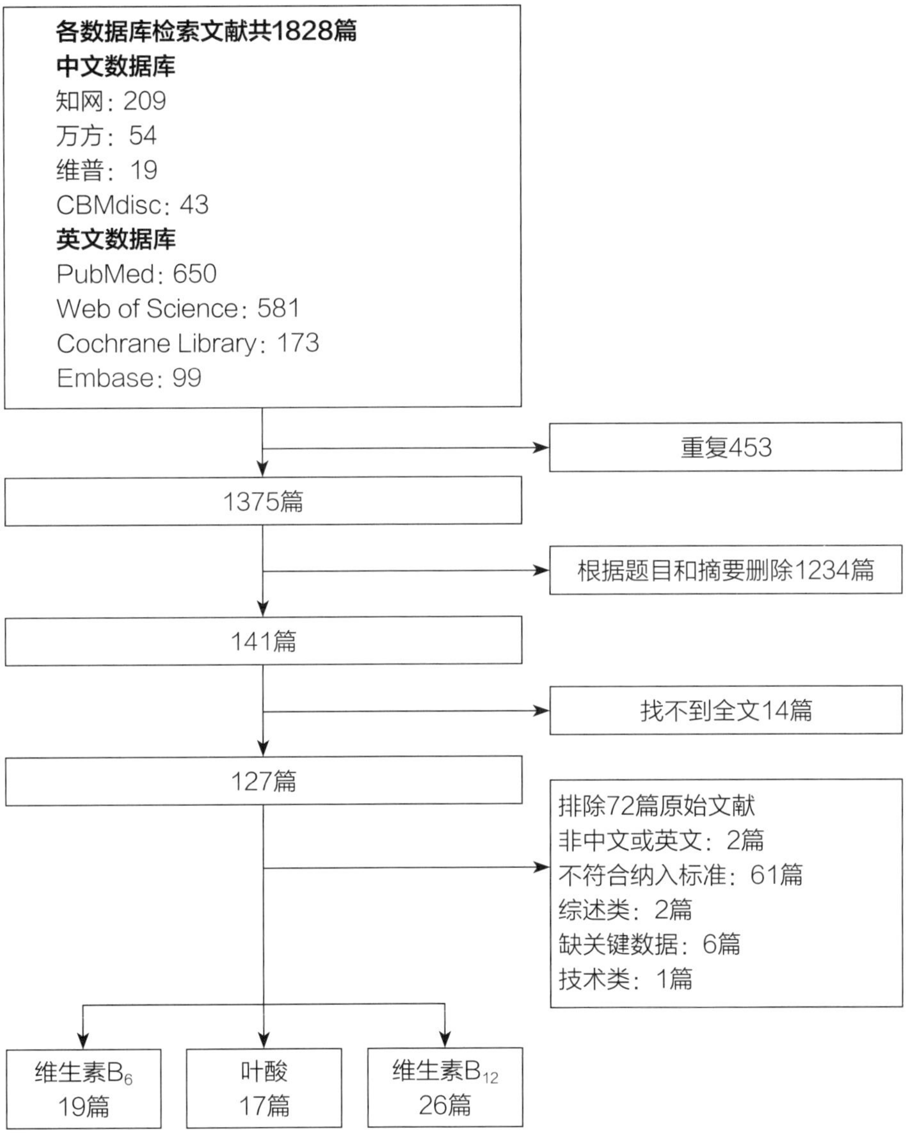

图6.3.1　维生素B_6、叶酸、维生素B_{12}含量文献检索流程图

六、健康母亲足月儿成熟乳

成熟乳维生素B_6的含量有7篇国内的研究，整合后数值为0.082mg/L[3-5, 10-13]；有10篇国外研究，整合后数值为0.129mg/L[6, 11, 14-21]。在研究方法方面，有微生物法、高效液相色谱法（HPLC）、高效液相色谱质谱联用法（HPLC-MS/MS）、超高效液相色谱质谱联用（UPLC-MS/MS）。结合国内外推荐的方法和研究现况，选定HPLC-MS/MS和UPLC-MS/MS，国内样本成熟乳中维生素B_6的含量为0.083mg/L[3, 4, 10-13]，国外样本成熟乳的含量为0.124mg/L[11, 14, 15, 17]（表6.3.2）。

表6.3.2 中国母乳样本与国外母乳样本不同泌乳期维生素B_6含量对比

泌乳阶段	中国样本				国外样本			
	n	k	平均值/（mg/L）	标准差/（mg/L）	n	k	平均值（mg/L）	标准差/（mg/L）
初乳	2	588	0.016	0.067	3	212	0.014	0.009
过渡乳	3	934	0.027	0.032	4	199	0.040	0.016
成熟乳	6	1612	0.083	0.057	4	401	0.124	0.154

注：n：研究的数目（若2篇文献是同一研究，计数为1）；k：样本量。

七、特殊状况母乳

特殊状况下母乳的维生素B_6含量的相关研究和数值见表6.3.3。

表6.3.3 早产儿母乳维生素B_6含量

第一作者	年份	国家	泌乳阶段	样本量	分析方法	平均值/（mg/L）	标准差/（mg/L）
L.Reinken[22]	1985	德国	2～3d	16	柱层析法	0.530	0.060
L.Reinken	1985	德国	14～75d	16	柱层析法	0.290	0.080
Karine Redeuil[23]	2020	瑞士	1w	22	LC-MS/MS	0.022	0.021
Karine Redeuil	2020	瑞士	2w	25	LC-MS/MS	0.085	0.044
Karine Redeuil	2020	瑞士	3w	25	LC-MS/MS	0.110	0.055
Karine Redeuil	2020	瑞士	4w	24	LC-MS/MS	0.145	0.051
Karine Redeuil	2020	瑞士	5w	24	LC-MS/MS	0.173	0.090
Karine Redeuil	2020	瑞士	6w	24	LC-MS/MS	0.183	0.085
Karine Redeuil	2020	瑞士	7w	23	LC-MS/MS	0.169	0.089
Karine Redeuil	2020	瑞士	8w	24	LC-MS/MS	0.173	0.084
Karine Redeuil	2020	瑞士	10w	23	LC-MS/MS	0.170	0.088
Karine Redeuil	2020	瑞士	12w	21	LC-MS/MS	0.172	0.085
Karine Redeuil	2020	瑞士	14w	21	LC-MS/MS	0.1699	0.091
Karine Redeuil	2020	瑞士	16w	19	LC-MS/MS	0.157	0.071

八、服用膳食补充剂母亲母乳

服用膳食补充剂母亲母乳中维生素B_6含量见表6.3.4。

表6.3.4　摄入膳食补充剂母亲母乳的维生素B_6含量

第一作者	年份	国家	泌乳阶段	样本量	分析方法	平均值/（mg/L）	标准差/（mg/L）	补充剂量/（mg/d）
Lynn Styslinger[19]	1985	美国	2 ~ 3m	24	微生物法	0.093	0.008	0
Lynn Styslinger	1985	美国	2 ~ 3m	24	微生物法	0.192	0.016	2.5
Lynn Styslinger	1985	美国	2 ~ 3m	24	微生物法	0.247	0.025	10
Lynn Styslinger	1985	美国	2 ~ 3m	24	微生物法	0.413	0.045	20

九、影响因素

随着泌乳期的延长，母乳中维生素B_6的水平逐渐增加；母亲的膳食维生素B_6摄入（包括正常饮食与膳食补充剂）与母乳中维生素B_6的水平为正相关关系[16, 19]；早产儿的母乳维生素B_6浓度高于足月儿[22, 23]。

（编写：邢新新，赖建强）

参考文献

[1] 孙长颢. 营养与食品卫生学［M］. 北京：人民卫生出版社，2017：103-104.

[2] 肖玉梅，李楠，傅滨. 维生素B_6——人体“建筑师”［J］. 大学化学，2010，25（S1）：57-61.

[3] 蒋嘉靖. 母乳中重要营养素和生物活性因子及小分子代谢物研究［D］. 浙江大学，2017.

[4] 任向楠. 人乳中B族维生素水平及其影响因素［D］. 中国疾病预防控制中心，2015.

[5] REN X, YANG Z, SHAO B, et al. B-Vitamin levels in human milk among different lactation stages and areas in China [J]. PloS one, 2015, 10 (7): e0133285.

[6] FORD JE, ZECHALKO A, MURPHY J, et al. Comparison of the B vitamin composition of milk from mothers of preterm and term babies [J]. Archives of disease in childhood, 1983, 58 (5): 367-372.

[7] ROEPKE JL, KIRKSEY A. Vitamin B_6 nutriture during pregnancy and lactation. II. The effect of long-term use of oral contraceptives [J]. The American journal of clinical nutrition, 1979, 32 (11): 2257-2264.

[8] ROEPKE JL, KIRKSEY A. Vitamin B_6 nutriture during pregnancy and lactation. I. Vitamin B_6 intake, levels of the vitamin in biological fluids, and condition of the infant at birth [J]. The American journal of clinical nutrition, 1979, 32 (11): 2249-2256.

[9] DANIELS L, GIBSON RS, DIANA A, et al. Micronutrient intakes of lactating mothers and their association with breast milk concentrations and micronutrient adequacy of exclusively breastfed Indonesian infants [J]. The American journal of clinical nutrition, 2019, 110 (2): 391-400.

[10] 刘会会，韩秀霞，刘烈刚，等. 城乡乳母乳汁4种B族维生素含量及母婴营养状况对比分析［J］. 卫生研究，2014，43（3）：409-414.

[11] NGUYEN MTT, KIM J, LEE H, et al. A comparison of vitamin and lutein concentrations in breast milk from four asian countries [J]. Nutrients, 2020, 12 (6): 1794.

[12] XUE Y, REDEUIL KM, GIMÉNEZ EC, et al. Regional, socioeconomic, and dietary factors influencing B-vitamins in human milk of urban Chinese lactating women at different lactation stages [J]. BMC nutrition, 2017, 3: 22.

[13] SU MY, JIA HX, CHEN WL, et al. Macronutrient and micronutrient composition of breast milk from women of different ages and dietary habits in Shanghai area [J]. International Dairy Journal, 2018, 85: 27-34.

[14] YAGI T, IWAMOTO S, MIZUSEKI R, et al. Contents of all forms of vitamin B_6, pyridoxine-β-glucoside and 4-pyridoxic acid in mature milk of Japanese women according to 4-pyridoxolactone-conversion high performance liquid chromatography [J]. Journal of nutritional science and vitaminology, 2013, 59 (1): 9-15.

[15] MORRISON LA, DRISKELL JA. Quantities of B_6 vitamers in human milk by high-performance liquid chromatography. Influence of maternal vitamin B_6 status [J]. Journal of chromatography, 1985, 337 (2): 249-258.

[16] WEST KD, KIRKSEY A. Influence of vitamin B6 intake on the content of the vitamin in human milk [J]. The American journal of clinical nutrition, 1976, 29 (9): 961-969.

[17] WHITFIELD KC, SHAHAB-FERDOWS S, KROEUN H, et al. Macro- and micronutrients in milk from healthy cambodian mothers: status and interrelations [J]. The Journal of nutrition, 2020, 150 (6): 1461-1469.

[18] THOMAS MR, SNEED SM, WEI C, et al. The effects of vitamin C, vitamin B_6, vitamin B_{12}, folic acid, riboflavin, and thiamin on the breast milk and maternal status of well-nourished women at 6 months postpartum [J]. The American journal of clinical nutrition, 1980, 33 (10): 2151-2156.

[19] STYSLINGER L, KIRKSEY A. Effects of different levels of vitamin B_6 supplementation on vitamin B_6 concentrations in human milk and vitamin B_6 intakes of breastfed infants [J]. The American journal of clinical nutrition, 1985, 41 (1): 21-31.

[20] SAKURAI T, FURUKAWA M, ASOH M, et al. Fat-soluble and water-soluble vitamin contents of breast milk from Japanese women [J]. Journal of nutritional science and vitaminology, 2005, 51 (4): 239-247.

[21] ANDON MB, REYNOLDS RD, MOSER-VEILLON PB, et al. Dietary intake of total and glycosylated vitamin B_6 and the vitamin B_6 nutritional status of unsupplemented lactating women and their infants [J]. The American journal of clinical nutrition, 1989, 50 (5): 1050-1058.

[22] REINKEN L, DOCKX F. Vitamin B_6 and protein concentrations in breast milk from mothers of preterm and term infants [J]. Klinische Padiatrie, 1985, 197 (1): 40-43.

[23] REDEUIL K, LÉVÊQUES A, OBERSON JM, et al. Vitamins and carotenoids in human milk delivering preterm and term infants: Implications for preterm nutrient requirements and human milk fortification strategies [J]. Clinical nutrition, 2021, 40 (1): 222-228.

第4节 烟酸

一、背景

1873年，奥地利化学家Hugo Weidel在研究尼古丁的时候，用硝酸氧化尼古丁得到烟酸。1911年，波兰化学家Funk从米糠中提取到烟酸。1937年，美国化学家Conrad Elvehjem从动物肝脏中提炼烟酸，对癞皮病患者的治疗效果明显，故将其命名为“抗癞皮病因子”，英文缩写为PP。

烟酸是一种B族维生素，也是一种吡啶衍生物，是人体必需的膳食营养素。烟酸外观为白色晶体或白色结晶性粉末，可溶于水，主要存在于动物内脏、肌肉组织，水果、蛋黄中也有微量存在，是人体必需维生素。烟酸又称维生素B_3、尼克酸、抗癞皮病因子等。烟酸在体内以烟酰胺（尼克酰胺）形式存在，二者总称为维生素PP，在体内具有相同的生理活性。

二、生理功能

1．参与体内物质和能量代谢

烟酸在体内以烟酰胺的形式构成辅酶I和辅酶II，这两种辅酶结构中的烟酰胺部分具有可逆的加氢和脱氢特性，在细胞生物氧化过程中起着传递氢的作用。

2．与核酸的合成有关

葡萄糖通过磷酸戊糖代谢途径可产生5-磷酸核糖，这是体内产生核糖的主要途径，核糖是合成核酸的重要原料。而烟酸构成的辅酶I和辅酶II是葡萄糖磷酸戊糖代谢途径第一步生化反应中氢的传递者。

3．降低血胆固醇水平

每天摄入1～2g烟酸，可降低血胆固醇水平。其原理可能是它干扰了胆固醇或脂蛋白的合成，又或者是它能促进脂蛋白酶的合成。

4．葡萄糖耐量因子的组成成分

葡萄糖耐量因子（GTF）是由三价铬、烟酸、谷胱甘肽组成的一种复合体，可能是胰岛素的辅助因子，有增加葡萄糖利用及促进葡萄糖转化为脂肪的作用。

三、分析方法

1．检索式

不同数据库的检索式如表6.4.1所示。

表6.4.1 不同数据库母乳中烟酸水平的检索式

数据库	检索式	篇数
知网	（篇关摘=烟酸+烟酰胺）AND（篇关摘=母乳+人乳）—模糊匹配	15
万方	（主题：（烟酸）OR主题：（烟酰胺）OR主题：（维生素B_3）OR主题：（维生素PP）OR主题：（尼克酸）OR主题：（抗糙皮因子））AND（主题：（母乳）OR主题：（人乳））	120
维普	（题名或关键词=烟酸OR题名或关键词=烟酰胺OR题名或关键词=烟酰胺OR题名或关键词=尼克酸OR题名或关键词=维生素B_3 OR题名或关键词=维生素PP OR题名或关键词=抗糙皮因子OR题名或关键词=抗癞皮病因子OR题名或关键词=吡啶甲酸）AND（题名或关键词=母乳OR题名或关键词=人乳）	155
CBMdisc	“烟酸”［标题：智能］OR“烟酰胺”［标题：智能］OR“维生素B_3”［标题：智能］OR“维生素PP”［标题：智能］OR“抗糙皮因子”［标题：智能］OR“抗癞皮病因子”［标题：智能］）AND（“母乳”［摘要：智能］OR“人乳”［摘要：智能］	0
PubMed	(‘breast milk’[Title/Abstract] OR ‘breast* milk’ [Title/Abstract] OR ‘human* milk’ [Title/Abstract] OR ‘mother* milk’ [Title/Abstract] OR ‘woman* milk’ [Title/Abstract] OR ‘women* milk’ [Title/Abstract] OR ((lactating OR lactation) AND milk) [Title/Abstract]) AND (niacin*[Title/Abstract] OR ‘nicotinic* acid’ [Title/Abstract] OR ‘vitamin B_3’[Title/Abstract] OR ‘vitamin PP’ [Title/Abstract] OR ‘3-pyridinecarboxylic Acid’[Title/Abstract] OR ‘3 pyridinecarboxylic Acid’[Title/Abstract] OR nicotinate*[Title/Abstract] OR nicotinamide[Title/Abstract]) (breastfed[Title/Abstract] OR breastfeed[Title/Abstract] OR breastfeeding[Title/Abstract] OR ‘breast fed’ [Title/Abstract] OR ‘breast feed’ [Title/Abstract] OR ‘breast feeding’ [Title/Abstract]) AND (niacin*[Title/Abstract] OR ‘nicotinic* acid’ [Title/Abstract] OR ‘vitamin B_3’ [Title/Abstract] OR ‘vitamin PP’ [Title/Abstract] OR ‘3-pyridinecarboxylic Acid’ [Title/Abstract] OR ‘3 pyridinecarboxylic acid’ [Title/Abstract] OR nicotinate*[Title/Abstract] OR nicotinamide[Title/Abstract])	114
Cochrane Library	((niacin*): ti, ab, kw OR (nicotinic acid)：ti, ab, kw OR (vitamin B_3): ti, ab, kw OR (vitamin PP): ti, ab, kw OR (Nicotinate*): ti, ab, kw) AND ((breastmilk): ti, ab, kw OR (breast* milk): ti, ab, kw OR (human* milk): ti, ab, kw OR (mother* milk): ti, ab, kw OR ('woman* milk): ti, ab, kw) ((niacin*): ti, ab, kw OR (nicotinic acid): ti, ab, kw OR (vitamin B_3): ti, ab, kw OR(vitamin PP): ti, ab, kw OR (nicotinate*): ti, ab, kw) AND ((breastfed): ti, ab, kw OR (breastfeed): ti, ab, kw OR (breast feed): ti, ab, kw OR (breast fed): ti, ab, kw OR (‘breastfeeding’): ti, ab, kw)	60

续表

数据库	检索式	篇数
Web of Science	(TS=(niacin* OR nicotinic* acid OR 'vitamin B_3' OR 'vitamin PP' OR '3-Pyridinecarboxylic Acid'OR '3 Pyridinecarboxylic Acid' OR nicotinate* OR nicotinamide) OR TI=(niacin* OR nicotinic* acid OR 'vitamin B_3' OR 'vitamin PP' OR '3-pyridinecarboxylic Acid' OR '3 pyridinecarboxylic Acid' OR nicotinamide*)) AND (TS=('breast milk'OR'breast *milk' OR 'human*milk' OR 'mother* milk' OR 'woman* milk' OR 'women* milk' OR((lactating OR lactation)AND milk)) OR TI=('breast milk'OR'breast *milk' OR 'human*milk' OR 'mother* milk' OR 'woman* milk' OR 'women* milk' OR((lactating OR lactation) ANDmilk))) (TS=(niacin* OR nicotinic* acid OR 'vitamin B_3' OR 'vitamin PP' OR '3-pyridinecarboxylic acid'OR '3 pyridinecarboxylic Acid' OR nicotinate* OR nicotinamide) OR TI=(niacin* OR nicotinic* acid OR 'vitamin B_3' OR 'vitamin PP' OR '3-pyridinecarboxylic Acid' OR '3 pyridinecarboxylic acid' OR Nicotinate* OR nicotinamide)) AND (TS=(breastfed OR breastfeed OR breastfeeding OR 'breast fed' OR 'breast feed' OR 'breast feeding') OR TI=(breastfed OR breastfeed OR 'breast fed' OR 'breast feed' OR 'breast feeding'))	474
Science Direct	(niacin OR nicotinic acid)+(breastfed OR breastfeed OR breastfeeding) (niacin OR nicotinic acid)+(breast milk OR human milk OR mother milk OR woman milk OR ((lactating OR lactation)AND milk))	62
Embase	(niacin* : ab, ti OR 'nicotinic* acid' : ab, ti OR 'vitamin B_3' : ab, ti OR 'vitamin pp' : ab, ti OR '3-pyridinecarboxylic acid' : ab, ti OR nicotinate*: ab, ti OR nicotinamide: ab, ti) AND (breastmilk: ab, ti OR 'breast* milk' : ab, ti OR 'human* milk' : ab, ti OR 'mother* milk': ab, ti OR 'woman* milk' : ab, ti OR 'women* milk' : ab, ti OR ((lactating: ab, ti OR lactation:ab, ti) AND milk: ab, ti)) (niacin*: ab, ti OR 'nicotinic* acid' : ab, ti OR 'vitamin B_3' : ab, ti OR 'vitamin pp' : ab, ti OR '3-pyridinecarboxylic acid' : ab, ti OR nicotinate*: ab, ti OR nicotinamide:ab, ti) AND (breastfed: ab, ti OR breastfeed: ab, ti OR breastfeeding: ab, ti OR 'breast fed' : ab, ti OR 'breast feed' : ab, ti OR 'breast feeding' : ab, ti)	63

2. 检索流程

对9个数据库分别进行高级检索，共获得1063条检索记录。去除124篇重复的文献记录，浏览标题/摘要，剔除888篇符合排除标准以及与主题无关文献记录，纳51篇主题相关文献。通过阅读全文，排除18篇无关键数据文献，9篇与主题无关文献以及4篇未查到全文文献。最终纳入文献20篇，其中5篇中文文献，15篇英文文献。文献检索流程（图6.4.1）。

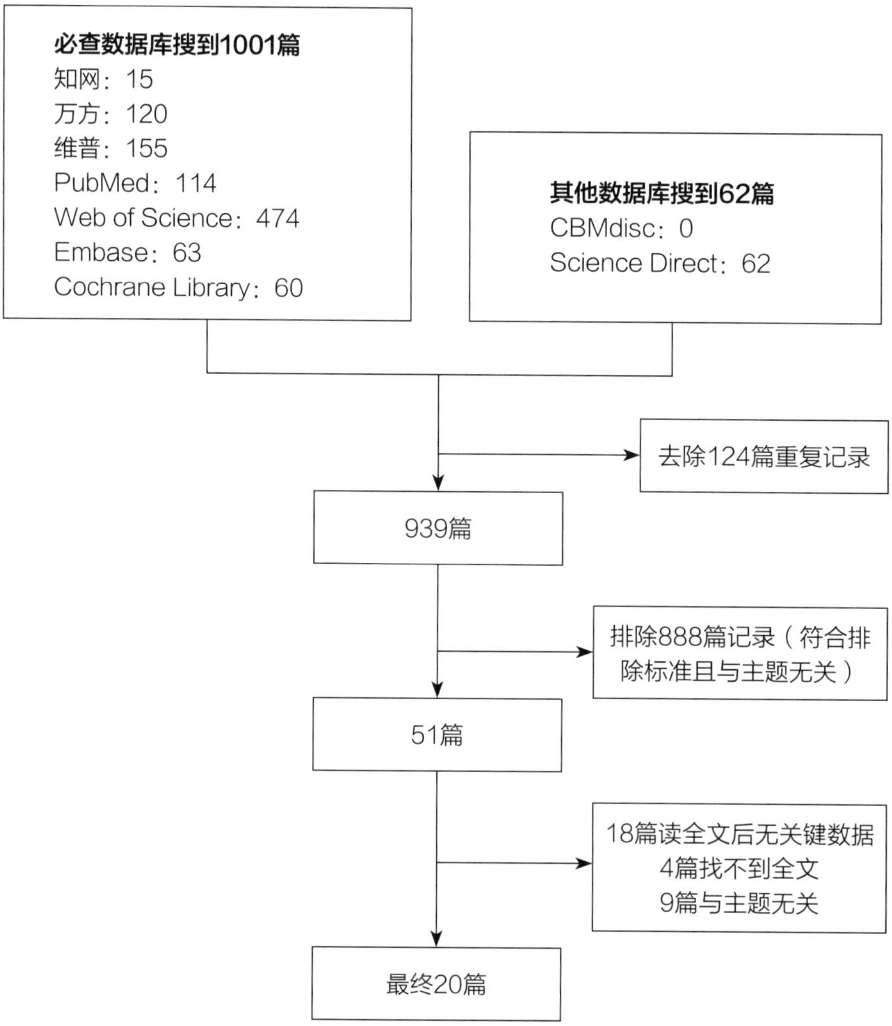

图6.4.1 烟酸含量文献检索流程图

四、健康母亲足月儿初乳

如表6.4.2所示，描述中国健康母亲足月儿初乳中烟酸水平的文献共5篇[1-5]，为（0.618 ± 0.568）mg/L；描述国外健康母亲足月儿初乳中烟酸水平的文献共2篇[2, 6]，初乳中烟酸水平为（0.377 ± 0.294）mg/L。按不同的分析方法分层来看，以HPLC-MS/MS检测方法检测初乳中烟酸水平的中国文献为2篇[3, 4]，烟酸水平为（1.005 ± 0.810）mg/L；国外文献为2篇[2, 6]，烟酸水平为（0.325 ± 0.204）mg/L。以UPLC-MS/MS检测方法检测初乳中烟酸水平的中国文献为3篇[1, 2, 5]，烟酸水平为（0.581 ± 0.571）mg/L；国外文献为1篇[2]，烟酸水平为（0.455 ± 0.365）mg/L。

表6.4.2 不同泌乳阶段烟酸含量均值合并结果

泌乳阶段	国内样本				国外样本			
	研究数目	样本量	平均值/（mg/L）	标准差/（mg/L）	研究数目	样本量	平均值/（mg/L）	标准差/（mg/L）
初乳	5	1719	0.618	0.568	2	989	0.377	0.294
过渡乳	2	1350	0.852	0.666	2	138	0.450	0.307
成熟乳	9	3331	1.04	1.00	6	811	0.66	0.31
成熟乳（180天之前）	6	1128	1.49	1.29	6	772	0.64	0.35
成熟乳（180天之后）	1	232	0.67	0.44	1	34	0.26	0.14

五、健康母亲足月儿过渡乳

中国健康母亲足月儿过渡乳中烟酸的水平为（0.852 ± 0.666）mg/L[1, 5]，国外健康母亲足月儿过渡乳中烟酸水平为（0.450 ± 0.307）mg/L[6, 7]。国内过渡乳烟酸水平全部使用UPLC-MS/MS方法测定。国外过渡乳烟酸水平以HPLC-MS/MS检测方法测定的文献为1篇[6]，烟酸水平为（0.671 ± 0.350）mg/L；以UPLC-MS/MS检测方法测定的文献为1篇[7]，烟酸水平为（0.398 ± 0.273）mg/L。（表6.4.3）

表6.4.3 健康母亲足月儿过渡乳中烟酸的水平

检测方法	国内样本				国外样本			
	研究数目	样本量	平均值/（mg/L）	标准差/（mg/L）	研究数目	样本量	平均值/（mg/L）	标准差/（mg/L）
UPLC-MS/MS	2	1350	0.852	0.666	1	112	0.398	0.273
HPLC-MS/MS	—	—	—	—	1	26	0.671	0.350

六、健康母亲足月儿成熟乳

我们对国内外健康母亲足月儿成熟乳中烟酸的水平进行了汇总，结果如表6.4.4所示。

中国健康母亲足月儿成熟乳中烟酸的水平为（1.039 ± 0.999）mg/L[1, 3-5, 8-12]，国外健康母亲足月儿成熟乳中烟酸水平为（0.655 ± 0.314）mg/L[6, 10, 13-16]。按不同的分析方法分层看，以HPLC-MS/MS检测方法检测初乳中烟酸水平的中国文献为4篇[1, 3, 18, 19]，烟酸水平为（1.43 ± 1.08）mg/L；国外文献为1篇[15]，烟酸水平为（0.24 ± 0.24）mg/L。以UPLC-MS/MS检测方法检测初乳中烟酸水平的中国文献为5篇[1, 5, 8, 10, 12]，烟酸水平为（1.004 ± 0.981）mg/L；国外文献为5篇[6, 10, 13, 14, 16]，烟酸水平为（0.67 ± 0.35）mg/L。

中国健康母亲足月儿180天前成熟乳中烟酸水平为（1.49 ± 1.29）mg/L[1, 3, 4, 9, 11, 12]，国外健康母亲足月儿180天前成熟乳中烟酸水平为（0.64 ± 0.35）mg/L[6, 10, 13-16]。按不同的

表6.4.4 健康母亲足月儿成熟乳中烟酸的水平

营养素	泌乳阶段	检测方法	中国样本				国外样本			
			研究数目	样本量	平均值/（mg/L）	标准差/（mg/L）	研究数目	样本量	平均值/（mg/L）	标准差/（mg/L）
烟酸	成熟乳	HPLC-MS/MS	4	251	1.43	1.08	1	107	0.24	0.24
		UPLC-MS/MS	5	3080	1.004	0.981	5	704	0.67	0.35
	180天前成熟乳	HPLC-MS/MS	4	251	1.43	1.08	1	73	0.35	0.22
		UPLC-MS/MS	2	877	1.49	1.34	5	699	0.67	0.35
	180天后成熟乳	HPLC-MS/MS	—	—	—	—	1	34	0.26	0.14
		UPLC-MS/MS	1	232	0.67	0.44	—	—	—	—

分析方法看，以HPLC-MS/MS检测方法检测成熟乳中烟酸水平的中国文献为4篇[3, 4, 9, 11]，烟酸水平为（1.43 ± 1.08）mg/L；国外文献为1篇[15]，烟酸水平为（0.35 ± 0.22）mg/L。以UPLC-MS/MS检测方法检测成熟乳中烟酸水平的中国文献为2篇[1, 12]，烟酸水平为（1.49 ± 1.34）mg/L；国外文献为5篇[6, 10, 13, 14, 16]，烟酸水平为（0.67 ± 0.35）mg/L。

中国健康母亲足月儿180天后成熟乳中烟酸水平为（0.67 ± 0.44）mg/L[1]，国外健康母亲足月儿180天后成熟乳中烟酸水平为（0.26 ± 0.14）mg/L[15]。

七、早产儿母亲母乳

早产儿母亲母乳中烟酸含量缺乏国内数据，而国外数据主要来自2篇文献[6, 17]，初乳中烟酸水平为（0.492 ± 0.560）mg/L，过渡乳中烟酸水平为（0.979 ± 0.710）mg/L，成熟乳中烟酸水平为（0.851 ± 0.646）mg/L（表6.4.5）。

表6.4.5 早产儿母亲母乳中烟酸的水平

泌乳阶段	国内样本				国外样本			
	研究数目	样本量	平均值/（mg/L）	标准差/（mg/L）	研究数目	样本量	平均值/（mg/L）	标准差/（mg/L）
初乳	—	—	—	—	2	47	0.492	0.560
过渡乳	—	—	—	—	2	69	0.979	0.710
成熟乳	—	—	—	—	2	251	0.851	0.646

八、服用膳食补充剂母亲母乳

描述服用膳食补充剂母亲母乳中烟酸水平的中国文献共1篇[11]，烟酸水平为（0.543 ± 0.270）mg/L，国外文献共2篇[14, 16]，烟酸水平为（0.670 ± 0.211）mg/L（表6.4.6）。该3篇文献的详细情况见表6.4.7。

表6.4.6 膳食补充剂母亲母乳中烟酸水平

泌乳阶段	国内样本				国外样本			
	研究数目	样本量	平均值/（mg/L）	标准差/（mg/L）	研究数目	样本量	平均值/（mg/L）	标准差/（mg/L）
成熟乳	1	140	0.543	0.270	2	469	0.670	0.211

表6.4.7 膳食补充剂母亲母乳中烟酸水平相关文献详细情况

是否补充	年份	国家	泌乳阶段	样本量	分析方法	平均值/（mg/L）	标准差/（mg/L）
否	2018	中国	成熟乳	60	HPLC	0.722	0.346
否			成熟乳	50		0.785	0.363
是			成熟乳	70		0.510	0.263
是			成熟乳	70		0.577	0.274
否	2021	印度尼西亚	成熟乳（0～60）	212	UPLC-MS/MS	0.913	0.130
否			成熟乳（60～150）	212		0.462	0.041
是			成熟乳（0～60）	212		0.825	0.198
是			成熟乳（60～150）	212		0.558	0.074
未补充	2020	柬埔寨	成熟乳	23	UPLC-MS/MS	0.428	0.190
低剂量补充（2g/L盐酸硫胺素（≥纯度98%））			成熟乳	26		0.459	0.191
高剂量补充（8g/L盐酸硫胺素）			成熟乳	19		0.475	0.222

九、影响因素

烟酸在不同哺乳时间段的平均含量变化较大。不同个体母乳中的烟酸含量的差异很大，应该与不同个体的膳食中含水溶性维生素的水果、蔬菜摄入量和泌乳量有关。此外，本次分析结果发现，国内数据与国外数据的差异也提示，母乳中烟酸水平差异可能与种族有关。

此外，查阅文献发现，人乳中烟酸水平还可能与乳母收入、学历、职业、分娩方式、所在区域、地理位置，以及乳母月子内食用粮谷类、蔬菜、水果、蛋类、奶类、大豆及其制品、畜禽类及水产类的频率，乳母月子后食用粮谷类、蔬菜、水果、蛋类、奶类、大豆及其制品、畜禽类及水产类的频率等有关[1]。

（编写：王珊珊，王馨悦，罗小琴）

参考文献

[1] REN X, YANG Z, SHAO B, et al. B-vitamin levels in human milk among different lactation stages and areas in China [J]. PLoS One, 2015, 10 (7): e0133285.

[2] NGUYEN MTT, KIM J, LEE H, et al. A comparison of vitamin and lutein concentrations in breast milk from four asian countries [J]. Nutrients, 2020, 12 (6): 1794.

[3] SHI YD, SUN GQ, ZHANG ZG, et al. The chemical composition of human milk from Inner Mongolia of China. Food Chem, 2011, 127 (3): 1193-1198.

[4] 方芳，李婷，刘彪，等. 呼和浩特地区母乳中水溶性维生素B_1等质量浓度的研究［J］. 中国乳品工业，2014，42（10）：21-23.

[5] 蒋嘉靖. 母乳中重要营养素和生物活性因子及小分子代谢物研究［D］. 浙江大学，2017.

[6] REDEUIL K, LEVEQUES A, OBERSON JM, et al. Vitamins and carotenoids in human milk delivering preterm and term infants: Implications for preterm nutrient requirements and human milk fortification strategies [J]. Clinical Nutrition, 2021, 40 (1): 222-228.

[7] DANIELS L, GIBSON RS, DIANA A, et al. Micronutrient intakes of lactating mothers and their association with breast milk concentrations and micronutrient adequacy of exclusively breastfed Indonesian infants [J]. Am J Clin Nutr, 2019, 110 (2): 391-400.

[8] 刘会会，韩秀霞，刘烈刚，等. 城乡乳母乳汁4种B族维生素含量及母婴营养状况对比分析［J］. 卫生研究，2014，43（03）：409-414.

[9] 张志国，孙亚范，田玉新，等. 唐山地区母乳中营养成分分析［J］. 食品研究与开发，2018，39（10）：175-179.

[10] HAMPEL D, YORK ER, ALLEN LH. Ultra-performance liquid chromatography tandem mass-spectrometry (UPLC-MS/MS) for the rapid, simultaneous analysis of thiamin, riboflavin, flavin adenine dinucleotide, nicotinamide and pyridoxal in human milk [J]. Journal of Chromatography B-Analytical Technologies in the Biomedical and Life Sciences, 2012, 903: 7-13.

[11] SU MY, JIA HX, CHEN WL, et al. Macronutrient and micronutrient composition of breast milk from women of different ages and dietary habits in Shanghai area [J]. International Dairy Journal, 2018, 85: 27-34.

[12] XUE Y, REDEUIL KM, GIMENEZ EC, et al. Regional, socioeconomic, and dietary factors influencing

B-vitamins in human milk of urban Chinese lactating women at different lactation stages [J]. BMC nutrition, 2017, 3: 22.

[13] HAMPEL D, SHAHAB-FERDOWS S, ISLAM MM, et al. Vitamin concentrations in human milk vary with time within feed, circadian rhythm, and single-dose supplementation [J]. J Nutr, 2017, 147 (4): 603-611.

[14] LEONG C, GIBSON RS, DIANA A, et al. Differences in micronutrient intakes of exclusive and partially breastfed indonesian infants from resource-poor households are not accompanied by differences in micronutrient status, morbidity, or growth [J]. The Journal of nutrition, 2021, 151 (3): 705-715.

[15] SAKURAI T, FURUKAWA M, ASOH M, et al. Fat-soluble and water-soluble vitamin contents of breast milk from Japanese women [J]. Journal of Nutritional Science and Vitaminology, 2005, 51 (4): 239-247.

[16] WHITFIELD KC, SHAHAB-FERDOWS S, KROEUN H, et al. Macro- and micronutrients in milk from healthy cambodian mothers: status and interrelations [J]. J Nutr, 2020, 150 (6): 1461-1469.

[17] FORD JE, ZECHALKO A, MURPHY J, et al. Comparison of the vitamin-B Composition of milk from mothers of preterm and term babies [J]. Archives of Disease in Childhood, 1983, 58 (5): 367-372.

第5节 叶酸

一、背景

叶酸，又称维生素B_9、维生素Bc和维生素M，广泛存在于植物中，在酸性环境下不稳定，对热稳定，光照条件下易分解。叶酸被机体吸收后，转化为具有生物活性的四氢叶酸，然后转运至肝脏，肝脏是叶酸的基本储库。为了预防神经管缺陷，围产期内需要增加叶酸的摄入，胎儿可通过脐带从母体获得叶酸[1]。

二、生理功能

叶酸的主要作用是作为一碳单位的载体参与代谢。其生理功能主要是：参与核酸合成中嘌呤和嘧啶的形成，在细胞分裂和繁殖中起作用；有助于体内红细胞的合成，特别是血红蛋白的合成，补充叶酸能够预防贫血，特别是预防发生巨幼红细胞性贫血；促进苯丙氨酸与酪氨酸、组氨酸与谷氨酸、半胱氨酸与甲硫氨酸的转化；可提供大量游离碳离子，供给制造神经末梢和构成传递神经冲动的重要化学物质原料，保证神经系统的正常发育。叶酸缺乏时可能会引起巨幼红细胞性贫血、高同型半胱氨酸血症、癌症、不良出生结局增加等健康问题[1, 2]。

三、健康母亲足月儿初乳

初乳叶酸的含量有3篇国外的研究，整合后数值为15.46μg/L[3-5]（表6.5.1）。

四、健康母亲足月儿过渡乳

过渡乳叶酸的含量有1篇国内的研究，数值为11.04μg/L[6]；2篇国外的研究，整合后数值为23.25μg/L[3, 4]（表6.5.1）。

五、健康母亲足月儿成熟乳

成熟乳叶酸的含量有2篇国内的研究，整合后数值为28.68μg/L[6, 7]；有15篇国外研究，整合后数值为46.97μg/L[4, 5, 7-19]。在研究方法方面，有微生物法、高效液相色谱法（HPLC）、三酶法、放射免疫法、液相色谱质谱联用（LC-MS/MS）、超高效液相色谱质谱联用（UPLC-MS/MS）。结合国内外推荐的方法和研究现况，选定微生物法和UPLC-MS/MS，国内样本成熟乳中叶酸的含量为28.68μg/L[6, 7]，国外样本成熟乳的含量为48.64μg/L[4, 5, 7-19]（表6.5.1）。

表6.5.1 中国母乳样本与国外母乳样本不同泌乳期叶酸含量对比

泌乳阶段	中国样本				国外样本			
	n	k	平均值/（μg/L）	标准差/（μg/L）	n	k	平均值/（μg/L）	标准差/（μg/L）
初乳	NA	NA	NA	NA	3	98	15.46	19.57
过渡乳	1	89	11.04	9.73	2	91	23.25	18.30
成熟乳	2	465	28.68	15.16	12	862	48.64	31.72

注：n：研究的数目（若2篇文献是同一研究，计数为1）；k：样本量；NA：无有效值。

六、特殊状况母乳

特殊状况下母乳叶酸水平的相关研究和数值见表6.5.2。

表6.5.2 早产儿母乳叶酸水平

第一作者	年份	国家	泌乳阶段	样本量	分析方法	平均值/（μg/L）	标准差/（μg/L）
P.M.ROBERTS[20]	1969	英国	NA	13	微生物法	2.70	1.05
Karine Redeuil[21]	2020	瑞士	1w	22	LC-MS/MS	10.88	9.08
Karine Redeuil	2020	瑞士	2w	25	LC-MS/MS	17.88	13.16
Karine Redeuil	2020	瑞士	3w	25	LC-MS/MS	19.11	8.87
Karine Redeuil	2020	瑞士	4w	24	LC-MS/MS	23.70	13.84
Karine Redeuil	2020	瑞士	5w	24	LC-MS/MS	23.84	12.12
Karine Redeuil	2020	瑞士	6w	24	LC-MS/MS	26.09	17.55
Karine Redeuil	2020	瑞士	7w	23	LC-MS/MS	22.80	12.14
Karine Redeuil	2020	瑞士	8w	24	LC-MS/MS	25.57	9.95
Karine Redeuil	2020	瑞士	10w	23	LC-MS/MS	25.48	12.41
Karine Redeuil	2020	瑞士	12w	21	LC-MS/MS	28.16	14.67
Karine Redeuil	2020	瑞士	14w	21	LC-MS/MS	26.91	10.85
Karine Redeuil	2020	瑞士	16w	19	LC-MS/MS	26.30	19.36

七、服用膳食补充剂母亲母乳

服用膳食补充剂母亲母乳的叶酸含量见表6.5.3。

表6.5.3 服用膳食补充剂的母亲母乳的叶酸含量

第一作者	年份	国家	泌乳阶段	样本量	分析方法	平均值/（μg/L）	标准差/（μg/L）
P.M.ROBERTS[20]	1969	英国	NA	13	微生物法	2.70	1.05

八、影响因素

随着泌乳期的延长，母乳叶酸水平会逐渐增加；膳食摄入叶酸的增加会增加母乳中叶酸的水平；早产儿的母乳叶酸水平高于足月儿[21]。

（编写：邢新新，赖建强）

参考文献

[1] 孙长颢. 营养与食品卫生学［M］. 北京：人民卫生出版社，2017：107.

[2] 杨传萍. 叶酸的作用，什么时候吃叶酸好［J］. 长寿，2020，(02)：55.

[3] OSIFO BO, ONIFADE A. Effect of folate supplementation and malaria on the folate content of human milk [J]. Nutrition and metabolism, 1980, 24 (3): 176-181.

[4] FORD JE, ZECHALKO A, MURPHY J, et al. Comparison of the B vitamin composition of milk from mothers of preterm and term babies [J]. Archives of disease in childhood, 1983, 58 (5): 367-372.

[5] SNEED SM, ZANE C, THOMAS MR. The effects of ascorbic acid, vitamin B_6, vitamin B_{12}, and folic acid supplementation on the breast milk and maternal nutritional status of low socioeconomic lactating women [J]. The American journal of clinical nutrition, 1981, 34 (7): 1338-1346.

[6] XUE Y, REDEUIL KM, GIMÉNEZ EC, et al. Regional, socioeconomic, and dietary factors influencing B-vitamins in human milk of urban Chinese lactating women at different lactation stages [J]. BMC nutrition, 2017, 3: 22.

[7] NGUYEN MTT, KIM J, LEE H, et al. A comparison of vitamin and lutein concentrations in breast milk from four asian countries [J]. Nutrients, 2020, 12 (6): 1794.

[8] BIJUR AM, DESAI AG. Composition of breast milk with reference to vitamin B12 and folic acid in Indian mothers [J]. Indian journal of pediatrics, 1985, 52 (415): 147-150.

[9] MACKEY AD, PICCIANO MF. Maternal folate status during extended lactation and the effect of supplemental folic acid [J]. The American journal of clinical nutrition, 1999, 69 (2): 285-292.

[10] FRIEND BA, SHAHANI KM, LONG CA, et al. Evaluation of freeze-drying, pasteurization, high-temperature heating and storage on selected enzymes, B-vitamins and lipids of mature human milk [J]. Journal of food protection, 1983, 46 (4): 330-334.

[11] MATOTH Y, PINKAS A, SROKA C. Studies on folic acid in infancy. 3. Folates in breast fed infants and their mothers [J]. The American journal of clinical nutrition, 1965, 16 (4): 356-359.

[12] HAN YH, YON M, HAN HS, et al. Folate contents in human milk and casein-based and soya-based formulas, and folate status in Korean infants [J]. The British journal of nutrition, 2009, 101 (12): 1769-1774.

[13] KODENTSOVA VM, VRZHESINSKAYA OA. Evaluation of the vitamin status in nursing women by vitamin content in breast milk [J]. Bulletin of experimental biology and medicine, 2006, 141 (3): 323-327.

[14] KHAMBALIA A, LATULIPPE ME, CAMPOS C, et al. Milk folate secretion is not impaired during iron deficiency in humans [J]. Journal of nutrition, 2006, 136 (10): 2617-2624.

[15] SAKURAI T, FURUKAWA M, ASOH M, et al. Fat-soluble and water-soluble vitamin contents of breast milk from Japanese women [J]. Journal of nutritional science and vitaminology, 2005, 51 (4): 239-247.

[16] KEIZER SE, GIBSON RS, O'CONNOR DL. Postpartum folic acid supplementation of adolescents: impact on maternal folate and zinc status and milk composition [J]. The American journal of clinical nutrition, 1995, 62 (2): 377-384.

[17] THOMAS MR, SNEED SM, WEI C, et al. The effects of vitamin C, vitamin B_6, vitamin B_{12}, folic acid, riboflavin, and thiamin on the breast milk and maternal status of well-nourished women at 6 months postpartum [J]. The American journal of clinical nutrition, 1980, 33 (10): 2151-2156.

[18] PAGE R, WONG A, ARBUCKLE TE, et al. The MTHFR 677C>T polymorphism is associated with unmetabolized folic acid in breast milk in a cohort of Canadian women [J]. The American journal of clinical nutrition, 2019, 110 (2): 401-409.

[19] JATHAR VS, KAMATH SA, PARIKH MN, et al. Maternal milk and serum vitamin B_{12}, folic acid, and protein levels in Indian subjects [J]. Archives of disease in childhood, 1970, 45 (240): 236-241.

[20] ROBERTS PM, ARROWSMITH DE, RAU SM, et al. Folate state of premature infants [J]. Archives of disease in childhood, 1969, 44 (237): 637-642.

[21] REDEUIL K, LÉVÊQUES A, OBERSON JM, et al. Vitamins and carotenoids in human milk delivering preterm and term infants: Implications for preterm nutrient requirements and human milk fortification strategies [J]. Clinical nutrition, 2021, 40 (1): 222-228.

第6节　维生素B_{12}

一、背景

维生素B_{12}又称钴胺素，是唯一一种含金属元素的维生素。自然界中的维生素B_{12}都是微生物合成的，高等动植物自身不能合成维生素B_{12}。甲基钴胺素和5-脱氧腺苷钴胺素是维生素B_{12}在血液中存在的主要形式。维生素B_{12}的吸收率因年龄增长、维生素B_6缺乏、铁缺乏和甲状腺功能减退而下降，妊娠期会升高。体内维生素B_{12}主要储存在肝脏，由肝脏通过胆汁排出的维生素B_{12}大部分可被重新吸收[1]。

二、生理功能

维生素B_{12}在体内以两种辅酶形式，即甲基B_{12}（甲基钴胺素）和辅酶B_{12}（5-脱氧腺苷钴胺素），参与生化反应。人和其他哺乳动物中有两种生化反应，甲基丙二酸与琥珀酸的异构作用及高半胱氨酸甲基化变成甲硫氨酸，需要维生素B_{12}作为辅酶。它可参与DNA、RNA的合成，促进红细胞成熟；参与神经组织脂蛋白的合成，维护神经髓鞘的生理代谢与功能。维生素B_{12}缺乏时会引起巨幼红细胞性贫血、神经系统损伤、高同型半胱氨酸血症等疾病[1, 2]。

三、健康母亲足月儿初乳

初乳维生素B_{12}的含量有1篇国内研究，数值为0.66μg/L[3]；有6篇国外的研究，整合后数值为0.96μg/L[4-9]（表6.6.1）。

四、健康母亲足月儿过渡乳

过渡乳维生素B_{12}有5篇国外的研究，整合后数值为0.34μg/L[4, 5, 7, 10, 11]（表6.6.1）。

五、健康母亲足月儿成熟乳

成熟乳维生素B_{12}的含量有1篇国内的研究，数值为4.9μg/L[12]；有21篇国外研究，整合后数值为0.32μg/L[4, 5, 7, 9, 10, 13-28]。在研究方法方面，有微生物法、高效液相色谱法（HPLC）、液相色谱质谱联用法（LC-MS/MS）、放射测定法和免疫分析法。结合国内外推荐的方法和研究现况，选定放射测定法和免疫分析法。国内样本成熟乳中维生素B_{12}的含量为4.9μg/L，数值过大，不采用。[12]，国外样本成熟乳的含量为0.38μg/L[4, 7, 9, 10, 13, 17-19, 21-24, 26, 27]（表6.6.1）。

表6.6.1　中国母乳样本与国外母乳样本不同泌乳期维生素B_{12}含量对比

泌乳阶段	中国样本				国外样本			
	n	k	平均值/（μg/L）	标准差/（μg/L）	n	k	平均值/（μg/L）	标准差/（μg/L）
初乳	1	125	0.66	0.14	6	349	0.96	1.96
过渡乳	NA	NA	NA	NA	5	477	0.34	0.16
成熟乳	1	111	4.9	1.1	14	1203	0.38	0.36

注：n：研究的数目（若2篇文献是同一研究，计数为1）；k：样本量；NA：无有效值。

六、特殊状况母乳

特殊状况下母乳的维生素B_{12}水平的相关研究和数值见表6.6.2。

表6.6.2　早产儿母乳维生素B_{12}水平

第一作者	年份	国家	泌乳阶段	样本量	分析方法	平均值/（μg/L）	标准差/（μg/L）
Christopher Duggan[29]	2013	印度	6w	68	免疫分析法	0.103	0.111
Christopher Duggan	2013	印度	3m	47	免疫分析法	0.072	0.084
Christopher Duggan	2013	印度	6m	37	免疫分析法	0.077	0.096
Karine Redeuil[30]	2020	瑞士	1w	22	微生物法	0.785	0.915
Karine Redeuil	2020	瑞士	2w	25	微生物法	0.351	0.298
Karine Redeuil	2020	瑞士	3w	25	微生物法	0.472	0.794
Karine Redeuil	2020	瑞士	4w	24	微生物法	0.176	0.135
Karine Redeuil	2020	瑞士	5w	24	微生物法	0.299	0.0171
Karine Redeuil	2020	瑞士	6w	24	微生物法	0.343	0.258
Karine Redeuil	2020	瑞士	7w	23	微生物法	0.343	0.435
Karine Redeuil	2020	瑞士	8w	24	微生物法	0.308	0.202
Karine Redeuil	2020	瑞士	10w	23	微生物法	0.388	0.374
Karine Redeuil	2020	瑞士	12w	21	微生物法	0.27	0.123
Karine Redeuil	2020	瑞士	14w	21	微生物法	0.446	0.553
Karine Redeuil	2020	瑞士	16w	19	微生物法	0.276	0.134

七、服用膳食补充剂母亲母乳

服用膳食补充剂母亲母乳的维生素B_{12}含量见表6.6.3。

表6.6.3 服用膳食补充剂母亲母乳维生素B_{12}含量

第一作者	年份	国家	泌乳阶段	样本量	分析方法	平均值/（μg/L）	标准差/（μg/L）
Christopher Duggan[29]	2013	印度	6w	68	免疫分析法	0.103	0.111
Christopher Duggan	2013	印度	3m	47	免疫分析法	0.072	0.084
Christopher Duggan	2013	印度	6m	37	免疫分析法	0.077	0.096

八、影响因素

由国外研究数据可以发现，母乳中叶酸随着泌乳延长逐渐减少；添加膳食补充剂可以增加母乳中的叶酸含量[29]。目前的研究尚未发现早产儿和足月儿母乳间叶酸的差异[30]。

（编写：邢新新，赖建强）

参考文献

[1] 王华，陈辉，李雪梅，等. 维生素B_{12}功能及营养作用研究［J］. 中国食物与营养，2007，（2）：57-58.

[2] 孙长颢. 营养与食品卫生学［M］. 北京：人民卫生出版社，2017：109-110.

[3] 高善深，周小娥，陈冬华. 孕后期血清及母乳维生素B_{12}、叶酸分析［J］. 实用医学杂志，1994，（3）：316-317.

[4] NÁDIA T, FATIMA S. Cobalamin and cobalamin-binding capacity in human milk [J]. Nutrition Research, 1994, 14 (1): 23-33.

[5] SAMSON RR, MCCLELLAND DB. Vitamin B_{12} in human colostrum and milk. Quantitation of the vitamin and its binder and the uptake of bound vitamin B_{12} by intestinal bacteria [J]. Acta paediatrica Scandinavica, 1980, 69 (1): 93-99.

[6] CRAFT IL, MATTHEWS DM, LINNELL JC. Cobalamins in human pregnancy and lactation [J]. Journal of clinical pathology, 1971, 24 (5): 449-455.

[7] FORD JE, ZECHALKO A, MURPHY J, et al. Comparison of the B vitamin composition of milk from mothers of preterm and term babies [J]. Archives of disease in childhood, 1983, 58 (5): 367-372.

[8] ADJALLA CE, LAMBERT DA, BENHAYOUN S, et al. Forms of cobalamin and vitamin B12 analogs in maternal plasma, milk, and cord plasma [J]. The Journal of Nutritional Biochemistry, 1994, 5 (8): 406-410.

[9] SNEED SM, ZANE C, THOMAS MR. The effects of ascorbic acid, vitamin B_6, vitamin B_{12}, and folic acid supplementation on the breast milk and maternal nutritional status of low socioeconomic lactating women [J]. The American journal of clinical nutrition, 1981, 34 (7): 1338-1346.

[10] FORD C, RENDLE M, TRACY M, et al. Vitamin B_{12} levels in human milk during the first nine months of lactation [J]. International journal for vitamin and nutrition research, 1996, 66 (4): 329-331.

[11] DANIELS L, GIBSON RS, DIANA A, et al. Micronutrient intakes of lactating mothers and their association with breast milk concentrations and micronutrient adequacy of exclusively breastfed Indonesian infants [J]. The American journal of clinical nutrition, 2019, 110 (2): 391-400.

[12] NGUYEN MTT, KIM J, LEE H, et al. A comparison of vitamin and lutein concentrations in breast milk from four asian countries [J]. Nutrients, 2020, 12 (6): 1794.

[13] PATEL KD, LOVELADY CA. Vitamin B_{12} status of east Indian vegetarian lactating women living in the United States [J]. Nutrition Research, 1998, 18 (11): 1839-1846.

[14] BIJUR AM, DESAI AG. Composition of breast milk with reference to vitamin B_{12} and folic acid in Indian mothers [J]. Indian journal of pediatrics, 1985, 52 (415): 147-150.

[15] JATHAR VS, KAMATH SA, PARIKH MN, et al. Maternal milk and serum vitamin B_{12}, folic acid, and protein levels in Indian subjects [J]. Archives of disease in childhood, 1970, 45 (240): 236-241.

[16] HENJUM S, MANGER M, HAMPEL D, et al. Vitamin B_{12} concentrations in milk from Norwegian women during the six first months of lactation [J]. European journal of clinical nutrition, 2020, 74 (5): 749-756.

[17] LWENO ON, SUDFELD CR, HERTZMARK E, et al. Vitamin B_{12} is low in milk of early postpartum women in urban Tanzania, and was not significantly increased by high dose supplementation [J]. Nutrients, 2020, 12 (4): 963.

[18] PAWLAK R, VOS P, SHAHAB-FERDOWS S, et al. Vitamin B_{12} content in breast milk of vegan, vegetarian, and nonvegetarian lactating women in the United States [J]. The American journal of clinical nutrition, 2018, 108 (3): 525-531.

[19] GREIBE E, LILDBALLE DL, STREYM S, et al. Cobalamin and haptocorrin in human milk and cobalamin-related variables in mother and child: a 9-mo longitudinal study [J]. The American journal of clinical nutrition, 2013, 98 (2): 389-395.

[20] SAKURAI T, FURUKAWA M, ASOH M, et al. Fat-soluble and water-soluble vitamin contents of breast milk from Japanese women [J]. Journal of nutritional science and vitaminology, 2005, 51 (4): 239-247.

[21] WHITFIELD KC, SHAHAB-FERDOWS S, KROEUN H, et al. Macro- and micronutrients in milk from healthy cambodian mothers: status and interrelations [J]. The Journal of nutrition, 2020, 150 (6): 1461-1469.

[22] DAGNELIE PC, VAN STAVEREN WA, ROOS AH, et al. Nutrients and contaminants in human milk from mothers on macrobiotic and omnivorous diets [J]. European journal of clinical nutrition, 1992, 46 (5): 355-366.

[23] KEIZER SE, GIBSON RS, O'CONNOR DL. Postpartum folic acid supplementation of adolescents: impact on maternal folate and zinc status and milk composition [J]. The American journal of clinical nutrition, 1995, 62 (2): 377-384.

[24] THOMAS MR, SNEED SM, WEI C, et al. The effects of vitamin C, vitamin B_6, vitamin B_{12}, folic acid, riboflavin, and thiamin on the breast milk and maternal status of well-nourished women at 6 months postpartum [J]. The American journal of clinical nutrition, 1980, 33 (10): 2151-2156.

[25] CASTERLINE JE, ALLEN LH, RUEL MT. Vitamin B_{12} deficiency is very prevalent in lactating Guatemalan women and their infants at three months postpartum [J]. The Journal of nutrition, 1997, 127 (10): 1966-1972.

[26] CHEBAYA P, KARAKOCHUK CD, MARCH KM, et al. Correlations between maternal, breast milk, and infant vitamin B_{12} concentrations among mother-infant dyads in Vancouver, Canada and Prey Veng, Cambodia: an exploratory analysis [J]. Nutrients, 2017, 9 (3): 270.

[27] NEUMANN CG, OACE SM, CHAPARRO MP, et al. Low vitamin B_{12} intake during pregnancy and lactation and low breastmilk vitamin 12 content in rural Kenyan women consuming predominantly maize diets [J]. Food and nutrition bulletin, 2013, 34 (2): 151-159.

[28] DEEGAN KL, JONES KM, ZULETA C, et al. Breast milk vitamin B_{12} concentrations in Guatemalan women are correlated with maternal but not infant vitamin B_{12} status at 12 months postpartum [J]. The Journal of nutrition, 2012, 142 (1): 112-116.

[29] DUGGAN C, SRINIVASAN K, THOMAS T, et al. Vitamin B_{12} supplementation during pregnancy and early lactation increases maternal, breast milk, and infant measures of vitamin B_{12} status [J]. The Journal of nutrition, 2014, 144 (5): 758-764.

[30] REDEUIL K, LÉVÊQUES A, OBERSON JM, et al. Vitamins and carotenoids in human milk delivering preterm and term infants: Implications for preterm nutrient requirements and human milk fortification strategies [J]. Clinical nutrition, 2021, 40 (1): 222-228.

第7节　生物素

一、背景

维生素属于微量营养素，对婴儿的生长发育至关重要。生物素是维持正常生理功能不可缺少的一种维生素。在正常情况下，成人一般不会缺乏生物素。当母乳中的生物素含量不足，无法满足婴儿的需求时，可能会发生生物素缺乏。最典型的症状是婴儿脱屑性红皮病和脂溢性皮炎，还可出现食欲缺乏、肌肉疼痛、贫血等现象，补充生物素后疗效显著。生物素的毒性很低，至今未见生物素毒性反应的报道。

关于母乳中生物素含量的研究较为有限。国内的研究主要集中于母乳中宏量营养素含量以及B族维生素的测定，相关研究较少。国外学者发表的研究，以测定母亲血清中的生物素含量以及对生物素生理作用的探索居多，且已发表文献年份较为久远。研究大多纳入身体状况健康的产妇为研究对象。2020年Nguyen MTT等[1]对比分析了中国、韩国、巴基斯坦、越南四个亚洲国家母乳中生物素含量情况；2005年日本学者Takayuki等[2]研究了日本母乳中的水溶性维生素含量；1964年Deodhar等[3]测定了母乳中生物素含量以及母乳中生物素的分泌模式；1945年Coryell等[4]对比研究了初乳和成熟乳中烟碱、叶酸以及生物素含量的区别。

综上所述，母乳中生物素含量的研究成果较少，尤其关于中国产妇母乳中的生物素含量及影响因素研究存在一定的欠缺。本文通过国内外文献检索，按照严格的排纳标准，对已有的研究成果进行数据提取分析，以期为指导乳母膳食，改善婴儿健康状况，修订婴儿生物素适宜摄入量提供依据。

二、生理功能

1．羧化酶辅助因子

生物素发挥羧化辅酶的生理作用已经较为明确。在哺乳动物中，生物素是四种羧化酶的辅助因子，催化羧基转移到目标底物。四种生物素依赖性羧化酶是：丙酮酸羧化酶、丙酰辅酶A羧化酶、β-甲基巴豆酰辅酶A羧化酶和乙酰- CoA羧化酶。这些羧化酶在糖异生、脂肪酸合成和氨基酸分解代谢的中间代谢中起关键作用。它还参与胰淀粉酶和其他消化酶的合成，所以生物素还与食物的消化过程密切相关。

2．组蛋白修饰作用

有研究表明，维生素在组蛋白修饰（通过生物素化）中发挥作用。这种功能可能对细胞增殖和DNA修复很重要，并可以解释一些关于生物素对细胞功能影响的发现。

3．调节多种基因表达[5]

生物素在调节多种基因表达中发挥作用。生物素可以影响胰岛素受体的表达水平，刺激葡萄糖激酶（糖酵解的关键酶）和人类硫胺素转运蛋白-2，同时抑制肝脏磷酸烯醇丙酮酸羧激酶（糖异生的关键酶）。此外，全羧化酶合成酶和生物素依赖性羧化酶基因的表达也受生物素含量的影响。研究表明，人类钠-复合维生素转运蛋白（hSMVT，不同组织中的主要生物素转运蛋白）的表达水平也已显示出（以组织特异性方式）受主要生物素水平的调节。生物素对N-myc、c-myb、N-ras和raf等致癌基因的表达也有影响。生物素发挥上述作用的机制尚不完全清楚，可能涉及可溶性鸟苷酸环化酶的激活（通过生物素-AMP）、NF-κB易位至核仁，以及通过生物素化修饰组蛋白。

三、分析方法

在知网、万方、维普、CBMdisc进行中文文献检索，在PubMed、Web of Science、Embase、Cochrane Library、Science Direct、Google Scholar 进行英文文献检索。对10个数据库分别进行高级检索，筛选出27篇主题相关文献，按照排纳标准，最终纳入文献5篇。

1．检索式

中文检索式以“母乳/乳汁/人乳+生物素/B族维生素/维生素H/维生素B_7”为检索词，进行主题/关键词/标题检索。英文检索以‘breast milk/breast *milk/human* milk/mother*milk/woman* milk/women* milk/lactating / lactation milk+biotin* /vitamin H*/vitamin vitamin B_7’为检索词进行检索。根据需要检索数据库的检索逻辑，分别输入不同的检索式进行高级检索。检索式详见表6.7.1。

表6.7.1　不同数据库母乳中生物素水平的检索式

数据库	检索式	篇数
知网	（主题或关键词=母乳成分分析+B族维生素+生物素)AND（篇关摘=母乳+人乳）	49
万方	（主题或关键词=母乳成分OR母乳成分分析）AND（主题=B族维生素OR生物素OR维生素B OR维生素H）	368
维普	（题目名或关键词=B族维生素+生物素+辅酶R+维生素H+维生素B_7）AND（题目名或关键词=人乳+母乳+乳汁）	21
PubMed	((breastmilk[Title/Abstract] OR breast* milk[Title/Abstract] OR human* milk[Title/Abstract] OR mother* milk[Title/Abstract] OR woman* milk[Title/Abstract] OR women* milk[Title/Abstract] OR lactating milk[Title/Abstract] OR lactation milk)[Title/Abstract]) AND ((Biotin*[Title/Abstract] OR vitamin H [Title/Abstract] OR vitamin B_7 [Title/Abstract] OR vitamin Bi[Title/Abstract]) ((breastfed[Title/Abstract] OR breastfeed[Title/Abstract] OR breastfeeding[Title/Abstract] OR breast fed[Title/Abstract] OR breast feed[Title/Abstract] OR breast feeding)[Title/Abstract]) AND ((Biotin*[Title/Abstract] OR Vitamin H [Title/Abstract] OR vitamin B_7 [Title/Abstract] OR vitamin Bi[Title/Abstract])	224

续表

数据库	检索式	篇数
Web of Science	(TS = ('breast milk'OR 'breast *milk'OR 'human*milk'OR 'mother* milk'OR'woman* milk'OR 'women*milk'OR (lactating OR lactation) AND milk)) OR TI = ('breastmilk'OR 'breast *milk'OR 'human* milk'OR 'mother* milk'OR 'woman*milk'OR 'women* milk''OR ((lactating OR lactation) AND milk)) AND (TS = (biotin* OR vitamin H* OR vitamin B_7 OR vitamin Bi) OR TI = (biotin* OR vitamin H* OR vitamin B_7 OR vitamin Bi)) (TS = ('breastfed'OR 'breastfeed'OR'breastfeeding'OR 'breast fed'OR 'breast feed'OR 'breast feeding') OR TI = (breastfed OR breastfeed OR 'breast fed'OR 'breast feed'OR'breastfeeding')) AND (TS = ('biotin*'OR 'vitamin H*'OR 'vitamin B_7'OR 'vitamin Bi') OR Tl = ('biotin*'OR 'vitamin H*'OR 'vitamin B_7'OR 'vitamin Bi'))	496
Embase	('breast milk' : ab, ti OR 'human milk' : ab, ti OR 'mother milk' : ab, ti OR 'woman milk' : ab, ti OR 'women milk' : ab, ti OR lactating: ab, ti OR lactation: ab, ti) AND (biotin: ab, ti OR 'vitamin h' : ab, ti OR vitaminB_7: ab, ti OR vitaminBi: ab, ti) (breastfed: ab, ti OR breastfeed: ab, ti OR breastfeeding: ab, ti OR 'breast fed' : ab, ti OR 'breast feed' : ab, ti OR 'breast feeding' : ab, ti) AND (biotin: ab, ti OR 'vitamin H' : ab, ti OR 'vitamin B_7' : ab, ti OR vitaminBi: ab, ti)	157
Cochrane Library	title abstract keyword (breastmilk OR breast* milk OR human* milk OR mother* milk OR woman* milk OR women* milk OR lactating milk OR lactation milk) AND (biotin OR vitamin H OR vitamin B_7 OR vitamin Bi) Title Abstract Keyword (breastfed OR breastfeed OR breastfeeding OR breast fed OR breast feed OR breast feeding) AND (biotin* OR vitamin H OR vitamin B_7 OR vitamin Bi)	108
SinoMed（中文检索）	（常用字段=B族维生素+生物素+辅酶R+维生素H+维生素B_7）AND（常用字段=人乳+母乳+乳汁）	0
Science Direct	Title, abstract or author-specified keywords：'breastmilk OR breast milk OR human milk OR mother milk OR woman milk OR women milk OR lactating milk OR lactation milk'AND'biotin* OR vitamin H OR vitaminB_7 OR vitamin Bi' Title, abstract or author-specified keywords：'breastfed OR breastfeed OR breastfeeding OR breast fed OR breast feed OR breast feeding'AND'biotin* OR vitamin H OR vitaminB7 OR vitamin Bi'	54
Google Scholar	intitle:= ('breast milk'OR 'breast *milk'OR'human* milk' OR 'mother*milk'OR'woman* milk'OR 'women* milk'OR (lactating OR lactation) AND milk) AND (biotin* OR vitamin H* OR vitamin B_7 OR vitamin Bi) intitle:= (breastfed OR breastfeed OR breastfeeding OR'breast fed'OR'breast feed'OR'breast feeding')AND(biotin* OR vitamin H* OR vitamin B_7 OR vitamin Bi)	109

2. 检索流程

对10个数据库分别进行高级检索，共获得1586条检索记录。去除348篇重复的英文文献记录；浏览标题/摘要，剔除1212条与检索目的不符的文献记录；纳入27篇主题相关文献。根据排除标准，排除纳入的2篇会议文献，最终纳入文献25篇。在纳入的文献中，文献发表年份跨度较大，为1947～2020年。近3年文献仅有3篇，中文文献1篇，属博士论文，其余24篇均为英文文献。文献检索流程见图6.7.1。

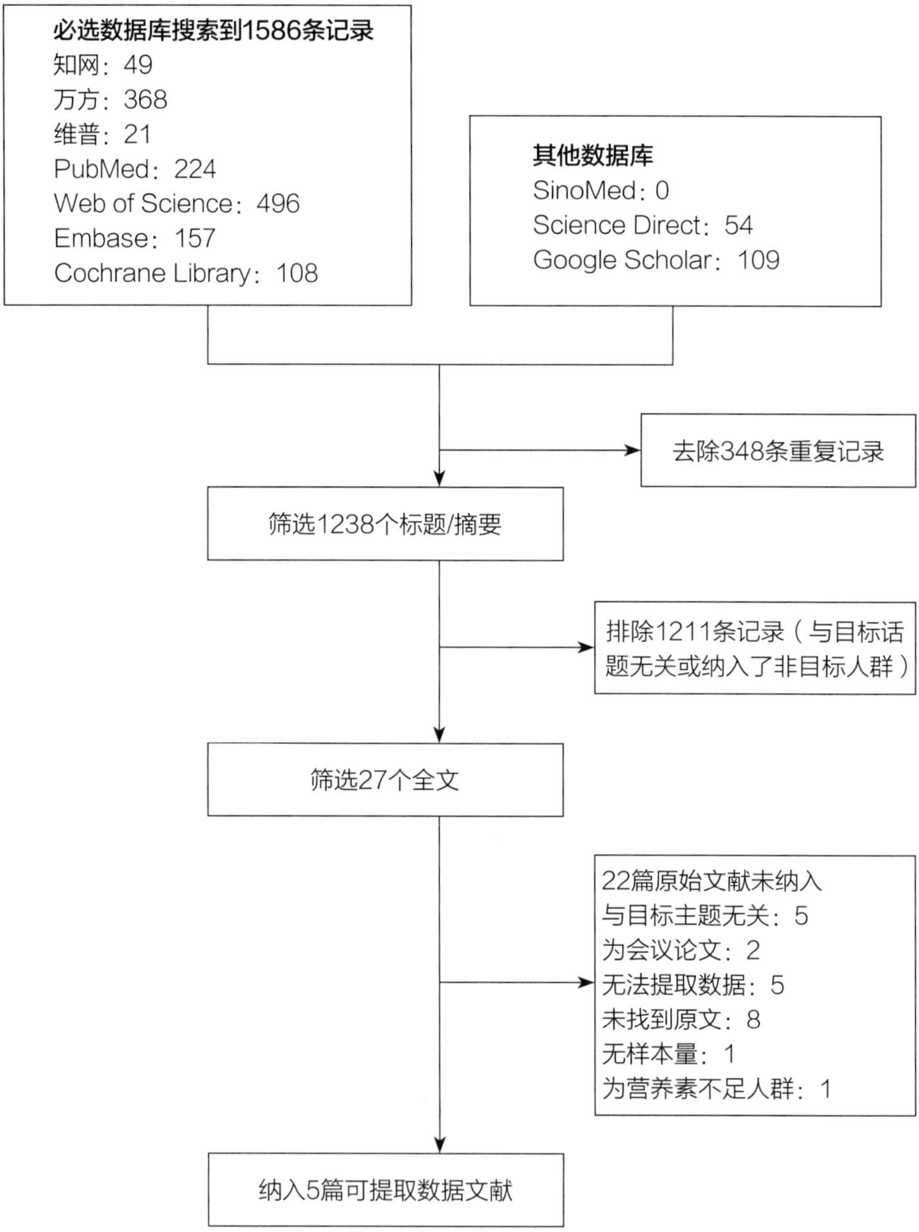

图6.7.1　生物素含量文献检索流程图

四、健康母亲足月儿初乳

国内研究健康母亲初乳中生物素含量的文献共1篇，实验方法采用超高效液相色谱质谱联用（UPLC-MS/MS）法。如表6.7.2所示，中国健康母亲足月儿初乳中生物素的水平为（5.701 ± 4.024）μg/L[6]。尚未查询到研究初乳中生物素含量的国外文献。

表6.7.2　健康母亲足月儿初乳的生物素含量

初乳	国内样本				国外样本	
检测方法	文献数量	样本量	平均值/（μg/L）	标准差/（μg/L）	平均值/（μg/L）	标准差/（μg/L）
微生物法	—	—	—	—	—	—
荧光法	—	—	—	—	—	—
HPLC-MS/MS	—	—	—	—	—	—
UPLC-MS/MS	1	58	5.701	4.024	—	—
所有方法合计	1	58	5.701	4.024	—	—

五、健康母亲足月儿过渡乳

研究过渡乳中生物素含量的国内外文献各为1篇，均采用UPLC-MS/MS法。研究结果表明，中国健康母亲足月儿过渡乳中生物素的水平为（4.705 ± 2.899）μg/L[6]，国外健康母亲足月儿过渡乳中生物素水平为（2.8 ± 2.7）μg/L[1]。结果见表6.7.3。

表6.7.3　健康母亲足月儿过渡乳的生物素含量

过渡乳	国内样本				国外样本			
检测方法	文献数量	样本量	平均值/（μg/L）	标准差/（μg/L）	文献数量	样本量	平均值/（μg/L）	标准差/（μg/L）
微生物法	—	—	—	—	—	—	—	—
荧光法	—	—	—	—	—	—	—	—
HPLC	—	—	—	—	—	—	—	—
UPLC-MS/MS	1	50	4.705	2.899	1	6	2.8	2.7
所有方法合计	1	50	4.705	2.899	1	6	2.8	2.7

六、健康母亲足月儿成熟乳含量

中国健康母亲足月儿成熟乳中生物素的水平为（12.484 ± 10.026）mg/L[1, 6]，国外健康母亲足月儿成熟乳中生物素水平为（12.16 ± 16.14）mg/L[2, 7]（表6.7.4）。

进一步以混合成熟乳、180天内成熟乳、180天后成熟乳为划分标准，对国内外文献中的数据进行提取分析。

国内研究混合成熟乳中生物素含量的文献有2篇。以高效液相色谱质谱联用（HPLC-MS/MS）为检测方法的研究，其混合成熟乳的生物素含量均值为（11.60 ± 9.20）μg/L[1]；以UPLC-MS/MS为检测方法的研究，其混合乳的生物素含量均值为（15.65 ± 12.20）μg/L[6]。国外文献为1篇，采用HPLC-MS/MS实验方法，结果为（12.16 ± 16.14）μg/L。分别合并国内外研究结果，进行统计分析得，国内外健康母亲混合成熟乳中生物素含量的差别具有统计学意义（$P<0.001$）。

国内研究180天前成熟乳中生物素含量的文献1篇，研究采用HPLC-MS/MS法，研究结果为（18.81 ± 14.36）μg/L[6]。

尚未查询到国外研究180天前成熟乳中生物素含量的文献以及国内外研究180天后成熟乳中生物素含量的文献。

表6.7.4　健康母亲足月儿成熟乳的生物素含量

泌乳阶段	检测方法	中国样本				国外样本			
		研究数目	样本量	平均值/（μg/L）	标准差/（μg/L）	研究数目	样本量	平均值/（μg/L）	标准差/（μg/L）
成熟乳	HPLC-MS/MS	1	111	11.60	9.20	1	344	12.16	16.14
	UPLC-MS/MS	1	31	15.65	12.20	—	—	—	—
	P			0.0464				<0.001	
	HPLC+UPLC	2	142	12.48	10.03	1	344	12.16	16.14
180天前成熟乳	HPLC-MS/MS	—	—	—	—	—	—	—	—
	UPLC-MS/MS	1	44	18.81	14.36	—	—	—	—
	P					—	—	—	—
	HPLC+UPLC	1	44	18.81	14.36	—	—	—	—
180天后成熟乳	HPLC	—	—	—	—	—	—	—	—
	UPLC	—	—	—	—	—	—	—	—
	P								
	HPLC+UPLC	—	—	—	—	—	—	—	—

七、特殊状况母乳

无相关报道。

八、服用膳食补充剂母亲母乳

无相关报道。

九、影响因素

母乳中的生物素含量主要受母亲营养状况、饮食及服用药物等的影响。

母亲存在生吃或开水冲吃鸡蛋的饮食习惯，可以引起自身生物素的缺乏。因为蛋清含有抗生物素，抗生物素是一种可以与生物素结合形成复合物的蛋白质，不会被肠道吸收，生蛋清是人体吸收生物素的拮抗剂。动物肝脏是生物素的良好来源，摄入动物肝脏会极大地影响母乳中的生物素含量。母亲长期服用抗生素或苯巴比妥等抗惊厥药物同样可以影响母乳中生物素的含量，如磺胺类药物，磺酰胺化合物明显抑制某些肠道微生物（大肠杆菌）的生长或代谢，从而会抑制肠道细菌合成生物素。此外，母乳中的生物素含量会受泌乳期的影响，一般在初乳中含量极低，在第9天之后继续增加，直到2～3个月前的某个时间达到成熟值。

（编写：王珊珊，王馨悦，罗小琴）

参考文献

[1] NGUYEN MTT, KIM J, LEE H, et al. A comparison of vitamin and lutein concentrations in breast milk from four asian countries [J]. Nutrients, 2020, 12 (6): 1794.

[2] SAKURAI T, FURUKAWA M, ASOH M,et al. Fat-soluble and water-soluble vitamin contents of breast milk from Japanese women [J]. Nutr Sci Vitaminol (Tokyo), 2005, 51 (4): 239-247.

[3] DEOGHAR AD, HAJALAKSHMI R, RAMAKRISHNAN CV. Studies on human lactation. III.Effect of dietary vitamin supplementation on vitamin contents of breasr milk [J]. Acta Paediatr, 1964, 53: 42-48.

[4] CORYELL MN, HARRIS ME. Human milk studies; nicotinic acid, pantothenic acid and biotin contents of colostrum and mature human milk [J]. Am J Dis Child, 1945，70：150-161.

[5] SAID HM. Biotin: biochemical, physiological and clinical aspects [J]. Subcell Biochem, 2012, 56: 1-19.

[6] 任向楠．人乳中B族维生素水平及其影响因素［D］．中国疾病预防控制中心，2015.

[7] SALMENPERA L. Vitamin C, folate and biotin nutrition during prolonged lactation [J]. Nutrition and prolonged lactation, 1988，16：247-259.

第8节　泛酸

一、背景

泛酸又称维生素B_5、遍多酸，在动植物食物中广泛存在，因具有酸性而被命名为泛酸[1]。它于1933年由Williams发现并命名，并于1939年从肝脏中分离，于1940年被人工合成[1]。1954年泛酸被认为是人体必需的营养素。泛酸的分子式为$C_9H_{17}O_5N$（图6.8.1），有旋光性，仅D型有生物活性[1]。消旋泛酸具有吸湿性和静电吸附性。纯游离泛酸是一种淡黄色黏稠的油状物，易溶于水和乙醇，不溶于苯和氯仿，在酸、碱、光及热等条件下都不稳定[1]。由于泛酸的食物来源丰富，在食用普通膳食者中未发现泛酸缺乏症[1]。大部分食物中的泛酸多以辅酶A（coenzyme A, CoA）或酰基载体蛋白（acyl carrier protein, ACP）的形式存在[1]。

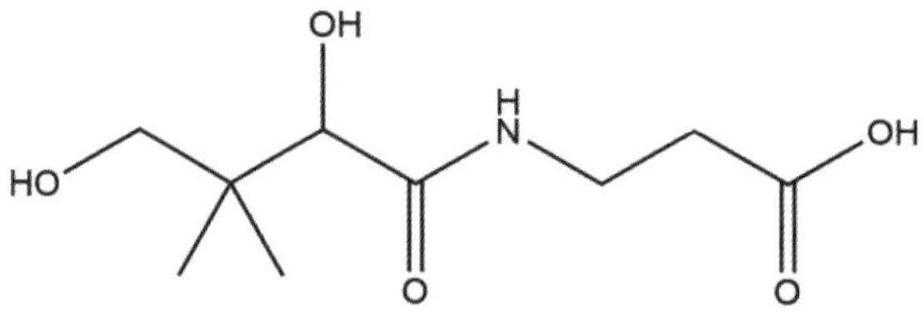

图6.8.1　泛酸的化学结构式

引自：杨月欣，葛可佑．中国营养科学全书［M］．2版．北京：人民卫生出版社，2019：220.

母乳是婴儿最理想的食物。母乳中的泛酸85%～90%以游离形式存在，10%～15%以结合形式存在[2]。目前关于母乳泛酸含量的国内外研究较为有限，缺少完善的母乳泛酸含量的系统研究数据和明确的结果。此外，母乳中泛酸含量受种族、基因、生活环境、乳母膳食和生活方式及泌乳不同阶段等的影响。因此，极有必要探讨国内外人群母乳中泛酸含量，以填补相关数据的空白，并为婴儿泛酸推荐量修订、婴儿配方食品泛酸的优化及相关标准的修订提供科学依据。

二、生理功能

泛酸在肠内被吸收进入人体后，经磷酸化并获得巯基乙胺而生成4’-磷酸泛酰巯基乙胺，后者是CoA和ACP的组成部分，所以CoA和ACP是泛酸在体内的活性形式，并通过它们发挥生理作用[2]。

1．对碳水化合物、脂肪和蛋白质代谢的影响

泛酸作为CoA的组成部分参与体内碳水化合物、脂肪和蛋白质的代谢。在糖代谢中丙酮酸转变为乙酰辅酶A，由此可合成脂肪酸，或与草酰乙酸形成柠檬酸进入三羧酸循环。

12种氨基酸（丙、甘、丝、苏、半胱、苯丙、亮、酪、赖、色、苏及异亮）的碳链分解代谢都形成乙酰辅酶A。ACP作为脂肪酸合成酶复合体的组成部分参与脂肪酸的合成[1-3]。

2．对神经系统的作用

CoA在脑部合成神经肌肉信使和神经递质乙酰胆碱，以及促进睡眠的褪黑素等[1-3]。

3．参与血红素的形成

血红素由甘氨酸、琥珀酰辅酶A及铁这三种原料合成，因此，泛酸参与血红素的合成[1-3]。

4．其他方面的作用

泛酸还参与类固醇激素、维生素A和维生素D的合成，以及卟啉和咕啉环的生成，支持机体免疫系统对有害物质的解毒、激活白细胞、参与抗体的合成等[1-3]。

三、分析方法

（一）检索策略

检索PubMed、Web of Science、Embase和Cochrane Library英文数据库，以及知网、万方、CBMdisc和维普，并通过文献追溯方法进一步收集相关文献。检索时间为建库至2021年5月10日。纳入有关母乳中泛酸含量的中英文文献。泛酸的英文检索式为‘pantothenic acid’OR‘vitamin B_5’，中文检索式为“泛酸”OR“维生素B_5”；母乳的英文检索式为‘breast milk’OR‘breast* milk’OR‘human* milk’OR‘mother* milk’OR‘woman* milk’OR‘women* milk’OR ((lactating OR lactation) AND milk)，中文检索式为“母乳”OR“人乳”。

（二）纳入与排除标准

1．纳入标准

中文或者英文文献，包括研究生学位论文；母亲年龄为18～45岁；婴幼儿年龄为0～48月龄，仍在进行母乳喂养；研究类型为干预性研究和观察性研究（包括横断面研究、病例对照研究和队列研究）。

2．排除标准

母亲泌乳阶段未说明；重要数据不全者；综述、生态学研究和病例报告类文献、会议论文。

（三）文献筛选和数据提取

由两名研究者独立进行文献检索、筛选和数据提取，以确保数据的准确性。在出现分歧时与第三位研究者进行讨论确定是否纳入文献。采用EndNote进行文献筛选。首先去除重复的文献；再根据标题和摘要，排除不相关的文献；最后对剩余文献根据全文内容，确定最终纳入的文献。数据提取的内容包括：作者，发表年份，国家，地区，泌乳阶段，样本例数，母亲年龄，BMI，孕周，营养素补充剂使用情况，胎次，婴儿男女比例，检测方法，采样时间，是否吸空乳房，采样体积，采样乳房（左侧/右侧），样品储藏温度，母乳中泛酸水平的相关数据（包括均值或中位数，标准误或标准差，95%CI，全距，四分位间距，原始单位）。具体文献检索流程见图6.8.2。

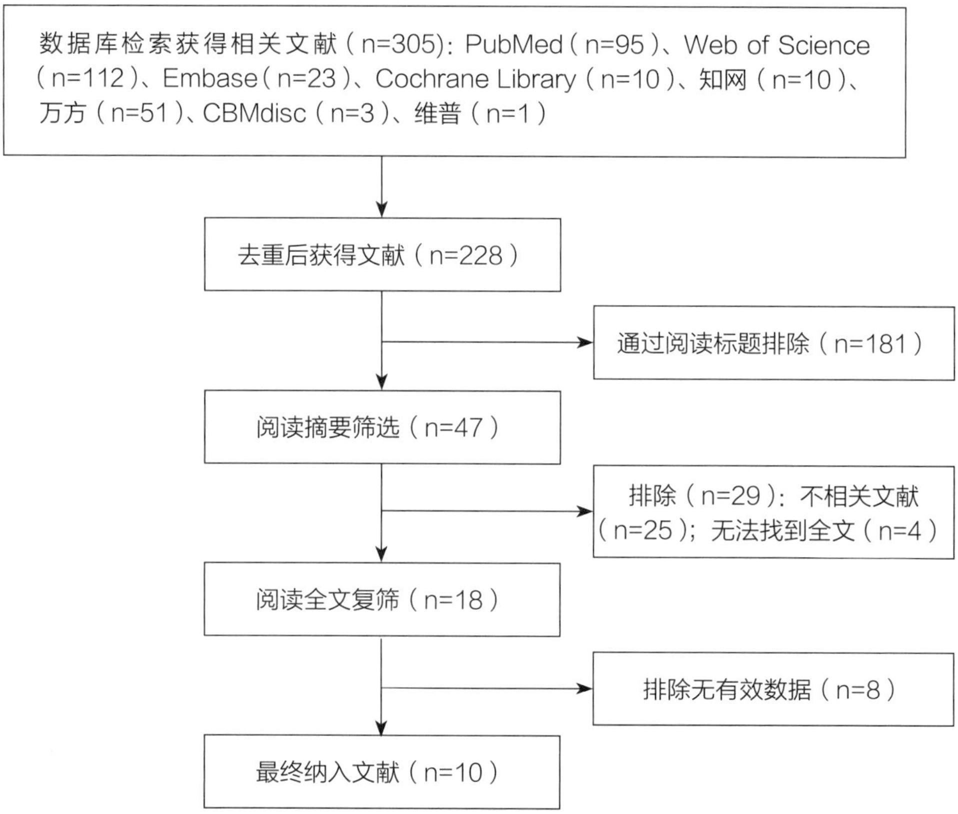

图6.8.2 泛酸含量文献检索流程图

（四）检索结果

参照Wan X等[4]推荐公式及*Cochrane Handbook for Systematic Reviews of Interventions*《科克伦干预措施系统评价手册》[5]将所有研究中的数据转化为均值±标准差。采用母乳密度为1.032g/mL进行单位间转化。所有数据汇总采用样本量加权，计算合并均值和合并标准差（公式同前）。不同组别之间的比较采用两独立样本*t*检验或单因素方差分析，$P<0.05$为差异有统计学意义。

最终纳入10篇文献，涉及中国和国外研究的分别有6篇和5篇。这10篇文献都涉及健康母亲足月儿，其中有2篇涉及健康母亲早产儿，1篇考虑了母亲体重异常的情况。纳入文献的基本特征见表6.8.1。

表6.8.1 纳入文献的基本信息

序号	第一作者	发表年份	国家	母婴健康状况	泌乳阶段	检测方法
1	Ford JE[6]	1983	英国	健康母亲足月儿 健康母亲早产儿	初乳、 过渡乳、 成熟乳	微生物法
2	Song WO[7]	1984	美国	健康母亲足月儿 健康母亲早产儿	过渡乳、 成熟乳	微生物法
3	Sakurai T[8]	2005	日本	健康母亲足月儿	过渡乳、 成熟乳	微生物法
4	Shi YD[9]	2011	中国	健康母亲足月儿	初乳、 成熟乳	高效液相色谱（HPLC）
5	任向楠[10]	2015	中国	健康母亲足月儿 体重过轻母亲足月儿 超重母亲足月儿 肥胖母亲足月儿	初乳、 过渡乳、 成熟乳	超高效液相色谱串联质谱（UPLC–MS/MS）
6	刘静[11]	2016	中国	健康母亲足月儿	初乳、 成熟乳	高效液相色谱（HPLC）
7	蒋嘉靖[12]	2017	中国	健康母亲足月儿	初乳、 过渡乳、 成熟乳	超高效液相色谱串联质谱（UPLC–MS/MS）
8	Xue Y[13]	2017	中国	健康母亲足月儿	成熟乳	微生物法
9	Daniels L[14]	2019	印度尼西亚	健康母亲足月儿	成熟乳	超高效液相色谱串联质谱（UPLC–MS/MS）
10	Nguyen MTT[15]	2020	中国、 韩国、 巴基斯坦、 越南	健康母亲足月儿	成熟乳	超高效液相色谱串联质谱（UPLC–MS/MS）

四、健康母亲足月儿不同泌乳阶段母乳

不同泌乳阶段母乳的泛酸含量见表6.8.2。产后0～7天初乳、8～14天过渡乳、180天以内成熟乳和180天以上成熟乳中泛酸水平分别为（2.15±1.87）mg/L、（2.80±1.49）mg/L、（2.50±1.29）mg/L、（2.25±1.12）mg/L。单因素方差分析结果表明，不同泌乳阶段母乳中泛酸水平的差异具有统计学意义（F=21.2299，$P<0.001$）。

对国内外研究分别统计后做进一步比较。结果表明，国内研究报道的初乳、过渡乳、成熟乳（180天以内）和成熟乳（180天以上）中泛酸水平分别为（2.16±1.88）mg/L、（2.85±1.53）mg/L、（2.58±1.34）mg/L、（2.20±1.15）mg/L。国外研究报道的不同泌乳阶段的泛酸水平分别为（1.26±0.44）mg/L、（2.29±0.75）mg/L、（2.13±0.96）mg/L、（2.60±0.80）mg/L。单因素方差分析结果表明，不管是国内还是国外研究，不同泌

乳阶段母乳中泛酸水平的差异均具有统计学意义（国内：F=23.0480，P<0.001；国外：F=6.0317，P=0.0005）。在不同泌乳阶段进一步对国内外研究报道的母乳中泛酸水平进行比较，结果表明差异均具有统计学意义（初乳：t=5.437，P<0.001；过渡乳：t=4.427，P<0.001；180天以内成熟乳：t=5.767，P<0.001；180天以上成熟乳：t=-2.554，P=0.013）。

表6.8.2 健康母亲足月儿不同泌乳阶段母乳的泛酸含量

泌乳阶段	合计				中国				国外			
	文献数	样本例数	平均值/（mg/L）	标准差/（mg/L）	文献数	样本例数	平均值/（mg/L）	标准差/（mg/L）	文献数	样本例数	平均值/（mg/L）	标准差/（mg/L）
初乳（0～7天）	5	609	2.15	1.87	4	600	2.16	1.88	1	9	1.26	0.44
过渡乳（8～14天）	5	567	2.80	1.49	2	518	2.85	1.53	3	49	2.29	0.75
成熟乳（180天以内）	8	1211	2.50	1.29	5	996	2.58	1.34	3	215	2.13	0.96
成熟乳（180天之后）	2	266	2.25	1.12	1	232	2.20	1.15	1	34	2.60	0.80

五、健康母亲足月儿不同检测方法下成熟乳

通过对涉及健康母亲足月儿产后15天及以上的成熟乳文献进行阅读，合计该特征人群母乳中泛酸水平为（2.40 ± 1.57）mg/L。根据不同检测方法分别计算母乳中的泛酸水平，结果见表6.8.3。采用微生物法检测的成熟乳中泛酸水平为（2.53 ± 0.94）mg/L；采用HPLC法检测的成熟乳中泛酸水平为（2.42 ± 0.58）mg/L；采用UPLC–MS/MS法检测的成熟乳中泛酸水平为（2.36 ± 1.77）mg/L。单因素方差分析结果表明，采用不同检测方法测定的成熟乳中的泛酸水平的差异无统计学意义（F=2.2715，P=0.1034）。

对国内外研究分别统计后，做进一步比较。结果表明，国内外研究报道的产后15天及以上的成熟乳中泛酸水平分别为（2.47 ± 1.35）mg/L和（2.23 ± 1.99）mg/L，差异具有统计学意义（t=2.753，P=0.006）。国内研究报道的采用以上三种检测方法检测的成熟乳中泛酸水平分别为（2.44 ± 0.97）mg/L、（2.42 ± 0.58）mg/L和（2.49 ± 1.51）mg/L。单因素方差分析结果表明，三者之间的差异具有统计学意义（F=23.0480，P<0.001）。国外研究报道的采用微生物法和UPLC–MS/MS法检测的成熟乳中泛酸水平分别为（2.72 ± 0.83）mg/L和（2.05 ± 2.24）mg/L，差异具有统计学意义（t=5.429，P<0.001）。针对不同检测方法进一步对国内外研究报道的母乳中泛酸水平进行比较，结果表明差异均具有统计学意义（微生物法：t=–3.368，P=0.001；UPLC-MS/MS：t=3.839，P<0.001）。

表6.8.3　健康母亲足月儿不同检测方法下成熟乳的泛酸含量

检测方法	合计				中国				国外			
	文献数	样本例数	平均值/(mg/L)	标准差/(mg/L)	文献数	样本例数	平均值/(mg/L)	标准差/(mg/L)	文献数	样本例数	平均值/(mg/L)	标准差/(mg/L)
微生物法	4	516	2.53	0.94	1	354	2.44	0.97	3	162	2.72	0.83
高效液相色谱(HPLC)	2	104	2.42	0.58	2	104	2.42	0.58	—	—	—	—
超高效液相色谱串联质谱(UPLC–MS/MS)	4	1513	2.36	1.77	3	1056	2.49	1.51	2	457	2.05	2.24
合计	10	2133	2.40	1.57	6	1514	2.47	1.35	5	619	2.23	1.99

六、特殊状况母乳

有2篇母乳中泛酸水平的国外研究涉及健康母亲早产儿，但结果并不一致。Ford JE等[6]研究发现：早产儿母乳中泛酸水平在产后1～5天与足月儿母乳较为接近，但产后6天以后其泛酸水平低于足月儿母乳（产后1～5天：1.29mg/L 与 1.26mg/L；产后6～15天：1.64mg/L 与 2.07mg/L；产后16天及以上：2.27mg/L 与 2.61mg/L）。而Song WO等[7]发现，早产儿母乳中泛酸水平显著高于足月儿母乳，差异有统计学意义［产后2周：(3.91 ± 1.54)mg/L 与(2.57 ± 0.60)mg/L，t=3.109，P=0.007；产后12周：(3.16 ± 0.55) mg/L 与(2.55 ± 0.73) mg/L，t=2.776，P=0.009］。

国内任向楠等[10]研究了母亲不同BMI与母乳中泛酸水平的关系，结果见表6.8.4。不同BMI母亲初乳中泛酸水平的差异具有统计学意义（F=5.434，P=0.0011），超重和肥胖母亲初乳中泛酸水平显著低于正常体重母亲［(1.65 ± 1.32) mg/L和 (1.16 ± 0.91) mg/L 与(2.07 ± 1.52) mg/L］；不同BMI母亲过渡乳中泛酸水平的差异也具有统计学意义（F=3.4338，P=0.0170），超重母亲过渡乳中泛酸水平显著低于正常体重母亲［(2.45 ± 1.31) mg/L 与(2.95 ± 1.62) mg/L］。然而，不同BMI母亲成熟乳中泛酸水平的差异无统计学意义（F=1.2040，P=0.3073）。

表6.8.4　国内不同BMI母亲不同泌乳阶段母乳中泛酸水平变化情况

泌乳阶段	体重过轻(BMI＜18.5)	正常体重(18.5≤BMI＜24)	超重(24≤BMI＜28)	肥胖(BMI≥28)
初乳(mg/L)(0～7天)	2.07 ± 1.52 (n=12)	2.07 ± 1.81 (n=259)	1.65 ± 1.32 (n=168)	1.16 ± 0.91 (n=44)
过渡乳(mg/L)(8～14天)	2.93 ± 1.59 (n=12)	2.95 ± 1.62 (n=277)	2.45 ± 1.31 (n=138)	2.67 ± 1.37 (n=31)

续表

泌乳阶段	体重过轻（BMI＜18.5）	正常体重（18.5≤BMI＜24）	超重（24≤BMI＜28）	肥胖（BMI≥28）
成熟乳（mg/L）（15天及以上）	2.06 ± 1.05（n=68）	2.21 ± 1.14（n=483）	2.36 ± 1.44（n=171）	2.20 ± 0.84（n=55）

注：n：样本量。

七、影响因素

综合以上分析及其他相关研究发现，母乳中的泛酸水平可能与如下因素有关：人种、地区、社会经济因素、家庭经济水平、乳母受教育程度、乳母职业、乳母年龄、乳母体重、乳母腰围、乳母臀围、乳母BMI、婴儿是否早产、不同分娩方式、不同泌乳阶段、采样方式、哺乳期膳食状况、不同检测方法等[6-15]。其中国内任向楠等对膳食状况进行了深入研究，提示母乳中泛酸水平与母亲畜禽类和蛋类的摄入密切相关[10]。

（编写：丁叶，谢臻诚，汪之顼）

参考文献

[1] 杨月欣，葛可佑. 中国营养科学全书［M］. 2版. 北京：人民卫生出版社，2019：220-221.

[2] 中国营养学会. 中国居民膳食营养素参考摄入量（2013版）［M］. 北京：科学出版社，2014：391-393.

[3] 孙长颢. 营养与食品卫生学［M］. 8版. 北京：人民卫生出版社，2017：102-103.

[4] WAN X, WANG W, LIU J, et al. Estimating the sample mean and standard deviation from the sample size, median, range and/or interquartile range [J]. BMC Medical Research Methodology, 2014, 14: 135.

[5] HIGGINS JPT, THOMAS J, CHANDLER J, et al. Cochrane handbook for systematic reviews of interventions [M]. 2nd ed. Chichester (UK): John Wiley & Sons, 2019.

[6] FORD JE, ZECHALKO A, MURPHY J, et al. Comparison of the B vitamin composition of milk from mothers of preterm and term babies [J]. Archives of Disease in Childhood, 1983, 58 (5): 367-372.

[7] SONG WO, CHAN GM, WYSE BW, et al. Effect of pantothenic acid status on the content of the vitamin in human milk [J]. American Journal of Clinical Nutrition, 1984, 40 (2): 317-324.

[8] SAKURAI T, FURUKAWA M, ASOH M, et al. Fat-soluble and water-soluble vitamin contents of breast milk from Japanese women [J]. Journal of Nutritional Science and Vitaminology (Tokyo), 2005, 51 (4): 239-247.

[9] SHI YD, SUN GQ, ZHANG ZG, et al. The chemical composition of human milk from Inner Mongolia of China [J]. Food Chemistry, 2011, 127 (3): 1193-1198.

[10] 任向楠. 人乳中B族维生素水平及其影响因素［D］. 北京：中国疾病预防控制中心，2015.

[11] 刘静. 呼和浩特市母乳中维生素含量的研究［J］. 食品研究与开发，2016，37（16）：20-22.

[12] 蒋嘉靖. 母乳中重要营养素和生物活性因子及小分子代谢物研究［D］. 杭州：浙江大学，2017.

[13] XUE Y, REDEUIL KM, GIMENEZ EC, et al. Regional, socioeconomic, and dietary factors influencing B-vitamins in human milk of urban Chinese lactating women at different lactation stages [J]. BMC Nutrition, 2017, 3: 22.

[14] DANIELS L, GIBSON RS, DIANA A, et al. Micronutrient intakes of lactating mothers and their association with breast milk concentrations and micronutrient adequacy of exclusively breastfed Indonesian infants [J]. American Journal of Clinical Nutrition, 2019, 110 (2): 391-400.

[15] NGUYEN MTT, KIM J, LEE H, et al. A comparison of vitamin and lutein concentrations in breast milk from four Asian countries [J]. Nutrients, 2020, 12 (6): 1794.

第9节 胆碱

一、背景

胆碱是一种含氮的有机碱性化合物，最早由Strecker于1849年从猪胆中分离，1862年首次被命名为胆碱，并于1866年被人工合成。胆碱分子式为$HOCH_2CH_2N^+(CH_3)_3$（图6.9.1），是各种含*N*，*N*，*N*-三甲基乙醇胺阳离子的季铵盐类的总称[1]。胆碱是呈无色微苦的水溶性白色浆液，有很强的吸湿性，易溶于氯仿、甲醛、含水甲酸和乙醇等，不溶于乙醚、石油醚、苯、甲苯等[1]。胆碱在酸性或碱性条件下均不稳定，但对热稳定，而且耐储存。氯化胆碱是胆碱的衍生物，具有胆碱的生物活性，其加工及储运性能稳定，是适合于药品、食品中添加的理想的营养强化剂[1]。人类及动物体内胆碱可从食物中获得，也可通过内源性途径合成[1]。但很多动物体内尤其是幼年动物不能合成胆碱，当不给予实验动物含有胆碱的食物或不给予合成胆碱所必需营养物质时，可以造成缺乏病[1]。1988年，胆碱被美国食品和营养委员会列入人类的必需营养素而修订其推荐量。

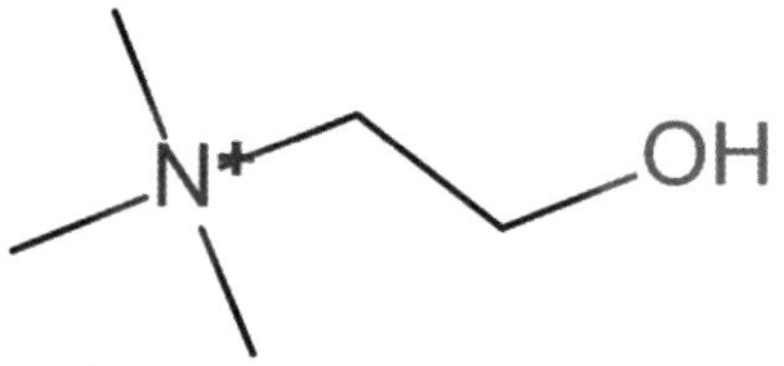

图6.9.1　胆碱的化学结构式

引自：杨月欣，葛可佑．中国营养科学全书［M］．2版．北京：人民卫生出版社，2019：235.

0~6月龄婴儿提倡纯母乳喂养，因此必须要保证母乳中胆碱含量能满足婴儿的需求。母乳中胆碱除了游离胆碱外，还有胆碱酯类，主要有磷酸胆碱、甘油磷酸胆碱、神经鞘磷脂和磷脂酰胆碱（又称卵磷脂）[2]。目前缺乏关于母乳胆碱含量的国内研究，且相关国外研究较为有限，缺少完善的母乳胆碱含量的系统研究数据和明确的结果。此外，母乳中胆碱含量受种族、基因、生活环境、乳母膳食和生活方式及泌乳不同阶段等因素的影响。因此，极有必要探讨母乳中胆碱含量，以填补相关数据的空白，并为婴儿胆碱推荐量修订、婴儿配方食品胆碱的优化及相关标准的修订提供科学依据。

二、生理功能

一方面，胆碱本身及其作为合成其他物质所需要的胆碱基团而发挥生理作用；另一方面，是作为甲基供体来发挥生理功能。

1．构成生物膜的重要组成成分

胆碱是磷脂酰胆碱的主要组成成分，由胆碱合成的磷脂酰胆碱占机体磷脂酰胆碱总合成量的70%～80%，而磷脂酰胆碱是大多数哺乳动物细胞膜的主要磷脂（>50%）[1, 2]。

2．促进肝脏脂肪代谢

磷脂酰胆碱也是合成极低密度脂蛋白（very low density lipoprotein, VLDL）的重要成分之一，而VLDL是肝脏向外周输出甘油三酯（triglyceride, TG）的唯一载体。充足的胆碱可合成和分泌充足的VLDL来转运肝脏中的TG，从而预防和减少过量的TG在肝脏中沉积[1, 2]。

3．保证信息传递

除磷脂酰胆碱外，胆碱也是神经鞘磷脂的关键组成成分。研究发现膜受体接受刺激后可激活相应的磷脂酶而形成分解产物。这些产物本身就是信号分子，或者被特异酶作用后可转变为信号分子。膜中的脂酰肌醇衍生物和胆碱磷脂，特别是磷脂酰胆碱和神经鞘磷脂，是能够放大外部信号或通过产生抑制性第二信使而中止信号过程的生物活性分子[1, 2]。

4．保证脑和神经系统的发育

在人类大脑发育高峰期（胎儿孕晚期到幼儿5岁左右），神经组织中含有丰富的鞘磷脂和磷脂酰胆碱，供给神经纤维（轴突）髓鞘化所需。髓鞘的形成有利于神经纤维快速并定向传导信号，保护和绝缘神经纤维，对大脑神经系统的正常运作至关重要。研究表明，在孕期，胎盘可调节胆碱从母体向胎儿运输，羊水中胆碱浓度为母血中的10倍。新生儿期，大脑从血液中获取胆碱的能力很强，母乳可为新生儿提供大量胆碱[1, 2]。

5．在认知活动中起重要作用

胆碱是形成乙酰胆碱所必需的物质。乙酰胆碱是中枢胆碱能系统中重要的神经递质之一，在学习与记忆、空间工作记忆、注意、自发运动和探究行为等认知活动中起重要作用[1, 2]。

6．降低血清胆固醇

胆碱和磷脂具有良好的乳化特性，能阻止胆固醇在血管内壁的沉积并清除部分沉积物，同时改善脂肪的吸收与利用[1, 2]。

7．促进体内转甲基代谢

在机体内，能从一种化合物转移到另一种化合物上的甲基称为不稳定甲基。胆碱是机体不稳定甲基的一个主要来源，从而参与体内甲基供体的合成与代谢。如用于同型半胱氨酸形成甲硫氨酸，胍基乙酸形成肌酸，肾上腺素类固醇的合成，以及甲酯化某些物质使其从尿中排出[1, 2]。

8．调控细胞凋亡

细胞凋亡指为维持内环境稳定，由基因控制的细胞自主的有序的死亡。研究表明，胆碱缺乏可引起大鼠肝细胞凋亡，同时对神经细胞也是一种潜在的凋亡诱导因素。由于在胆碱缺乏的前提下，用甜菜碱、甲硫氨酸、叶酸或维生素B_{12}提供甲基并不能避免肝细胞凋亡，因此，胆碱对调控细胞凋亡具有其他甲基供体所不能替代的作用[1, 2]。

三、分析方法

1．检索策略

检索PubMed、Web of Science、Embase和Cochrane Library英文数据库，以及知网、万方、CBMdisc和维普，并通过文献追溯方法进一步收集相关文献。检索时间截至2021年5月10日。纳入有关母乳中胆碱含量的中英文文献。胆碱的英文检索式为‘choline’OR‘betaine’，中文检索式为“胆碱”OR“甜菜碱”；母乳的英文检索式为‘breast milk’OR‘breast* milk’OR‘human* milk’OR‘mother* milk’OR‘woman* milk’OR‘women* milk’OR ((lactating OR lactation) AND milk)，中文检索式为“母乳”OR“人乳”。

2．纳入与排除标准

（1）纳入标准：中文或者英文文献，包括研究生学位论文；母亲年龄为18～45岁；婴幼儿年龄为0～48月龄，仍在进行母乳喂养；研究类型为干预性研究和观察性研究（包括横断面研究、病例对照研究和队列研究）。

（2）排除标准：母亲泌乳阶段未说明；重要数据不全者；综述、生态学研究和病例报告类文献、会议论文。

3．文献筛选和数据提取

由两名研究者独立进行文献检索、筛选和数据提取，确保数据的准确性。在出现分歧时与第三位研究者进行讨论确定是否纳入文献。采用EndNote进行文献筛选。首先去除重复的文献；再根据标题和摘要，排除不相关的文献；最后对剩余文献根据全文内容，确定最终纳入的文献。

数据提取的内容包括：作者，发表年份，国家，地区，泌乳阶段，样本例数，母亲年龄，BMI，孕周，营养素补充剂使用情况，胎次，婴儿男女比例，检测方法，采样时间，是否吸空乳房，采样体积，采样乳房（左侧/右侧），样品储藏温度，母乳中胆碱水平的相关数据（包括均值或中位数，标准误或标准差，95%CI，全距，四分位间距，原始单位）。具体文献检索流程见图6.9.2。

4．检索结果

参照Wan X等推荐公式[3]及*Cochrane Handbook for Systematic Reviews of Interventions*[4]将所有研究中的数据转化为均值±标准差。采用母乳密度为1.032g/mL进行单位间转化。所有数据汇总采用样本量加权，计算合并均值和合并标准差（公式同前）。不同组别之间的比较采用两独立样本t检验或单因素方差分析，$P<0.05$为差异有统计学意义。

目前国内缺乏有关母乳中胆碱含量的研究，最终纳入的13篇文献均为国外的相关研究。其中有13篇涉及健康母亲足月儿，3篇涉及健康母亲早产儿，2篇为胆碱干预性研究。纳入文献的基本特征见表6.9.1。

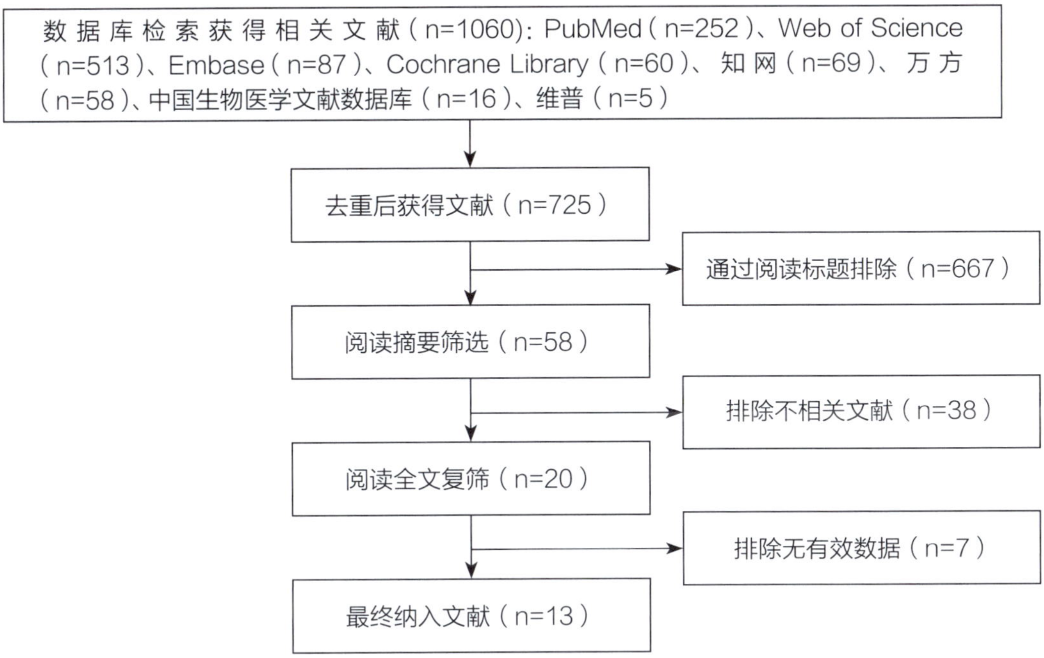

图6.9.2　胆碱含量文献检索流程图

表6.9.1　纳入文献的基本信息

序号	第一作者	发表年份	国家	母婴健康状况	泌乳阶段	检测方法
1	Holmes-Mcnary MQ[5]	1996	美国	健康母亲足月儿 健康母亲早产儿	成熟乳	高效液相色谱（HPLC）
2	Sakurai T[6]	2005	日本	健康母亲足月儿	过渡乳、成熟乳	液相色谱串联质谱（LC-MS/MS）
3	Ilcol YO[7]	2005	土耳其	健康母亲足月儿	初乳、成熟乳	放射酶法
4	Fischer LM[8]	2010	美国	健康母亲足月儿 磷酸胆碱干预	成熟乳	同位素稀释液相色谱串联质谱（ID-LC-MS/MS）
5	Ozarda Y[9]	2014	土耳其	健康母亲足月儿	初乳、成熟乳	高效液相色谱电化学检测（HPLC-EC）
6	Davenport C[10]	2015	美国	健康母亲足月儿 氯化胆碱干预	成熟乳	液相色谱串联质谱（LC-MS/MS）
7	Maas C[11]	2016	德国	健康母亲足月儿 健康母亲早产儿	成熟乳	电喷雾串联质谱（ESI–MS/MS）
8	Moukarzel S[12]	2017	加拿大	健康母亲足月儿 健康母乳早产儿	成熟乳	液相色谱串联质谱（LC-MS/MS）

续表

序号	第一作者	发表年份	国家	母婴健康状况	泌乳阶段	检测方法
9	Wiedeman AM[13]	2018	加拿大、柬埔寨	健康母亲足月儿	成熟乳	液相色谱串联质谱（LC-MS/MS）
10	Gay MCL[14]	2018	澳大利亚、日本、美国、挪威、南非	健康母亲足月儿	成熟乳	磁共振波谱法（NMR）
11	Moukarzel S[15]	2019	加拿大	健康母亲足月儿	成熟乳	同位素稀释液相色谱串联质谱（ID-LC-MS/MS）
12	Perrin MT[16]	2019	美国	健康母亲足月儿	成熟乳	超高效液相色谱串联质谱（UPLC–MS/MS）
13	Hampel D[17]	2020	巴西	健康母亲足月儿	初乳、成熟乳	超高效液相色谱串联质谱（UPLC–MS/MS）

四、健康母亲足月儿不同泌乳阶段母乳

通过对涉及健康母亲足月儿的文献进行阅读，根据不同泌乳阶段分别计算母乳中的胆碱水平，结果见表6.9.2。产后0～7天初乳、8～14天过渡乳、180天以内成熟乳和180天以上成熟乳中胆碱水平分别为（66.42±45.81）mg/L、（96±28）mg/L、（133.21±72.97）mg/L和（94±17）mg/L。单因素方差分析结果表明，不同泌乳阶段母乳中的胆碱水平的差异具有统计学意义（F=26.7938，P<0.001）。

表6.9.2　国外健康母亲足月儿不同泌乳阶段母乳的胆碱含量

泌乳阶段	文献数	样本例数	平均值/（mg/L）	标准差/（mg/L）
初乳（0～7天）	3	85	66.42	45.81
过渡乳（8～14天）	1	6	96	28
成熟乳（180天以内）	12	1032	133.21	72.97
成熟乳（180天之后）	1	35	94	17

五、健康母亲足月儿不同检测方法下成熟乳

通过对涉及健康母亲足月儿产后15天及以上的成熟乳文献进行阅读，合计该特征人群母乳中胆碱水平为（131.92±72.16）mg/L。根据不同检测方法分别计算母乳

中的胆碱水平，结果见表6.9.3。采用放射酶法检测的成熟乳中胆碱水平为（153.39 ± 44.82）mg/L；采用HPLC法检测的成熟乳中胆碱水平为（134.04 ± 101.69）mg/L；采用HPLC-EC法检测的成熟乳中胆碱水平为（155.20 ± 35.25）mg/L；采用LC-MS/MS法检测的成熟乳中胆碱水平为（110.85 ± 31.06）mg/L；采用UPLC–MS/MS法检测的成熟乳中胆碱水平为（145.35 ± 66.46）mg/L；采用ID-LC-MS/MS法检测的成熟乳中胆碱水平为（109.42 ± 54.29）mg/L；采用磁共振波谱法（NMR）检测的成熟乳中胆碱水平为（204.60 ± 161.27）mg/L。单因素方差分析结果表明，采用不同检测方法测定的成熟乳中的胆碱水平的差异具有统计学意义（F=37.6907，P<0.001）。

表6.9.3　国外健康母亲足月儿不同检测方法下成熟乳的胆碱含量

检测方法	文献数	样本例数	平均值/（mg/L）	标准差/（mg/L）
放射酶法	1	132	153.39	44.82
高效液相色谱（HPLC）	1	16	134.04	101.69
高效液相色谱电化学检测（HPLC-EC）	1	54	155.20	35.25
液相色谱串联质谱（LC-MS/MS）	4	559	110.85	31.06
超高效液相色谱串联质谱（UPLC–MS/MS）	2	116	145.35	66.46
同位素稀释液相色谱串联质谱（ID-LC-MS/MS）	2	81	109.42	54.29
磁共振波谱法（NMR）	1	109	204.60	161.27
合计	12	1067	131.92	72.16

六、特殊状况母乳

有3篇母乳中胆碱水平的国外研究涉及健康母亲早产儿，但结果并不一致。Holmes-Mcnary MQ等[5]研究表明，分娩早产儿的母亲成熟乳中总胆碱、磷酸胆碱、甘油磷酸胆碱、磷脂酰胆碱、鞘磷脂水平与分娩足月儿的母亲相比，差异均无统计学意义［其中总胆碱水平：（113.24 ± 214.40）mg/L 与（134.04 ± 101.69）mg/L，t=–0.359，P=0.723］。Moukarzel S等[12]研究也发现，分娩早产儿的母亲成熟乳中磷酸胆碱、甘油磷酸胆碱、游离胆碱以及以上三种水溶性胆碱总的水平与分娩足月儿的母亲较为接近，差异均无统计学意义。然而，Maas C等[11]研究表明，分娩早产儿的母亲母乳中（产后6天及以上）的磷酸胆碱、甘油磷酸胆碱、磷脂酰胆碱和鞘磷脂浓度显著低于同期分娩足月儿的母亲，而游离胆碱和溶血磷脂酰胆碱浓度则高于同期分娩足月儿的母亲。该研究发现，总胆碱水平在分娩足月儿的母亲母乳中为（247.75 ± 63.61）mg/L，但在分娩早产儿的母亲母乳中仅为（172.63 ± 47.96）mg/L，差异具有统计学意义（t=4.601，P<0.001）。

七、胆碱补充剂干预对母乳的影响

有2篇相关研究涉及胆碱补充剂的干预，结果均表明母亲胆碱的额外补充可提高母乳中胆碱含量。Fischer LM等[8]研究发现从妊娠18周至产后45天进行胆碱补充剂（750mg胆碱/天）干预后，其母乳中游离胆碱和磷酸胆碱水平均显著高于安慰剂组（玉米油）（*P*值均小于0.001）。Davenport C等[10]进一步研究了不同浓度胆碱的补充对母乳中胆碱含量的影响，结果表明，从产后35天开始连续干预10周，与每天摄入480mg胆碱相比，每天摄入930mg胆碱的母亲表现出更高的母乳总胆碱浓度（+20%，*P*=0.041）。

八、影响因素

综合以上分析及其他相关研究发现，母乳中的胆碱水平可能与如下因素有关：人种、地区、社会经济因素、婴儿是否早产、不同分娩方式、不同泌乳阶段、采样方式、储存和杀菌方式、哺乳期膳食状况（素食主义）、乳母补充剂使用情况、乳母炎症状态（指标：血清C反应蛋白）、不同检测方法等[5-17]。

（编写：丁叶，谢臻诚，汪之顼）

参考文献

[1] 杨月欣，葛可佑. 中国营养科学全书［M］. 2版. 北京：人民卫生出版社，2019：235-238.

[2] 中国营养学会. 中国居民膳食营养素参考摄入量（2013版）［M］. 北京：科学出版社，2014：408-411.

[3] WAN X, WANG W, LIU J, et al. Estimating the sample mean and standard deviation from the sample size, median, range and/or interquartile range [J]. BMC Medical Research Methodology, 2014, 14: 135.

[4] HIGGINS JPT, THOMAS J, CHANDLER J, et al. Cochrane handbook for systematic reviews of interventions [M]. 2nd ed. Chichester (UK): John Wiley & Sons, 2019.

[5] HOLMES-MCNARY MQ, CHENG WL, MAR MH, et al. Choline and choline esters in human and rat milk and in infant formulas [J]. American Journal of Clinical Nutrition, 1996, 64 (4): 572-576.

[6] SAKURAI T, FURUKAWA M, ASOH M, et al. Fat-soluble and water-soluble vitamin contents of breast milk from Japanese women [J]. Journal of Nutritional Science and Vitaminology (Tokyo), 2005, 51 (4): 239-247.

[7] ILCOL YO, OZBEK R, HAMURTEKIN E, et al. Choline status in newborns, infants, children, breast-feeding women, breast-fed infants and human breast milk [J]. Journal of Nutritional Biochemistry, 2005, 16 (8): 489-499.

[8] FISCHER LM, DA COSTA KA, GALANKO J, et al. Choline intake and genetic polymorphisms influence choline metabolite concentrations in human breast milk and plasma [J]. American Journal of Clinical Nutrition, 2010, 92 (2): 336-346.

[9] OZARDA Y, CANSEV M, ULUS IH. Breast milk choline contents are associated with inflammatory status of breastfeeding women [J]. Journal of Human Lactation, 2014, 30 (2): 161-166.

[10] DAVENPORT C, YAN J, TAESUWAN S, et al. Choline intakes exceeding recommendations during human lactation improve breast milk choline content by increasing PEMT pathway metabolites [J]. Journal of Nutritional Biochemistry, 2015, 26 (9): 903-911.

[11] MAAS C, FRANZ AR, SHUNOVA A, et al. Choline and polyunsaturated fatty acids in preterm infants' maternal milk [J]. European Journal of Nutrition, 2017, 56 (4): 1733-1742.

[12] MOUKARZEL S, SOBERANES L, DYER RA, et al. Relationships among different water-soluble choline compounds differ between human preterm and donor milk [J]. Nutrients, 2017, 9 (4): 369.

[13] WIEDEMAN AM, WHITFIELD KC, MARCH KM, et al. Concentrations of water-soluble forms of choline in human milk from lactating women in Canada and Cambodia [J]. Nutrients, 2018, 10 (3): 381.

[14] GAY MCL, KOLEVA PT, SLUPSKY CM, et al. Worldwide variation in human milk metabolome: indicators of breast physiology and maternal lifestyle [J]. Nutrients, 2018, 10 (9): 1151.

[15] MOUKARZEL S, WIEDEMAN AM, SOBERANES LS, et al. Variability of water-soluble forms of choline concentrations in human milk during storage, after pasteurization, and among women [J]. Nutrients, 2019, 11 (12): 3024.

[16] PERRIN MT, PAWLAK R, ALLEN LH, et al. Total water-soluble choline concentration does not differ in milk from vegan, vegetarian, and nonvegetarian lactating women [J]. Journal of Nutrition, 2020, 150 (3): 512-517.

[17] HAMPEL D, SHAHAB-FERDOWS S, NGUYEN N, et al. High-throughput analysis of water-soluble forms of choline and related metabolites in human milk by UPLC-MS/MS and its application [J]. Frontiers in Nutrition, 2020, 7: 604570.

第10节　维生素C

一、背景

维生素C是一种多羟基化合物，化学式为$C_6H_8O_6$。其结构类似葡萄糖，分子中第2位及第3位上两个相邻的烯醇羟基极易解离释出H+，故具有酸的性质，又称L-抗坏血酸，是人体不可或缺的营养素之一。母乳中的维生素C能够帮助婴儿补充维生素C。维生素C可以保证婴儿身体多种代谢过程的正常运行，促进红细胞、骨骼以及组织的形成和修复，维持婴儿的牙龈健康，强健血管，预防和控制感染，促进伤口愈合，还可以有效增强婴儿的免疫系统，帮助抵御流感等病毒的侵袭。维生素C缺乏可引起婴儿坏血病，多见于6个月至2岁的婴幼儿，表现为生长迟缓、牙龈出血、皮肤见出血斑块等。

国外关于母乳成分的研究已有百余年，而国内针对母乳成分的研究从20世纪80年代才逐渐起步，研究范围相对较小，样本量也相对较少，多数文献时间较为久远。此次通过国内外文献检索，对已有的研究成果进行数据提取分析，得出结论，旨在进一步帮助人们认识与了解母乳中维生素C含量，为设计婴幼儿膳食指导提供可靠的依据。

二、生理功能

1．抗氧化作用

维生素C是机体内一种很强的抗氧化剂，可直接与氧化剂作用使氧化型谷胱甘肽还原为还原型谷胱甘肽从而发挥抗氧化作用。维生素C也可还原超氧化物、羟基、次氯酸及其他活性氧化物。

2．作为羟化过程底物和酶的辅助因子

羟脯氨酸和羟赖氨酸是细胞间质胶原蛋白的重要组成成分。体内维生素C不足时脯氨酸和赖氨酸的羟基化过程不能正常进行，影响胶原蛋白的合成，导致创伤愈合延缓、毛细血管壁脆性增加，引起不同程度出血。

3．改善铁钙和叶酸的利用

维生素C能使难以被吸收利用的三价铁还原成二价铁，促进肠道对铁的吸收，提高肝脏对铁的利用率，有助于治疗缺铁性贫血。维生素C可促进钙的吸收，在胃中形成一种酸性介质防止不溶性钙络合物的生成及发生沉淀。维生素C可将叶酸还原成具有生物活性的四氢叶酸，防止发生巨幼红细胞性贫血。

4．促进类固醇的代谢

维生素C参与类固醇的羟基化反应，促进代谢进行，如由胆固醇转变成胆酸、皮质激素及性激素，降低血清胆固醇，预防动脉粥样硬化的发生。

5．清除自由基

维生素C是一种重要的自由基清除剂。它通过逐级供给电子而变成三脱氢抗坏血酸和脱氢抗坏血酸，以清除O_2·和·OH等自由基，发挥抗衰老作用。

6. 参与合成神经递质

维生素C充足时大脑可促进两种神经递质“去甲肾上腺素”和“5-羟色胺”的产生。如果维生素C缺乏则神经递质的形成受阻。

7. 其他作用

维生素C能促进抗体形成，增加人体抵抗力。

三、分析方法

（一）检索式

不同数据库母乳中维生素C水平的检索式见表6.10.1。

表6.10.1　不同数据库母乳中维生素C水平的检索式

数据库	检索式	篇数
知网	中文检索式：母乳/人乳+维生素C/抗坏血酸—模糊匹配 英文检索式：human milk/mother milk+vitamin C/ascorbic acid和breast feed/feeding+vitamin C/ascorbic acid	234
万方	中文检索式：母乳/人乳+维生素C/抗坏血酸—模糊匹配 英文检索式：human milk/mother milk+vitamin C/ascorbic acid和breast feed/feeding+vitamin C/ascorbic acid	128
维普	中文检索式：母乳/人乳+维生素C/抗坏血酸 英文检索式：human milk/mother milk+vitamin C/ascorbic acid和breast feed/feeding+vitamin C/ascorbic acid	92
CBMdisc	中文检索式：母乳/人乳+维生素C/抗坏血酸 英文检索式：human milk/mother milk+vitamin C/ascorbic acid和breast feed/feeding+vitamin C/ascorbic acid	61
PubMed	(breastfed OR breastfeed OR breastfeeding OR‘breast fed’ OR‘breast feed’ OR‘breast feeding’) [Title/Abstract] AND (“vitamin C’ OR VC OR‘ascorbic acid’ OR Ascorbic* OR‘L-Ascorbic Acid’ OR ascorbate) [Title/Abstract] (‘breast milk’ OR‘human* milk’ OR‘mother* milk’ OR‘woman* milk’ OR‘women* milk’ OR ((lactating OR lactation) AND milk))[Title/Abstract] and (nutrients) [Title/Abstract] AND (‘vitamin C’ OR VC OR‘ascorbic acid’ OR ascorbic* OR‘L-Ascorbic Acid’ OR ascorbate) [Title/Abstract]	572
Web of Science	(breastfed OR breastfeed OR breastfeeding OR ‘breast feeding’)AND (‘vitamin C*’ OR ‘ascorbic Acid*’ OR ascorbic* OR ‘L-ascorbic acid*’ OR ascorbate*) (breastfed OR breastfeed OR breastfeeding OR ‘breast feeding’) AND (‘vitamin C*’ OR ‘ascorbic acid*’ OR ascorbic* OR ‘L-ascorbic acid*’ OR ascorbate*)	678

续表

数据库	检索式	篇数
Cochrane Library	('breast milk' OR'human* milk' OR'mother* milk' OR'woman* milk' OR'women* milk' OR ((lactating OR lactation) AND milk))and ('vitamin C' OR VC OR'ascorbic acid' OR ascorbic* OR'L-ascorbic Acid' OR ascorbate) (breastfed OR breastfeed OR breastfeeding OR'breast fed' OR'breast feed' OR'breast feeding') and ('vitamin C' OR VC OR'ascorbic acid' OR ascorbic* OR'L-ascorbic Acid' OR ascorbate)	64
Medline	(breastfed OR breastfeed OR breastfeeding OR'breast fed' OR'breast feed' OR'breast feeding') AND ("vitamin C' OR VC OR'Ascorbic Acid' OR Ascorbic* OR'L-Ascorbic Acid' OR ascorbate) ('breast milk' OR'human* milk' OR'mother* milk' OR'woman* milk' OR'women* milk' OR ((lactating OR lactation) AND'vitamin C' OR VC OR'ascorbic acid' OR ascorbic* OR'L-ascorbic acid' OR ascorbate	747
Embase	('vitamin C*' : ab, ti OR 'ascorbic acid*' : ab, ti OR ascorbic*: ab, ti OR 'L-ascorbic acid*' OR ascorbate*) AND (breastfed: ab, ti OR breastfeed: ab, ti OR breastfeeding: ab, ti OR 'breast fed' : ab, ti OR 'breast feed' : ab, ti OR 'breast feeding' : ab, ti) ('vitamin C*' : ab, ti OR 'Ascorbic Acid*' : ab, ti OR ascorbic*: ab, ti OR 'L-Ascorbic Acid *' OR Ascorbate*) AND ('breastmilk' : ab, ti OR 'breast* milk' : ab, ti OR 'human* milk' : ab, ti OR 'mother* milk' : ab, ti OR 'woman* milk' : ab, ti OR 'women* milk' : ab, ti OR (lactating OR lactation) AND milk)): ab, ti)	301

（二）检索流程

共检索出文献2877篇，对文献标题及文献摘要进行筛选，排除无关文献2522篇，初步纳入文献355篇。对文献正文进行筛选，排除无关文献204篇，进一步纳入文献151篇。检查文献重复性，排除重复文献71篇，进一步纳入文献80篇。对文献信息进行核对，排除关键信息缺失文献59篇，最终纳入文献21篇，其中中文文献4篇，英文文献17篇。筛选过程见图6.10.1。限定分析方法为比色法和高效液相色谱法后，纳入文献7篇。

四、健康母亲足月儿初乳

描述中国健康母亲足月儿初乳中维生素C水平的文献共1篇，含量为（52.5 ± 11.11）mg/L（表6.10.2），分析方法为HPLC[1]。没有符合条件的国外文献。

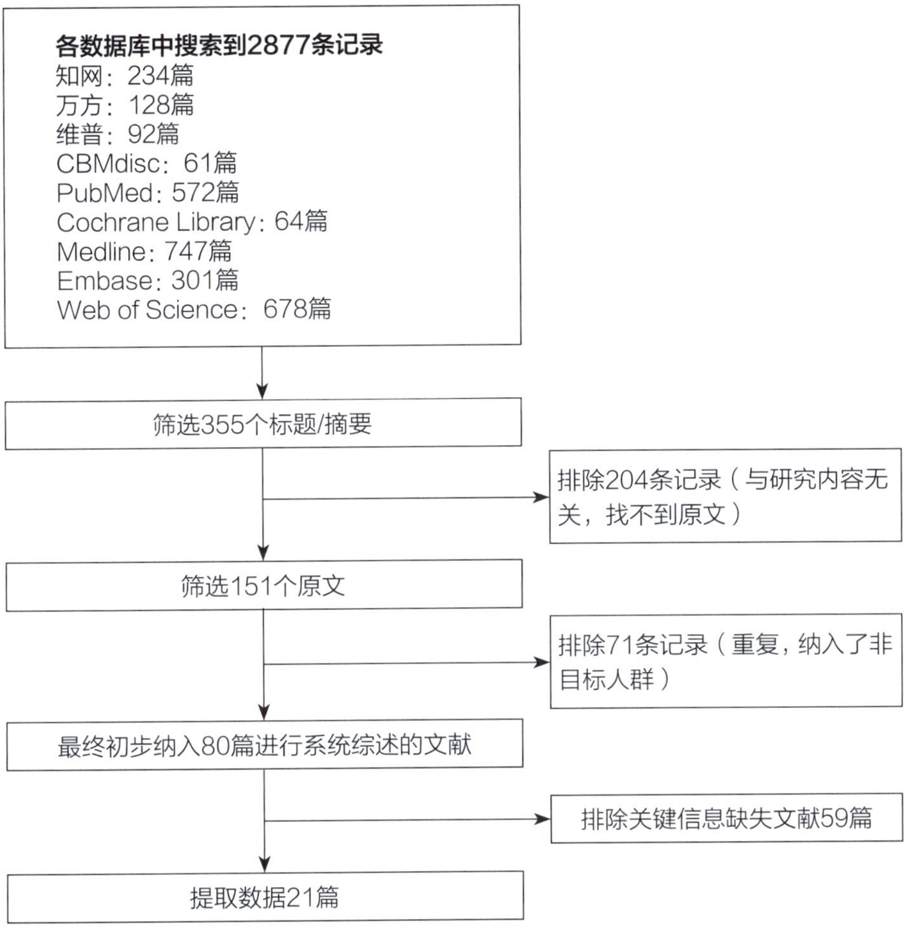

图6.10.1 维生素C含量文献检索流程图

表6.10.2 健康母亲足月儿初乳中维生素C含量

检测方法	国内样本				国外样本			
	n	k	平均值/（mg/L）	标准差/（mg/L）	n	k	平均值/（mg/L）	标准差/（mg/L）
比色法	—	—	—	—	—	—	—	—
HPLC	1	40	52.5	11.11	—	—	—	—

注：n：研究的数目（若2篇文献是同一研究，计数为1）；k：样本量。

五、健康母亲足月儿过渡乳

按不同的分析方法分层看，国外过渡乳维生素 C水平以比色法测定的文献为1篇，维生素C水平为（76 ± 52.2）mg/L（表6.10.3）[2]；以HPLC测定的文献为1篇，维生素C水平为（54 ± 28）mg/L[3]。没有符合条件的国内文献。

表6.10.3 健康母亲足月儿过渡乳中维生素C含量

检测方法	国内样本				国外样本			
	n	k	平均值/（mg/L）	标准差/（mg/L）	n	k	平均值/（mg/L）	标准差/（mg/L）
比色法	—	—	—	—	1	41	76	52.2
HPLC	—	—	—	—	1	6	54	28

注：n：研究的数目（若2篇文献是同一研究，计数为1）；k：样本量。

六、健康母亲足月儿成熟乳

按不同的分析方法分层看，以比色法检测方法检测成熟乳中维生素C水平的国外文献为1篇，维生素C水平为（87.4 ± 57.3）mg/L[2]，没有符合条件的国内文献。以HPLC检测方法检测初乳中维生素C水平的中国文献为1篇，维生素C水平为（34.04 ± 13）mg/L[1]；国外文献为5篇，维生素C水平为（49.97 ± 17.03）mg/L[3-7]。

以比色法检测健康母亲足月儿180天前成熟乳中维生素C水平的国外文献为1篇，维生素C水平为（87.4 ± 57.3）mg/L；没有符合条件的国内文献。以HPLC检测成熟乳中维生素C水平的国外文献为3篇，维生素C水平为（53.32 ± 16.68）mg/L；没有符合条件的国内文献。

中国健康母亲足月儿180天后成熟乳中维生素C的水平为（34.04 ± 13）mg/L, 国外健康母亲足月儿180天后成熟乳中维生素C水平为（37 ± 13）mg/L，数据均使用HPLC分析。

以上结果见表6.10.4。

表6.10.4 健康母亲足月儿成熟乳中维生素C含量

泌乳阶段	检测方法	国内样本				国外样本			
		n	k	平均值/（mg/L）	标准差/（mg/L）	n	k	平均值/（mg/L）	标准差/（mg/L）
成熟乳	比色法	—	—	—	—	1	41	87.4	57.3
	HPLC	1	48	34.04	13	5	275	49.97	17.03
成熟乳（180天以内）	比色法	—	—	—	—	1	41	87.4	57.3
	HPLC	—	—	—	—	3	221	53.32	16.68
成熟乳（180天以后）	比色法	—	—	—	—	—	—	—	—
	HPLC	1	48	34.04	13	1	34	37	13

注：n：研究的数目（若2篇文献是同一研究，计数为1）；k：样本量。

七、特殊状况母乳

对于早产儿母亲母乳中维生素C水平有一篇文章报道。研究采集了20名健康的早产儿母亲的母乳样本（胎龄：28～36周）。样品从第4天到产后2周（过渡乳），母亲在早上8点到10点之间泌乳。测得母乳中维生素C含量平均值为61.75mg/L，标准差为2.468mg/L[8]。

八、服用膳食补充剂母亲母乳

一项维生素C空白对照干预试验，干预组补充剂量逐月递增，共补充8个月，发现母乳中维生素C的含量也逐渐升高（表6.10.5）[9]。Sneed SM等人在社会经济水平较低的乳母中的干预试验发现，初乳阶段每天补充维生素C 80mg，母乳中维生素含量为64.6mg/L，而在成熟乳阶段每天补充维生素C 80mg时，母乳中维生素含量为72.4mg/L [10]。而另一项研究在每日膳食之外增加200mg维生素C，共干预10天，在第11天收集乳样分析发现，母乳中维生素C浓度为46.4mg/L。当同一研究对象在恢复日常的膳食2周后，再重复一次10天总量为2g的维生素C补充，成熟乳中维生素C含量无明显变化，为48.3mg/L[11]。

表6.10.5　维生素C补充对母乳中维生素C含量的影响

泌乳阶段	膳食补充剂量	k	平均值/（mg/L）	标准差/（mg/L）
成熟乳	第一个月4mg/d	5	24	2
	第二个月8mg/d	5	28	2
成熟乳	第三个月16mg/d	5	30	2
	第四个月35mg/d	5	34	2
	第五个月60mg/d	5	38	2
	第六个月100mg/d	5	40	3
	第七个月150mg/d	5	54	3
	第八个月200mg/d	5	61	3

注：n：研究的数目（若2篇文献是同一研究，计数为1）；k：样本量。

九、影响因素

母乳中维生素C的水平受到膳食摄入的影响较大。研究表明，膳食中维生素C的摄入量与母乳中维生素C浓度成正相关，且只有膳食摄入的维生素C增加了母乳中维生素C的浓度[12]。不同的泌乳阶段，维生素C的含量也不尽相同，其中初乳中维生素C的浓度最高，哺乳期间会下降[13]。另外，低温储存时间越长[4]以及吸烟都会减低母乳中的维生素C含量[13]。

（编写：王珊珊，王馨悦，罗小琴）

参考文献

[1] MA L, SHI H, LIAN K, et al. Highly selective and sensitive determination of several antioxidants in human breast milk using high-performance liquid chromatography based on Ag (Ⅲ) complex chemiluminescence detection [J]. Food Chem, 2017, 218: 422-426.

[2] ORTEGA RM, LOPEZ-SOBALER AM, QUINTAS ME, et al. The influence of smoking on vitamin C status during the third trimester of pregnancy and on vitamin C levels in maternal milk [J]. J Am Coll Nutr, 1998, 17 (4): 379-384.

[3] SAKURAI T, FURUKAWA M, ASOH M, et al. Fat-soluble and water-soluble vitamin contents of breast milk from Japanese women [J]. J Nutr Sci Vitaminol (Tokyo), 2005, 51 (4): 239-247.

[4] BUSS IH, MCGILL F, DARLOW BA, et al. Vitamin C is reduced in human milk after storage [J]. Acta Paediatr, 2001, 90 (7): 813-815.

[5] MARTYSIAK-ZUROWSKA D, ZAGIERSKI M, WOS-WASILEWSKA E, et al. Higher absorption of vitamin C from food than from supplements by breastfeeding mothers at early stages of lactation [J]. Int J Vitam Nutr Res, 2016, 86 (3-4): 81-87.

[6] ROMEU-NADAL M, CASTELLOTE AI, GAYÀ A, et al. Effect of pasteurisation on ascorbic acid, dehydroascorbic acid, tocopherols and fatty acids in pooled mature human milk [J]. Food Chemistry, 2008, 107 (1): 434-438.

[7] ROMEU-NADAL M, CASTELLOTE AI, LÓPEZ-SABATER MC. Effect of cold storage on vitamins C and E and fatty acids in human milk [J]. Food Chemistry, 2008, 106 (1): 65-70.

[8] MINIĆ S, JEŠIĆ M, ĐUROVIĆ D, et al. Redox properties of transitional milk from mothers of preterm infants [J]. J Paediatr Child Health, 2018, 54 (2): 160-164.

[9] DEODHAR AD, HAJALAKSHMI R, RAMAKRISHNAN CV. Studies on human lactation. Ⅲ. Effect of dietary vitamin supplementation on vitamin contents of breast milk [J]. Acta Paediatr, 1964, 53: 42-48.

[10] SNEED SM, ZANE C, THOMAS MR. The effects of ascorbic acid, vitamin B_6, vitamin B_{12}, and folic acid supplementation on the breast milk and maternal nutritional status of low socioeconomic lactating women [J]. Am J Clin Nutr, 1981, 34 (7): 1338-1346.

[11] 何志谦，许月初，李育真. 乳母膳食对乳汁抗坏血酸含量的影响［J］. 营养学报，1984（1）：41-46.

[12] HOPPU U, RINNE M, SALO-VÄÄNÄNEN P, et al. Vitamin C in breast milk may reduce the risk of atopy in the infant [J]. Eur J Clin Nutr, 2005, 59 (1): 123-128.

[13] DONOVAN SM, GERMAN JB, LONNERDAL B, et al. Human milk: composition, clinical benefits and future opportunities [C]. Nestle Nutrition Institute Workshop Series, 902019.

第7章 常量元素

第1节 钙

一、背景

钙是一种金属元素，原子序数为20，符号Ca。钙单质常温下为银白色固体，化学性质活泼，因此在自然界多以离子状态或化合物形式存在。钙是人体内含量最多的无机盐，正常人体内钙的含量为1200～1400克，占人体重量的1.5%～2.0%，其中99%存在于骨骼和牙齿之中。另外1%的钙大多数呈离子状态存在于软组织、细胞外液和血液中，与骨钙保持着动态平衡[1, 2]。钙是母乳中一种重要的矿物质，在母乳中的含量相对稳定。国内外的研究表明，给母亲膳食补充钙并不会显著提高母乳中钙的含量。我国母乳中钙含量的平均值与其他国家母乳中钙含量的平均值相当。

近年来，钙的检测方法主要集中于原子吸收分光光度法（AA）、电感耦合等离子体质谱法（ICP-MS）。

二、生理功能

钙在人体内由甲状腺与甲状旁腺进行调节，并且在血钙与骨钙之间维持动态平衡[3]。

机体内的钙，一方面构成骨骼和牙齿；另一方面则可参与各种生理功能和代谢过程，影响各个器官组织的活动。钙与镁、钾、钠等离子保持一定比例，使神经、肌肉保持正常的反应。钙可以调节心脏搏动，保持心脏连续交替地收缩和舒张；能维持肌肉的收缩和神经冲动的传递；通过刺激血小板，促使伤口上的血液凝结。在机体中，有多种酶需要钙的激活，才能显示其活性[4]。

对于婴幼儿来说，最为大家所熟知的是缺乏钙会引起小儿佝偻病。也有研究表明，如果母乳中的钙含量偏低，但婴儿的日照充足，并不会引起佝偻病高发。婴幼儿期如果缺钙，可能导致出牙迟、厌食、多汗、枕秃、鸡胸、O形腿、X形腿，并会发生上呼吸道感染、消化不良、肠炎等，给生活和成长带来不利影响[5-7]。

三、分析方法

检索策略见表7.1.1和表7.1.2。

表7.1.1　中文文献检索策略

数据库	检索式	篇数
知网	（篇关摘=钙+磷）AND（篇关摘=母乳+人乳）—精确	2809
万方	（摘要=钙+磷）AND（摘要=母乳 OR 人乳）—精确	962
维普	（摘要=钙+磷）AND（摘要=母乳+人乳）—精确	541
SinoMed	（“钙”[摘要：智能]+“磷”[摘要：智能]）AND（“母乳”[摘要：智能] OR “人乳”[摘要：智能]）	96
百度学术	用于文献追溯	

表7.1.2　英文文献检索策略

数据库	检索式	篇数
PubMed+Medline	((((calcium [Title/Abstract]) OR (phosphorus [Title/Abstract]))AND ((((((((breast milk[Title/Abstract]) OR (breast* milk[Title/Abstract])) OR (human*milk[Title/Abstract])) OR (mother* milk[Title/Abstract])) OR (woman* milk[Title/Abstract])) OR (women* milk[Title/Abstract])))	4687
Embase	('breast milk' : ab, ti OR 'breast* milk' : ab, ti OR 'human* milk' : ab, ti OR 'mother* milk' : ab, ti OR 'woman* milk' : ab, ti OR 'women* milk' : ab, ti) AND ('calcium' : ab, ti OR' phosphorus' : ab, ti)	7807
Web of Science	TS = (calcium+ phosphorus) AND TS + TI = ('breast milk' OR'breast *milk' OR'human* milk' OR'mother* milk' OR'woman* milk' OR'women* milk' OR lactating milk)	15870
Science Direct	((((calcium [Title/Abstract]) OR (phosphorus [Title/Abstract]))AND ((((((((breast milk[Title/Abstract]) OR (breast milk[Title/Abstract])) OR (human milk[Title/Abstract])) OR (mother milk[Title/Abstract])) OR (woman milk[Title/Abstract])) OR (women milk[Title/Abstract])))	5041
Cochrane Library	((calcium+ phosphorus): ti, ab, kw) AND ((breast milk): ti, ab, kw OR (breast *milk): ti, ab, kw OR (human* milk): ti, ab, kw OR (mother* milk): ti, ab, kw OR (women* milk): ti, ab, kw)	8898

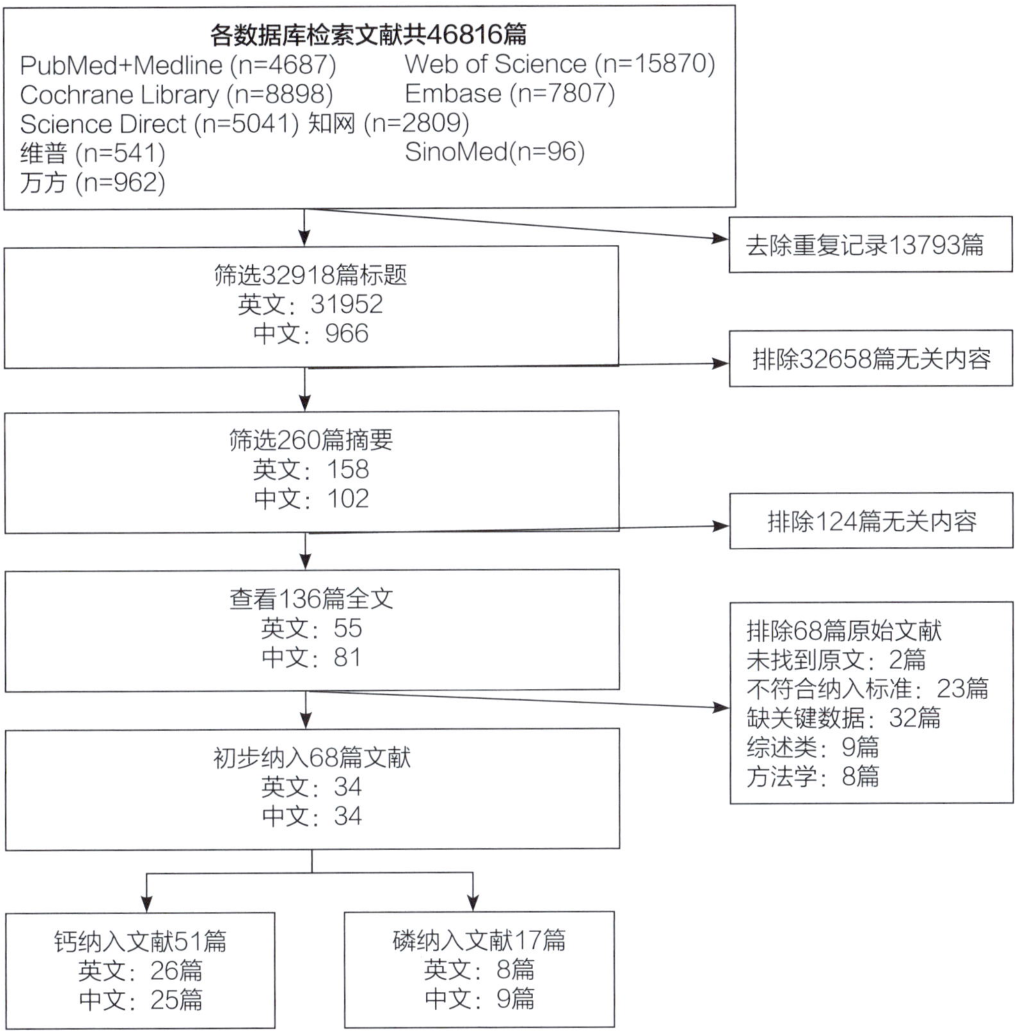

图7.1.1　钙含量文献检索流程图

四、健康母亲足月儿初乳

涉及初乳中钙含量的有13篇国内研究，整合后数值为256.02mg/L[8-19]；5篇国外研究，整合后数值为260.89mg/L[20-24]。在研究方法方面，有AA、ICP-MS、EDTA滴定法和火焰发射光谱法；结合国外推荐的方法和研究现况，选定AA和ICP-MS。国内样本初乳中钙的含量为265.67mg/L[8-17, 19, 25]，国外样本初乳中钙的含量为260.89mg/L[20-24]。（表7.1.3）

表7.1.3　中国母乳样本与国外母乳样本不同泌乳期钙含量对比

泌乳期	中国样本				国外样本			
	n	k	平均值/（mg/L）	标准差/（mg/L）	n	k	平均值/（mg/L）	标准差/（mg/L）
初乳	13	2506	256.02	67.95	5	112	260.89	95.23

续表

泌乳期	中国样本				国外样本			
	n	k	平均值/（mg/L）	标准差/（mg/L）	n	k	平均值/（mg/L）	标准差/（mg/L）
过渡乳	9	824	278.09	55.67	4	201	266.18	66.75
成熟乳	19	3327	286.12	80.97	18	2837	265.32	77.53

注：n：研究的数目（若2篇文献是同一研究，计数为1）；k：样本量。

五、健康母亲足月儿过渡乳

涉及过渡乳中钙含量的有9篇国内的研究，整合后数值为287.09mg/L[8, 10, 13, 15, 17, 26-29]；4篇国外的研究，整合后数值为266.18mg/L[20, 21, 30, 31]。在研究方法方面，有AA、ICP-MS和甲基百里酚蓝比色法；结合国外推荐的方法和研究现况，选定AA和ICP-MS。国内样本过渡乳中钙的含量为266.30mg/L[8, 10, 13, 15, 17, 26, 27]，国外样本过渡乳中钙的含量为293.87mg/L[11, 20, 21, 30]。

六、健康母亲足月儿成熟乳

涉及成熟乳钙含量的有18篇国内研究，整合后数值为286.12mg/L[8-11, 13, 15-17, 19, 26, 28, 32-38]；18篇国外研究，整合后数值为265.32mg/L[20-23, 30, 31, 39-51]。在研究方法方面，有AA、ICP-MS、EDTA滴定法、火焰发射光谱法和甲基百里酚蓝比色法；结合国外推荐的方法和研究现况，选定AA和ICP-MS。国内样本成熟乳中钙含量为261.77mg/L[8-11, 13, 15-17, 19, 26, 36, 38]，国外样本成熟乳的含量为284.54mg/L[20, 21, 30, 39-46, 48, 50, 52]。

七、特殊状况母乳

中国早产儿母亲母乳样本不同泌乳期钙含量见表7.1.4。

表7.1.4 中国早产儿母亲母乳样本不同泌乳期钙含量

年份	国家	泌乳阶段	样本量	检测方法	平均值/（mg/L）	标准差/（mg/L）
2009[27]	中国	8 ~ 10	30	AA	293.33	31.14
2013[26]	中国	3 ~ 7	15	AA	312.50	83.30
2013[26]	中国	28 ~ 35	15	AA	284.30	67.00
2007[19]	中国	3 ~ 7	32	AA	311.10	98.50
2007[19]	中国	30 ~ 42	28	AA	293.10	83.20
1991[15]	中国	3	17	AA	270.53	121.04

续表

年份	国家	泌乳阶段	样本量	检测方法	平均值/（mg/L）	标准差/（mg/L）
1991[15]	中国	7	15	AA	265.32	77.75
1991[15]	中国	14	13	AA	236.86	41.28
1991[15]	中国	28	12	AA	235.66	58.91
1991[15]	中国	42	11	AA	254.50	29.26
1991[15]	中国	56	11	AA	255.30	40.88
1997[18]	中国	1+3+5	28	ICP-MS	247.10	60.40

注：AA，原子吸收分光光度法；ICP-MS，电感耦合等离子体质谱法。

八、服用膳食补充剂母亲母乳

服用膳食补充剂母亲的母乳中钙含量见表7.1.5。

表7.1.5　中国早产儿母乳样本不同泌乳期钙含量

补充剂量（mg/d）	年份	国家	泌乳阶段	样本量	分析方法	平均值/（mg/L）	标准差/（mg/L）
714	1998[53]	英国	成熟乳（13周）	30	甲基百里酚蓝比色法	215	28
安慰剂		英国		30		204	26
714+安慰剂	1995[54]	冈比亚	成熟乳（6周）	60	AA	5.6	0.78
714+安慰剂			成熟乳（13周）	60		5.23	0.68
714+安慰剂			成熟乳（19周）	59		5	0.68
714+安慰剂			成熟乳（26周）	60		4.68	0.5
714+安慰剂			成熟乳（39周）	60		4.43	0.63
714+安慰剂			成熟乳（52周）	60		3.98	0.6
714+安慰剂			成熟乳（65周）	60		3.93	0.65
714+安慰剂			成熟乳（78周）	57		3.73	0.55
714+安慰剂		英国	成熟乳（13周）	15		6.53	0.95
485	2007[55]	伊朗	成熟乳	33	AA	228	38
安慰剂				35		235	42

续表

补充剂量（mg/d）	年份	国家	泌乳阶段	样本量	分析方法	平均值/（mg/L）	标准差/（mg/L）
1500	2006[56]	韩国	过渡乳（2周）	61	甲基百里酚蓝比色法	250	54
安慰剂			过渡乳（2周）	64		248	47
1500			成熟乳（13周）	61		231	34
安慰剂			成熟乳（13周）	64		234	24
1500			成熟乳（52周）	61		188	34
安慰剂			成熟乳（52周）	64		183	24

注：AA，原子吸收分光光度法。

九、影响因素

整个泌乳期母乳中钙的含量相对稳定，不受季节的影响。部分研究显示，泌乳期间骨碱性磷酸酶活性升高，尿脱氧吡啶啉排泄量作为骨吸收的标志物也随哺乳期的不同有所变化，再基于母体充足的骨钙库作为保障，这些可能是泌乳期母乳钙含量相对稳定的原因。有些研究显示，母乳中的钙含量与膳食中钙含量相关，但几乎所有乳母膳食补充钙研究的结果表明，乳母膳食补充钙对母乳钙含量没有影响。肾钙保护作用可以防止钙排出体外，当膳食补充钙时会增加乳母尿钙含量，肾钙保护作用可以双向调节。

（编写：齐策，孙进）

参考文献

[1] 陈如松，尹协瑜．中国正常成年人体内的钙含量［J］．广东微量元素科学，1999，6（10）：27-30.

[2] 严久．中国大百科全书［M］．北京：中国大百科全书出版社，1993，（6）：41-42.

[3] 张骞，李小伟，康春博，等．甲状腺切除术后甲状旁腺功能与血钙、血磷变化分析［J］．中华普通外科杂志，2016，31（3）：204-207.

[4] 张国文．补钙，贯穿一生的大事［J］．医食参考，2021，（2）：10-13.

[5] 许颖．孕期补钙对母乳钙浓度、婴儿出生体重、生长发育及骨矿含量的影响：冈比亚的一项随机对照试验［J］．营养健康新观察，2007，（1）：54.

[6] 宓颖颖，邓朝晖，刘利敏．母孕期和婴儿早期钙剂补充对婴儿骨密度、骨代谢及肠道菌群的影响［J］．临床和实验医学杂志，2021，20（9）：979-983.

[7] 刘春来，白力，梁冰华，等．母乳中钙、铁、锌含量与婴儿身高及体重关系的研究［J］．广东微量元素科学，2002，9（4）：36-38.

[8] WEI M, DENG Z, LIU B, et al., Investigation of amino acids and minerals in Chinese breast milk [J]. Journal of the Science of Food and Agriculture, 2020, 100 (10): 3920-3931.
[9] 胡娅莉，罗月娥，戴琴鲁，等. 不同哺乳期母乳铁、锌、铜、钙、镁含量分析［J］. 中国实用妇科与产科杂志，1998，14（5）：303-304.
[10] 孙桂菊. 杨月欣. 陈学存. 不同地区乳母乳汁中钙和镁含量的研究［J］. 南京铁道医学院学报，1992，11（3）：156-159.
[11] 刘爱萍，张罴，赵翠生. 兰州市哺乳期妇女初乳与产后三个月乳汁中几种元素比较分析［J］. 甘肃科技，2014，30（4）：124-125.
[12] 丛涛，赵霖，袁艺，等. 初乳中矿物质与微量元素的测定及临床营养学意义［J］. 中国临床营养杂志. 1999，7（1）：12-14.
[13] 刘静. 呼和浩特市113例母乳中矿物质含量的分析［J］. 食品研究与开发，2016，37（5）：117-119.
[14] 陈宇辉，陈晓宇，赵玉荣，等. 孕产妇初乳及外周血矿物质含量及相关性分析［J］. 公共卫生与预防医学，2021，32（2）：85-88.
[15] 戴定威，唐泽媛. 早产儿母乳主要成分和矿物质动态分析［J］. 华西医大学报，1991，22（3）：332-336.
[16] 王学生，王成刚. 正常母乳中钙、磷、硒含量以及GPX活性比较［J］. 中国公共卫生，2002，18（8）：99.
[17] ZHAO A, NING Y, ZHANG Y, et al. Mineral compositions in breast milk of healthy Chinese lactating women in urban areas and its associated factors [J]. Chinese Medical Journal (English), 2014, 127 (14): 2643-2648.
[18] 童顺桃，黄华仪，黎丽霞，等. 252对母乳钙新生儿尿钙尿肌酔检测与分析［J］. 中国现代医学杂志，1997，7（12）：38-39.
[19] 米延，张馨丹. 哈尔滨地区早产儿母乳营养素含量的调查研究［J］. 中国新生儿科杂志，2007，22（6）：337-339.
[20] SABATIER M, GARCIA-RODENAS CL, CASTRO CA, et al. Longitudinal changes of mineral concentrations in preterm and term human milk from lactating swiss women [J]. Nutrients, 2019, 11 (8): 1855.
[21] YAMAWAKI N, YAMADA M, KAN-NO T, et al. Macronutrient, mineral and trace element composition of breast milk from Japanese women [J]. Journal of Trace Elements in Medicine and Biology, 2005, 19 (2-3): 171-181.
[22] NOH S, LEE E. Relationship between selected trace elements in human milk and psychosocial characteristics in Korean early postpartum women [J]. International Journal of Environmental Health Research, 2021, 18 (1): 350.
[23] FRANSSON GB, GEBRE-MEDHIN M, HAMBRAEUS L. the human milk contents of Iron, Copper, zinc, calcium and magnesium in a population with a habitually high intake of Iron [J]. Acta Paediatr Scand, 1984, 73 (4): 471-476.
[24] HONDA R, TAWARA K, NISHIJO M, et al. Cadmium exposure and trace elements in human breast milk [J]. Toxicology, 2003, 186 (3): 255-259.

[25] KARANDISH M DA, MICHAELSEN KF, RASHIDI A MAB. Does supplementation with calcium during pregnancy affect the mineral concentration in mature breast-milk?[J] International Journal of Endocrinology and Metabolism, 2007, 4: 134-141.

[26] HSU YC, CHEN CH, LIN MC, et al. Changes in preterm breast milk nutrient content in the first month [J]. Pediatr Neonatol, 2014, 55 (6): 449-454.

[27] QIAN J, CHEN T, LU W, et al. Breast milk macro- and micronutrient composition in lactating mothers from suburban and urban Shanghai [J]. Journal of Paediatrics and Child Health, 2010, 46 (3): 115-120.

[28] 萧月升，秦冰，张炳均，等. 586例母乳钙与新生儿尿钙的检测与分析［J］. 邯郸医学高等专科学校学报，2005，18（4）：321.

[29] 钱继红，吴圣楣，张伟利，等. 上海地区母乳成分调查［J］. 上海医学，2002，25（7）：396-397.

[30] BUTTE NF, GARZA C, JOHNSON CA, et al. Longitudinal changes in milk composition of mothers delivering preterm and term infants [J]. Early Human Development, 1984, 9: 153-162.

[31] JARJOU LM, PRENTICE A, SAWO Y, et al. Randomized, placebo-controlled, calcium supplementation study in pregnant Gambian women: effects on breast-milk calcium concentrations and infant birth weight, growth, and bone mineral accretion in the first year of life [J]. American Journal of Clinical Nutrition, 2006, 83: 657-666.

[32] 江蕙芸，陈红慧，王艳华，等. 南宁市乳母乳汁中营养素含量分析［J］. 广西医科大学学报，2005，22（3）：690-692.

[33] 王建政，江蕙芸，陈红慧，等. 广西三江县侗族乳母乳汁中钙、锌、铜、铁、锰元素含量的调查分析［J］. 广西医学，2010，32（7）：769-771.

[34] 侯艳梅，于珊，郑晓霞，等. 济南市240例乳母乳汁成分分析［J］. 中国妇幼保健，2008，23（2）：241-242.

[35] 张玉英. 359例母乳钙含量监测结果分析［J］. 苏州医学院学报，1998，18（3）：299.

[36] 李娜，何青，任春惠，等. 不同时期母乳及母婴铁、锌和钙特点及相关性研究［J］. 卫生研究，2012，41（2）：225-227.

[37] 王琪，高晓获，黄醒华. 初乳乳钙水平测定［J］. 北京医学，1995，17（2）：113-114.

[38] 黄志. 269例乳母膳食营养状况及乳汁中矿物质含量的研究［D］. 长沙：中南大学，2014.

[39] VAUGHAN LA, WEBER CW, KEMBERLING SR. Longitudinal changes in the mineral content of human milk [J]. American Journal of Clinical Nutrition, 1979, 32: 2301-2306.

[40] DEWEY KG, FINLEY DA, LÖNNERDAL B. Breast milk volume and composition during late lactation (7-20 months)[J]. Journal of Pediatric Gastroenterology and Nutrition, 1984, 3: 713-720.

[41] FRANSSON GB, LÖNNERDAL B. Distribution of trace elements and minerals in human and cow's milk [J]. Pediatric Research, 1983, 17 (11): 912-915.

[42] KARRA MV, KIRKSEY A. Variation in zinc, calcium, and magnesium concentrations of human milk within a 24-hour period from 1 to 6 months of lactation [J]. Journal of Pediatric Gastroenterology and Nutrition, 1988, 7 (1): 100-106.

[43] FLY AD, UHLIN KL, WALLACE JP. Major mineral concentrations in human milk do not change after maximal exercise testing [J]. American Journal of Clinical Nutrition, 1998, 68: 345-349.

[44] NAGRA SA. Longitudinal study in biochemical composition of human milk during first year of lactation [J]. Journal of Tropical Pediatrics, 1989, 35 (3): 126-128.

[45] PICCIANO MF, CALKINS EJ, GARRICK JR, et al. Milk and mineral intakes of breastfed infants [J]. Acta Paediatr Scand, 1981, 70 (2): 189-194.

[46] DEWEY KG, LÖNNERDAL B. Milk and nutrient intake of breast-fed infants from 1 to 6 months: relation to growth and fatness [J]. Journal of Pediatric Gastroenterology and Nutrition, 1983, 2 (3): 497-506.

[47] FRANSSON GB, LÖNNERDAL B. Zinc, copper, calcium, and magnesium in human milk [J]. Journal of Pediatrics, 1982, 101 (4): 504-508.

[48] BUTTS CA, HEDDERLEY DI, HERATH TD, et al. Human milk composition and dietary intakes of breastfeeding women of different ethnicity from the manawatu-wanganui region of new zealand [J]. Nutrients, 2018, 10 (9): 1231.

[49] KLEIN LD, BREAKEY AA, SCELZA B, et al. Concentrations of trace elements in human milk: Comparisons among women in Argentina, Namibia, Poland, and the United States [J]. PLoS One, 2017, 12 (8): e0183367.

[50] LI C, SOLOMONS NW, SCOTT ME, et al. Anthropometry before Day 46 and Growth Velocity before 6 Months of Guatemalan Breastfed Infants Are Associated with Subclinical Mastitis and Milk Cytokines, Minerals, and Trace Elements [J]. Journal of Nutrition, 2019, 149 (9): 1651-1659.

[51] ZIMMERMAN DR, GOLDSTEIN L, LAHAT E, et al. Effect of a 24+ hour fast on breast milk composition [J]. Journal of Human Lactation, 2009, 25 (2): 194-198.

[52] ABDULLAH A. AL - OTHMAN, HANAN EL - FAWAZ, FAWZY M, et al. Mineral and vitamin content of mature breast milk of Saudi lactating mothers [J]. Ecology of Food and Nutrition, 1996, 34 (4): 327-336.

[53] PRENTICE A, JARJOU LM, STIRLING DM, et al. Biochemical markers of calcium and bone metabolism during 18 months of lactation in Gambian women accustomed to a low calcium intake and in those consuming a calcium supplement [J]. The Journal of Clinical Endocrinology and Metabolism, 1998. 83 (4): 1059-1066.

[54] PRENTICE A, JARJOU LM, COLE TJ, et al. Calcium requirements of lactating Gambian mothers: Effects of a calcium supplement on breast-milk calcium concentration, maternal bone mineral content, and urinary calcium excretion [J]. American Journal of Clinical Nutrition, 1995, 62 (1): 58-67.

[55] JARJOU LM, PRENTICE A, SAWO Y, et al. Randomized, placebo-controlled, calcium supplementation study in pregnant Gambian women: effects on breast-milk calcium concentrations and infant birth weight, growth, and bone mineral accretion in the first year of life [J]. American journal of clinical nutrition, 2006, 83 (3): 657-666.

第2节 磷

一、背景

磷是第15号化学元素，符号P。磷存在于人体所有细胞中，是维持骨骼和牙齿的必要物质，几乎参与所有生理化学反应。磷在生物圈内的分布很广泛，地壳含量丰富，列前10位。它广泛存在于动植物组织中，也是人体含量较多的元素之一，稍次于钙，排第6位。成人体内含有600～900g的磷，约占人体重的1%。体内85.7%的磷集中于骨骼和牙齿中，其余散布于全身各组织及体液中，其中一半存在于肌肉组织。磷不但构成人体成分，且参与生命活动中非常重要的代谢过程，作为人体细胞DNA和RNA（核糖核酸）的重要组成元素，是机体很重要的一种元素[1]。

二、生理功能

同钙一样，磷也是骨骼牙齿的重要构成材料，是促成骨骼和牙齿的钙化不可缺少的营养素。婴幼儿缺少钙和磷，可发生软骨病或佝偻病[2]。磷还是使心脏有规律地跳动、维持肾脏正常功能、传达神经刺激的重要物质。没有磷时，烟酸不能被吸收；磷可保持体内ATP（三磷酸腺苷）代谢的平衡。磷是组成遗传物质核酸的基本成分之一，而核苷酸是生命中传递信息和调控细胞代谢的重要物质——核糖核酸（RNA）和脱氧核糖核酸（DNA）的基本组成单位。磷参与体内的酸碱平衡调节，参与体内能量的代谢。人体中许多酶也都含有磷。碳水化合物、脂肪和蛋白质这3种产能营养素在氧化时会放出热能，但这种能量并不是一下子放出来的，这其中磷在储存与转移能量的过程中扮演着重要角色。磷的正常功能需要维生素D和钙来维持，因此很多研究会检测钙磷比。

三、分析方法

检索策略见表7.2.1和表7.2.2。

表7.2.1 中文文献检索策略

数据库	检索式	篇数
知网	（篇关摘=钙+磷）AND（篇关摘=母乳+人乳）—精确	2809
万方	（摘要=钙+磷）AND（摘要=母乳 OR 人乳）—精确	962
维普	（摘要=钙+磷）AND（摘要=母乳+人乳）—精确	541

续表

数据库	检索式	篇数
SinoMed	（“钙”［摘要：智能］+“磷”［摘要：智能］）AND（“母乳”［摘要：智能］OR“人乳”［摘要：智能］）	96
百度学术	用于文献追溯	

表7.2.2　英文文献检索策略

数据库	检索式	篇数
PubMed+Medline	((((calcium [Title/Abstract]) OR (phosphorus [Title/Abstract])) AND (((((((breast milk [Title/Abstract]) OR (breast* milk [Title/Abstract])) OR (human* milk [Title/Abstract])) OR (mother* milk [Title/Abstract])) OR (woman* milk [Title/Abstract])) OR (women* milk [Title/Abstract])))	4687
Embase	('breast milk' : ab, ti OR 'breast* milk' : ab, ti OR 'human* milk' : ab, ti OR 'mother* milk' : ab, ti OR 'woman* milk' : ab, ti OR 'women* milk' : ab, ti) AND ('calcium' : ab, ti OR' phosphorus' : ab, ti)	7807
Web of Science	TS = (calcium+phosphorus) AND TS + TI = ('breast milk' OR 'breast *milk' OR 'human* milk' OR 'mother* milk' OR 'woman* milk' OR 'women* milk' OR lactating milk)	15870
Science Direct	((((calcium [Title/Abstract]) OR (phosphorus [Title/Abstract]))AND (((((((breast milk [Title/Abstract]) OR (breast milk [Title/Abstract])) OR (human milk [Title/Abstract])) OR (mother milk [Title/Abstract])) OR (woman milk [Title/Abstract])) OR (women milk [Title/Abstract])))	5041
Cochrane Library	((calcium+phosphorus): ti, ab, kw) AND ((breast milk): ti, ab, kw OR (breast *milk): ti, ab, kw OR (human* milk): ti, ab, kw OR (mother* milk): ti, ab, kw OR (women* milk): ti, ab, kw)	8898

检索流程图见图7.2.1。

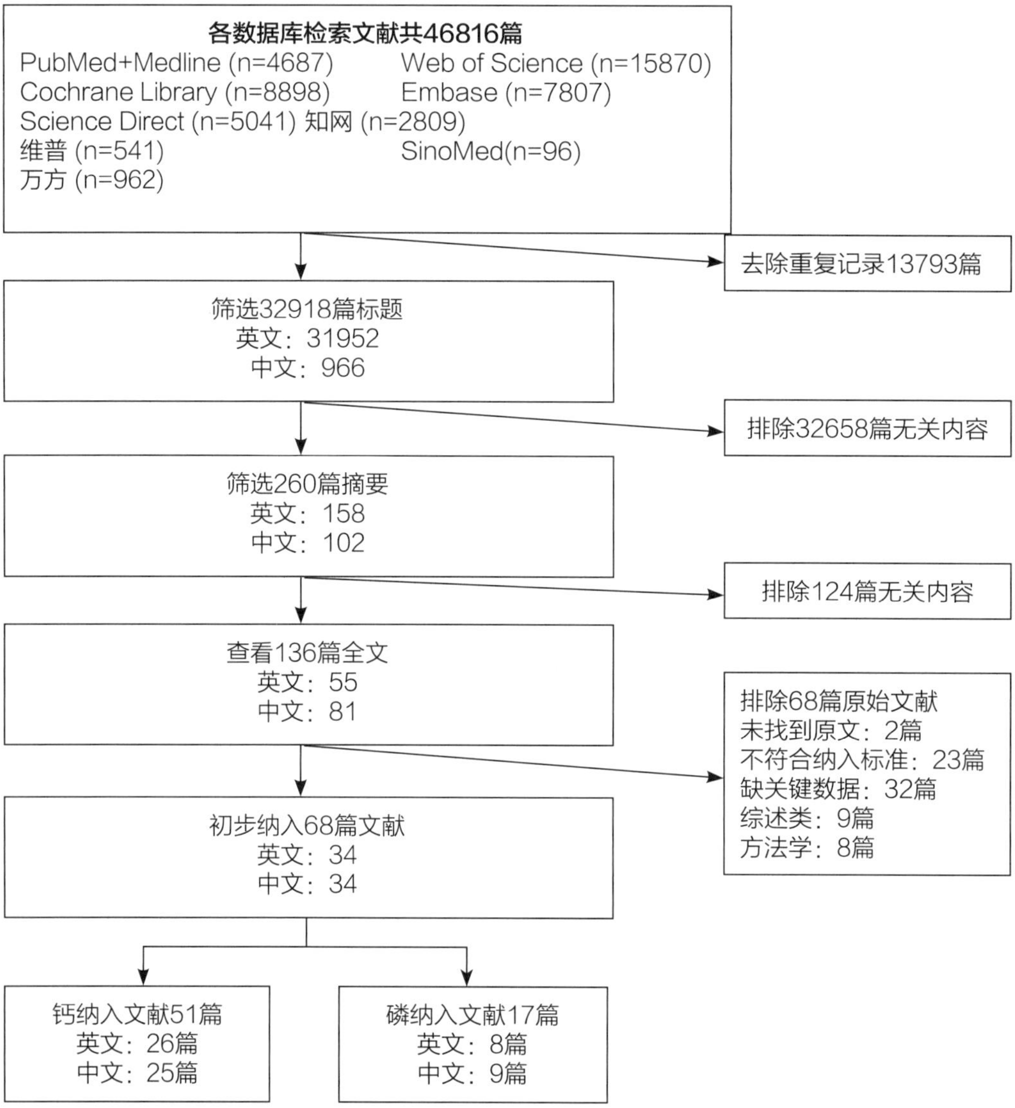

图7.2.1　磷含量文献检索流程图

四、健康母亲足月儿初乳

涉及初乳中磷含量的有6篇国内研究，整合后数值为129.27mg/L[3-8]；有3篇国外研究，整合后数值为169.07mg/L[9-11]。在研究方法方面，有原子吸收分光光度法（AA）、电感耦合等离子体质谱法（ICP-MS）、钼酸铵比色法和电感耦合等离子体原子发射光谱法（ICP-OES）。结合国外推荐的方法和研究现况，选定AA和ICP-MS。国内样本初乳中磷的含量为134.17mg/L[3, 5, 7, 8]，国外样本初乳中磷的含量为172.99mg/L[9, 10]。具体结果见表7.2.3。

表7.2.3 中国母乳样本与国外母乳样本不同泌乳期磷含量对比

泌乳期	中国样本				国外样本			
	n	k	平均值/（mg/L）	标准差/（mg/L）	n	k	平均值/（mg/L）	标准差/（mg/L）
初乳	6	355	129.27	45.11	3	75	169.07	42.55
过渡乳	5	547	151.13	26.25	4	201	192.50	41.61
成熟乳	5	453	127.14	23.78	6	1969	145.52	33.07

注：n：研究的数目（若2篇文献是同一研究，计数为1）；k：样本量。

五、健康母亲足月儿过渡乳

涉及过渡乳中磷含量的有5篇国内研究，整合后数值为151.13mg/L[7, 8, 12, 13]；有4篇国外研究，整合后数值为192.50mg/L[10, 11, 14, 15]。在研究方法方面，有AA、ICP-MS、比色法、ICP-OES和甲基百里酚蓝比色法。结合国外推荐的方法和研究现况，选定AA和ICP-MS。国内样本过渡乳中磷的含量为151.13mg/L[3, 7, 8, 13]，国外样本过渡乳中磷的含量为162.02mg/L[10]。

六、健康母亲足月儿成熟乳

涉及成熟乳中磷含量的有5篇国内研究，整合后数值为127.14mg/L[3, 5-8]；有6篇国外研究，整合后数值为145.52mg/L[10, 11, 14-17]。在研究方法方面，有AA、ICP-MS、钼酸铵比色法、ICP-OES和甲基百里酚蓝比色法。结合国外推荐的方法和研究现况，选定AA和ICP-MS。国内样本成熟乳中磷的含量为125.32mg/L[3, 5, 7, 8]，国外样本成熟乳中磷的含量为143.45mg/L[10, 16, 17]。

七、特殊状况母乳

中国早产儿母乳样本不同泌乳期磷含量见表7.2.4。

表7.2.4 中国早产儿母乳样本不同泌乳期磷含量

年份	国家	泌乳阶段	样本量	检测方法	平均值/（mg/L）	标准差/（mg/L）
2007[5]	中国	3～7	32	AA	102.80	23.40
2007[5]	中国	30～42	28	AA	107.10	28.20
1991[8]	中国	3	17	AA	130.40	40.89
1991[8]	中国	7	15	AA	148.05	43.36

续表

年份	国家	泌乳阶段	样本量	检测方法	平均值/（mg/L）	标准差/（mg/L）
1991[8]	中国	14	13	AA	121.42	31.90
1991[8]	中国	28	12	AA	135.67	39.96
1991[8]	中国	42	11	AA	127.30	25.71
1991[8]	中国	56	11	AA	122.97	11.77

注：AA，原子吸收分光光度法。

八、服用膳食补充剂母亲母乳

相关研究关键数据无法查询，未纳入。

九、影响因素

不同地区的母乳磷含量有差异，但在整个泌乳期母乳中磷的含量稳定。有一项研究发现，磷含量在产后第一周略高于其他泌乳期。母乳磷含量与膳食磷含量无关。早产儿母乳磷含量与足月儿母乳磷含量没有差异。

（编写：齐策，孙进）

参考文献

[1] 严久. 中国大百科全书［M］. 北京：中国大百科全书出版社，1993，(6)：41-42.

[2] 杨水冰，朱俊平. 全面了解骨质疏松，打响骨骼保卫战［J］. 糖尿病之友，2018，(12)：49.

[3] ZHAO A, NING Y, ZHANG Y, et al. Mineral compositions in breast milk of healthy Chinese lactating women in urban areas and its associated factors [J]. Chinese Medical Journal (English), 2014, 127 (14): 2643-2648.

[4] 丛涛，赵霖，袁艺，等. 初乳中矿物质与微量元素的测定及临床营养学意义［J］. 中国临床营养杂志，1999，7(1)：12-14.

[5] 米延，张馨丹. 哈尔滨地区早产儿母乳营养素含量的调查研究［J］. 中国新生儿科杂志，2007，22(6)：337-339.

[6] 王学生，王成刚. 正常母乳中钙、磷、硒含量以及GPX活性比较［J］. 中国公共卫生，2002，18(8)：991.

[7] WEI M, DENG Z, LIU B, et al. Investigation of amino acids and minerals in Chinese breast milk [J]. Journal of Agriculture and Food Sciences, 2020, 100 (10): 3920-3931.

[8] 戴定威，唐泽媛. 早产儿母乳主要成分和矿物质动态分析［J］. 华西医大学报，1991，22（3）：332-336.

[9] HONDA R, TAWARA K, NISHIJO M, et al. Cadmium exposure and trace elements in human breast milk [J]. Toxicology, 2003, 186 (3): 255-259.

[10] SABATIER M, GARCIA-RODENAS CL, CASTRO CA, et al. Longitudinal changes of mineral concentrations in preterm and term human milk from lactating swiss women [J]. Nutrients, 2019, 11 (8): 1855.

[11] YAMAWAKI N, YAMADA M, KAN-NO T, et al. Macronutrient, mineral and trace element composition of breast milk from Japanese women [J]. Journal of Trace Elements in Medicine and Biology, 2005, 19 (2-3): 171-181.

[12] 钱继红，吴圣楣，张伟利，等. 上海地区母乳成分调查［J］. 上海医学，2002，25（7）：396-397.

[13] QIAN J, CHEN T, LU W, et al. Breast milk macro- and micronutrient composition in lactating mothers from suburban and urban Shanghai [J]. Journal of Paediatrics and Child Health, 2010, 46 (3): 115-120.

[14] BUTTE NF, GARZA C, JOHNSON CA, et al. Longitudinal changes in milk composition of mothers delivering preterm and term infants [J]. Early Human Development, 1984, 9: 153-162.

[15] JARJOU LM, PRENTICE A, SAWO Y, et al. Randomized, placebo-controlled, calcium supplementation study in pregnant Gambian women: effects on breast-milk calcium concentrations and infant birth weight, growth, and bone mineral accretion in the first year of life [J]. American Journal of Clinical Nutrition, 2006, 83 (3): 657-666.

[16] FLY AD, UHLIN KL, WALLACE JP. Major mineral concentrations in human milk do not change after maximal exercise testing [J]. American Journal of Clinical Nutrition, 1998, 68 (2): 345-349.

[17] NAGRA SA. Longitudinal study in biochemical composition of human milk during first year of lactation [J]. Journal of Tropical Pediatrics, 1989, 35 (3): 126-128.

第3节 钠

一、背景

钠是人体正常生长发育中不可或缺的营养素。血浆钠的变化对血浆的渗透压、血浆和间质液的体积、酸碱平衡、机体细胞生物电活动的维持有直接和重要的影响。平衡的钠和液体盐稳态是获得不同组织的生理体积和张力的先决条件。当体内水潴留过多时会导致低钠血症，而当钠蓄积过多时会导致高钠血症，这种不平衡可能会严重损害各种组织，尤其是大脑。婴儿的大脑明显不成熟，血清钠水平的波动可能对这些婴儿造成一定的损害[1, 2]。婴幼儿时期钠的摄入主要来源于母乳，而母乳中的钠随着母体哺乳周期的不同，其含量也在不断变化。

我国对于婴幼儿摄入钠的适宜摄入量：从出生到前6个月为170mg/d，6个月以上为350mg/d。我国食品安全国家标准（GB10767-2010）规定，在婴幼儿奶粉中含钠量为每100kJ加钠5 ~ 14.0mg或每100kcal加钠21 ~ 59mg。但随着膳食、环境等各种因素的改变，母乳的成分也在不断变化，因此有必要对母乳的钠含量做进一步的研究，为婴幼儿健康成长提供建议。

二、生理功能

钠在体内主要参与内环境稳态的调节功能，其生理功能主要通过以下几个方面：①调节体内水分与渗透压。细胞内外渗透压必须保持平衡，否则就会影响到细胞内外水分的平衡，影响到机体的新陈代谢。钠存在于细胞外液，是细胞外液主要的阳离子。当细胞内钠含量增高时，水进入细胞内，造成细胞肿胀，组织水肿；反之，人体失钠过多时，会导致机体缺水，水电解质平衡改变。②维持神经肌肉应激和正常功能。钠离子等的浓度平衡，有利于维持神经肌肉的兴奋性。

三、分析方法

（一）数据来源

1．营养素检索式

英文：'mineral*' OR 'Sodium' OR 'macro element*'。

中文："矿物质" OR "常量元素" OR "钠"。

2．母乳检索式

英文：'breast milk' OR 'breast *milk' OR 'human* milk' OR 'mother* milk' OR 'woman* milk' OR 'women* milk' OR 'lactating milk'。

中文："母乳" OR "人乳" OR "乳汁"。

3. 检索数据库

英文数据库：PubMed、Web of Science、Embase、Cochrane Library。

中文数据库：知网、万方、维普。

通过文献追溯方法进一步收集相关文献。

4. 检索时间

截至2021年5月10日。

（二）文献纳入与排除标准

1. 纳入标准

①发表文章为中文或者英文，含学位论文；②母亲：年龄18～45岁，健康；③婴幼儿：年龄0～48月龄，健康；④干预研究和观察性研究（横断面研究、病例对照研究、队列研究）。

2. 排除标准

①母亲患有乳腺炎等疾病；②泌乳阶段未说明；③重要数据不全者；④综述、生态学研究和病例报告、会议论文；⑤1980年之前的文献。

3. 初步纳入流程

将各数据库检索结果导入文献管理器EndNote中，先通过题目筛选，再通过摘要筛选，最后阅读全文进而纳入合格文献。

（三）数据提取

从纳入的文献中提取：文章作者，发表年份，国家，地区，泌乳阶段，样本量，母亲年龄，BMI，孕周，营养补充剂使用情况，胎次，婴儿男女比例，检测方法，采样时间，是否吸空乳，采样体积，采样乳房，样品储藏温度，均值或者中位数，标准误或标准差，95%CI，全距，四分位间距，原始单位。对提取数据进行双复核，以确保数据的准确性。

（四）统计方法

纳入的文献中，由于数据格式有所不同，有的采用均值 ± 标准差，有的采用中位数（全距或者四分位间距）。我们通过国际上推荐的公式将所有研究中的数据转化为均值 ± 标准差。中位数转化为均值，全距和四分位间距转化为标准差参照Wan等推荐公式[3]及*Cochrane Handbook for Systematic Reviews of Interventions*。母乳脂类单位转化关系如下：1mg/mL = (1mg/g*) 1.032[4]。所有数据汇总采用样本量加权，计算样本量加权均值（$Mean_s$）和加权标准差（SD_s）。

$$Mean_s=(n_1 \cdot M_1+n_2 \cdot M_2+n_3 \cdot M_3+\cdots+n_i \cdot M_i)/(n_1+n_2+n_3+\cdots+n_i)$$

n_i和M_i分别代表个项研究均值及样本量；

$$SD_s^2=[(A_1+A_2+A_3+\cdots+A_i)-(M_1\cdot n_1+M_2\cdot n_2+M_3\cdot n_3+\cdots+M_i\cdot n_i)^2/(n_1+n_2+n_3+\cdots+n_i)]/(N-1)$$

$$A_i=\sum x^2=SD_i^2(n_i-1)+M_i^2n_i;$$

$$SD_s=\sqrt{\frac{\sum A_i-\frac{[\sum(M_in_i)]^2}{N}}{N-1}}$$

SD_i代表个项研究标准差。

（五）检索流程图

文献筛选流程如图7.4.1所示。

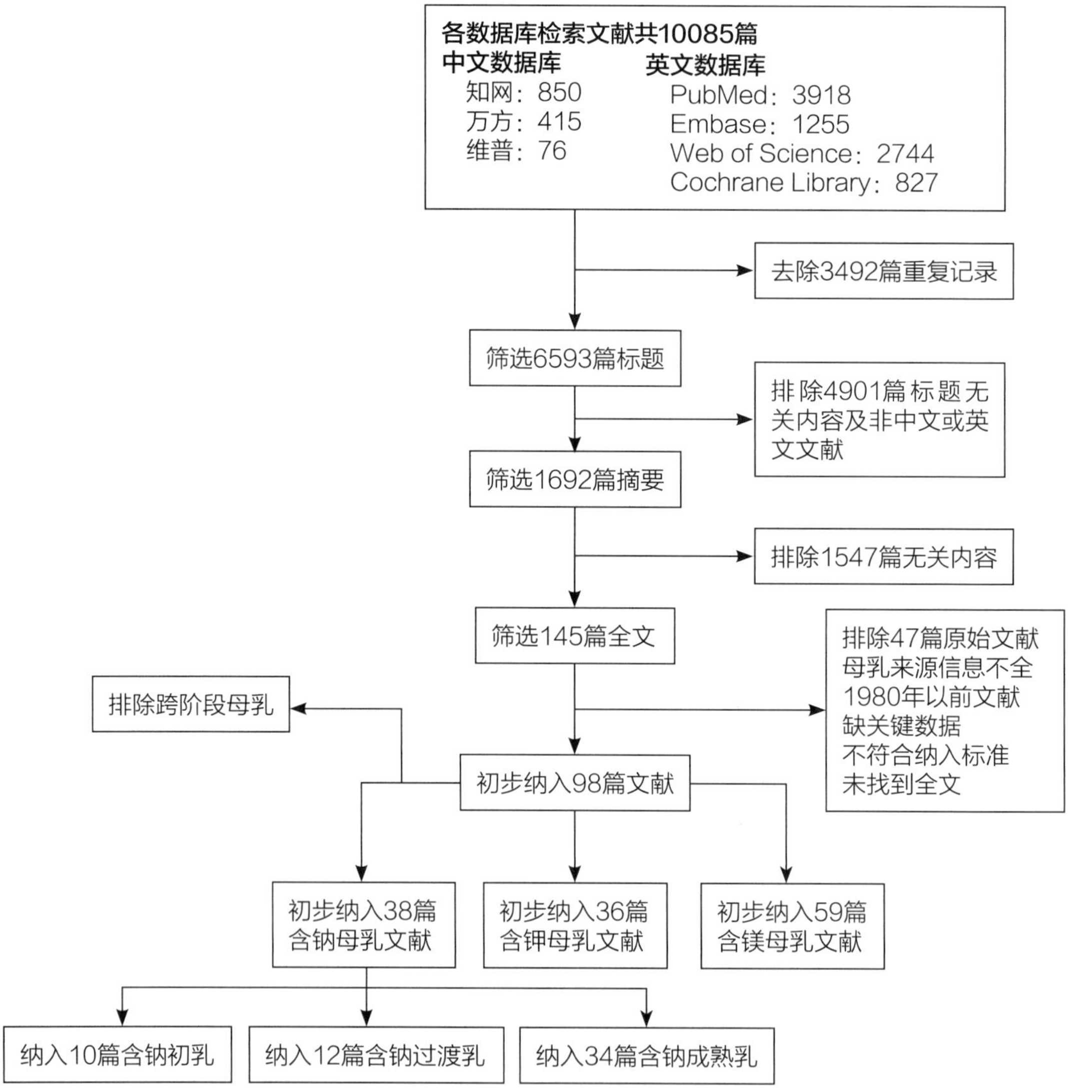

图7.4.1 钠含量文献检索流程图

四、健康母亲足月儿初乳

初乳作为婴幼儿最理想的食物，也是婴幼儿膳食营养素摄入的开始。关于足月儿的健康母亲初乳钠含量的研究，对中国母乳样本（n=625）和国外母乳样本（n=502）进行分析，发现国内外初乳中钠元素含量相差甚远［（639.97±423.52）mg/L与（544.68±333.65）mg/L］，这可能与我国饮食中烹饪方式添加钠盐摄入有关。对于不同分析方法而言，初乳钠含量的测定多以原子吸收分光光度法为主，电感耦合等离子体发射光谱法的母乳钠含量仅国外有1篇，且钠含量相对较小，平均值为327mg/L[5-14]。

表7.4.1　健康母亲足月儿初乳中钠含量

检测方法	中国样本				国外样本			
	研究数目	样本量	平均值/（mg/L）	标准差/（mg/L）	研究数目	样本量	平均值/（mg/L）	标准差/（mg/L）
初乳（总）	4	625	639.97	423.52	6	502	544.68	333.65
AAS/AES	4	625	633.97	423.52	3	435	524.65	300.28
ICP	—	—	—	—	1	21	327	170
P	—				<0.001			
AAS/AES+ICP	4	625	633.97	423.52	4	456	515.551	298.323

注：AAS/AES：原子吸收/发射分光光度法；ICP：电感耦合等离子体发射光谱法。

五、健康母亲足月儿过渡乳

过渡乳产生于产后8~15天，母乳量有所增加，脂肪含量高，蛋白质和矿物质逐渐减少，是母乳中成分明显变化的一个时期。关于足月儿的健康母亲过渡乳钠含量的研究，纳入了5篇国内研究、6篇国外研究，整合后平均数值分别为278.59mg/L和190.19mg/L[5, 6, 9, 10, 13-19]。国内研究对母乳钠元素的检测方法多为分光光度法，从国外检测数据可以看出，电感耦合等离子体质谱法较分光光度法检测出的数据明显偏低。

表7.4.2　健康母亲足月儿过渡乳中钠含量

检测方法	中国样本				国外样本			
	研究数目	样本量	平均值/（mg/L）	标准差/（mg/L）	研究数目	样本量	平均值/（mg/L）	标准差/（mg/L）
过渡乳（总）	5	639	278.59	167.87	7	284	190.19	129.03
AAS/AES	5	639	278.59	167.87	3	100	236.96	118.25

续表

检测方法	中国样本				国外样本			
	研究数目	样本量	平均值/（mg/L）	标准差/（mg/L）	研究数目	样本量	平均值/（mg/L）	标准差/（mg/L）
ICP	—	—	—	—	3	158	139.09	89.11
P			—				<0.001	
AAS/AES+ICP	5	639	278.59	167.87	6	258	177.024	111.89

注：AAS/AES：原子吸收/发射分光光度法；ICP：电感耦合等离子体发射光谱法。

六、健康母亲足月儿成熟乳

产后15天以上分泌的乳汁称为成熟乳，成熟乳的成分逐渐稳定。关于足月儿的健康母亲成熟乳钠含量的研究非常丰富，国内整合后平均数值为214.51mg/L，国外整合后平均数值为124.03mg/L[5, 6, 10, 12-16, 20-50]。

我们对国内外的数据进行综合分析后，纵向对比不同时期的成熟乳中的钠含量，钠含量在母乳中随时间的衰减程度较为快速。在检测方法上，电感耦合等离子体质谱法除检测180天后成熟乳含量会较大，其他时间段的母乳钠含量均是以原子吸收分光光度法测量值较大。同时，国内关于180天后成熟乳的研究几乎没有。

表7.4.3 健康母亲足月儿成熟乳中钠含量

泌乳阶段	检测方法	中国样本				国外样本			
		研究数目	样本量	平均值/（mg/L）	标准差/（mg/L）	研究数目	样本量	平均值/（mg/L）	标准差/（mg/L）
成熟乳（总）	—	9	1073	214.51	156.30	25	4891	124.03	69.56
成熟乳	AAS	6	766	225.91	174.23	7	581	138.36	52.72
	ICP	3	307	186.06	92.51	8	2225	127.84	78.04
	P			<0.001				<0.001	
180天前成熟乳	AAS	6	766	225.91	174.23	7	551	140.00	52.16
	ICP	3	307	186.06	92.51	7	1818	120.94	65.61
	P			<0.001				<0.001	
180天后成熟乳	AAS	—	—	—	—	1	30	86.68	42.87
	ICP	—	—	—	—	4	240	135.04	91.86
	P			—				<0.001	

注：AAS：原子吸收分光光度法；ICP：电感耦合等离子体发射光谱法。

七、特殊状况母乳

国内外特殊状况母乳钠含量的研究较少，检索到早产儿母乳钠含量的仅有2篇，平均值为310.54mg/L[15, 51]。早产儿中母乳钠含量较正常生产母乳含量高，这可能与早产儿对钠的需求更高导致的母体生产母乳的适应性改变有关。

八、影响因素

从各个研究收集汇总的数据来看，不同的测定方法所得到的母乳中钠的含量存在差异，不同泌乳阶段以及各种特殊状况也对母乳中的钠含量存在影响。国内目前对成熟乳180天之后的研究较少，这也许与国内对婴幼儿的哺养态度有关。此外，母亲所处不同环境的钠含量不相同，这也导致不同地区母亲日常膳食摄入的不同，从而对母乳中钠含量造成影响。

（编写：荣爽，罗丹，陈帅）

参考文献

[1] FREGLY MJ. Sodium and potassium [J]. Annu Rev Nutr, 1981, 1: 69-93.

[2] HERIN P, ZETTERSTRÖM R. Sodium, potassium and chloride needs in low-birth-weight infants [J]. Acta Paediatr Suppl, 1994, 405: 43-48.

[3] WAN X, WANG W, LIU J, et al. Estimating the sample mean and standard deviation from the sample size, median, range and/or interquartile range [J]. BMC Med Res Methodol, 2014, 14: 135.

[4] NEVILLE MC, KELLER R, SEACAT J, et al. Studies in human lactation: milk volumes in lactating women during the onset of lactation and full lactation [J]. Am J Clin Nutr, 1988, 48 (6): 1375-1386.

[5] GROSS SJ, DAVID RJ, BAUMAN L, et al. Nutritional composition of milk produced by mothers delivering preterm [J]. J Pediatr, 1980, 96 (4): 641-644.

[6] KOO WW, GUPTA JM. Breast milk sodium [J]. Arch Dis Child, 1982, 57 (7): 500-502.

[7] BARROS MD, CARNEIRO-SOMPAIO MM. Milk composition of low birth weight infants' mothers [J]. Acta Paediatr Scand, 1984, 73 (5): 693-694.

[8] FERLIN ML, SANTORO JR, JORGE SM, et al. Total nitrogen and electrolyte levels in colostrum and transition human milk [J]. J Perinat Med, 1986, 14 (4): 251-257.

[9] 欧阳显楚，陈雪初. 长沙地区初产妇乳汁成分分析［J］. 湖南医学，1989，（1）：40.

[10] YAMAWAKI N, YAMADA M, KAN-NO T, et al. Macronutrient, mineral and trace element composition of breast milk from Japanese women [J]. J Trace Elem Med Biol, 2005, 19 (2-3): 171-181.

[11] MANGANARO R, MARSEGLIA L, MAMÌ C, et al. Breast milk sodium concentration, sodium intake

and weight loss in breast-feeding newborn infants [J]. Br J Nutr, 2007, 97 (2): 344-348.

[12] 刘爱萍，张罡，赵翠生. 兰州市哺乳期妇女初乳与产后三个月乳汁中几种元素比较分析［J］. 甘肃科技，2014，30（4）：124-125.

[13] 刘静. 呼和浩特市113例母乳中矿物质含量的分析［J］. 食品研究与开发，2016，37（5）：117-119.

[14] WEI M, DENG Z, LIU B, et al. Investigation of amino acids and minerals in Chinese breast milk [J]. J Sci Food Agric, 2020, 100 (10): 3920-3931.

[15] SCHANLER RJ, OH W. Composition of breast milk obtained from mothers of premature infants as compared to breast milk obtained from donors [J]. J Pediatr, 1980, 96 (4): 679-681.

[16] LEMONS JA, MOYE L, HALL D, et al. Differences in the composition of preterm and term human milk during early lactation [J]. Pediatr Res, 1982, 16 (2): 113-117.

[17] LÖNNERDAL B, KEEN CL, GLAZIER CE, et al. A longitudinal study of rhesus monkey (Macaca mulatta) milk composition: trace elements, minerals, protein, carbohydrate, and fat [J]. Pediatr Res, 1984, 18 (9): 911-914.

[18] 钱继红，吴圣楣，张伟利，等. 上海地区母乳成分调查［J］. 上海医学，2002，（7）：396-398.

[19] QIAN J, CHEN T, LU W, et al. Breast milk macro- and micronutrient composition in lactating mothers from suburban and urban Shanghai [J]. J Paediatr Child Health, 2010, 46 (3): 115-120.

[20] PICCIANO MF, CALKINS EJ, GARRICK JR, et al. Milk and mineral intakes of breastfed infants [J]. Acta Paediatr Scand, 1981, 70 (2): 189-194.

[21] ATKINSON SA, RADDE IC, ANDERSON GH. Macromineral balances in premature infants fed their own mothers' milk or formula [J]. J Pediatr, 1983, 102 (1): 99-106.

[22] DEWEY KG, LÖNNERDAL B. Milk and nutrient intake of breast-fed infants from 1 to 6 months: relation to growth and fatness [J]. J Pediatr Gastroenterol Nutr, 1983, 2 (3): 497-506.

[23] BUTTE NF, GARZA C, JOHNSON CA, et al. Longitudinal changes in milk composition of mothers delivering preterm and term infants [J]. Early Hum Dev, 1984, 9 (2): 153-162.

[24] DEWEY KG, FINLEY DA, LÖNNERDAL B. Breast milk volume and composition during late lactation (7-20 months) [J]. J Pediatr Gastroenterol Nutr, 1984, 3 (5): 713-720.

[25] 王德恺，汪振林，刘广青，等. 上海市区母乳中几种无机盐和维生素含量测定［J］. 营养学报，1986，（1）：81-85.

[26] BUTTE NF, GARZA C, BURR R, et al. Milk composition of insulin-dependent diabetic women [J]. J Pediatr Gastroenterol Nutr, 1987, 6 (6): 936-941.

[27] ALLEN JC, KELLER RP, ARCHER P, et al. Studies in human lactation: milk composition and daily secretion rates of macronutrients in the first year of lactation [J]. Am J Clin Nutr, 1991, 54 (1): 69-80.

[28] WACK RP, LIEN EL, TAFT D, et al. Electrolyte composition of human breast milk beyond the early postpartum period [J]. Nutrition, 1997, 13 (9): 774-777.

[29] FLY AD, UHLIN KL, WALLACE JP. Major mineral concentrations in human milk do not change after maximal exercise testing [J]. Am J Clin Nutr, 1998, 68 (2): 345-349.

[30] 吴建之，苏吉梅，朱燕. 母乳与牛乳中微量元素的比较［J］. 环境污染与防治，2000，（1）：40-41.

[31] MARTINEZ FE, SIEBER VM, JORGE SM, et al. Effect of supplementation of preterm formula with

long chain polyunsaturated Fatty acids on mineral balance in preterm infants [J]. J Pediatr Gastroenterol Nutr, 2002, 35 (4): 503-507.

[32] RAKICIOĞLU N, SAMUR G, TOPÇU A, et al. The effect of Ramadan on maternal nutrition and composition of breast milk [J]. Pediatr Int, 2006, 48 (3): 278-283.

[33] BRAGA LP, PALHARES DB. Effect of evaporation and pasteurization in the biochemical and immunological composition of human milk [J]. J Pediatr (Rio J), 2007, 83 (1): 59-63.

[34] 邓波，张慧敏，颜春荣，等. 深圳市母乳中矿物质含量及重金属负荷水平研究［J］. 卫生研究，2009，38（3）：293-295.

[35] CAMPBELL-YEO ML, ALLEN AC, JOSEPH KS, et al. Effect of domperidone on the composition of preterm human breast milk [J]. Pediatrics, 2010, 125 (1): e107-114.

[36] RICHARDS AA, DARBOE MK, TILLING K, et al. Breast milk sodium content in rural Gambian women: between- and within-women variation in the first 6 months after delivery [J]. Paediatr Perinat Epidemiol, 2010, 24 (3): 255-261.

[37] BAUER J, GERSS J. Longitudinal analysis of macronutrients and minerals in human milk produced by mothers of preterm infants [J]. Clin Nutr, 2011, 30 (2): 215-220.

[38] POWE CE, PUOPOLO KM, NEWBURG DS, et al. Effects of recombinant human prolactin on breast milk composition [J]. Pediatrics, 2011, 127 (2): e359-366.

[39] DUTTA S, SAINI S, PRASAD R. Changes in preterm human milk composition with particular reference to introduction of mixed feeding [J]. Indian Pediatr, 2014, 51 (12): 997-999.

[40] 李瑞园，齐辰，姜杰，等. 深圳市母乳营养水平及影响因素的评估［J］. 卫生研究，2014，43（4）：550-555+561.

[41] KIM H, JUNG BM, LEE BN, et al. Retinol, α-tocopherol, and selected minerals in breast milk of lactating women with full-term infants in Korea [J]. Nutr Res Pract, 2017, 11 (1): 64-69.

[42] PERRIN MT, FOGLEMAN AD, NEWBURG DS, et al. A longitudinal study of human milk composition in the second year postpartum: implications for human milk banking [J]. Matern Child Nutr, 2017, 13 (1).

[43] LAI CT, GARDNER H, GEDDES D. Comparison of inductively coupled plasma optical emission spectrometry with an ion selective electrode to determine sodium and potassium levels in human milk [J]. Nutrients, 2018, 10 (9).

[44] TARAVATI JAVAD M, VAHIDINIA A, SAMIEE F, et al. Analysis of aluminum, minerals and trace elements in the milk samples from lactating mothers in Hamadan, Iran [J]. J Trace Elem Med Biol, 2018, 50: 8-15.

[45] 张志国，孙亚范，田玉新，等. 唐山地区母乳中营养成分分析［J］. 食品研究与开发，2018，39（10）：175-179.

[46] DANIELS L, GIBSON RS, DIANA A, et al. Micronutrient intakes of lactating mothers and their association with breast milk concentrations and micronutrient adequacy of exclusively breastfed Indonesian infants [J]. Am J Clin Nutr, 2019, 110 (2): 391-400.

[47] SABATIER M, GARCIA-RODENAS CL, CASTRO CA, et al. Longitudinal changes of mineral concentrations in preterm and term human milk from lactating swiss women [J]. Nutrients, 2019, 11(8).

[48] PIETRZAK-FIEĆKO R, KAMELSKA-SADOWSKA A M. The comparison of nutritional value of human milk with other mammals' milk [J]. Nutrients, 2020, 12 (5).

[49] RIGOURD V, LOPERA I, CATA F, et al. Role of daily milk volume and period of lactation in nutrient content of human milk: results from a prospective study [J]. Nutrients, 2020, 12 (2).

[50] 赵臻，王丹，王青云，等. 黑龙江省哈尔滨市母乳中矿物质含量的检测［J］. 中国乳业，2020，（3）：71-73.

[51] 米延，张馨丹. 哈尔滨地区早产儿母乳营养素含量的调查研究［J］. 中国新生儿科杂志，2007，（6）：337-339.

第4节 钾

一、背景

钾在体内通过扩散、吸收和分泌的方式运动，在某种程度上，很少有身体活动不受血浆钾浓度变化的影响。钾是组织和血细胞中主要碱的来源，在调节酸碱平衡中发挥着重要作用。正常人体内含钾140～150g，约98%存在于细胞内液，是细胞内液的主要阳离子，其浓度为细胞外液的30倍或更多。血清钾的浓度范围为3.5～5mmol/L，过低或过高将导致低钾血症或高钾血症[1, 2]。钾在神经冲动传递到肌纤维和肌肉本身的收缩性中也很重要，婴幼儿的神经生长发育离不开钾。

我国对于婴幼儿摄入钾的适宜摄入量为：从出生到前6个月350mg/d，6个月以上550mg/d。我国食品安全国家标准（GB10767-2010）规定，在婴幼儿奶粉中每100kJ加钾18～69mg或每100kcal加钾75～289mg。

二、生理功能

钾在人体内可作为60多种酶的活化剂，如丙酮酸激酶、果糖激酶、淀粉合成酶和谷胱甘肽合成酶等。因此，钾在碳水化合物代谢、呼吸作用以及蛋白质代谢中起重要作用。同时，钾能促进蛋白质的合成，与糖的合成也有关，能促进糖元合成。钾在调节机体渗透压上也发挥着非常重要的作用，钾是细胞内液中的主要阳离子，维持着机体酸碱平衡。当细胞内液失钾时，细胞外液的氢离子向细胞内转移，导致细胞内酸中毒和细胞外碱中毒；反之，当细胞外液钾离子进入细胞内液过多时，使细胞内氢离子向细胞外转移，导致细胞内碱中毒和细胞外酸中毒。当血钾降低时，身体应激性下降，发生松弛性瘫痪；当血钾过高，应激性丧失，引起肌肉麻痹。

三、分析方法

（一）数据来源

1. 营养素检索式

英文：‘mineral*’ OR ‘potassium’ OR ‘macro element*’。

中文：“矿物质”OR“常量元素”OR“钾”。

2. 母乳检索式

英文：‘breast milk’ OR ‘breast *milk’ OR ‘human* milk’ OR ‘mother* milk’ OR ‘woman* milk’ OR ‘women* milk’ OR ‘lactating milk’。

中文：“母乳”OR“人乳”OR“乳汁”。

3．检索数据库

英文数据库：PubMed、Web of Science、Embase、Cochrane Library。

中文数据库：知网、万方、维普。

通过文献追溯方法进一步收集相关文献。

4．检索时间

截至2021年5月10日。

（二）文献纳入与排除标准

1．纳入标准

①发表文章为中文或英文，含学位论文；②母亲：年龄18～45岁、健康；③婴幼儿：年龄0～48月龄、健康；④干预研究和观察性研究（横断面研究、病例对照研究、队列研究）。

2．排除标准

①母亲患有乳腺炎等疾病；②泌乳阶段未说明；③重要数据不全者；④综述、生态学研究和病例报告、会议论文；⑤1980年之前的文献。

3．初步纳入流程

将各数据库检索结果导入文献管理器EndNote中，先通过题目筛选，再通过摘要筛选，最后阅读全文进而纳入合格文献。

（三）数据提取

从纳入的文献中提取：文章作者，发表年份，国家，地区，泌乳阶段，样本量，母亲年龄，BMI，孕周，营养补充剂使用情况，胎次，婴儿男女比例，检测方法，采样时间，是否吸空乳，采样体积，采样乳房，样品储藏温度，均值或者中位数，标准误或标准差，95%CI，全距，四分位间距，原始单位。对提取数据进行双复核，以确保数据的准确性。

（四）统计方法

纳入的文献中，由于数据格式有所不同，有的采用均值±标准差，有的采用中位数（全距或者四分位间距）。我们通过国际上推荐的公式将所有研究中的数据转化为均值±标准差。中位数转化为均值，全距和四分位间距转化为标准差参照Wan等推荐公式[3]及*Cochrane Handbook for Systematic Reviews of Interventions*。母乳脂类单位转化关系如下：1mg/mL=（1mg/g）* 1.032[4]。所有数据汇总采用样本量加权，计算样本量加权均值（$Mean_s$）和加权标准差（SD_s）。

$$Mean_s=(n_1 \cdot M_1+n_2 \cdot M_2+n_3 \cdot M_3+\cdots+n_i \cdot M_i) / (n_1+n_2+n_3+\cdots+n_i)$$

n_i和M_i分别代表个项研究均值及样本量；

$$SD_s^2=[(A_1+A_2+A_3+\cdots+A_i)-(M_1\cdot n_1+M_2\cdot n_2+M_3\cdot n_3+\cdots+M_i\cdot n_i)^2/(n_1+n_2+n_3+\cdots+n_i)]/(N-1)$$

$$A_i=\sum x^2=SD_i^2(n_i-1)+M_i^2 n_i;$$

$$SD_s=\sqrt{\frac{\sum A_i-\frac{[\sum(M_i n_i)]^2}{N}}{N-1}}$$

SD_i 代表个项研究标准差。

（五）检索流程图

文献筛选流程如图7.3.1所示。

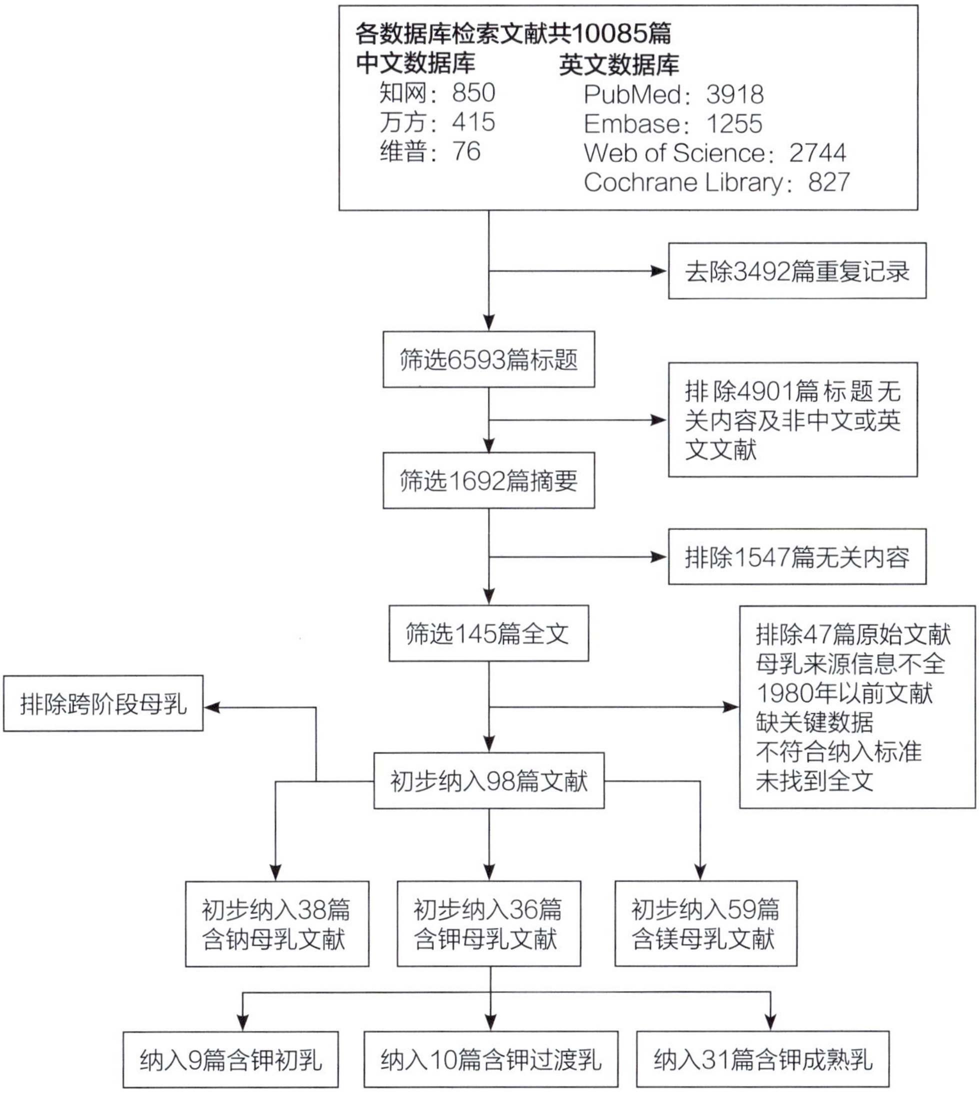

图7.3.1　钾含量文献检索流程图

四、健康母亲足月儿初乳

关于足月儿的健康母亲初乳钾含量的研究，对中国母乳样本（n=625）及国外母乳样本（n=198）进行分析发现，国内外初乳中钾元素含量相差不大。国内初乳含钾量平均值为627.09mg/L，国外初乳含钾量平均值为652.91mg/L[5-14]。对于不同分析方法而言，初乳钾含量的测定多以分光光度法为主，电感耦合等离子体发射光谱法的母乳钠含量国内外均仅检索出1篇，并且国内ICP检测得到的母乳初乳钾元素偏低，如表7.3.1所示。

表7.3.1 健康母亲足月儿初乳的钾含量

检测方法	中国样本				国外样本			
	研究数目	样本量	平均值/（mg/L）	标准差/（mg/L）	研究数目	样本量	平均值/（mg/L）	标准差/（mg/L）
初乳（总）	4	625	627.09	173.67	5	198	652.91	130.37
AAS/AES	3	613	629.91	173.58	2	130	648.06	104.90
ICP	1	12	483	108	1	11	616.2	58.5
P	0.001				0.101			
AAS/AES+ICP	4	625	627.09	173.67	3	141	645.574	102.261

注：AAS/AES：原子吸收/发射分光光度法；ICP：电感耦合等离子体发射光谱法。

五、健康母亲足月儿过渡乳

关于足月儿的健康母亲过渡乳钾含量的研究，过渡乳钾含量纳入了5篇国内研究，5篇国外研究，整合后平均数值分别为555.47mg/L和548.94mg/L[5, 9, 12, 14-19]。国内研究对母乳钾元素的检测方法多为分光光度法。从国内外检测数据可看出，电感耦合等离子体质谱法较分光光度法检测得出的母乳钾的数据明显偏低。

表7.3.2 健康母亲足月儿过渡乳的钾含量

检测方法	中国样本				国外样本			
	研究数目	样本量	平均值/（mg/L）	标准差/（mg/L）	研究数目	样本量	平均值/（mg/L）	标准差/（mg/L）
过渡乳（总）	5	639	555.47	136.87	5	198	548.94	175.26
AAS/AES	4	621	558.01	136.50	2	40	618.84	96.55
ICP	1	18	463	123	2	120	474.95	127.63
P	＜0.001				＜0.001			
AAS/AES+ICP	5	639	555.47	136.87	4	160	510.93	135.59

注：AAS/AES：原子吸收/发射分光光度法；ICP：电感耦合等离子体发射光谱法。

六、健康母亲足月儿成熟乳

关于足月儿的健康母亲成熟乳钾含量的研究，国内有9篇，国外有22篇，国内整合后平均数值为478.45mg/L，国外整合后平均数值为451.74mg/L[5, 10-15, 20-42]。我们对国内外的数据进行综合分析后，纵向对比不同时期的成熟乳中的钾含量，其含量随着母乳阶段的推进逐步下降。在检测方法上，仅ICP法检测180天后成熟乳含量会偏低，其他时间段的检测结果同原子吸收检测得到的母乳钾含量结果差异均无统计学意义。同时，国内关于180天后成熟乳的研究几乎没有。

表7.3.3 健康母亲足月儿成熟乳的钾含量

泌乳阶段	中国样本					国外样本			
	检测方法	研究数目	样本量	平均值/（mg/L）	标准差/（mg/L）	研究数目	样本量	平均值/（mg/L）	标准差/（mg/L）
成熟乳（总）	—	9	1074	478.45	139.49	22	2651	451.74	99.72
成熟乳	AAS	4	652	472.26	146.24	6	342	438.15	110.35
	ICP	4	410	487.65	129.50	9	935	438.22	97.20
	P	0.073				0.992			
180天前成熟乳	AAS	4	652	472.26	146.24	6	297	436.20	116.04
	ICP	4	410	487.65	129.50	7	795	436.11	98.38
	P	0.073				0.990			
180天后成熟乳	AAS	—	—	—	—	1	45	465.43	61.92
	ICP	—	—	—	—	3	112	449.58	93.13
	P	—				<0.001			

注：AAS：原子吸收分光光度法；ICP：电感耦合等离子体发射光谱法。

七、特殊状况母乳

国内外特殊状况母乳钾含量研究较少，检索到早产儿母乳钾含量的研究仅有2篇，平均值为532.33mg/L[43, 44]。早产儿中母乳钾含量较正常生产母乳含量高，这可能与早产儿对钾的需求更高导致母体生产母乳的适应性改变有关。

八、影响因素

从各个研究收集汇总的数据来看，不同的测定方法所得到的母乳中钾含量存在差异，不同泌乳阶段以及各种特殊状况也对母乳中钾含量存在影响。国内目前对成熟乳180天之后的研究较少，这也许与国内对婴幼儿的哺养态度有关。此外，母亲所处不同环境的钾含量不相同，这也导致不同地区母亲日常膳食摄入的不同，从而也对母乳中钾的浓度造成影响。

（编写：荣爽，罗丹，陈帅）

参考文献

[1] FREGLY MJ. Sodium and potassium [J]. Annu Rev Nutr, 1981, 1: 69-93.

[2] HERIN P, ZETTERSTRÖM R. Sodium, potassium and chloride needs in low-birth-weight infants [J]. Acta Paediatr Suppl, 1994, 405: 43-48.

[3] WAN X, WANG W, LIU J, et al. Estimating the sample mean and standard deviation from the sample size, median, range and/or interquartile range [J]. BMC Med Res Methodol, 2014, 14: 135.

[4] NEVILLE MC, KELLER R, SEACAT J, et al. Studies in human lactation: milk volumes in lactating women during the onset of lactation and full lactation [J]. Am J Clin Nutr, 1988, 48 (6): 1375-1386.

[5] GROSS SJ, DAVID RJ, BAUMAN L, et al. Nutritional composition of milk produced by mothers delivering preterm [J]. J Pediatr, 1980, 96 (4): 641-644.

[6] BARROS MD, CARNEIRO-SOMPAIO MM. Milk composition of low birth weight infants' mothers [J]. Acta Paediatr Scand, 1984, 73 (5): 693-694.

[7] FERLIN ML, SANTORO JR, JORGE SM, et al. Total nitrogen and electrolyte levels in colostrum and transition human milk [J]. J Perinat Med, 1986, 14 (4): 251-257.

[8] BITMAN J, HAMOSH M, HAMOSH P, et al. Milk composition and volume during the onset of lactation in a diabetic mother [J]. Am J Clin Nutr, 1989, 50 (6): 1364-1369.

[9] 欧阳显楚，陈雪初．长沙地区初产妇乳汁成分分析［J］．湖南医学，1989，（1）：40.

[10] NEVILLE MC, ALLEN JC, ARCHER PC, et al. Studies in human lactation: milk volume and nutrient composition during weaning and lactogenesis [J]. Am J Clin Nutr, 1991, 54 (1): 81-92.

[11] YAMAWAKI N, YAMADA M, KAN-NO T, et al. Macronutrient, mineral and trace element composition of breast milk from Japanese women [J]. J Trace Elem Med Biol, 2005, 19 (2-3): 171-181.

[12] 刘爱萍，张罡，赵翠生．兰州市哺乳期妇女初乳与产后三个月乳汁中几种元素比较分析［J］．甘肃科技，2014，30（4）：124-125.

[13] 刘静．呼和浩特市113例母乳中矿物质含量的分析［J］．食品研究与开发，2016，37（5）：117-119.

[14] WEI M, DENG Z, LIU B, et al. Investigation of amino acids and minerals in Chinese breast milk [J]. J Sci Food Agric, 2020, 100 (10): 3920-3931.

[15] LEMONS JA, MOYE L, HALL D, et al. Differences in the composition of preterm and term human milk during early lactation [J]. Pediatr Res, 1982, 16 (2): 113-117.

[16] LÖNNERDAL B, KEEN CL, GLAZIER CE, et al. A longitudinal study of rhesus monkey (Macaca

mulatta) milk composition: trace elements, minerals, protein, carbohydrate, and fat [J]. Pediatr Res, 1984, 18 (9): 911-914.

[17] 钱继红，吴圣楣，张伟利，等. 上海地区母乳成分调查［J］. 上海医学，2002,（7）：396-398.

[18] QIAN J, CHEN T, LU W, et al. Breast milk macro- and micronutrient composition in lactating mothers from suburban and urban Shanghai [J]. J Paediatr Child Health, 2010, 46 (3): 115-20.

[19] LI C, SOLOMONS NW, SCOTT ME, et al. Minerals and trace elements in human breast milk are associated with guatemalan infant anthropometric outcomes within the first 6 months [J]. J Nutr, 2016, 146 (10): 2067-2074.

[20] PICCIANO MF, CALKINS EJ, GARRICK JR, et al. Milk and mineral intakes of breastfed infants [J]. Acta Paediatr Scand, 1981, 70 (2): 189-194.

[21] DEWEY KG, LÖNNERDAL B. Milk and nutrient intake of breast-fed infants from 1 to 6 months: relation to growth and fatness [J]. J Pediatr Gastroenterol Nutr, 1983, 2 (3): 497-506.

[22] DEWEY KG, FINLEY DA, LÖNNERDAL B. Breast milk volume and composition during late lactation (7-20 months) [J]. J Pediatr Gastroenterol Nutr, 1984, 3 (5): 713-720.

[23] 王德恺，汪振林，刘广青，等. 上海市区母乳中几种无机盐和维生素含量测定［J］. 营养学报，1986,（1）：81-85.

[24] BUTTE NF, GARZA C, BURR R, et al. Milk composition of insulin-dependent diabetic women [J]. J Pediatr Gastroenterol Nutr, 1987, 6 (6): 936-941.

[25] ALLEN JC, KELLER RP, ARCHER P, et al. Studies in human lactation: milk composition and daily secretion rates of macronutrients in the first year of lactation [J]. Am J Clin Nutr, 1991, 54 (1): 69-80.

[26] WACK R P, LIEN EL, TAFT D, et al. Electrolyte composition of human breast milk beyond the early postpartum period [J]. Nutrition, 1997, 13 (9): 774-777.

[27] FLY AD, UHLIN KL, WALLACE JP. Major mineral concentrations in human milk do not change after maximal exercise testing [J]. Am J Clin Nutr, 1998, 68 (2): 345-349.

[28] 吴建之，苏吉梅，朱燕. 母乳与牛乳中微量元素的比较［J］. 环境污染与防治，2000,（1）：40-41.

[29] MARTINEZ FE, SIEBER VM, JORGE SM, et al. Effect of supplementation of preterm formula with long chain polyunsaturated Fatty acids on mineral balance in preterm infants [J]. J Pediatr Gastroenterol Nutr, 2002, 35 (4): 503-507.

[30] RAKICIOĞLU N, SAMUR G, TOPÇU A, et al. The effect of Ramadan on maternal nutrition and composition of breast milk [J]. Pediatr Int, 2006, 48 (3): 278-283.

[31] BRAGA LP, PALHARES DB. Effect of evaporation and pasteurization in the biochemical and immunological composition of human milk [J]. J Pediatr (Rio J), 2007, 83 (1): 59-63.

[32] 邓波，张慧敏，颜春荣，等. 深圳市母乳中矿物质含量及重金属负荷水平研究［J］. 卫生研究，2009，38（3）：293-295.

[33] BAUER J, GERSS J. Longitudinal analysis of macronutrients and minerals in human milk produced by mothers of preterm infants [J]. Clin Nutr, 2011, 30 (2): 215-220.

[34] 李瑞园，齐辰，姜杰，等. 深圳市母乳营养水平及影响因素的评估［J］. 卫生研究，2014，43（4）：550-555+561.

[35] KIM H, JUNG BM, LEE BN, et al. Retinol, α-tocopherol, and selected minerals in breast milk of lactating women with full-term infants in Korea [J]. Nutr Res Pract, 2017, 11 (1): 64-69.

[36] PERRIN MT, FOGLEMAN AD, NEWBURG DS, et al. A longitudinal study of human milk composition in the second year postpartum: implications for human milk banking [J]. Matern Child Nutr, 2017, 13 (1).

[37] LAI CT, GARDNER H, GEDDES D. Comparison of inductively coupled plasma optical emission spectrometry with an ion selective electrode to determine sodium and potassium levels in human milk [J]. Nutrients, 2018, 10 (9).

[38] 张志国，孙亚范，田玉新，等. 唐山地区母乳中营养成分分析 [J]. 食品研究与开发，2018，39（10）：175-179.

[39] DANIELS L, GIBSON RS, DIANA A, et al. Micronutrient intakes of lactating mothers and their association with breast milk concentrations and micronutrient adequacy of exclusively breastfed Indonesian infants [J]. Am J Clin Nutr, 2019, 110 (2): 391-400.

[40] SABATIER M, GARCIA-RODENAS CL, CASTRO CA, et al. Longitudinal changes of mineral concentrations in preterm and term human milk from lactating swiss women [J]. Nutrients, 2019, 11 (8).

[41] PIETRZAK-FIEĆKO R, KAMELSKA-SADOWSKA A M. The Comparison of nutritional value of human milk with other mammals' milk [J]. Nutrients, 2020, 12 (5).

[42] 赵臻，王丹，王青云，等. 黑龙江省哈尔滨市母乳中矿物质含量的检测 [J]. 中国乳业，2020，（3）：71-73.

[43] SCHANLER RJ, OH W. Composition of breast milk obtained from mothers of premature infants as compared to breast milk obtained from donors [J]. J Pediatr, 1980, 96 (4): 679-681.

[44] 米延，张馨丹. 哈尔滨地区早产儿母乳营养素含量的调查研究 [J]. 中国新生儿科杂志，2007，（6）：337-339.

第5节　镁

一、背景

镁是人体的常量元素之一，正常成人体内含镁20～38g，其中60%存在于骨骼，27%存在于肌肉、肝脏、心脏等组织器官中。镁在人体主要分布在细胞内，细胞外液的镁不超过1%。人体红细胞含镁53～74mg/L，血清镁含量为18～23mg/L。镁是人体多种酶的激活剂，在骨骼生长、胃肠功能以及激素的调节功能上发挥着重要作用。血浆镁浓度的变化可直接影响甲状旁腺激素的分泌[1]。婴幼儿从母乳中摄取适量的镁元素，有助于消化排便，对婴幼儿骨骼发育也有益处。

我国对于婴幼儿摄入镁的适宜摄入量：从出生到前6个月为28mg/d，6个月以上为65mg/d；我国食品安全国家标准（GB10767-2010）规定，在婴幼儿奶粉中每100kJ至少加镁1.4mg或每100kcal加镁5.9mg。

二、生理功能

镁的生理功能如下：①多种酶的激活剂：镁在人体参与体内超过300种酶促反应。镁对于葡萄糖酵解，以及脂肪、蛋白质、核酸的生物合成等起到重要调节作用。镁可激活磷酸转移酶及水解肽酶系的活性，也可激活Na^+-K^+-ATP酶和Ca^{2+}-ATP酶，调节钠、钾、钙在细胞内的含量。②镁是骨细胞结构和功能所必需的元素，可影响骨钙吸收，具有维持和促进骨骼生长的作用，可促进神经肌肉的兴奋性。③促进胃肠道功能：镁离子在肠道中吸收缓慢，促进水分潴留，具有导泻作用。④对激素的调节作用：血浆镁的变化可直接影响甲状旁腺激素的分泌，当血浆镁增加时可抑制甲状旁腺激素分泌，血浆镁水平下降则可兴奋甲状旁腺，使镁从组织转移至血液中。

三、分析方法

（一）数据来源

1．营养素检索式

英文：‘mineral*’ OR ‘magnesium’ OR ‘macro element*’。

中文：“矿物质” OR “常量元素” OR “镁”。

2．母乳检索式

英文：‘breast milk’OR‘breast *milk’ OR ‘human* milk’ OR ‘mother*milk’ OR ‘woman* milk’ OR ‘women* milk’ OR ‘lactating milk’。

中文：“母乳” OR “人乳” OR “乳汁”。

3．检索数据库

英文数据库：PubMed、Web of Science、Embase、Cochrane Library。

中文数据库：知网、万方、维普。

通过文献追溯方法进一步收集相关文献。

4．检索时间

截至2021年5月10日。

（二）文献纳入与排除标准

1．纳入标准

①发表文章为中文或者英文，含学位论文；②母亲：年龄18～45岁，健康；③婴幼儿：年龄0～48月龄，健康；④干预研究和观察性研究（横断面研究、病例对照研究、队列研究）。

2．排除标准

①母亲患有乳腺炎等疾病；②泌乳阶段未说明；③重要数据不全者；④综述、生态学研究和病例报告、会议论文；⑤1980年之前的文献。

3．初步纳入流程

将各数据库检索结果导入文献管理器EndNote中，先通过题目筛选、再通过摘要筛选，最后阅读全文进而纳入合格文献。

（三）数据提取

从纳入的文献中提取：文章作者，发表年份，国家，地区，泌乳阶段，样本量，母亲年龄，BMI，孕周，营养补充剂使用情况，胎次，婴儿男女比例，检测方法，采样时间，是否吸空乳，采样体积，采样乳房，样品储藏温度，均值或者中位数，标准误或标准差，95%CI，全距，四分位间距，原始单位。对提取数据进行双复核，以确保数据的准确性。

（四）统计方法

纳入的文献中，由于数据格式有所不同，有的采用均值±标准差，有的采用中位数（全距或者四分位间距）。因此我们通过国际上推荐的公式将所有研究中的数据转化为均值±标准差。中位数转化为均值，全距和四分位间距转化为标准差参照Wan等推荐公式[2]及*Cochrane Handbook for Systematic Reviews of Interventions*。母乳脂类单位转化关系如下：1mg/mL = (1mg/g*)1.032[3]。所有数据汇总采用样本量加权，计算样本量加权均值（$Mean_s$）和加权标准差（SD_s）。

$$Mean_s=(n_1 \cdot M_1+n_2 \cdot M_2+n_3 \cdot M_3+\cdots+ n_i \cdot M_i) / (n_1+n_2+n_3+\cdots+n_i)$$

n_i和M_i分别代表个项研究均值及样本量；

$$SD_s^2=[(A_1+A_2+A_3+\cdots+A_i)-(M_1\cdot n_1+M_2\cdot n_2+M_3\cdot n_3+\cdots+M_i\cdot n_i)^2/(n_1+n_2+n_3+\cdots+n_i)]/(N-1)$$

$$A_i=\sum x^2=SD_i^2(n_i-1)+M_i^2 n_i;$$

$$SD_s=\sqrt{\frac{\sum A_i-\frac{[\sum(M_in_i)]^2}{N}}{N-1}}$$

SD_i 代表个项研究标准差。

（五）检索流程图

文献筛选流程如图7.5.1所示。

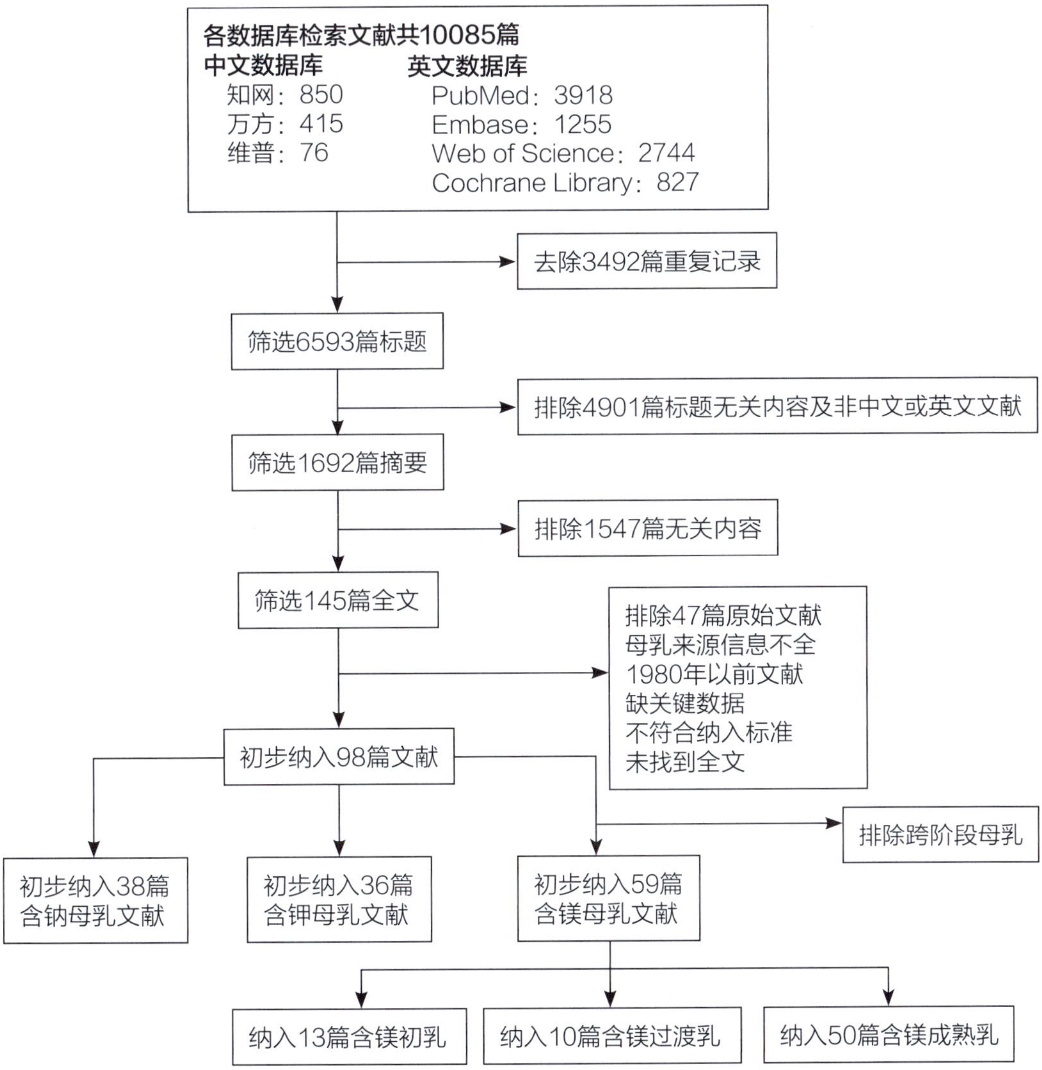

图7.5.1　镁含量文献检索流程图

四、健康母亲足月儿初乳

关于足月儿的健康母亲初乳镁含量的研究，对中国母乳样本（n=779）及国外母乳样本（n=304）进行分析，发现国内初乳中镁元素含量较国外比偏高［（37.76 ± 9.14）mg/L与（30.55 ± 7.39）mg/L］[4-16]。对于不同分析方法而言，初乳镁含量的测定多以原子吸收分光光度法为主，电感耦合等离子体发射光谱法的初乳镁含量国内外均检索出1篇，并且国内IPS检测结果明显小于原子吸收分光光度法检测的结果。

表7.5.1 健康母亲足月儿初乳中镁含量

检测方法	中国样本				国外样本			
	研究数目	样本量	平均值/（mg/L）	标准差/（mg/L）	研究数目	样本量	平均值/（mg/L）	标准差/（mg/L）
初乳（总）	6	779	37.76	9.14	7	304	30.55	7.39
AAS/AES	5	699	38.58	9.15	6	283	30.44	7.53
ICP	1	80	30.56	4.92	1	21	32	5
P	<0.001				0.198			
AAS/AES+ICP	6	779	37.76	9.14	7	304	30.55	7.39

注：AAS/AES：原子吸收/发射分光光度法；ICP：电感耦合等离子体发射光谱法。

五、健康母亲足月儿过渡乳

关于足月儿的健康母亲过渡乳镁含量的研究，过渡乳的镁含量研究纳入3篇国内、7篇国外的研究，整合后平均数值分别为34.90mg/L和26.69mg/L[5, 9, 11, 15-21]。

同样，国内研究对母乳钠元素的检测方法多为分光光度法，从国外检测数据可看出电感耦合等离子体质谱法较分光光度法检测的数据明显偏低。

表7.5.2 健康母亲足月儿过渡乳中镁含量

检测方法	中国样本				国外样本			
	研究数目	样本量	平均值/（mg/L）	标准差/（mg/L）	研究数目	样本量	平均值/（mg/L）	标准差/（mg/L）
过渡乳（总）	3	278	34.52	9.62	7	343	26.69	7.73
AAS/AES	3	278	34.52	9.62	3	100	29.15	8.96
ICP	—	—	—	—	3	187	26.69	7.25
P	—				0.019			
AAS/AES+ICP	3	278	34.52	9.62	6	287	27.55	7.96

注：AAS/AES：原子吸收/发射分光光度法；ICP：电感耦合等离子体发射光谱法。

六、健康母亲足月儿成熟乳

关于足月儿的健康母亲成熟乳镁含量的研究非常丰富。国内有16篇，整合后平均数值为28.78mg/。国外有34篇，整合后平均数值为30.59mg/L[5, 7, 11-18, 20, 22-57]。

我们对国内外的数据进行综合分析后，纵向对比不同时期的成熟乳中的镁含量，镁的含量也随着母乳时间在衰减。在检测方法上，国内分光光度法和质谱法检测结果无明显统计学差异，而国外成熟乳质谱法检测出的母乳镁的含量明显较分光光度法检测出的结果要高。同时，国内关于180天后成熟乳镁的研究几乎没有。

表7.5.3 健康母亲足月儿成熟乳中镁含量

泌乳阶段	检测方法	中国样本				国外样本			
		研究数目	样本量	平均值/（mg/L）	标准差/（mg/L）	研究数目	样本量	平均值/（mg/L）	标准差/（mg/L）
成熟乳（总）	—	16	2540	28.78	7.90	34	5044	29.41	13.07
成熟乳	AAS	12	2153	28.80	8.20	21	2236	27.88	9.78
	ICP	4	387	28.69	6.02	11	2598	30.59	15.49
	P	0.764				<0.001			
180天前成熟乳	AAS	11	2054	29.02	7.87	20	2083	27.60	9.98
	ICP	3	375	28.63	6.06	10	2298	30.27	16.22
	P	0.273				<0.001			
180天后成熟乳	AAS	—	—	—	—	3	153	31.77	5.21
	ICP	—	—	—	—	3	172	32.23	7.91
	P	—				0.536			

注：AAS：原子吸收分光光度法；ICP：电感耦合等离子体发射光谱法。

七、特殊状况母乳

国内外特殊状况母乳镁的含量研究较少，早产儿母乳镁含量相关研究有2篇，平均值为28.28mg/L[58, 59]。检索到患妊娠期糖尿病母亲母乳镁含量的有1篇，样本量为300，母乳镁含量为（38.32 ± 6.25）mg/L[60]。患乳腺炎母亲母乳镁含量的研究文献有2篇，样本量为369，母乳镁含量为（29.31 ± 7.25）mg/L[21, 61]。早产儿母乳镁含量以及患乳腺炎母亲母乳镁含量和正常生产母亲母乳镁含量相差不大，妊娠期糖尿病母亲母乳中镁含量较正常生产母乳含量高。现有研究较少，无法有效比较特殊状况母乳镁含量的差异。

八、服用膳食补充剂母亲母乳

关于补充营养素母乳中镁含量的文献，国内外均检索到1篇文献。国内的1篇是对母亲进行膳食指导，在干预前后检测母乳中镁的含量；国外则是用补充益生菌后检测补充前后母乳镁含量，结果显示二者前后平均值差异并不明显[49, 62]。但因为相应研究较少，服用膳食补充剂是否对母乳钠、钾、镁含量有影响还需进一步研究。

表7.5.4 服用膳食补充剂母亲母乳镁含量

镁	年份	国家	泌乳阶段	样本量	分析方法	平均值/(mg/L)	标准差/(mg/L)
有补充	2015	Iran	成熟乳	30	火焰原子吸收	17.14	1.35
有补充				30		17.17	1.09
未补充				27		16.92	0.75
未补充				27		16.22	0.71
干预前	2013	China	成熟乳	50	火焰原子吸收	32.31	6.45
干预后				50		33.07	5.78

九、影响因素

从各个研究收集汇总的数据来看，不同的测定方法所得到的母乳中镁的含量存在差异。不同泌乳阶段以及各种特殊状况也对母乳中的镁含量存在影响。国内目前对成熟乳180天之后的研究较少，这也许与国内对婴幼儿的哺养态度有关。此外，母亲所处不同环境的镁含量不相同，这也导致不同地区母亲日常膳食摄入的不同，从而对母乳中镁含量造成影响。

（编写：荣爽，罗丹，陈帅）

参考文献

[1] DÓREA JG. Magnesium in human milk [J]. J Am Coll Nutr, 2000, 19 (2): 210-219.

[2] WAN X, WANG W, LIU J, et al. Estimating the sample mean and standard deviation from the sample size, median, range and/or interquartile range [J]. BMC Med Res Methodol, 2014, 14: 135.

[3] NEVILLE MC, KELLER R, SEACAT J, et al. Studies in human lactation: milk volumes in lactating women during the onset of lactation and full lactation [J]. Am J Clin Nutr, 1988, 48 (6): 1375-1386.

[4] GROSS SJ, DAVID RJ, BAUMAN L, et al. Nutritional composition of milk produced by mothers delivering preterm [J]. J Pediatr, 1980, 96 (4): 641-644.

[5] RAJALAKSHMI K, SRIKANTIA SG. Copper, zinc, and magnesium content of breast milk of Indian women [J]. Am J Clin Nutr, 1980, 33 (3): 664-669.

[6] FRANSSON GB, LÖNNERDAL B. Zinc, copper, calcium, and magnesium in human milk [J]. J Pediatr, 1982, 101 (4): 504-508.

[7] FRANSSON GB, LÖNNERDAL B. Distribution of trace elements and minerals in human and cow's milk [J]. Pediatr Res, 1983, 17 (11): 912-915.

[8] FRANSSON GB, GEBRE-MEDHIN M, HAMBRAEUS L. The human milk contents of iron, copper, zinc, calcium and magnesium in a population with a habitually high intake of iron [J]. Acta Paediatr Scand, 1984, 73 (4): 471-476.

[9] FERLIN ML, SANTORO JR, JORGE SM, et al. Total nitrogen and electrolyte levels in colostrum and transition human milk [J]. J Perinat Med, 1986, 14 (4): 251-257.

[10] ALLEN JC, KELLER RP, ARCHER P, et al. Studies in human lactation: milk composition and daily secretion rates of macronutrients in the first year of lactation [J]. Am J Clin Nutr, 1991, 54 (1): 69-80.

[11] 王爱婷，丁守生，许秀芩，等. 人乳的微量元素研究［J］. 微量元素与健康研究，1994，(3)：38-39+35.

[12] 许凤娣，叶伟民. 正常足月产妇初乳及成熟乳中微量元素的含量［J］. 第二军医大学学报，1994，(2)：194-196.

[13] 胡娅莉，罗月娥，戴鲁琴，等. 不同哺乳期母乳铁锌铜钙镁含量分析［J］. 中国实用妇科与产科杂志，1998，(5)：47-48.

[14] 刘爱萍，张罛，赵翠生. 兰州市哺乳期妇女初乳与产后三个月乳汁中几种元素比较分析［J］. 甘肃科技，2014，30 (4)：124-125.

[15] 刘静. 呼和浩特市113例母乳中矿物质含量的分析［J］. 食品研究与开发，2016，37 (5)：117-119.

[16] WEI M, DENG Z, LIU B, et al. Investigation of amino acids and minerals in Chinese breast milk [J]. J Sci Food Agric, 2020, 100 (10): 3920-3931.

[17] FRIEL JK, ANDREWS WL, JACKSON SE, et al. Elemental composition of human milk from mothers of premature and full-term infants during the first 3 months of lactation [J]. Biol Trace Elem Res, 1999, 67 (3): 225-247.

[18] YAMAWAKI N, YAMADA M, KAN-NO T, et al. Macronutrient, mineral and trace element composition of breast milk from Japanese women [J]. J Trace Elem Med Biol, 2005, 19 (2-3): 171-181.

[19] MARU M, BIRHANU T, TESSEMA DA. Calcium, magnesium, iron, zinc and copper, compositions of human milk from populations with cereal and 'enset' based diets [J]. Ethiop J Health Sci, 2013, 23 (2): 90-97.

[20] LI C, SOLOMONS NW, SCOTT ME, et al. Minerals and trace elements in human breast milk are associated with guatemalan infant anthropometric outcomes within the first 6 months [J]. J Nutr, 2016, 146 (10): 2067-2074.

[21] LI C, SOLOMONS NW, SCOTT ME, et al. Subclinical mastitis (SCM) and proinflammatory cytokines are associated with mineral and trace element concentrations in human breast milk [J]. J Trace Elem Med Biol, 2018, 46: 55-61.

[22] PICCIANO MF, CALKINS EJ, GARRICK JR, et al. Milk and mineral intakes of breastfed infants [J]. Acta Paediatr Scand, 1981, 70 (2): 189-194.

[23] LEMONS JA, MOYE L, HALL D, et al. Differences in the composition of preterm and term human milk during early lactation [J]. Pediatr Res, 1982, 16 (2): 113-117.

[24] DEWEY KG, LÖNNERDAL B. Milk and nutrient intake of breast-fed infants from 1 to 6 months: relation to growth and fatness [J]. J Pediatr Gastroenterol Nutr, 1983, 2 (3): 497-506.

[25] BUTTE NF, GARZA C, JOHNSON CA, et al. Longitudinal changes in milk composition of mothers delivering preterm and term infants [J]. Early Hum Dev, 1984, 9 (2): 153-162.

[26] DEWEY KG, FINLEY DA, LÖNNERDAL B. Breast milk volume and composition during late lactation (7-20 months) [J]. J Pediatr Gastroenterol Nutr, 1984, 3 (5): 713-720.

[27] FRANSSON GB, LÖNNERDAL B. Iron, copper, zinc, calcium, and magnesium in human milk fat [J]. Am J Clin Nutr, 1984, 39 (2): 185-189.

[28] 王德恺，汪振林，刘广青，等. 上海市区母乳中几种无机盐和维生素含量测定［J］. 营养学报，1986，（1）：81-85.

[29] BUTTE NF, GARZA C, BURR R, et al. Milk composition of insulin-dependent diabetic women [J]. J Pediatr Gastroenterol Nutr, 1987, 6 (6): 936-941.

[30] KARRA MV, KIRKSEY A. Variation in zinc, calcium, and magnesium concentrations of human milk within a 24-hour period from 1 to 6 months of lactation [J]. J Pediatr Gastroenterol Nutr, 1988, 7 (1): 100-106.

[31] MOSER PB, REYNOLDS RD, ACHARYA S, et al. Calcium and magnesium dietary intakes and plasma and milk concentrations of Nepalese lactating women [J]. Am J Clin Nutr, 1988, 47 (4): 735-739.

[32] NEVILLE MC, ALLEN JC, ARCHER PC, et al. Studies in human lactation: milk volume and nutrient composition during weaning and lactogenesis [J]. Am J Clin Nutr, 1991, 54 (1): 81-92.

[33] 孙桂菊，杨月欣，陈学存. 不同地区乳母乳汁中钙和镁含量的研究［J］. 南京铁道医学院学报，1992，（3）：156-159.

[34] HOLT C. Interrelationships of the concentrations of some ionic constituents of human milk and comparison with cow and goat milks [J]. Comp Biochem Physiol Comp Physiol, 1993, 104(1): 35-41.

[35] FLY AD, UHLIN KL, WALLACE JP. Major mineral concentrations in human milk do not change after maximal exercise testing [J]. Am J Clin Nutr, 1998, 68 (2): 345-349.

[36] BOCCA B, ALIMONTI A, GIGLIO L, et al. Nutritive significance of element speciation in breast milk. The case of calcium, copper, iron, magnesium, manganese, and zinc [J]. Adv Exp Med Biol, 2000, 478: 385-386.

[37] OKOLO SN, ONWUANAKU C, OKONJI M, et al. Concentration of eight trace minerals in milk and sera of mother-infant pairs in northern Nigeria [J]. J Trop Pediatr, 2000, 46 (3): 160-162.

[38] 吴建之，苏吉梅，朱燕. 母乳与牛乳中微量元素的比较［J］. 环境污染与防治，2000，（1）：40-41.

[39] MARTINEZ FE, SIEBER VM, JORGE SM, et al. Effect of supplementation of preterm formula with long chain polyunsaturated Fatty acids on mineral balance in preterm infants [J]. J Pediatr Gastroenterol Nutr, 2002, 35 (4): 503-507.

[40] 于红霞，谷秀芳，张雪琰，等. 济南市乳母膳食与乳汁中Ca、Fe、Zn、Mg、Cu、Mn含量研究［J］. 中国营养学会第六次全国妇幼营养学术会议，2006：233-236.

[41] BRAGA LP, PALHARES DB. Effect of evaporation and pasteurization in the biochemical and immunological composition of human milk [J]. J Pediatr (Rio J), 2007, 83 (1): 59-63.

[42] 张雪琰. 哺乳期妇女营养状况及干预研究［D］. 山东大学，2007.

[43] 侯艳梅，于珊，郑晓霞，等. 济南市240例乳母乳汁成分分析［J］. 中国妇幼保健，2008，（2）：241-243.

[44] 刘强，薛慧，关坤，等. 母乳锌、铜、铁、钙、镁测定及意义［J］. 中华妇幼临床医学杂志，2008，4（6）：537-539.

[45] 邓波，张慧敏，颜春荣，等. 深圳市母乳中矿物质含量及重金属负荷水平研究［J］. 卫生研究，2009，38（3）：293-295.

[46] BAUER J, GERSS J. Longitudinal analysis of macronutrients and minerals in human milk produced by mothers of preterm infants [J]. Clin Nutr, 2011, 30 (2): 215-220.

[47] URZICA D, GALES C, ZAMFIR C, et al. The influence of oral steroidal contraceptives on magnesium concentration in breast milk [J]. Magnes Res, 2013, 26 (4): 188-191.

[48] 李瑞园，齐辰，姜杰，等. 深圳市母乳营养水平及影响因素的评估［J］. 卫生研究，2014，43（4）：550-555+561.

[49] MAHDAVI R, TAGHIPOUR S, OSTADRAHIMI A, et al. A pilot study of synbiotic supplementation on breast milk mineral concentrations and growth of exclusively breast fed infants [J]. J Trace Elem Med Biol, 2015, 30: 25-29.

[50] KIM H, JUNG BM, LEE BN, et al. Retinol, α-tocopherol, and selected minerals in breast milk of lactating women with full-term infants in Korea [J]. Nutr Res Pract, 2017, 11 (1): 64-69.

[51] BUTTS CA, HEDDERLEY DI, HERATH TD, et al. Human milk composition and dietary intakes of breastfeeding women of different ethnicity from the manawatu-wanganui region of new zealand [J]. Nutrients, 2018, 10 (9).

[52] TARAVATI JAVAD M, VAHIDINIA A, SAMIEE F, et al. Analysis of aluminum, minerals and trace elements in the milk samples from lactating mothers in Hamadan, Iran [J]. J Trace Elem Med Biol, 2018, 50: 8-15.

[53] 张志国，孙亚范，田玉新，等. 唐山地区母乳中营养成分分析［J］. 食品研究与开发，2018，39（10）：175-179.

[54] DANIELS L, GIBSON RS, DIANA A, et al. Micronutrient intakes of lactating mothers and their association with breast milk concentrations and micronutrient adequacy of exclusively breastfed Indonesian infants [J]. Am J Clin Nutr, 2019, 110 (2): 391-400.

[55] SABATIER M, GARCIA-RODENAS CL, CASTRO CA, et al. Longitudinal changes of mineral concentrations in preterm and term human milk from lactating swiss women [J]. Nutrients, 2019, 11 (8).

[56] PIETRZAK-FIEĆKO R, KAMELSKA-SADOWSKA AM. The comparison of nutritional value of human milk with other mammals' milk [J]. Nutrients, 2020, 12 (5).

[57] 赵臻，王丹，王青云，等．黑龙江省哈尔滨市母乳中矿物质含量的检测［J］．中国乳业，2020，（3）：71-73.

[58] 戴定威，唐泽媛．早产儿母乳主要成分和矿物质动态分析［J］．华西医科大学学报，1991，（3）：332-336.

[59] 米延，张馨丹．哈尔滨地区早产儿母乳营养素含量的调查研究［J］．中国新生儿科杂志，2007，（6）：337-339.

[60] 王文玲，吴岐珍，王燕侠，等．妊娠期糖尿病产妇乳汁微量元素水平分析［J］．卫生职业教育，2016，34（6）：152-153.

[61] LI C, SOLOMONS NW, SCOTT ME, et al. Anthropometry before day 46 and growth velocity before 6 months of guatemalan breastfed infants are associated with subclinical mastitis and milk cytokines, minerals, and trace elements [J]. J Nutr, 2019, 149 (9): 1651-1659.

[62] 李芳，莫洁玲．膳食指导对哺乳期妇女饮食营养状况和乳汁中锌铜镁含量的影响分析［J］．中国临床新医学，2013，6（6）：583-586.

第8章 微量元素

第1节 铁

一、背景

铁是人体内必需微量元素之一。早在1932年就发现铁参与机体血红蛋白的合成，随后的研究中，对铁的生理功能及转运代谢的认识也在不断加深。20世纪50年代，在母乳中发现了铁元素，随着检测水平的不断提高，母乳中铁含量的研究也不断增多。

二、生理功能

人体中的铁主要以Fe-S复合物和血红素等含铁化学基团存在，构成具有生物活性的功能蛋白，发挥在人体中的生理功能，主要包括以下几个方面：①铁为构成血红蛋白、肌红蛋白、细胞色素及某些呼吸酶的组成成分，参与体内氧的运送和组织呼吸过程。②铁与红细胞的形成和成熟有关，维持机体的正常造血功能。③形成铁硫蛋白，参与调节酶活性、线粒体呼吸作用、核糖体生物合成、辅助因子生物合成、基因表达调节和核苷酸代谢等功能。

三、分析方法

中文文献检索的数据库包括知网、万方、维普，主题词包括：母乳、人乳、铁；英文文献检索的数据库包括PubMed, Cochrane Library, Web of Science, Embase, 主题词包括Fe, iron, ferri, ferrum, breast milk, human milk, mother milk, woman milk, women milk, colostrum, transitional milk, mature milk。

检索策略及所检索出的文献数量见表8.1.1，母乳铁含量的检索流程图见图8.1.1。

表8. 1. 1　母乳铁含量的检索策略及检索文献

数据库	检索式	文献数量
知网	((母乳【题名/关键词/摘要】) OR (人乳【题名/关键词/摘要】)) AND (铁【题名/关键词/摘要】) −模糊匹配	1120

续表

数据库	检索式	文献数量
万方	摘要：（母乳 OR 人乳）AND 摘要：（铁）–模糊匹配	1217
	题名或关键词：（母乳 OR 人乳）AND 题名或关键词：（铁）–模糊匹配	890
维普	摘要：（母乳 OR 人乳）AND 摘要：（铁）–模糊匹配	493
	题名或关键词：（母乳 OR 人乳）AND 题名或关键词：（铁）–模糊匹配	87
PubMed	((((Fe[Title/Abstract]) OR (iron [Title/Abstract])) OR (ferri [Title/Abstract])) OR (ferrum [Title/Abstract])) AND ((((((((breast* milk [Title/Abstract]) OR (human* milk [Title/Abstract])) OR (mother* milk [Title/Abstract])) OR (woman* milk [Title/Abstract])) OR (women* milk [Title/Abstract])) OR (colostrum [Title/Abstract])) OR (transitional milk [Title/Abstract])) OR (mature milk [Title/Abstract]))	2474
Cochrane Library	(Fe OR iron OR ferri OR ferrum) AND ((((((((breast* milk) OR (human* milk)) OR (mother* milk)) OR (woman* milk)) OR (women* milk)) OR (colostrum)) OR (transitional milk)) OR (mature milk)) [Title Abstract Keyword]	499
Web of Science	AB=((Fe OR iron OR ferri OR ferrum) AND ((((((((breast* milk) OR (human* milk)) OR (mother* milk)) OR (woman* milk)) OR (women* milk)) OR (colostrum)) OR (transitional milk)) OR (mature milk))) TI=((Fe OR iron OR ferri OR ferrum) AND ((((((((breast* milk) OR (human* milk)) OR (mother* milk)) OR (woman* milk)) OR (women* milk)) OR (colostrum)) OR (transitional milk)) OR (mature milk))) AB OR TI	469
Embase	(fe: ab, ti OR iron: ab, ti OR ferri: ab, ti OR ferrum: ab, ti) AND ('breast* milk': ab, ti OR 'human* milk': ab, ti OR 'mother* milk': ab, ti OR 'woman* milk': ab, ti OR 'women* milk': ab, ti OR colostrum: ab, ti OR 'transitional milk': ab, ti OR 'mature milk': ab, ti)	1128

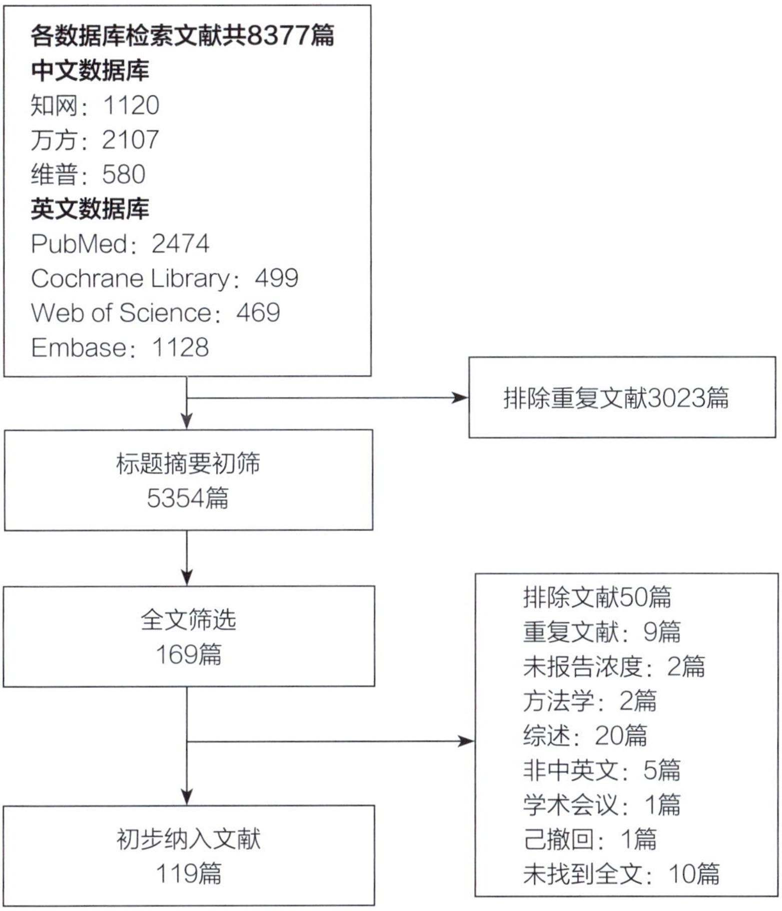

图8.1.1　铁含量检索流程图

四、健康母亲足月儿初乳

健康母亲足月儿初乳中铁含量研究共纳入32篇。其中，中国样本12篇[1-12]，铁含量为1.68mg/L；国外样本20篇[13-32]，铁含量为1.01mg/L。中国母乳样本与国外母乳样本初乳中铁含量对比见表8.1.2。

表8.1.2　中国母乳样本与国外母乳样本初乳中铁含量对比

检测方法	中国样本				国外样本			
	n	k	平均值/（mg/L）	标准差/（mg/L）	n	k	平均值/（mg/L）	标准差/（mg/L）
AAS	9	1969	1.09	1.67	15	784	1.01	0.90
ICP	3	1393	2.51	9.86	5	211	1.03	0.57
合计	12	3362	1.68	5.55	20	995	1.01	0.84

五、健康母亲足月儿过渡乳

健康母亲足月儿过渡乳中铁含量研究共纳入12篇。其中，中国样本2篇[6, 33]，铁含量为0.62mg/L；国外样本10篇[14, 18, 26-30, 32, 34, 35]，铁含量为0.98mg/L。中国母乳样本与国外母乳样本过渡乳中铁含量对比见表8.1.3。

表8.1.3 中国母乳样本与国外母乳样本过渡乳中铁含量对比

检测方法	中国样本				国外样本			
	n	k	平均值/（mg/L）	标准差/（mg/L）	n	k	平均值/（mg/L）	标准差/（mg/L）
AAS	2	128	0.62	0.17	8	375	1.24	0.84
ICP	—	—	—	—	2	274	0.62	0.33
合计	2	128	0.62	0.17	10	649	0.98	0.74

注：n：研究的数目（若2篇文献是同一研究，计数为1）；k：样本量。

六、健康母亲足月儿成熟乳

健康母亲足月儿成熟乳中铁含量研究共纳入60篇。其中，中国样本20篇[1, 3-8, 11, 12, 36-46]，铁含量为0.64mg/L；国外样本40篇[13, 21, 22, 26-32, 35, 47-75]，铁含量为0.46mg/L。中国母乳样本与国外母乳样本成熟乳中铁含量对比见表8.1.4。

表8.1.4 中国母乳样本与国外母乳样本成熟乳中铁含量对比

检测方法	中国样本				国外样本			
	n	k	平均值/（mg/L）	标准差/（mg/L）	n	k	平均值/（mg/L）	标准差/（mg/L）
AAS	17	3834	0.64	0.41	24	1612	0.46	0.35
ICP	3	204	0.66	0.44	16	2338	0.46	0.73
合计	20	4038	0.64	0.43	40	3950	0.46	0.61

注：n：研究的数目（若2篇文献是同一研究，计数为1）；k：样本量。

七、特殊状况母乳

1．早产

早产产妇的中国母乳样本初乳、过渡乳和成熟乳中铁含量分别为1.18mg/L、0.89mg/L、0.87mg/L[6]，国外母乳样本初乳、过渡乳和成熟乳中铁含量分别为1.24mg/L、1.15mg/L、1.26mg/L[28-30, 76]。早产产妇的中国母乳样本与国外母乳样本中铁含量对比见表8.1.5。

表8.1.5 早产产妇的中国母乳样本与国外母乳样本中铁含量对比

检测方法	中国样本				国外样本			
	n	k	平均值/（mg/L）	标准差/（mg/L）	n	k	平均值/（mg/L）	标准差/（mg/L）
初乳	1	32	1.18	0.20	3	49	1.24	0.10
过渡乳	1	13	0.89	0.41	3	48	1.15	0.14
成熟乳	1	23	0.87	0.24	3	82	1.26	0.25

注：n：研究的数目（若2篇文献是同一研究，计数为1）；k：样本量。

2. 糖尿病

糖尿病乳母的母乳研究仅纳入1篇[77]，铁含量为0.22mg/L。

八、服用膳食补充剂母亲母乳

服用含铁膳食补充剂母乳研究仅纳入1篇[21]，初乳中铁含量为0.43mg/L，成熟乳中铁含量为0.24mg/L。

九、影响因素

母乳中铁含量主要受泌乳阶段的影响，初乳中铁浓度高于过渡乳，过渡乳中铁浓度高于成熟乳。母乳中铁含量还与民族、膳食等因素相关。此外，有研究结果显示，早产与否也会影响母乳中铁的含量。

（编写：王淑霞）

参考文献

[1] 田玉慧，杨立俭，高锦荣，等，母乳中微量元素的动态研究及其与婴儿生长发育的关系［J］. 新乡医学院学报，1992，(4)：291-294.

[2] 朱红，阎春生. 初乳中必需营养元素含量与新生儿相关因素的分析［J］. 长治医学院学报，2001，15（4）：253-254.

[3] 胡娅莉，罗月娥，戴鲁琴，等. 不同哺乳期母乳铁锌铜钙镁含量分析［J］. 中国实用妇科与产科杂志，1998，14（5）：47-48.

[4] 刘静. 呼和浩特市113例母乳中矿物质含量的分析［J］. 食品研究与开发，2016，37（5）：117-119.

[5] 廖端平，管惠英. 母乳和牛奶中铜、铁、锌、锰、铬含量的比较［J］. 营养学报，1986，8（4）：360-365.

[6] 戴定威，唐泽媛．早产儿和足月儿母乳及牛乳铜、铁、锌含量测定［J］．微量元素，1992，（1）：25-28.

[7] 叶伟民，张传建．母乳微量元素含量的调查［J］．上海医学检验杂志，1992，（4）：249.

[8] 许凤娣，叶伟民．正常足月产妇初乳及成熟乳中微量元素的含量［J］．第二军医大学学报，1994，（2）：194-196.

[9] WU MQ, WU DQ, YANG Y, et al. Impact of delivery mode on the levels of essential trace elements in breast milk [J]. Journal of Maternal-Fetal and Neonatal Medicine, 2020, 33 (19): 3293-3299.

[10] WEI M, DENG ZY, LIU B, et al. Investigation of amino acids and minerals in Chinese breast milk [J]. Journal of the science of food and agriculture, 2020, 100 (10): 3920-3931.

[11] LIN, TH, JONG YJ, CHIANG CH, et al. Longitudinal changes in Ca, Mg, Fe, Cu, and Zn in breast milk of women in Taiwan over a lactation period of one year [J]. Biol Trace Elem Res, 1998, 62 (1-2): 31-41.

[12] 王学敏，刘运东，李凌基，等．天津市483例产妇乳汁元素含量结果分析［J］．中国实用妇科与产科杂志，2000，16（2）：119-120.

[13] YAMAWAKI N, YAMADA M, KAN-NO T, et al. Macronutrient, mineral and trace element composition of breast milk from Japanese women [J]. Journal of Trace Elements in Medicine and Biology, 2005, 19 (2-3): 171-181.

[14] EJEZIE FE, NWAGHA UI, IKEKPEAZU EJ, et al. Assessment of iron content of breast milk in preterm and term mothers in enugu urban [J]. Ann Med Health Sci Res, 2011, 1 (1): 85-90.

[15] NOH S, LEE E. Relationship between selected trace elements in human milk and psychosocial characteristics in Korean early postpartum women [J]. International Journal of Environmental Research and Public Health, 2021, 18 (1): 1-12.

[16] ĐUROVIC D, MILSAVLJEVIC B, NEDOVIC-VUKOVIC M, et al. Determination of microelements in human milk and infant formula without digestion by ICP-OES [J]. Acta chimica Slovenica, 2017, 64 (2): 276-282.

[17] JARIWALA M, SUVARNA S, KUMAR K. Study of the concentration of trace elements Fe, Zn, Cu, Se and their correlation in maternal serum, cord serum and colostrums [J]. Indian Journal of Clinical Biochemistry, 2014, 29 (2): 181-188.

[18] LEOTRINIDIS M, ALEXOPOILOS A, KOSTOPOULOU-FARRI E. Toxic and essential trace elements in human milk from Greek lactating women: Association with dietary habits and other factors [J]. Chemosphere, 2005, 61 (2): 238-247.

[19] AHMED L, NAZRUL ISK, KHAN MNI, et al. Antioxidant micronutrient profile (vitamin E, C, A, copper, zinc, iron) of colostrum: Association with maternal characteristics [J]. Journal of Tropical Pediatrics, 2004, 50 (6): 357-358.

[20] TURAN S, SAYGI S, KILIC Z,et al. Determination of heavy metal contents in human colostrum samples by electrothermal atomic absorption spectrophotometry [J]. J Trop Pediatr, 2001, 47 (2): 81-85.

[21] MUSLIMATUN S, SCHMIDT MK, WEST CE, et al. Weekly vitamin A and iron supplementation during pregnancy increases vitamin A concentration of breast milk but not iron status in Indonesian lactating women [J]. Journal of nutrition, 2001, 131 (10): 2664-2669.

[22] SILVESTRE MD, LAGARDA MJ, FARRE R, et al. A study of factors that may influence the determination of copper, iron, and zinc in human milk during sampling and in sample individuals [J]. Biol Trace Elem Res, 2000, 76 (3): 217-227.

[23] LONNERDAL B, ZAVALETA N, KUSUNOKI L, et al. Effect of postpartum maternal infection on proteins and trace elements in colostrum and early milk [J]. Acta Paediatr, 1996, 85 (5): 537-542.

[24] GARG M, THIRUPURAM S, SAHA K. Colostrum composition, maternal diet and nutrition in North India [J]. Journal of Tropical Pediatrics, 1988, 34 (2): 79-87.

[25] FRANSSON GB, GEBRE MEDHIN M, HAMBRAEUS L. The human milk contents of iron, copper, zinc, calcium and magnesium in a population with a habitually high intake of iron [J]. Acta Paediatrica Scandinavica, 1984, 73 (4): 471-476.

[26] GARZA C, JOHNSON CA, SMITH EOB, et al. Changes in the nutrient composition of human milk during gradual weaning [J]. American Journal of Clinical Nutrition, 1983, 37 (1): 61-65.

[27] FEELEY RM, EITENMILLER RR, JONES JB. Copper, iron, and zinc contents of human milk at early stages of lactation [J]. Am J Clin Nutr, 1983, 37 (3): 443-448.

[28] MENDELSON RA, ANDERSON GH, BRYAN MH. Zinc, copper and iron content of milk from mothers of preterm and full-term infants [J]. Early Hum Dev, 1982, 6 (2): 145-51.

[29] LEMONS JA, MOYE L, HALL D, et al. Differences in the composition of preterm and term human milk during early lactation [J]. Pediatric Research, 1982, 16 (2): 113-117.

[30] ATINMO T, OMOLOLU A. Trace element content of breastmilk from mothers of preterm infants in Nigeria [J]. Early Human Development, 1982, 6 (3): 309-313.

[31] MASTROENI SS, OKADA IA, RONDO PH, et al. Concentrations of Fe, K, Na, Ca, P, Zn and Mg in maternal colostrum and mature milk [J]. Journal of Tropical Pediatrics, 2006, 52 (4): 272-275.

[32] SILVESTRE MD, LAGARDA MJ, FARRE R, et al. Copper, iron and zinc determinations in human milk using FAAS with microwave digestion [J]. Food Chemistry, 2000, 68 (1): 95-99.

[33] 钱继红，吴圣楣，张伟利，等. 上海地区母乳成分调查［J］. 上海医学，2002，25（7）：396-398.

[34] DANIEL SL, GIBSON RS, DIANA A, et al. Micronutrient intakes of lactating mothers and their association with breast milk concentrations and micronutrient adequacy of exclusively breastfed Indonesian infants [J]. American Journal of Clinical Nutrition, 2019, 110 (2): 391-400.

[35] VAUGHAN LA, WEBER CW, KEMBERLING SR. Longitudinal changes in the mineral content of human milk [J]. American Journal of Clinical Nutrition, 1979, 32 (11): 2301-2306.

[36] 霍建勋，杨翠英，刘素英. 不同泌乳期母乳中铜铁锌含量变化及与乳母血浆微量元素含量的关系［J］. 卫生研究，1991，20（2）：41-43.

[37] 李娜，何青，任春惠，等. 不同时期母乳及母婴铁、锌和钙特点及相关性研究［J］. 卫生研究，2012，41（2）：225-227.

[38] 殷泰安，刘冬生，李丽祥，等. 北京市城乡乳母的营养状况、乳成分、乳量及婴儿生长发育关系的研究Ⅴ.母乳中维生素及无机元素的含量［J］. 营养学报，1989，11（3）：233-239.

[39] 莫洁玲，黄颖红，周容，等. 个性化膳食指导对壮族乳母膳食结构及乳汁钙铁锌含量影响的分析［J］. 广西医学，2014.36（6）：776-779.

[40] 陈红慧，江蕙芸，杨万清，等. 广西三江县侗族、南宁市汉族乳母膳食与乳汁中营养素含量调查分析［J］. 广西医科大学学报，2007，24（4）：644-647.

[41] 侯艳梅，于珊，郑晓霞，等. 济南市240例乳母乳汁成分分析［J］. 中国妇幼保健，2008，23（2）：241-243.

[42] 杨月欣，孙桂菊，陈学存. 乳母乳汁中锌、铜、铁含量与膳食摄入的关系研究［C］//中国疾病预防控制中心达能营养中心. 达能营养中心第四届学术研讨会论文集. 中国预防医学科学院营养与食品卫生研究所，2001：5.

[43] 邓波，张慧敏，颜春荣，等. 深圳市母乳中矿物质含量及重金属负荷水平研究［J］. 卫生研究，2009，38（3）：293-295.

[44] 王德恺，汪振林，刘广青，等. 上海市区母乳中几种无机盐和维生素含量测定［J］. 营养学报，1986，8（1）：81-85.

[45] 王延华，李卫东，王卫东，等. 母乳中铜、铁、锌含量的动态变化及其与牛乳的比较［J］. 内蒙古民族大学学报（自然科学版），2001，16（3）：249-251.

[46] 梁冰华. 母乳中钙铁锌含量与婴儿身高及体重关系的研究［J］. 中国校医，2001，15（5）：349.

[47] MAHDAVI R, NIKNIAZ L, GAYEMMAGAMI SJ. Association between zinc, copper, and iron concentrations in breast milk and growth of healthy infants in Tabriz, Iran [J]. Biological Trace Element Research, 2010, 135 (1-3): 174-181.

[48] GIBSON RS, RAHMANNIA S, DIANA A, et al. Association of maternal diet, micronutrient status, and milk volume with milk micronutrient concentrations in Indonesian mothers at 2 and 5 months postpartum [J]. American Journal of Clinical Nutrition, 2020, 112 (4): 1039-1050.

[49] TAN SS, KHOR GL, STOUTJESDIJK E, et al. Case study of temporal changes in maternal dietary intake and the association with breast milk mineral contents [J]. Journal of Food Composition and Analysis, 2020, 89.

[50] OLIVEIRA MM, TREVILATO TMB, SEGURA-MUNOZ SI, et al. Essential and toxic elements in human milk concentrate with human milk lyophilizate: A preclinical study [J]. Pediatr Int, 2020, 188: 109733.

[51] MOTOYAMA K, ISOJIMA T, SATO Y, et al. Trace element levels in mature breast milk of recent lactating Japanese women [J]. J Sci Food Agric, 2020.

[52] JAVAD MT, VAHIDINIA A, SAMIEE F, et al. Analysis of aluminum, minerals and trace elements in the milk samples from lactating mothers in Hamadan, Iran [J]. Journal of Trace Elements in Medicine and Biology, 2018, 50: 8-15.

[53] PERRIIN MT, FOGLEMAN AD, NEWBURG DS, et al. A longitudinal study of human milk composition in the second year postpartum: implications for human milk banking [J]. Maternal and Child Nutrition, 2017, 13 (1): 1-12.

[54] KIM H, JUNG B, LEE B, et al. Retinol, α-tocopherol, and selected minerals in breast milk of lactating women with full-term infants in Korea [J]. Nutr Res Pract, 2017, 11 (1): 64-69.

[55] LI C, SOLOMONS NW, SCOTT ME, et al. Minerals and trace elements in human breast milk are

associated with guatemalan infant anthropometric outcomes within the first 6 months [J]. Journal of Nutrition, 2016, 146 (10): 2067-2074.

[56] MAHDAVI R, TAGJOPOUR S, OSTADRAHIMI A, et al. A pilot study of synbiotic supplementation on breast milk mineral concentrations and growth of exclusively breast fed infants [J]. J Trace Elem Med Biol, 2015, 30: 25-29.

[57] PEREIRA KB, AZEREDO VB, SILEIRA CB, et al. Composition of breast milk of lactating adolescents in function of time of lactation [J]. Nutrición Hospitalaria, 2013, 28 (6): 1971-1976.

[58] EI-FARRASH RA, ISMALL EAR, NADA ASN. Cord blood iron profile and breast milk micronutrients in maternal iron deficiency anemia [J]. Pediatric Blood and Cancer, 2012, 58 (2): 233-238.

[59] NAKAMORI M, NINH NX, ISOMURA H, et al. Nutritional status of lactating mothers and their breast milk concentration of iron, zinc and copper in rural vietnam [J]. Journal of Nutritional Science and Vitaminology, 2009, 55 (4): 338-345.

[60] DHONUKSHE-RUTTEN RAM, VOSSENAAR M, WEST CE, et al. Day-to-day variations in iron, zinc and copper in breast milk of Guatemalan mothers [J]. Journal of Pediatric Gastroenterology and Nutrition, 2005, 40 (2): 128-134.

[61] DOMELLOF M, LONNERDAL B, DEWEY KG, et al. Iron, zinc, and copper concentrations in breast milk are independent of maternal mineral status [J]. American Journal of Clinical Nutrition, 2004, 79 (1): 111-115.

[62] RODRIGUEZ EMR, ALAEJOS MS, ROMERO CD. Concentrations of iron, copper and zinc in human milk and powdered infant formula [J]. International Journal of Food Sciences and Nutrition, 2000, 51 (5): 373-380.

[63] AL-AWADI FM, SRIKUMAR TS. Trace-element status in milk and plasma of Kuwaiti and non-Kuwaiti lactating mothers [J]. Nutrition, 2000, 16 (11-12): 1069-1073.

[64] FRANSSON GB AND LONNERDAL B. Iron, copper, zinc, calcium, and magnesium in human milk fat [J]. American Journal of Clinical Nutrition, 1984, 39 (2): 185-189.

[65] DEWEY KG, FINLEY DA, AND LONNERDAL B. Breast milk volume and composition during late lactation (7-20 months)[J]. Int J Environ Res Public Health, 1984, 3 (5): 713-20.

[66] VUORI E, MAKINEN SM, KARA R, et al. The effects of the dietary intakes of copper, iron, manganese, and zinc on the trace element content of human milk [J]. American Journal of Clinical Nutrition, 1980, 33 (2): 227-231.

[67] FRANSSON GB, LONNERDAL B. Distribution of trace elements and minerals in human and cow's milk [J]. Pediatr Res, 1983, 17 (11): 912-915.

[68] ANASTACIO ADS, SILVEIRA CLPDS, MIEKELEY N, et al. Distribution of lead in human milk fractions: Relationship with essential minerals and maternal blood lead [J]. Biological Trace Element Research, 2004, 102 (1-3): 27-37.

[69] KKEIN L, BREAKEY AA, SCELZA B, et al. Concentrations of trace elements in human milk: Comparisons among women in Argentina, Namibia, Poland, and the United States [J]. Plos One, 2017, 12 (8).

[70] DUMRONGWONGSIRI O, CHONGVIRIYAPHAN N, CHATVUTINUN S, et al. Dietary Intake and Milk Micronutrient Levels in Lactating Women with Full and Partial Breastfeeding [J]. Maternal and child health journal, 2020.

[71] DEWEY KG, LONNERDAL B. Milk and nutrient intake of breast-fed infants from 1 to 6 months: relation to growth and fatness [J]. J Pediatr Gastroenterol Nutr, 1983, 2 (3): 497-506.

[72] BUTTE NF, GARZA C, SMITH EO, et al. Macro- and trace-mineral intakes of exclusively breast-fed infants [J]. American Journal of Clinical Nutrition, 1987, 45 (1): 42-48.

[73] HANNAN MA, FARAJI B, TANGUMA J, et al. Maternal milk concentration of zinc, iron, selenium, and iodine and its relationship to dietary intakes [J]. Biological Trace Element Research, 2009, 127 (1): 6-15.

[74] NIKNIAZ L, MAHDAVI R, GARGARI BP, et al. Maternal body mass index, dietary intake and socioeconomic status: differential effects on breast milk zinc, copper and iron content [J]. Health Promot Perspect, 2011, 1 (2): 140-146.

[75] ABDULLAH A, HANAN EF, FAWZY MH, et al. Mineral and vitamin content of mature breast milk of saudi lactating mothers [J]. Ecology of Food and Nutrition, 1995, 34: 327-336.

[76] SABATIER M, GARCIA-RODENAS CL, CASTRO CAD, et al. Longitudinal changes of mineral concentrations in preterm and term human milk from lactating swiss women [J]. Nutrients, 2019, 11 (8).

[77] BUTTE NF, GARZA C, BURR R, et al. Milk composition of insulin-dependent diabetic women [J]. J Pediatr Gastroenterol Nutr, 1987, 6 (6): 936-941.

第2节　碘

一、背景

碘是甲状腺激素生物合成所需的必需营养素，而甲状腺激素负责调节生长、发育和新陈代谢。婴幼儿时期是生长发育的关键期，需要更多的甲状腺激素促进体格生长及神经系统发育。如果在此期间碘未满足要求，甲状腺激素的产生可能会减少，严重者可引起婴幼儿克汀病[1]。系统探究母乳中的碘含量及其影响因素，可为指导母乳喂养和规范婴幼儿配方食品提供科学依据，最终促进婴幼儿健康生长。

二、生理功能

碘在体内主要参与甲状腺激素的合成，其生理功能主要通过甲状腺激素完成，迄今尚未发现碘有参与甲状腺激素合成以外的其他独立生理作用。甲状腺激素是人体重要的激素，该激素的生理功能主要有以下几方面[2, 3]：①促进生物氧化，参与磷酸化过程，调节能量转换；②促进蛋白质合成和神经系统发育，对出生后早期智力发育尤为重要；③促进糖和脂肪代谢，包括促进三羧酸循环和生物氧化，促进肝糖原分解和组织对糖的利用，促进脂肪分解及调节血清中胆固醇和磷脂的浓度；④激活体内许多重要的酶，包括细胞色素酶系、琥珀酸氧化酶系等100多种酶；⑤调节组织中的水盐代谢，缺乏甲状腺素可引起组织水盐潴留并发黏液性水肿；⑥促进维生素的吸收和利用，包括促进烟酸的吸收利用及β-胡萝卜素向维生素A的转化。

三、分析方法

（一）数据来源

1．营养素检索式

英文：‘mineral*’ OR ‘Iodine’ OR ‘trace element*’。

中文：“矿物质” OR “微量元素” OR “碘”。

2．母乳检索式

英文：‘breast milk’ OR ‘breast* milk’ OR ‘human* milk’ OR ‘mother* milk’ OR ‘woman* milk’ OR ‘women* milk’ OR ((lactating OR lactation) AND milk)。

中文：“母乳” OR “人乳” OR “乳汁”。

3．检索数据库

①英文数据库：Pubmed、Web of Science、Medline、Scopus、Embase、Cochrane Library。

②中文数据库：知网、万方、维普。

③通过文献追溯方法进一步收集相关文献。

4. 检索时间

检索2021年5月10日前的文献。

（二）文献纳入与排除标准

1. 纳入标准

①发表文章为中文或者英文，或学位论文；②母亲：年龄18～45岁、健康；③婴幼儿：年龄0～48月龄、健康；④干预研究和观察性研究（横断面研究、病例对照研究、队列研究）。

2. 排除标准

①母亲患有乳腺炎等疾病；②泌乳阶段未说明；③重要数据不全者；④综述、生态学研究和病例报告、会议论文。

3. 文献纳入流程

将各数据库检索结果导入文献管理器，通过题目筛选→摘要筛选→全文筛选→去除重复文献→得到最终纳入文献。文献检索具体流程见图8.2.1。

（三）数据提取

从纳入的文献中提取：文章作者，发表年份，国家，地区，泌乳阶段，样本量，母亲年龄，BMI，孕周，营养补充剂使用情况，胎次，婴儿男女比例，检测方法，采样时间，是否吸空乳房，采样体积，采样乳房（左侧/右侧），样品储藏温度，均值或者中位数，标准误或标准差，95%CI，全距，四分位间距，原始单位。对提取数据进行双复核，以确保数据的准确性。

（四）统计方法

纳入的各项文献中，由于数据格式有所不同，有的采用均值±标准差，有的采用中位数（全距或者四分位间距），本研究参照Wan等[4]及*Cochrane Handbook for Systematic Reviews of Interventions*推荐公式[5]将中位数转化为均值，全距和四分位间距转化为标准差，最终将所有研究数据统一转化为均值±标准差。数据汇总采用样本量加权，计算样本量加权均值（$Mean_s$）和加权标准差（SD_s）。

$$Mean_s=(n_1 \cdot M_1+n_2 \cdot M_2+n_3 \cdot M_3+\cdots+n_i \cdot M_i) / (n_1+n_2+n_3+\cdots+n_i)$$

n_i和M_i分别代表个项研究均值及样本量；

$$SD_s^2=\left[(A_1+A_2+A_3+\cdots+A_i)-(M_1 \cdot n_1+M_2 \cdot n_2+M_3 \cdot n_3+\cdots+M_i \cdot n_i)^2/(n_1+n_2+n_3+\cdots+n_i) \right]/(N-1)$$

$$A_i=\sum x^2=SD_i^2(n_i-1)+M_i^2 n_i;$$

$$SD_s=\sqrt{\frac{\sum A_i-\frac{[\sum(M_i n_i)]^2}{N}}{N-1}}$$

SD_i代表个项研究标准差。

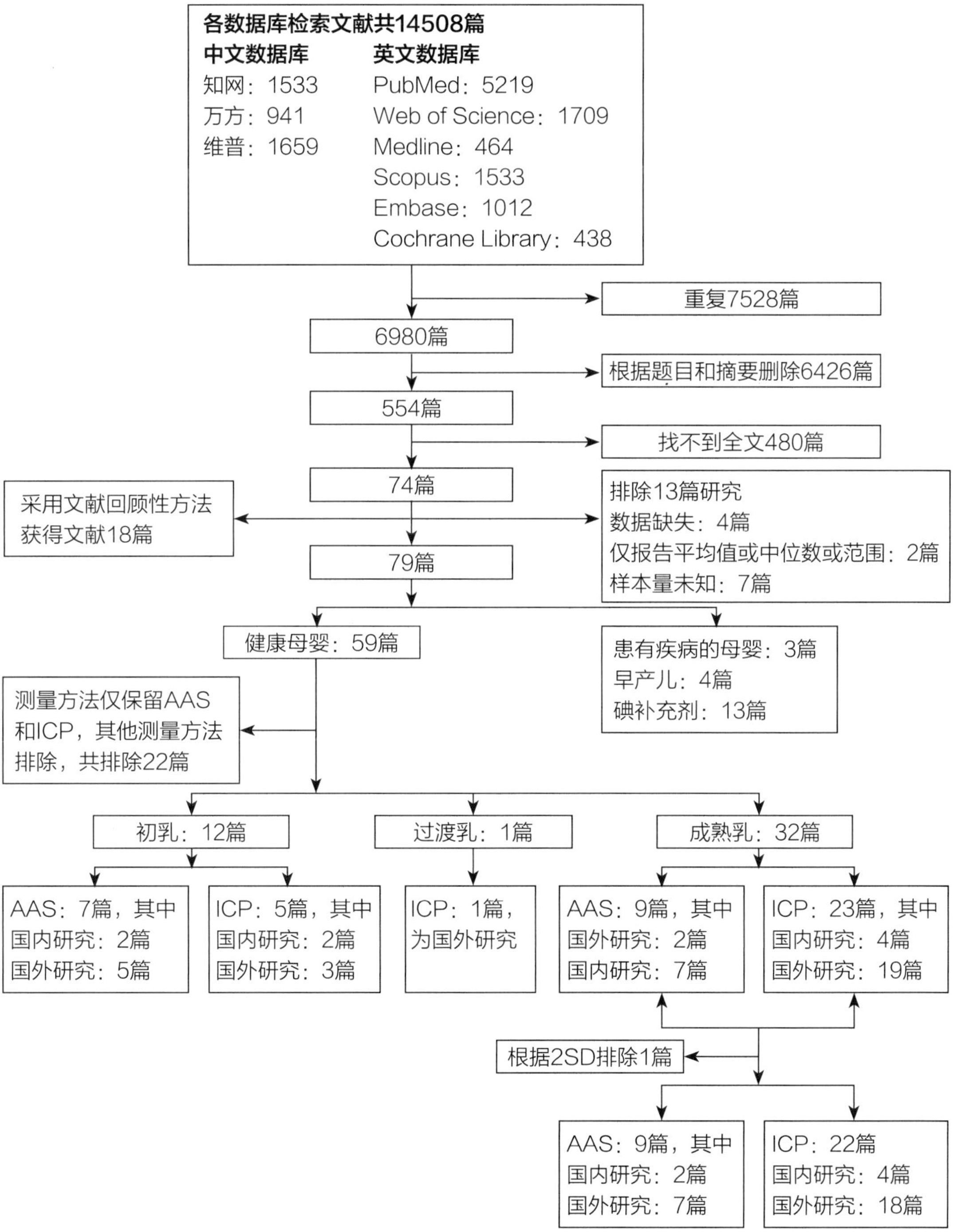

图8.2.1　碘含量文献检索流程图

四、健康母亲足月儿初乳

如表8.2.1所示，分别有4项[6-9]和8项[10-17]研究报道中国与国外足月儿的健康母亲初乳碘含量，中国母乳样本碘元素含量远高于国外母乳样本［（231.35 ± 167.02）μg/L 与（87.21 ± 107.46）μg /L，$P<0.001$］。对于不同分析方法，中国样本运用电感耦合等离子体发射光谱法的检测值远高于分光光度分析法，与国外一致。

表8.2.1 健康母亲足月儿初乳中碘含量

检测方法	中国样本				国外样本				*P2*
	研究数目	样本量	平均值/（μg/L）	标准差/（μg/L）	研究数目	样本量	平均值/（μg/L）	标准差/（μg/L）	
分光光度分析法	2	66	85.09	94.43	5	501	67.75	57.64	0.150
ICP	2	727	244.62	165.87	3	329	116.84	150.55	<0.001
P1	<0.001				<0.001				
分光光度分析法 + ICP	4	793	231.35	167.02	8	830	87.21	107.46	<0.001

注：ICP：电感耦合等离子体发射光谱法。
P1：不同方法差异比较；*P2*：不同国家间差异比较。

五、健康母亲足月儿过渡乳

目前尚未检索到国内使用分光光度分析法和电感耦合等离子体发射光谱法分析过渡乳碘含量。而国外也仅有一篇研究使用了电感耦合等离子体发射光谱法[18]，其中样品量为57，检测出来的碘含量为（188.48 ± 138.04）μg/L。

六、健康母亲足月儿成熟乳

表8.2.2显示成熟乳不同阶段及国内外样本差异，其中6项[7, 9, 19-22]研究包括中国人群，25项[10, 12, 14, 15, 18, 22-41]研究人群来自其他国家。对比不同时期的成熟乳中的碘含量，发现180天前的母乳碘含量比180天后的母乳碘含量更高［国内：（147.39 ± 75.58）μg/L 与（134.06 ± 78.60）μg/L，$P=0.111$；国外：（108.87 ± 85.11）μg/L 与（45.73 ± 49.18）μg/L，$P<0.001$］。对于不同地域，国内成熟乳中的碘含量则高于国外［（166.25 ± 111.03）μg/L 与（128.78 ± 118.81）μg/L，$P<0.001$］。

表8.2.2 健康母亲足月儿成熟乳中碘含量

泌乳阶段	检测方法	中国样本				国外样本				P3
		研究数目	样本量	平均值/（μg/L）	标准差/（μg/L）	研究数目	样本量	平均值/（μg/L）	标准差/（μg/L）	
成熟乳	分光光度分析法	2	167	206.52	197.74	7	618	106.64	111.38	＜0.001
	ICP	4	811	157.96	80.33	18	2344	134.62	120.04	＜0.001
	P1			0.002				＜0.001		
	分光光度分析法+ICP	6	978	166.25	111.03	25	2962	128.78	118.81	＜0.001
180天前成熟乳	分光光度分析法	1	47	139.34	90.69	3	388	105.62	67.95	0.017
	ICP	2	459	148.22	73.92	9	469	111.57	97.04	＜0.001
	P1			0.519				0.293		
	分光光度分析法+ICP	3	506	147.39	75.58	12	857	108.87	85.11	＜0.001
180天后成熟乳	分光光度分析法	1	20	162.00	107.00	—	—	—	—	—
	ICP	1	79	126.99	68.72	1	124	45.73	49.18	＜0.001
	P1			0.177				—		
	分光光度分析法+ICP	2	99	134.06	78.60	1	124	45.73	49.18	＜0.001
P2		0.111				＜0.001				

注：ICP：电感耦合等离子体发射光谱法。

P1：不同检测方法组间差异*P*值；*P2*：不同泌乳阶段组间差异*P*值；*P3*：不同国家间差异比较。

七、成熟乳样本地域分布及均值

表8.2.3显示目前检索到成熟乳碘含量报道的国家、样本量及平均含量。其中泰国母乳碘含量最高，但样本量仅有34；美国共有114份母乳样本检测碘含量，均值为165.43μg /L；中国978份成熟乳样本所测得的碘含量均值为166.25μg /L。

表8.2.3 各国报道的母乳碘含量检测样本量及平均含量

国家名称	样本量	平均含量/(μg/L)
亚洲		
中国	978	166.25
菲律宾	281	198.89
尼泊尔	370	224.61
泰国	34	293.72
伊朗	100	117.00
美洲		
巴西	33	206.00
美国	114	165.43
欧洲		
冰岛	117	83.25
丹麦	209	90.54
德国	65	170.00
克罗地亚	73	139.62
挪威	750	87.06
瑞士	34	87.00
意大利	22	117.50
大洋洲		
澳大利亚	98	155.42
新西兰	39	22.00
非洲		
埃塞俄比亚	202	131.46
摩洛哥	198	41.51
南非	100	192.02
尼日利亚	84	45.00

八、不同泌乳阶段母乳

对于不同泌乳阶段母乳碘含量，中国样本研究显示初乳显著高于成熟乳；而国外研究显示过渡乳最高，其次为成熟乳，初乳则最低（表8.2.4）。

表8.2.4　不同泌乳阶段母乳碘含量的比较

	初乳				过渡乳				成熟乳			
	研究数目	样本量	平均值/（μg/L）	标准差/（μg/L）	研究数目	样本量	平均值/（μg/L）	标准差/（μg/L）	研究数目	样本量	平均值/（μg/L）	标准差/（μg/L）
国内	4	793	231.35[a]	167.02	—	—	—	—	6	978	166.25[b]	111.03
国外	8	830	87.21[a]	107.46	1	57	188.48[b]	138.04	25	2962	128.78[c]	118.81

注：同一行中不同的小写上标字母表示组间比较具有统计学差异。

九、特殊状况母乳

包括早产儿、母亲患有甲状腺相关疾病等常见疾病状态的母乳。

1．早产儿

如表8.2.5所示，本项研究共检索了4篇早产儿母乳中碘含量相关文献[30, 32, 42, 43]，共计样本量为638。结果发现，早产儿母乳碘含量显著高于足月儿母乳[6-80]［（184.84 ± 155.60）μg/L 与（150.21 ± 294.97）μg/L，$P<0.001$］。

2．母亲患甲状腺疾病

如表8.2.5所示，共3篇文献（n=86）报道当哺乳期母亲患甲状腺疾病时母乳中碘的含量[55, 67, 73]。结果发现，母亲患甲状腺疾病时母乳碘的含量显著高于健康母亲母乳[6-80]［（2786.43 ± 8911.99）μg/L 与（150.21 ± 294.97）μg/L，P=0.007］。

表8.2.5　特殊状况母乳碘含量分析

特殊状况	研究数目	样本量	平均值/（μg/L）	标准差/（μg/L）	P
早产/足月					<0.001
早产	4	638	184.84	155.60	
足月	75	7671	150.21	294.97	
是否患甲状腺疾病					
是	3	86	2786.43	8911.99	0.007
否	75	7671	150.21	294.97	

十、服用膳食补充剂母亲母乳

如表8.2.6所示，本项研究共检索了13篇服用膳食补充剂的母乳碘含量相关文献[10, 12, 15, 16, 20, 22, 24, 30, 31, 81-84]，样本量1601。通过计算得到样本量加权均值及标准差为（151.38 ± 107.98）μg/L，与未服用补充剂者母乳碘含量相比[6-80]，无显著差别［（150.21 ± 294.97）μg/L，*P*=0.786］。

表8.2.6 母亲是否服用碘补充剂母乳碘含量比较

	研究数目	样本量	平均值/（μg/L）	标准差/（μg/L）	*P*
服用碘补充剂	13	1601	151.38	107.98	0.786
未服用碘补充剂	75	7671	150.21	294.97	

十一、影响因素

本研究发现，不同泌乳阶段、不同检测方法、不同地域及母亲是否罹患甲状腺疾病是影响母乳碘含量的重要因素。中国母乳样本各个阶段碘含量均显著高于国外，有极大的原因是由于我国早年推行的全民补碘运动。中国一度是世界上缺碘最为严重的国家之一，有7亿多人口缺碘，曾占到世界碘缺乏病人群的40%。1994年，国家颁布《食盐加碘消除碘缺乏危害管理条例》，除了北京、河北、山西、江苏、安徽、福建、山东和河南是全国八个高碘省市，可不用强制推行加碘盐，其余省市食用盐均强制加碘[85]。然而目前碘过量所引起的甲状腺功能亢进、甲状腺肿或甲状腺自身免疫性疾病等也越来越受到重视[86]。对于哺乳期母亲，可能需要更多的随机对照试验来探究碘的安全摄入范围[87]。

（编写：张喆庆，洪真，黄佳鹏）

参考文献

[1] ZIMMERMANN M B, JOOSTE P L, PANDAV C S. Iodine-deficiency disorders [J]. Lancet, 2008, 372 (9645): 1251-1262.

[2] 杨月欣，葛可佑. 中国营养科学全书（第2版）[M]. 北京：人民卫生出版社，2019.

[3] 孙长颢. 营养与食品卫生学（第8版）[M]. 北京：人民卫生出版社，2017.

[4] WAN X, WANG W, LIU J, et al. Estimating the sample mean and standard deviation from the sample size, median, range and/or interquartile range [J]. BMC Med Res Methodol, 2014, 14: 135.

[5] HIGGINS J, THOMAS J, CHANDLER J, et al. Cochrane Handbook for Systematic Reviews of Interventions version 6.3 (updated February 2022) [M]. Cochrane, 2022.

[6] 陆源，唐向辉，张衍丽，等. 30例正常产妇初乳与成熟乳碘含量的分析［J］. 微量元素与健康研究，1999（4）：21-22+36.

[7] 郝云梦. 乳汁碘含量对婴儿碘营养状况的影响［D]，天津医科大学，2019.

[8] 唐向辉，和协超，张衍丽，等. 正常产妇成熟乳碘和初乳碘含量的比较［J］. 营养学报，1999（3）：333-335.

[9] CHEN Y, GAO M, BAI Y, et al. Variation of iodine concentration in breast milk and urine in exclusively breastfeeding women and their infants during the first 24 wk after childbirth [J]. Nutrition, 2020, 71: 110599.

[10] NAZERI P, TAHMASEBINEJAD Z, HEDAYATI M, et al. Is breast milk iodine concentration an influential factor in growth- and obesity-related hormones and infants' growth parameters? [J]. Matern & Child Nutrition, 2021, 17 (1): e13078.

[11] ISIKLAR OZBERK D, KUTLU R, KILINC I, et al. Effects of mandatory salt iodization on breast milk, urinary iodine concentrations, and thyroid hormones: is iodine deficiency still a continuing problem? [J]. Journal of endocrinological investigation, 2019, 42 (4): 411-418.

[12] BOUHOUCH R R, BOUHOUCH S, CHERKAOUI M, et al. Direct iodine supplementation of infants versus supplementation of their breastfeeding mothers: a double-blind, randomised, placebo-controlled trial [J]. Lancet Diabetes Endocrinol, 2014, 2 (3): 197-209.

[13] MOBASSERI M, ROSHANRAVAN N, MESRI ALAMDARI N, et al. Urinary and milk iodine status in neonates and their mothers during congenital hypothyroidism screening program in eastern azerbaijan: a pilot study [J]. Iranian Journal of Public Health, 2014, 43 (10): 1380-1384.

[14] AYODELE J T, SULEIMAN F B. Determination of iodine in human milk and urine [J]. Faculty of Journal of Science, Obafemi Awolowo University, 2005, 6 (1): 79-83.

[15] CHIERICI R, SACCOMANDI D, VIGI V. Dietary supplements for the lactating mother: influence on the trace element content of milk [J]. Acta Paediatr (Oslo, Norway: 1992). Supplement, 1999, 88 (430): 7-13.

[16] NøHR S B, LAURBERG P, BøRLUM K G, et al. Iodine status in neonates in Denmark: regional variations and dependency on maternal iodine supplementation [J]. Acta Paediatrica (Oslo, Norway: 1992), 1994, 83 (6): 578-582.

[17] ETLING N, PADOVANI E, FOUQUE F, et al. First-month variations in total iodine content of human breast milks [J]. Early human development, 1986, 13 (1): 81-85.

[18] ELLSWORTH L, MCCAFFERY H, HARMAN E, et al. Breast milk iodine concentration is associated with infant growth, independent of maternal weight [J]. Nutrients, 2020, 12 (2): 358.

[19] 刘雯迪. 哺乳期妇女碘需要量的研究［D］. 天津医科大学，2019.

[20] 王春学，王敏，白秀静. 补碘对哺乳期妇女母乳—乳汁—婴儿的碘代谢过程的影响［J］. 中国地方病防治杂志，2016，31（6）：656-657.

[21] 朱云霞，沈剑，沈涌海. 婴儿碘营养与母乳碘关系的探讨［J］. 浙江预防医学，2000，08）：47.

[22] DOLD S, ZIMMERMANN M B, ABOUSSAD A, et al. Breast milk iodine concentration is a more accurate biomarker of iodine status than urinary iodine concentration in exclusively breastfeeding women [J]. The Journal of Nutrition, 2017, 147 (4): 528-537.

[23] SKEAFF S A, FERGUSON E L, MCKENZIE J E, et al. Are breast-fed infants and toddlers in New Zealand at risk of iodine deficiency? [J]. Nutrition (Burbank, Los Angeles County, Calif.), 2005, 21 (3): 325-331.

[24] ANDERSEN S L, MøLLER M, LAURBERG P. Iodine concentrations in milk and in urine during breastfeeding are differently affected by maternal fluid intake [J]. Thyroid: official journal of the American Thyroid Association, 2014, 24 (4): 764-772.

[25] HENJUM S, KJELLEVOLD M, ULAK M, et al. Iodine concentration in breastmilk and urine among lactating women of bhaktapur, nepal [J]. Nutrients, 2016, 8 (5): 255.

[26] JORGENSEN A, O'LEARY P, JAMES I, et al. Assessment of breast milk iodine concentrations in lactating women in Western Australia [J]. Nutrients, 2016, 8 (11): 699.

[27] MOHD-TAUFEK N, CARTWRIGHT D, DAVIES M, et al. The simultaneous analysis of eight essential trace elements in human milk by ICP-MS [J]. Food Analytical Methods, 2016, 9 (7): 2068-2075.

[28] MOHD-TAUFEK N, CARTWRIGHT D, DAVIES M, et al. The effect of pasteurization on trace elements in donor breast milk [J]. Journal of Perinatology, 2016, 36 (10): 897-900.

[29] OSEI J, ANDERSSON M, REIJDEN O V D, et al. Breast-milk iodine concentrations, iodine status, and thyroid function of breastfed infants aged 2-4 months and their mothers residing in a south african township [J]. Journal of Clinical Research in Pediatric Endocrinology, 2016, 8 (4): 381-391.

[30] GEBREEGZIABHER T, STOECKER B J. Comparison of two sources of iodine delivery on breast milk iodine and maternal and infant urinary iodine concentrations in southern Ethiopia: A randomized trial [J]. Food Science & Nutrition, 2017, 5 (4): 921-928.

[31] HENJUM S, LILLEENGEN A M, AAKRE I, et al. Suboptimal iodine concentration in breastmilk and inadequate iodine intake among lactating women in Norway [J]. Nutrients, 2017, 9 (7): 643.

[32] SABATIER M, GARCIA-RODENAS C L, CASTRO C A D, et al. Longitudinal changes of mineral concentrations in preterm and term human milk from lactating swiss women [J]. Nutrients, 2019, 11 (8): 1855.

[33] BAKKEN K S, OMA I, GROUFH-JACOBSEN S, et al. The Reliability of iodine concentration in diaper-retrieved infant urine using urine collection pads, and in their mothers' breastmilk [J]. Biomolecules, 2020, 10 (2): 295.

[34] PETERSEN E, THORISDOTTIR B, THORSDOTTIR I, et al. Iodine status of breastfed infants and their mothers' breast milk iodine concentration [J]. Maternal And Child Nutrition, 2020, 16 (3): e12993.

[35] BAZRAFSHAN H R, MOHAMMADIAN S, ORDOOKHANI A, et al. An assessment of urinary and breast milk iodine concentrations in lactating mothers from Gorgan, Iran, 2003 [J]. Thyroid, 2005, 15 (10): 1165-1168.

[36] KHLER M, FECHNER A, LEITERER M, et al. Iodine content in milk from German cows and in human milk: new monitoring study [J]. Trace Elements and Electrolytes, 2012, 29 (2): 119-126.

[37] SINGH S, LAMSAL M, BARAL N, et al. Correlation of Iodine content of mother's milk and urine with their child's TSH level [J]. Asian Journal of Medical Sciences, 2015, 7 (1): 40.

[38] PEARCE E N, LEUNG A M, BLOUNT B C, et al. Breast milk iodine and perchlorate concentrations in

lactating Boston-area women [J]. Journal of Clinical Endocrinology & Metabolism, 2007, 92 (5): 1673-1677.

[39] WüNSCHMANN, SIMONE, FRäNZLE, et al. Verteilung chemischer Elemente in der Nahrung und Milch stillender Mütter: Teil II: Ag, Au, Ba, Cd, Ce, Co, Cr, Cs, Cu, Fe, Ga, I, La, Mn, Mo, Nb, Ni, P, Pb, Ra, Rb, Re, Ru, Sb, Sr, Te, Th, Ti, U, Y, Zn und Zr (Originalarbeiten) [J]. Umweltwissenschaften und Schadstoff-Forschung, 2004, 16: 168-174.

[40] DE LIMA L F, BARBOSA F, NAVARRO A M. Excess iodinuria in infants and its relation to the iodine in maternal milk [J]. Journal of trace elements in medicine and biology: organ of the Society for Minerals and Trace Elements (GMS), 2013, 27 (3): 221-225.

[41] MOLLA G M, ARSLAN M I, MILKY M T. Breast milk iodine and iodine status of breast-fed infants [J]. Delta Medical College Journal, 2017, 3 (2): 74-77.

[42] AKANLE O A, BALOGUN F A, OWA J A, et al. Study of the nutritional status of maternal breast milk in preterm infants in nigeria [J]. Journal of Radioanalytical and Nuclear Chemistry, 2000, 244 (1): 231-235.

[43] TRINTA V D O, PADILHA P D C, PETRONILHO S, et al. Total metal content and chemical speciation analysis of iron, copper, zinc and iodine in human breast milk using high-performance liquid chromatography separation and inductively coupled plasma mass spectrometry detection [J]. Food Chemistry, 2020, 326: 126978.

[44] LAHESMAA P, VILKKI P. The iodine content of human milk in Finland [J]. Acta Paediatrca (Stockh), 1960, 49: 371-376.

[45] MORITO C, RYUSHI I. Secretion Rate of Dietary Iodine into Human Milk [J]. Journal of Radiation Research, 1968, (1): 12-18.

[46] Bruhn, J. C., & Franke, A. A. Iodine in Human Milk [J]. Journal of Dairy Science, 1983, 66 (6): 1396-1398.

[47] MURAMATSU Y, SUMIYA M, OHMOMO Y. Stable iodine contents in human milk related to dietary algae consumption [J]. Japanese Journal of Health Physics. 1983, 18 (2): 113-117.

[48] HEIDEMANN P H, STUBBE P, THAL H, et al. Influence of iodine prophylaxis on thyroid function and iodine excretion in newborn infants and their mothers: comparison between Sweden and Germany [J]. European Journal of Endocrinology, 1986, 113 (1): 47-48.

[49] PARR R M, DEMAEYER E M, IYENGAR V G, et al. Minor and trace elements in human milk from Guatemala, Hungary, Nigeria, Philippines, Sweden, and Zaire. Results from a WHO/IAEA joint project [J]. Biological trace element research, 1991, 29 (1): 51-75.

[50] VERMIGLIO F, PRESTI V P L. Enhanced iodine concentrating capacity by the mammary gland in iodine deficient lactating women of an endemic goiter region in Sicily [J]. Journal of endocrinological investigation, 1992, 15 (2): 137-142.

[51] BöHLES H, ASCHENBRENNER M, ROTH M, et al. Development of thyroid gland volume during the first 3 months of life in breast-fed versus iodine-supplemented and iodine-free formula-fed infants [J]. The Clinical investigator, 1993, 71 (1): 13-20.

[52] GöKMEN I G, DAĞLI G. Determination of iodine concentration in human milk, cows' milk and infant

formula and estimation of daily iodine intake of infants [J]. The Analyst, 1995, 120 (7): 2005-2008.

[53] CHAOUKI M L, BENMILOUD M. Prevention of iodine deficiency disorders by oral administration of lipiodol during pregnancy [J]. European journal of endocrinology, 1994, 130 (6): 547-551.

[54] KOGA Y, SANO H, KIKUKAWA Y, et al. Effect on neonatal thyroid function of povidone-iodine used on mothers during perinatal period [J]. Journal of obstetrics and gynaecology (Tokyo, Japan), 1995, 21 (6): 581-585.

[55] ISHIZUKI Y, HIROOKA Y, TANIGAWA S, et al. Iodine content in milk in postpartum hypothyroidism [J]. Folia Endocrinologica Japonica, 1996, 72 (6): 1043-1050.

[56] 马婉君，唐向辉．正常产妇初乳碘含量的研究［J］．新生儿科杂志，1997，012（3）：114-115.

[57] TRABZUNI D M, IBRAHIM H S, EWAIDAH E H. An assessment of iodine status of Saudi lactating mothers and its relation to iodine intake in Riyadh City [J]. Ecology of Food & Nutrition, 1998, 37 (4): 297-307.

[58] MOON, SOOJAE, KIM, et al. Iodine content of human milk and dietary iodine intake of Korean lactating mothers [J]. International journal of food sciences and nutrition, 1999, 50 (3): 165-171.

[59] WüNSCHMANN S, FRNZLE S, KüHN I, et al. Concentration levels of chemical elements in food and mother's milk [J]. Umweltwissenschaften und Schadstoff-Forschung, 2002, 14 (4): 221-227.

[60] CHAN S S Y, HAMS G, WILEY V, et al. Postpartum maternal iodine status and the relationship to neonatal thy roid function [J]. Thyroid: official journal of the American Thyroid Association, 2003, 13 (9): 873-876.

[61] KURTOGLU S, AKCAKUS M, KOCAOGLU C, et al. Iodine status remains critical in mother and infant in Central Anatolia (Kayseri) of Turkey [J]. European journal of nutrition, 2004, 43 (5): 297-303.

[62] KIRK A B, MARTINELANGO P K, TIAN K, et al. Perchlorate and iodide in dairy and breast milk [J]. Environmental science & technology, 2005, 39 (7): 2011-2017.

[63] BADER N, MOLLER U, LEITERER M, et al. Pilot study: Tendency of increasing iodine content in human milk and cow's milk [J]. Experimental and clinical endocrinology & diabetes: official journal, German Society of Endocrinology [and] German Diabetes Association, 2005, 113 (1): 8-12.

[64] TéLLEZ R T, CHACóN P M, ABARCA C R, et al. Long-term environmental exposure to perchlorate through drinking water and thyroid function during pregnancy and the neonatal period [J]. Thyroid Official Journal of the American Thyroid Association, 2005, 15 (9): 963-975.

[65] HANNAN M A, FARAJI B, TANGUMA J, et al. Maternal milk concentration of zinc, iron, selenium, and iodine and its relationship to dietary intakes [J]. Biological trace element research, 2009, 127 (1): 6-15.

[66] COSTEIRA M J, OLIVEIRA P, ARES S, et al. Iodine status of pregnant women and their progeny in the Minho Region of Portugal [J]. Thyroid: official journal of the American Thyroid Association, 2009, 19 (2): 157-163.

[67] HASHEMIPOUR M, NASRI P, HOVSEPIAN S, et al. Urine and milk iodine concentrations in healthy and congenitally hypothyroid neonates and their mothers [J]. Endokrynologia Polska, 2010, 61 (4): 371-376.

[68] ORDOOKHANI A, PEARCE E N, HEDAYATI M, et al. Assessment of thyroid function and urinary

and breast milk iodine concentrations in healthy newborns and their mothers in Tehran [J]. Clinical Endocrinology, 2010, 67 (2): 175-179.

[69] MOLLA G M, ARSLAN M I, MOLLAH F H, et al. Urinary iodine excretion of lactating mothers predicts the iodine content of their breast milk [J]. Journal of Enam Medical College, 2011, 1 (1): 15-18.

[70] SHI Y D, SUN G Q, ZHANG Z G, et al. The chemical composition of human milk from Inner Mongolia of China [J]. Food Chemistry, 2011, 127 (3): 1193-1198.

[71] LEUNG A M, BRAVERMAN L E, HE X, et al. Environmental perchlorate and thiocyanate exposures and infant serum thyroid function [J]. Thyroid: official journal of the American Thyroid Association, 2012, 22 (9): 938-943.

[72] MOLLA G M, MOLLAH F H, MILKY M T, et al. Maternal iodine status reflects the iodine status of their breast-fed infants [J]. Apollo Hospitals Dhaka, 2015, 6 (1-2).

[73] MIZOKAMI T, FUKATA S, HISHINUMA A, et al. Iodide Transport Defect and Breast Milk Iodine [J]. European thyroid journal, 2016, 5 (2): 145-148.

[74] CONG, CHONGDAN, WANG, et al. The iodine status of lactating women and the influence on infants in Tianjin City [J]. Wei sheng yan jiu = Journal of hygiene research, 2018, 47 (4): 543-547.

[75] DUMRONGWONGSIRI O, CHATVUTINUN S, PHOONLABDACHA P, et al. High Urinary Iodine Concentration Among Breastfed Infants and the Factors Associated with Iodine Content in Breast Milk [J]. Biological trace element research, 2018, 186 (1): 106-113.

[76] WANG W, SUN Y, ZHANG M, et al. Breast milk and infant iodine status during the first 12 weeks of lactation in Tianjin City, China [J]. Asia Pacific journal of clinical nutrition, 2018, 27 (2): 393-398.

[77] 钱冲，勾新磊，史迎杰，等. 气相色谱法测定婴幼儿配方奶粉和母乳中的碘［J］. 食品安全质量检测学报，2018，9（15）：4061-4065.

[78] 何娜. 气相色谱法测定婴幼儿配方奶粉和母乳中的碘含量［J］. 科学与财富，2018.

[79] JIN Y, COAD J, ZHOU S J, et al. Use of Iodine Supplements by Breastfeeding Mothers Is Associated with Better Maternal and Infant Iodine Status [J]. Biological trace element research, 2020, 199 (8): 2893-2903.

[80] 赵臻，王丹，王青云，等. 黑龙江省哈尔滨市母乳中矿物质含量的检测［J］. 中国乳业，2020（3）：71-73.

[81] WüNSCHMANN S, FRNZLE S, KüHN I, et al. Concentration levels of chemical elements in food and mother's milk: Teil I: Iod [J]. Umweltwissenschaften und Schadstoff-Forschung, 2002, 14 (4): 221-227.

[82] BADER N, MöLLER U, LEITERER M, et al. Pilot study: tendency of increasing iodine content in human milk and cow's milk [J]. Experimental and clinical endocrinology & diabetes: official journal, German Society of Endocrinology [and] German Diabetes Association, 2005, 113 (1): 8-12.

[83] JIN Y, COAD J, ZHOU S J, et al. Use of iodine supplements by breastfeeding mothers is associated with better maternal and infant iodine status [J]. Biological trace element research, 2021, 199 (8): 2893-2903.

[84] HUYNH D, CONDO D, GIBSON R, et al. Comparison of breast-milk iodine concentration of lactating women in Australia pre and post mandatory iodine fortification [J]. Public health nutrition, 2017, 20 (1): 12-17.

[85] SUN D, CODLING K, CHANG S, et al. Eliminating iodine deficiency in china: achievements, challenges and global implications [J]. Nutrients, 2017, 9 (4): 361.

[86] FAREBROTHER J, ZIMMERMANN M B, ANDERSSON M. Excess iodine intake: sources, assessment, and effects on thyroid function [J]. Excess iodine intake: sources, assessment, and effects on thyroid function, 2019, 1446 (1): 44-65.

[87] PEARCE E N, LAZARUS J H, MORENO-REYES R, et al. Consequences of iodine deficiency and excess in pregnant women: an overview of current knowns and unknowns [J]. The American journal of clinical nutrition, 2016, 104 Suppl 3 (Suppl 3): 918S-923S.

第3节　锌

一、背景

锌作为必需微量元素之一，是近百种金属酶的组成成分或酶的激活剂，参与组织呼吸、能量代谢及抗氧化等。锌在体内还参与蛋白合成，促进细胞分裂、生长和再生，增进食欲，促进性器官的正常发育和性功能的完善，保护皮肤健康，并促进机体免疫功能。锌还可松散地与乳铁蛋白结合，促进铁蛋白的生成与转运。缺锌可导致婴幼儿缺锌性侏儒症、免疫功能差、异食症、贫血、肌张力低下及行为异常等[1, 2]。

纯母乳喂养婴儿锌元素由母乳提供。相较牛乳和配方粉，母乳含有能促进锌吸收的小分子配体，使婴幼儿对母乳中的锌更易吸收，吸收率可达50%[3]。尽管目前关于母乳中锌含量的国内外研究似乎较多，但缺少完善的母乳中锌含量的系统综述数据。因此，有必要探讨不同情况下母乳中锌含量及其影响因素，以指导母乳喂养和规范婴幼儿配方食品，促进婴幼儿健康生长。

二、生理功能

锌对生长发育、免疫功能、物质代谢和生殖功能等均具有重要的作用，具体包括以下几个方面[4-7]。

1．金属酶的组成成分或酶的激活剂

锌是体内上百种酶如超氧化物歧化酶、苹果酸脱氢酶、碱性磷酸酶、乳酸脱氢酶等多种重要酶的组成成分，参与组织呼吸和能量代谢过程。锌还是维持RNA多聚酶、DNA多聚酶及反转录酶等活性所必需的微量元素。

2．促进生长发育

锌缺乏可引起RNA、DNA及蛋白质的合成障碍，使细胞分裂减少，导致生长停止。锌还参与内分泌激素如促黄体激素、促卵泡激素、促性腺激素等的代谢，间接调节胎儿生长发育、促进性器官和性功能成熟。

3．促进机体免疫功能

锌可通过促进免疫细胞如淋巴细胞、T细胞的分裂增殖，并调控外周血单核细胞合成干扰素-γ、白细胞介素-1和白细胞介素-6、肿瘤坏死因子-α和白细胞介素-2受体等的分泌和产生，缺锌可引起胸腺萎缩、胸腺激素减少、T细胞功能受损及细胞介导免疫功能改变。

4．维持生物膜结构

锌可与细胞膜含硫、氮的配基形成牢固的复合物，从而维持细胞膜稳定和抗自由基功能。此外，锌还影响膜的屏障功能、转运功能和受体结合等[6]。

三、分析方法

（一）数据来源

1．营养素检索式

英文：'mineral*' OR 'Zinc' OR 'trace element*'。

中文："矿物质" OR "微量元素" OR "锌"。

2．母乳检索式

英 文：'breast milk' OR 'breast* milk' OR 'human* milk' OR 'mother* milk' OR 'woman* milk' OR 'women* milk' OR ((lactating OR lactation) AND milk)。

中文："母乳" OR "人乳" OR "乳汁"。

3．检索数据库

①英文数据库：PubMed、Web of Science、Medline、Scopus、Embase、Cochrane Library。

②中文数据库：知网、万方、维普。

③通过文献追溯方法进一步收集相关文献。

4．检索时间

截至2021年5月10日。

（二）文献纳入与排除标准

1．纳入标准

①发表文章为中文或者英文，含学位论文；②母亲：年龄18～45岁，健康；③婴幼儿：年龄0～48月龄，健康；④干预研究和观察性研究（横断面研究、病例对照研究、队列研究）。

2．排除标准

①母亲患有乳腺炎等疾病；②泌乳阶段未说明；③重要数据不全者；④综述、生态学研究和病例报告、会议论文。

3．文献纳入流程

将各数据库检索结果导入文献管理器，通过题目筛选→摘要筛选→全文筛选→去除重复文献→得到最终纳入文献。文献检索具体流程见图8.3.1。

（三）数据提取

从纳入的文献中提取：文章作者，发表年份，国家，地区，泌乳阶段，样本量，母亲年龄，BMI，孕周，营养补充剂使用情况，胎次，婴儿性别比例，检测方法，采样时间，是否吸空乳，采样体积，采样乳房（左侧/右侧），样品储藏温度，均值或者中位数，标准误或标准差，95%CI，全距，四分位间距，原始单位。对提取数据进行双复核，以确保数据的准确性。

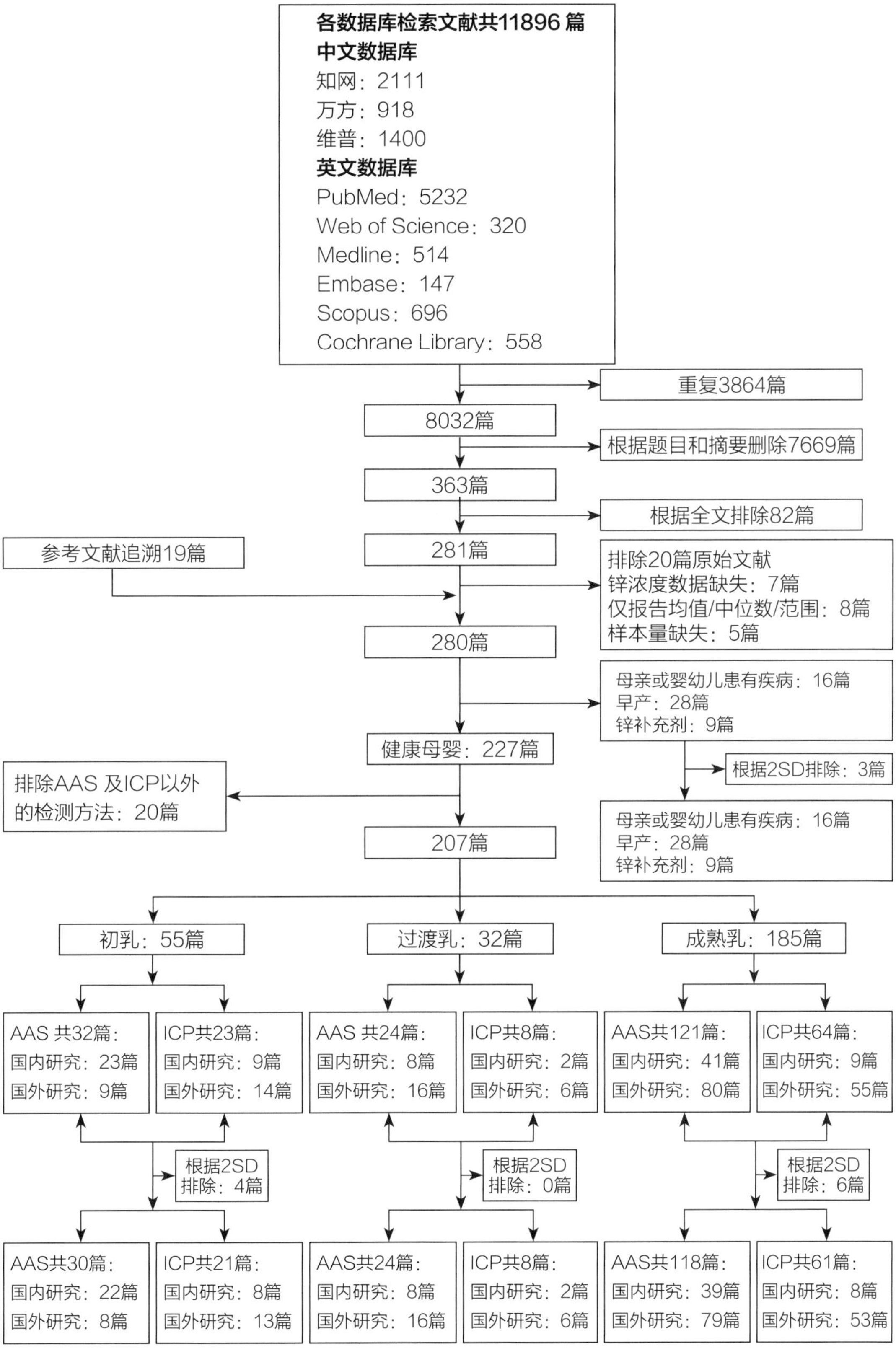

图8.3.1　锌含量文献检索流程图

（四）统计方法

纳入的各项文献中，由于数据格式有所不同，有的采用均值 ± 标准差，有的采用中位数（全距或者四分位间距）。本研究参照Wan等[8]及*Cochrane Handbook for Systematic Reviews of Interventions*推荐公式[9]将中位数转化为均值，全距和四分位间距转化为标准差，最终将所有研究数据统一转化为均值 ± 标准差。数据汇总采用样本量加权，计算样本量加权均值（$Mean_s$）和加权标准差（SD_s）。

$Mean_s = (n_1 \cdot M_1 + n_2 \cdot M_2 + n_3 \cdot M_3 + \cdots + n_i \cdot M_i) / (n_1+n_2+n_3+ \cdots + n_i)$

n_i和M_i分别代表个项研究均值及样本量；

$SD_s^2 = [(A_1+A_2+A_3+\cdots+A_i) - (M_1 \cdot n_1+M_2 \cdot n_2+M_3 \cdot n_3+\cdots+M_i \cdot n_i)^2 / (n_1+n_2+n_3+\cdots+n_i)] / (N-1)$

$$A_i = \sum x^2 = SD_i^2 (n_i-1) + M_i^2 n_i;$$

$$SD_s = \sqrt{\frac{\sum A_i - \frac{[\sum(M_i n_i)]^2}{N}}{N-1}}$$

SD_i 代表个项研究标准差。

四、健康母亲足月儿初乳

如表8.3.1所示，分别有31项（n=4283）[10-40]和22项（n=667）[41-62]研究报道中国及国外初乳样本锌含量，结果发现国内初乳中锌含量显著高于国外［（6.47 ± 3.61）mg/L与（6.23 ± 3.33）mg/L, P=0.040］。对于不同分析方法，在中国样本中进行初乳中的锌含量的检测发现，运用电感耦合等离子体发射光谱法的检测值高于原子吸收分光光度法［（6.74 ± 3.61）mg/L与（5.97 ± 3.28）mg/L，P<0.001］，这与国外研究一致。

表8.3.1 健康母亲足月儿初乳中锌含量

检测方法	中国样本				国外样本				P2
	研究数目	样本量	平均值/（mg/L）	标准差/（mg/L）	研究数目	样本量	平均值/（mg/L）	标准差/（mg/L）	
AAS	22	1924	5.97	3.28	8	248	5.85	3.46	0.236
ICP	8	2345	6.74	3.61	13	413	6.52	3.20	0.207
P1			<0.001				0.002		
AAS+ICP	31	4283	6.47	3.61	22	667	6.23	3.33	0.040

注：AAS：原子吸收分光光度法；ICP：电感耦合等离子体发射光谱法。
P1：不同方法差异比较；*P2*：不同国家间差异比较。

五、健康母亲足月儿过渡乳

如表8.3.2所示，分别有10项[10, 13, 16, 19, 36-38, 40, 63, 64]和22项[43-45, 47, 51, 58, 61, 65-79]研究报道国内外过渡乳样本锌含量，结果显示中国母亲过渡乳中锌含量显著高于国外样本［（3.48 ± 1.32）mg/L与（3.15 ± 1.97）mg/L，$P<0.001$］。不同方法间比较，不论国内还是国外样本，原子吸收分光光度法测得值均显著高于电感耦合等离子体发射光谱法。

表8.3.2 健康母亲足月儿过渡乳中锌含量

检测方法	中国样本				国外样本				*P2*
	研究数目	样本量	平均值/（mg/L）	标准差/（mg/L）	研究数目	样本量	平均值/（mg/L）	标准差/（mg/L）	
AAS	8	645	3.58	1.31	16	421	3.36	2.07	0.053
ICP	2	64	2.50	0.86	6	292	2.94	1.90	0.005
P1	<0.001				0.006				
AAS+ICP	10	709	3.48	1.32	22	704	3.15	1.97	<0.001

注：AAS：原子吸收分光光度法；ICP：电感耦合等离子体发射光谱法。
P1：不同方法差异比较；*P2*：不同国家间差异比较。

六、健康母亲足月儿成熟乳

表8.3.3显示成熟乳不同阶段及国内外样本差异。其中48项[10, 11, 13-20, 23-25, 28-30, 32, 35-38, 40, 43-45, 47, 51, 58, 61, 65-105]研究来自中国人群，132项[41-45, 47, 49-51, 53, 55-62, 65, 66, 68, 69, 72, 75, 77-79, 106-210]研究来自其他国家。Meta分析显示国内外成熟乳锌含量分别为（2.77 ± 2.91）mg/L与（1.93 ± 2.14）mg/L（$P<0.001$）。随着泌乳进展，国内外母乳样本180天后母乳锌含量均显著低于180天前样本（$P<0.001$）。各个泌乳阶段，国内母乳锌含量显著高于国外，原子吸收分光光度法测得值显著高于电感耦合等离子体发射光谱法。

表8.3.3 健康母亲足月儿成熟乳中锌含量

泌乳阶段	检测方法	中国样本				国外样本				*P3*
		研究数目	样本量	平均值/（mg/L）	标准差/（mg/L）	研究数目	样本量	平均值/（mg/L）	标准差/（mg/L）	
成熟乳	AAS	39	4863	2.78	2.85	79	4426	1.66	1.85	<0.001
	ICP	8	1421	2.35	1.37	53	4858	2.19	2.35	0.001
	P1	<0.001				<0.001				
	AAS+ICP	48	6313	2.77	2.91	132	9297	1.93	2.14	<0.001

续表

泌乳阶段	检测方法	中国样本				国外样本				P3
		研究数目	样本量	平均值/（mg/L）	标准差/（mg/L）	研究数目	样本量	平均值/（mg/L）	标准差/（mg/L）	
180天前成熟乳	AAS	32	3838	2.30	1.46	52	2598	1.78	2.39	<0.001
	ICP	5	454	1.65	0.90	30	3242	2.20	2.44	<0.001
	P1	<0.001				<0.001				
	AAS+ ICP	38	4321	2.36	2.17	87	6139	2.63	4.27	<0.001
180天后成熟乳	AAS	4	92	1.04	0.80	11	462	0.95	1.43	0.400
	ICP	2	31	0.96	0.81	6	240	0.59	0.44	0.025
	P1	0.632				<0.001				
	AAS+ ICP	6	123	1.02	0.80	17	694	0.80	1.21	0.011
P2		<0.001				<0.001				

注：AAS：原子吸收分光光度法；ICP：电感耦合等离子体发射光谱法。
P1：不同检测方法组间差异P值；*P2*：不同泌乳阶段组间差异P值；*P3*：不同国家间差异比较。

七、成熟乳样本地域分布及均值

表8.3.4显示目前检索到成熟乳锌含量报道的国家、样本量及平均含量。其中印度尼西亚成熟乳锌含量最高，为9.47mg/L；美国共有990份母乳样本检测锌含量，均值为1.35mg/L；中国6313份成熟乳样本所测得的锌含量均值为2.77mg/L。

表8.3.4　各国报道的母乳锌检测样本量及平均含量

国家	样本量	平均含量/（mg/L）
亚洲		
中国	6313	2.77
日本	1388	1.46
韩国	309	0.94
巴基斯坦	51	0.88
尼泊尔	26	1.10
孟加拉国	54	1.21
越南	59	0.51

续表

国家	样本量	平均含量/（mg/L）
印度尼西亚	420	9.47
马来西亚	20	1.86
印度	401	1.41
泰国	34	1.56
伊朗	609	2.06
科威特	11	2.22
约旦	76	3.73
阿拉伯联合酋长国	325	1.89
沙特阿拉伯	54	1.25
美洲		
美国	990	1.35
加拿大	148	2.13
危地马拉	361	1.98
委内瑞拉	138	2.00
巴西	607	1.99
阿根廷	21	0.93
欧洲		
英国	10	1.93
德国	141	5.32
比利时	12	3.40
奥地利	24	0.98
法国	57	5.23
瑞士	34	3.20
西班牙	216	2.00
葡萄牙	124	1.40
意大利	140	2.88
希腊	158	2.82
芬兰	327	2.13

续表

国家	样本量	平均含量/（mg/L）
拉脱维亚	25	0.71
波兰	401	0.47
斯洛文尼亚	74	2.10
克罗地亚	256	9.08
塞尔维亚	148	2.27
大洋洲		
澳大利亚	28	2.00
非洲		
埃及	10	0.00
肯尼亚	104	0.57
尼日利亚	672	1.15
布隆迪	10	1.74
纳米比亚	6	1.34
南非	60	2.67

八、不同泌乳阶段母乳

表8.3.5显示不同泌乳阶段母乳锌含量的差异，结果显示，随着泌乳进展，国内外样本锌含量均显著降低。

表8.3.5　不同泌乳阶段母乳锌含量的比较

	初乳				过渡乳				成熟乳			
	研究数目	样本量	平均值/（mg/L）	标准差/（mg/L）	研究数目	样本量	平均值/（mg/L）	标准差/（mg/L）	研究数目	样本量	平均值/（mg/L）	标准差/（mg/L）
国内	31	4283	6.47[a]	3.61	10	709	3.48[b]	1.32	48	6313	2.77[c]	2.91
国外	22	667	6.23[a]	3.33	22	704	3.15[b]	1.97	132	9297	1.93[c]	2.14

注：同一行中不同的小写上标字母表示组间比较具有统计学差异。

九、特殊状况母乳

1. 早产儿

如表8.3.6所示，本项研究共检索了26篇早产儿母乳中锌含量相关文献，样本量为n=722[13, 16, 30, 44, 49, 55, 58, 61, 66, 68, 165, 167, 193, 194, 196, 211-221]。组间比较显示，早产儿母乳锌含量显著低于健康足月儿母乳［（3.19 ± 2.67）mg/L与（3.95 ± 7.22）mg/L，$P<0.001$］。

2. 低出生体重儿

如表8.3.6所示，低出生体重儿母乳中锌含量的研究共3篇，样本量为n=93[173, 210, 217]。样本量加权均值及标准差为（3.64 ± 1.63）mg/L，与健康足月儿母乳锌含量相比[10-210, 222-274]，无显著差别（P=0.078）。

3. 母亲患亚临床乳腺炎

如表8.3.6所示，共3篇国外文献（样本量n=239）报道哺乳期母亲患亚临床乳腺炎时母乳中的锌含量[57, 189, 195]。与正常母亲相比，母亲患亚临床乳腺炎时母乳锌含量显著降低［（2.62 ± 2.25）mg/L与（3.95 ± 7.22）mg/L，$P<0.001$］。

4. 不同经济发展地区

如表8.3.6所示，共7篇文献对比了不同经济发展地区母乳中的锌含量（n=712）[29, 64, 81, 97, 104, 166, 275]，结果显示，城市地区母乳中锌含量显著高于农村地区［（2.82 ± 2.15）mg/L与（1.76 ± 1.12）mg/L，$P<0.001$］。

5. 哺乳期急性感染

仅检索到2篇在秘鲁利马进行的母亲哺乳期感染（发热）时母乳中锌含量的变化（n=70）[70, 71]。结果显示，母亲哺乳期急性感染（发热）时母乳中锌含量为（3.08 ± 2.47）mg/L。

6. 母亲营养不良

仅有2项来自印度的研究（n=39）检测了营养不良母亲母乳中锌含量[275, 276]。结果显示，营养不良母亲母乳中锌含量为（2.64 ± 1.46）mg/L。

表8.3.6 特殊状况母乳锌含量分析

特殊状况	研究数目	样本量	平均值/（mg/L）	标准差/（mg/L）	P
早产/足月					<0.001
早产儿	26	722	3.19	2.67	
健康足月儿	254	28989	3.95	7.22	
出生体重					0.078
低出生体重儿	3	93	3.64	1.63	
健康足月儿	254	28989	3.95	7.22	

续表

特殊状况	研究数目	样本量	平均值/（mg/L）	标准差/（mg/L）	P
是否患乳腺炎					<0.001
是	3	239	2.62	2.25	
否	254	28989	3.95	7.22	
农村/城市					<0.001
农村	7	332	1.76	1.12	
城市	7	380	2.82	2.15	

7．其他情况

通过检索得到的其他特殊情况主要有母亲患有糖尿病、母亲贫血、母亲巨细胞感染、巨大儿、新生儿神经发育异常及新生儿黄疸。针对上述情况研究均为1项，具体结果见表8.3.7。

表8.3.7 其他特殊情况下母乳中的锌含量

	研究地区	研究数目	样本量	平均值/（mg/L）	标准差/（mg/L）
母亲患有糖尿病	美国	1[123]	5	1.44	0.52
母亲贫血	埃及	1[277]	50	0.04	0.01
母亲巨细胞感染	中国	1[93]	28	0.97	0.13
巨大儿	中国	1[95]	120	2.99	0.93
新生儿神经发育异常	印度	1[278]	9	1.75	1.03
新生儿黄疸	印度	1[278]	6	2.79	1.14

十、服用膳食补充剂母亲母乳

共8篇文献涉及服用膳食补充剂母亲母乳中的锌含量，样本量为n=471[25, 53, 120, 126, 184, 279-281]。结果表明，服用膳食补充剂母亲母乳的锌含量为（1.15 ± 1.67）mg/L，显著低于未服用补充剂者［（3.95 ± 7.22）mg/L，P<0.001］。

十一、影响因素

对于母乳锌元素亚组分析发现，母乳锌含量的主要影响因素包括泌乳阶段、地域、经济发展水平、检测方法、母乳膳食补充剂情况，婴儿是否早产及出生体重等。其他因素如母亲疾病状况或新生儿发育异常因目前报道文献较少，尚不能探讨对母乳锌含量的影响。本研究发现，随着泌乳进展，母乳锌含量逐渐降低，中国母乳过渡乳及成熟乳锌含量显著高于国外，健康足月儿母乳及城市地区母乳样本锌含量更高。

Silvestre等使用前瞻性队列研究纵向对比来自相同母亲的母乳在不同阶段锌含量的差异，发现母乳锌平均含量从7.99mg/L降低至3.3mg/L，这与本研究结果一致[78]。与本研究类似，Klein等比较阿根廷、纳米比亚、波兰和美国人群的母乳样本发现，不同地域母乳样本锌含量相差较大[282]。研究显示，锌转运蛋白基因突变可能是母乳锌缺乏的可能原因[283]。而不同区域母乳锌含量差异，可能与不同基因背景下，锌元素在乳腺上皮细胞中转运效率有关所致。Dror等报道，母亲膳食锌摄入或者是否服用锌补充剂并不显著改变母乳锌元素的含量[284]。本研究仅纳入8篇研究探讨母亲在服用营养补充剂情况下母乳锌含量，结果显示，服用补充剂反而降低母乳锌含量，但因研究数目及样本量有限，仍需进一步探究。

（编写：张喆庆，洪真，林晓萍）

参考文献

[1] BRION L P, HEYNE R, LAIR C S. Role of zinc in neonatal growth and brain growth: review and scoping review [J]. Pediatric research, 2021, 897 (7): 1627-1640.

[2] SALGUEIRO M J, ZUBILLAGA M B, LYSIONEK A E, et al. The role of zinc in the growth and development of children [J]. Nutrition, 2002, 186 (6): 510-519.

[3] BROWN K H, ENGLE-STONE R, KREBS N F, et al. Dietary intervention strategies to enhance zinc nutrition: promotion and support of breastfeeding for infants and young children [J]. Food and Nutrition Bulletin, 2009, 30 (1 Suppl): S144-71.

[4] 杨月欣，葛可佑. 中国营养科学全书（第2版）[M]. 北京：人民卫生出版社，2019.

[5] MACDONALD R S. The role of zinc in growth and cell proliferation [J]. The Journal of nutrition, 2000, 1305S Suppl (5S Suppl): 1500s-1508s.

[6] O'DELL B L. Role of zinc in plasma membrane function [J]. The Journal of nutrition, 2000, 1305S Suppl (5S Suppl): 1432s-1436s.

[7] ROOHANI N, HURRELL R, KELISHADI R, et al. Zinc and its importance for human health: An integrative review [J]. Journal of Research in Medical Sciences, 2013, 182 (2): 144-157.

[8] WAN X, WANG W, LIU J, et al. Estimating the sample mean and standard deviation from the sample size, median, range and/or interquartile range [J]. BMC Med Res Methodol, 2014, 14: 135.

[9] HIGGINS J, THOMAS J, CHANDLER J. Cochrane Handbook for Systematic Reviews of Interventions version 6.3 (updated February 2022) . [M]. Cochrane, 2022.

[10] 周劲波，洪昭毅，周建德. 人乳含锌量与婴儿血锌的观察［J］. 上海医学，1984，06（6）：323-325.
[11] 管惠英，代琴韻，吴健民，等. 母乳中抗感染因子和微量元素的研究［J］. 新生儿科杂志，1986（6）：250-252.
[12] 李万君，莫秀芬. 人乳元素Cu、Zn及Mg的含量［J］. 白求恩医科大学学报，1988（1）：56-58.
[13] 段国兴. 早产和正常产期母乳中的Zn、Cu、Fe及Mn含量［J］. 国外医学（卫生学分册），1989（3）：178-179.
[14] 田玉慧，杨立俭，高锦荣，等. 母乳中微量元素的动态研究及其与婴儿生长发育的关系［J］. 新乡医学院学报，1992，9（4）.
[15] 许凤娣，叶伟民. 正常足月产妇初乳及成熟乳中微量元素的含量［J］. 第二军医大学学报，1994，15（2）.
[16] 戴定威，唐泽媛. 早产儿和足月儿母乳及牛乳铜铁锌含量测定［J］. 华西医科大学学报，1991，22（4）.
[17] 刘维强，白春祥，倪景宝. 初乳、成熟乳与牛奶中五种微量元素的分析及营养评价［J］. 微量元素与健康研究，1992（4）.
[18] 叶伟民，张传建. 母乳微量元素含量的调查［J］. 上海医学检验杂志，1992，04（4）：249.
[19] 丁祥娥，何聿忠，林文业，等. 母乳中10种元素的测定分析与临床应用［J］. 微量元素与健康研究，1994，11（4）.
[20] 廖宇龙，陈荣华. 母乳锌、铜含量的研究［J］. 实用儿科临床杂志，1994，9（3）.
[21] 刘汝河，郑德元，王媚，等. 母发、子发、母乳微量元素配对分析［J］. 实用儿科临床杂志，1994，9（3）.
[22] 姜云卿，吕志萱，范红飞，等. 两种不同的母婴同室对母乳成分的影响：初乳中锌铁钙硒的研究［J］. 微量元素与健康研究，1996，13（2）.
[23] 王学敏，刘运东，李凌基，等. 天津市483例产妇乳汁元素含量结果分析［J］. 中国实用妇科与产科杂志，2000，16（2）：119-120.
[24] LIN T E H, JONG Y J, CHIANG C H, et al. Longitudinal changes in Ca, Mg, Fe, Cu, and Zn in breast milk of women in Taiwan over a lactation period of one year [J]. Biological Trace Element Research, 1998, 621-2 (1-2): 31-41.
[25] 胡娅莉，罗月娥，戴鲁琴，等. 不同哺乳期母乳铁锌铜钙镁含量分析［J］. 中国实用妇科与产科杂志，1998，14（5）.
[26] 李小毛，牛刚，于毅力，等. 产妇血清与初乳中的锌铜含量测定［J］. 新医学，1998，0（S1）.
[27] 丛涛. 初乳中矿物质与微量元素的测定及临床营养学意义［J］. 中国临床营养杂志，1999，7（1）.
[28] 邵宝云，邹红海. 孕妇及哺乳期妇女补充锌制剂对乳汁锌水平的影响［J］. 实用预防医学，2000，74（4）：300.
[29] 田玉慧，杨立俭，高锦荣，等. 城乡居民母乳中微量元素与婴儿生长发育［J］. 新乡医学院学报，1993，10（4）.
[30] 张馨丹. 早产儿母乳营养素含量的调查研究［D］. 哈尔滨医科大学，2007.
[31] 张丹. 中国8城市母乳中重金属元素和微量元素状况及影响因素调查［D］. 上海交通大学，2009.
[32] SHI Y D, SUN G Q, ZHANG Z G, et al. The chemical composition of human milk from Inner Mongolia

of China [J]. Food Chemistry, 2011, 1273 (3): 1193-1198.
[33] 张丹，陈桂霞，徐健，等. 母乳中微量元素间及与母血中微量元素的相关性研究［J］. 中国儿童保健杂志，2010（3）.
[34] 张洁，李艳红，刘晓军，等. 保定市母乳中微量元素及有毒元素含量的研究［J］. 河北医科大学学报，2010（11）.
[35] 刘爱萍，张罡，赵翠生. 兰州市哺乳期妇女初乳与产后三个月乳汁中几种元素比较分析［J］. 甘肃科技，2014，30（4）.
[36] 刘建. 石家庄市乳母的乳成分动态变化与婴儿生长发育的影响因素研究［D］. 河北医科大学，2013.
[37] 吴立芳. 母乳重要成分研究及其结果与婴幼儿配方粉对比研究［D］. 中国疾病预防控制中心，2015.
[38] WEI M, DENG Z Y, LIU B, et al. Investigation of amino acids and minerals in Chinese breast milk [J]. Journal of the Science of Food and Agriculture, 2020, 10010 (10): 3920-3931.
[39] 陈宇辉陈，赵玉荣，李苹，齐可民. 孕产妇初乳及外周血矿物质含量及相关性分析［J］. 公共卫生与预防医学，2021，32（2）.
[40] 王亚玲，赵军英，乔为仓，等. 电感耦合等离子质谱法测定母乳中10种矿物元素［J］. 食品科学，2020：1-9.
[41] OHTAKE M, CHIBA R, MOCHIZUKI K, et al. Zinc and copper concentrations in human milk and in serum from exclusively-breast-fed infants during the first 3 months of life [J]. The Tohoku journal of experimental medicine, 1981, 1354 (4): 335-343.
[42] HIGASHI A, IKEDA T, UEHARA I, et al. Zinc and copper contents in breast milk of Japanese women [J]. The Tohoku journal of experimental medicine, 1982, 1371 (1): 41-47.
[43] HIBBERD C M, BROOKE O G, CARTER N D. Variation in the composition of breast milk during the first 5 weeks of lactation: Implications for the feeding of preterm infants [J]. Archives of Disease in Childhood, 1982, 579 (9): 658-662.
[44] MENDELSON R A, ANDERSON G H, BRYAN M H. Zinc, copper and iron content of milk from mothers of preterm and full-term infants [J]. Early Human Development, 1982, 62 (2): 145-151.
[45] GARZA C, JOHNSON C A, SMITH E O, et al. Changes in the nutrient composition of human milk during gradual weaning [J]. The American journal of clinical nutrition, 1983, 371 (1): 61-65.
[46] YOSHINAGA J, LI J. Z, SUZUKI T, et al. Trace elements in human transitory milk. Variation caused by biological attributes of mother and infant [J]. Biological Trace Element Research, 1991, 312 (2).
[47] OHTAKE M, TAMURA T. Changes in zinc and copper concentrations in breast milk and blood of Japanese women during lactation [J]. Journal of nutritional science and vitaminology, 1993, 392 (2): 189-200.
[48] ROSSIPAL E, KRACHLER M. Pattern of trace elements in human milk during the course of lactation [J]. Nutrition Research, 1998, 181 (1).
[49] AQUILIO E, SPAGNOLI R, SERI S, et al. Trace element content in human milk during lactation of preterm newborns [J]. Biological Trace Element Research, 1996, 511 (1).

[50] KRACHLER M, LI F S, ROSSIPAL E, et al. Changes in the Concentrations of Trace Elements in Human Milk during Lactation [J]. Journal of Trace Elements in Medicine and Biology, 1998, 123 (3).

[51] ITRIAGO A, CARRION N, FERNANDEZ A, et al. Zinc, copper, iron, calcium, phosphorus and magnesium content of maternal milk during the first 3 weeks of lactation [J]. Archivos latinoamericanos de nutricion, 1997, 471 (1): 14-22.

[52] WASOWICZ W, GROMADZINSKA J, SZRAM K, et al. Selenium, zinc, and copper concentrations in the blood and milk of lactating women [J]. Biological Trace Element Research, 2001, 793 (3): 221-233.

[53] CHIERICI R, SACCOMANDI D, VIGI V. Dietary supplements for the lactating mother: influence on the trace element content of milk [J]. Acta paediatrica (Oslo, Norway: 1992) Supplement, 1999, 88430 (430): 7-13.

[54] ROSSIPAL E, KRACHLER M, LI F, et al. Investigation of the transport of trace elements across barriers in humans: Studies of placental and mammary transfer [J]. Acta Paediatrica, International Journal of Paediatrics, 2000, 8910 (10): 1190-1195.

[55] RONAYNE DE FERRER P A, WEISSTAUB A, LÓPEZ N, et al. Zinc levels in term and preterm milk [J]. Archivos latinoamericanos de nutricion, 2001, 511 (1).

[56] MATOS C, MOUTINHO C, BALCAO V, et al. Total antioxidant activity and trace elements in human milk: the first 4 months of breast-feeding [J]. European Food Research and Technology, 2009, 2302 (2): 201-208.

[57] SAMUEL T M, DE CASTRO C A, DUBASCOUX S, et al. Subclinical mastitis in a european multicenter cohort: prevalence, impact on human milk (HM) composition, and association with infant HM intake and growth [J]. Nutrients, 2019, 121 (1).

[58] SONIA F-M, L F-S M, BELÉN F-C, et al. Total zinc quantification by inductively coupled plasma-mass spectrometry and its speciation by size exclusion chromatography-inductively coupled plasma-mass spectrometry in human milk and commercial formulas: Importance in infant nutrition [J]. Journal of chromatography A, 2016, 1428: 246-254.

[59] SUAREZ-VILLA M, CARMEN CARRERO G, VÍCTOR GRANADILLO M, et al. Levels of copper and zinc in different stages of breast milk and the influence of the nutritional state of nursing mothers [J]. Revista Chilena de Nutricion, 2019, 465 (5): 511-517.

[60] YAMAWAKI N, YAMADA M, KAN-NO T, et al. Macronutrient, mineral and trace element composition of breast milk from Japanese women [J]. J Trace Elem Med Biol, 2005, 192-3 (2-3): 171-181.

[61] FRIEL J K, ANDREWS W L, JACKSON S E, et al. Elemental composition of human milk from mothers of premature and full-term infants during the first 3 months of lactation [J]. Biological Trace Element Research, 1999, 673 (3): 225-247.

[62] CASEY C E, HAMBIDGE K M, NEVILLE M C. Studies in human lactation: zinc, copper, manganese and chromium in human milk in the first month of lactation [J]. The American journal of clinical nutrition, 1985, 416 (6).

[63] 钱继红，吴圣楣，张伟利，等. 上海地区母乳成分调查 [J]. 上海医学，2002，25 (7).

[64] QIAN J, CHEN T, LU W, et al. Breast milk macro - and micronutrient composition in lactating mothers from suburban and urban Shanghai [J]. Journal of Paediatrics and Child Health, 2010, 463 (3).

[65] KIRKSEY A, ERNST J A, ROEPKE J L, et al. Influence of mineral intake and use of oral contraceptives before pregnancy on the mineral content of human colostrum and of more mature milk [J]. Am J Clin Nutr, 1979, 321 (1): 30-39.

[66] ATINMO T, OMOLOLU A. Trace element content of breastmilk from mothers of preterm infants in Nigeria [J]. Early Human Development, 1982, 63 (3): 309-313.

[67] FRANSSON G B, GEBRE-MEDHIN M, HAMBRAEUS L. The human milk contents of iron, copper, zinc, calcium and magnesium in a population with a habitually high intake of iron [J]. Acta paediatrica Scandinavica, 1984, 734 (4): 471-476.

[68] BUTTE N F, GARZA C, JOHNSON C A. Longitudinal changes in milk composition of mothers delivering preterm and term infants [J]. Early Human Development, 1984, 92 (2): 153-162.

[69] ORTEGA R M, ANDRES P, MARTINEZ R M, et al. Zinc levels in maternal milk: the influence of nutritional status with respect to zinc during the third trimester of pregnancy [J]. European journal of clinical nutrition, 1997, 514 (4): 253-258.

[70] ZAVALETA N, LANATA C, BUTRON B, et al. Effect of acute maternal infection on quantity and composition of breast milk [J]. The American journal of clinical nutrition, 1995, 623 (3).

[71] LÖNNERDAL B, ZAVALETA N, KUSUNOKI L, et al. Effect of postpartum maternal infection on proteins and trace elements in colostrum and early milk [J]. Acta Pædiatrica, 1996, 855 (5).

[72] SILVESTRE M D, LAGARDA M J, FARRÉ R, et al. Copper, iron and zinc determinations in human milk using FAAS with microwave digestion [J]. Food Chemistry, 2000, 681 (1): 95-99.

[73] LEOTSINIDIS M, ALEXOPOULOS A, KOSTOPOULOU-FARRI E. Toxic and essential trace elements in human milk from Greek lactating women: association with dietary habits and other factors [J]. Chemosphere, 2005, 612 (2): 238-247.

[74] EJEZIE F, NWAGHA U. Zinc concentration during pregnancy and lactation in Enugu, South-East Nigeria [J]. Annals of medical and health sciences research, 2011, 11 (1): 69-76.

[75] NASCIMENTO R S, FROES R E S, SILVA N, et al. Comparison between ordinary least squares regression and weighted least squares regression in the calibration of metals present in human milk determined by ICP-OES [J]. Talanta, 2010, 803 (3): 1102-1109.

[76] LISA D, S G R, ALY D, et al. Micronutrient intakes of lactating mothers and their association with breast milk concentrations and micronutrient adequacy of exclusively breastfed Indonesian infants [J]. The American journal of clinical nutrition, 2019, 1102 (2).

[77] HAKAN D, ELIF O, ABDULKADIR Y, et al. The effect of the zinc concentration in breast milk on neonatal weight gain [J]. Journal of trace elements in medicine and biology: organ of the Society for Minerals and Trace Elements (GMS), 2017, 41.

[78] SILVESTRE D, MARTINEZ-COSTA C, LAGARDA M J, et al. Copper, iron, and zinc contents in human milk during the first three months of lactation: a longitudinal study [J]. Biological Trace Element Research, 2001, 801 (1): 1-11.

[79] FEELEY RM, EITENMILLER RR, JONES JB JR, et al. Copper, iron, and zinc contents of human milk at early stages of lactation [J]. The American journal of clinical nutrition, 1983, 373 (3).

[80] 梁琏. 原子吸收光谱法测定人乳中锌［C］// 中国营养学会. 中国营养学会首届微量元素专题讨论会论文摘要汇编. 1985：1.

[81] 殷泰安，李丽祥，王文广等. 产后1～6月人乳中灰分、钙、磷、镁、锌、铜、铁含量的变化［C］// 中国营养学会. 中国营养学会首届微量元素专题讨论会论文摘要汇编. 1985：2.

[82] 王德恺，汪振林，刘广青，等. 上海市区母乳中几种无机盐和维生素含量测定［J］. 营养学报，1986（1）：81-85.

[83] 殷泰安，刘冬生，李丽祥等. 北京市城乡乳母的营养状况、乳成分、乳量及婴儿生长发育关系的研究V.母乳中维生素及无机元素的含量［J］. 营养学报，1989，（3）：233-239.

[84] 霍建勋，杨翠英，刘素英. 不同泌乳期母乳中铜铁锌含量变化及与乳母血浆微量元素含量的关系［J］. 卫生研究，1991，20（2）.

[85] 孙桂菊，陈学存，杨月欣. 不同地区乳汁中锌、铜、铁含量的研究［J］. 营养学报，1994，16（1）.

[86] 王爱婷，丁守生，许秀苓，等. 人乳的微量元素研究［J］. 微量元素与健康研究，1994，11（3）.

[87] 赵永魁，张玉新，吴敦虎，等. 大连市母乳与牛乳某些元素含量的评价［J］. 微量元素与健康研究，1994，11（1）.

[88] 李小毛，于毅力，俞纯山. 乳汁标本放置后对锌铜铁钙结果的影响［J］. 现代医学仪器与应用，1995，7（1）.

[89] 林琳华，冯心光. 产妇血锌与乳锌水平相关关系的研究［J］. 微量元素与健康研究，1996，03（3）：11-12.

[90] 刘春来，梁冰华，陈营. 母乳中钙、铁、锌含量与婴儿身高及体重关系的研究［C］//中国营养学会微量元素营养学会. 中国营养学会第六届微量元素营养学术会议论文摘要汇编. 1999：1.

[91] 王延华，李卫东，王卫东，等. 母乳中铜、铁、锌含量的动态变化及其与牛乳的比较［J］. 内蒙古民族大学学报：自然科学版，2001，16（3）.

[92] 朱红，阎春生. 初乳中必需营养元素含量与新生儿相关因素的分析［J］. 长治医学院学报，2001，15（4）.

[93] 史双宏，李芬，王振林. 秦巴山区产妇乳汁中锌与围生期人类巨细胞病毒感染的相关性［J］. 中国全科医学，2003，69（9）：758-760.

[94] 江蕙芸，陈红慧，王艳华，等. 南宁市乳母乳汁中营养素含量分析［J］. 广西医科大学学报，2005（5）：42-44.

[95] 付金凤，侯艳梅，于珊，等. 济南市240例乳汁成分分析［J］. 第二届国际妇幼保健学术会议暨2006全国妇幼保健学术大会，2006：1.

[96] 陈红慧，江蕙芸，杨万清，等. 广西三江县侗族、南宁市汉族乳母膳食与乳汁中营养素含量调查分析［J］. 广西医科大学学报，2007（4）：644-647.

[97] 刘强，薛慧，关坤，等. 母乳锌、铜、铁、钙、镁测定及意义［J］. 中华妇幼临床医学杂志（电子版），2008，4（6）.

[98] 刘强，武仙果，薛慧，等. 0～10月龄儿母亲乳汁锌的测定及其意义［J］. 中国妇幼健康研究，2008，19（1）.

[99] 邓波，张慧敏，颜春荣，等. 深圳市母乳中矿物质含量及重金属负荷水平研究［J］. 卫生研究，2009（3）.

[100] 江蕙芸，陈红慧，杨万清，等. 广西三江侗族乳母膳食营养与乳汁成分的调查分析［J］. 南方医科大学学报，2009（7）.

[101] LUO Y, ZHANG B, CHEN M, et al. Rapid and simultaneous determination of essential minerals and trace elements in human milk by improved flame atomic absorption spectroscopy (FAAS) with microwave digestion [J]. Journal of agricultural and food chemistry, 2010, 5817 (17): 9396-9400.

[102] 李芳，莫洁玲. 膳食指导对哺乳期妇女饮食营养状况和乳汁中锌铜镁含量的影响分析［J］. 中国临床新医学，2013，6（6）.

[103] 刘爱萍. 353例母乳微量元素检测结果分析［J］. 中国优生优育，2013，199（9）: 727-729.

[104] 黄志. 269例乳母膳食营养状况及乳汁中矿物质含量的研究［D］. 中南大学，2014.

[105] 杨雅莉. 单纯母乳喂养乳汁成分含量与产妇体重指数的相关性研究［J］. 心理医生，2015，1（1）: 2-3，4.

[106] MURTHY G K, RHEA U S. Cadmium, copper, iron, lead, manganese, and zinc in evaporated milk, infant products, and human milk [J]. Journal of dairy science, 1971, 547 (7): 1001-1005.

[107] PICCIANO M F, GUTHRIE H A. Copper, iron, and zinc contents of mature human milk [J]. Am J Clin Nutr, 1976, 293 (3): 242-254.

[108] VUORI E, KUITUNEN P. The concentrations of copper and zinc in human milk. A longitudinal study [J]. Acta paediatrica Scandinavica, 1979, 681 (1): 33-37.

[109] VAUGHAN L A, WEBER C W, KEMBERLING S R. Longitudinal changes in the mineral content of human milk [J]. Narnia, 1979, 3211 (11).

[110] VUORI E, MAKINEN S M, KARA R, et al. The effects of the dietary intakes of copper, iron, manganese, and zinc on the trace element content of human milk [J]. The American journal of clinical nutrition, 1980, 332 (2): 227-231.

[111] RAJALAKSHMI K, SRIKANTIA S G. Copper, zinc, and magnesium content of breast milk of Indian women [J]. Am J Clin Nutr, 1980, 333 (3): 664-669.

[112] GUN-BRITT F, BO L. Zinc, copper, calcium, and magnesium in human milk [J]. Journal of Pediatrics, 1982, 1014 (4).

[113] SHARDA B, BHANDARI B, BHANDARI L M. Copper, zinc, magnesium and cadmium levels of breast milk of Indian women [J]. Transactions of the Royal Society of Tropical Medicine and Hygiene, 1983, 772 (2): 201-203.

[114] FRANSSON G B, LONNERDAL B. Distribution of trace elements and minerals in human and cow's milk [J]. Pediatric research, 1983, 1711 (11): 912-915.

[115] GUN-BRITT F, BO L. Effect of freezing on distribution of trace elements and minerals in human and cow's milk [J]. Elsevier, 1983, 36 (6).

[116] DEWEY K G, LONNERDAL B. Milk and nutrient intake of breast-fed infants from 1 to 6 months: relation to growth and fatness [J]. Journal of pediatric gastroenterology and nutrition, 1983, 23 (3): 497-506.

[117] MOSER P B, REYNOLDS R D. Dietary zinc intake and zinc concentrations of plasma, erythrocytes, and breast milk in antepartum and postpartum lactating and nonlactating women: a longitudinal study [J]. Am J Clin Nutr, 1983, 381 (1): 101-108.

[118] NEVILLE M C, KELLER R P, SEACAT J, et al. Studies on human lactation. I. Within-feed and between-breast variation in selected components of human milk [J]. The American journal of clinical nutrition, 1984, 403 (3).

[119] KREBS N F, HAMBIDGE K M, JACOBS M A, et al. Zinc in human milk: diurnal and within-feed patterns [J]. Journal of pediatric gastroenterology and nutrition, 1985, 42 (2): 227-229.

[120] KREBS N F, HAMBIDGE K M, JACOBS M A, et al. The effects of a dietary zinc supplement during lactation on longitudinal changes in maternal zinc status and milk zinc concentrations [J]. The American journal of clinical nutrition, 1985, 413 (3): 560-570.

[121] VAN DER ELST C W, DEMPSTER W S, WOODS D L, et al. Serum zinc and copper in thin mothers, their breast milk and their infants [J]. Journal of Tropical Pediatrics, 1986, 323 (3): 111-114.

[122] MBOFUNG C M F. Relationship between breast milk content and intake of zinc, copper and iron of nigerian women [J]. Ecology of Food and Nutrition, 1986, 182 (2): 91-98.

[123] BUTTE N F, GARZA C, BURR R, et al. Milk composition of insulin-dependent diabetic women [J]. Journal of pediatric gastroenterology and nutrition, 1987, 66 (6): 936-941.

[124] BUTTE N F, GARZA C, SMITH E O, et al. Macro- and trace-mineral intakes of exclusively breast-fed infants [J]. Am J Clin Nutr, 1987, 451 (1): 42-48.

[125] SCHRAMEL P, LILL G, HASSE S, et al. Mineral- and trace element concentrations in human breast milk, placenta, maternal blood, and the blood of the newborn [J]. Biological Trace Element Research, 1988, 161 (1): 67-75.

[126] Karra M V, Kirksey A. Variation in zinc, calcium, and magnesium concentrations of human milk within a 24-hour period from 1 to 6 months of lactation [J]. Journal of pediatric gastroenterology and nutrition, 1988, 71 (1): 100-106.

[127] Moser P B, Reynolds R D, Acharya S, et al. Copper, iron, zinc, and selenium dietary intake and status of Nepalese lactating women and their breast-fed infants [J]. Am J Clin Nutr, 1988, 474 (4): 729-734.

[128] LAMOUNIER J A, DANELLUZZI J C, VANNUCCHI H. Zinc concentrations in human milk during lactation: a 6-month longitudinal study in southern Brazil [J]. Journal of Tropical Pediatrics, 1989, 351 (1): 31-34.

[129] NAGRA S A. Longitudinal study in biochemical composition of human milk during first year of lactation [J]. Journal of Tropical Pediatrics, 1989, 353 (3): 126-128.

[130] ATKINSON STEPHANIE A, WHELAN DONALD, WHYTE ROBIN K, et al. Abnormal zinc content in human milk: risk for development of nutritional zinc deficiency in infants [J]. Arch Pediatr Adolesc Med, 1989, 1435 (5).

[131] SIMMER D, AHMED S, CARLSSON L, et al. Breast milk zinc and copper concentrations in Bangladesh [J]. British Journal of Nutrition, 1990, 631 (1).

[132] MAEDA T, TANAKA T, OHSHIRO H, et al. Zinc and copper concentrations in breast milk and maternal serum in the postpartum period [J]. Nihon eiseigaku zasshi Japanese journal of hygiene, 1990, 453 (3): 781-787.

[133] JOSIANE A, CHRISTINE B M, JOSETTE A, et al. Zinç determination in human milk by flameless atomic absorption spectrometry after dry ashing [J]. Elsevier, 1992, 443 (3).

[134] ANDERSON R R. Comparison of trace elements in milk of four species [J]. Journal of dairy science, 1992, 7511 (11): 3050-3055.

[135] ANDERSON R R. Longitudinal changes of trace elements in human milk during the first 5 months of lactation [J]. Nutrition Research, 1993, 13 (5): 499-510.

[136] ARNAUD J, PRUAL A, PREZIOSI P, et al. Effect of iron supplementation during pregnancy on trace element (Cu, Se, Zn) concentrations in serum and breast milk from Nigerian women [J]. Annals of nutrition & metabolism, 1993, 375 (5).

[137] ROBBERECHT H, BENEMARIYA H, DEELSTRA H. Daily dietary intake of copper, zinc, and selenium of exclusively breast-fed infants of middle-class women in Burundi, Africa [J]. Biological Trace Element Research, 1995, 492-3 (2-3): 151-159.

[138] BENEMARIYA H, ROBBERECHT H, DEELSTRA H. Copper, zinc and selenium concentrations in milk from middle-class women in Burundi (Africa) throughout the first 10 months of lactation [J]. Science of the Total Environment, 1995, 1642 (2): 161-174.

[139] JOCHUM F, FUCHS A, CSER A, et al. Trace mineral status of full-term infants fed human milk, milk-based formula or partially hydrolysed whey protein formula [J]. Analyst, 1995, 1203 (3): 905-909.

[140] SHEN L, ROBBERECHT H, DAEL P, et al. Estimation of the bioavailability of zinc and calcium from human, cow's, goat, and sheep milk by an in vitro method [J]. Biological Trace Element Research, 1995, 492-3 (2-3).

[141] KEIZER S E, GIBSON R S, O'CONNOR D L. Postpartum folic acid supplementation of adolescents: impact on maternal folate and zinc status and milk composition [J]. Am J Clin Nutr, 1995, 622 (2): 377-384.

[142] FRKOVIĆ A, MEDUGORAC B, ALEBIĆ-JURETIĆ A. Zinc levels in human milk and umbilical cord blood [J]. Elsevier, 1996, 1922 (2).

[143] SILVA P R, DOREA J G, BOAVENTURA G R. Multielement determination in small samples of human milk by inductively coupled plasma atomic emission spectrometry [J]. Biological Trace Element Research, 1997, 591-3 (1-3): 57-62.

[144] MANDIC Z, MANDIC M L, GRGIC J, et al. Copper and zinc content in human milk in Croatia [J]. European journal of epidemiology, 1997, 132 (2): 185-188.

[145] BIEGO G H, JOYEUX M, HARTEMANN P, et al. Determination of mineral contents in different kinds of milk and estimation of dietary intake in infants [J]. Mikrochim Acta, 1998, 157 (7): 775-781.

[146] BOCCA B, ALIMONTI A, GIGLIO L, et al. Nutritive significance of element speciation in breast milk: The case of calcium, copper, iron, magnesium, manganese, and zinc [J]. Advances in Experimental Medicine and Biology, 2000, 478: 385-386.

[147] AL-AWADI F M, SRIKUMAR T S. Trace-element status in milk and plasma of Kuwaiti and non-Kuwaiti lactating mothers [J]. Nutrition, 2000, 1611-12 (11-12): 1069-1073.

[148] SILVESTRE M D, LAGARDA M J, FARRE R, et al. A study of factors that may influence the determination of copper, iron, and zinc in human milk during sampling and in sample individuals [J]. Biological Trace Element Research, 2000, 763 (3): 217-227.

[149] OKOLO S N, ONWUANAKU C, OKONJI M, et al. Concentration of eight trace minerals in milk and sera of mother-infant pairs in northern Nigeria [J]. Journal of Tropical Pediatrics, 2000, 463 (3): 160-162.

[150] BOSSCHER D, VAN CAILLIE-BERTRAND M, ROBBERECHT H, et al. In vitro availability of calcium, iron, and zinc from first-age infant formulae and human milk [J]. Journal of pediatric gastroenterology and nutrition, 2001, 321 (1): 54-58.

[151] KANTOL M, VARTIAINEN T. Changes in selenium, zinc, copper and cadmium contents in human milk during the time when selenium has been supplemented to fertilizers in Finland [J]. Journal of Trace Elements in Medicine and Biology, 2001, 151 (1): 11-17.

[152] BOSSCHER D, VAN CAILLIE-BERTRAND M, VAN CAUWENBERGH R, et al. Availabilities of calcium, iron, and zinc from dairy infant formulas is affected by soluble dietary fibers and modified starch fractions [J]. Nutrition, 2003, 197-8 (7-8): 641-645.

[153] ELMASTAS M, CAN M, UZUN S, et al. Determinations of copper, zinc, cadmium, and nickel in cows', goats', ewes', and human milk samples using flame atomic absorption spectrometry (FAAS) microwave digestion [J]. Analytical Letters, 2005, 381 (1): 157-165.

[154] DHONUKSHE-RUTTEN R A, VOSSENAAR M, WEST C E, et al. Day-to-day variations in iron, zinc and copper in breast milk of Guatemalan mothers [J]. Journal of pediatric gastroenterology and nutrition, 2005, 402 (2): 128-134; discussion 120-121.

[155] RAKICIOĞLU N, SAMUR G, TOPÇU A, et al. The effect of Ramadan on maternal nutrition and composition of breast milk [J]. Pediatrics International, 2006, 483 (3): 278-283.

[156] MASTROENI S, OKADA I A, RONDO P H C, et al. Concentrations of Fe, K, Na, Ca, P, Zn and Mg in maternal colostrum and mature milk [J]. Journal of Tropical Pediatrics, 2006, 524 (4): 272-275.

[157] O'BRIEN C E, KREBS N F, WESTCOTT J L, et al. Relationships among plasma zinc, plasma prolactin, milk transfer, and milk zinc in lactating women [J]. J Hum Lact, 2007, 232 (2): 179-183.

[158] KOSANOVIC M, ADEM A, JOKANOVIC M, et al. Simultaneous determination of cadmium, mercury, lead, arsenic, copper, and zinc in human breast milk by ICP-MS/microwave digestion [J]. Analytical Letters, 2008, 413 (3): 406-416.

[159] NASCIMENTO R S, MENDES D B C, MATOS J M G, et al. Determination of trace elements in Brazilian human milk by quadrupole inductively coupled plasma mass spectrometry and microwave-assisted digestion [J]. Atomic Spectroscopy, 2008, 293 (3): 77-82.

[160] ABDULRAZZAQ Y M, OSMAN N, NAGELKERKE N, et al. Trace element composition of plasma and breast milk of well-nourished women [J]. Journal of environmental science and health Part A, Toxic/hazardous substances & environmental engineering, 2008, 433 (3): 329-334.

[161] HANNAN M A, FARAJI B, TANGUMA J, et al. Maternal milk concentration of zinc, iron, selenium, and iodine and its relationship to dietary intakes [J]. Biological Trace Element Research, 2009, 1271 (1): 6-15.

[162] NAKAMORI M, NINH N X, ISOMURA H, et al. Nutritional status of lactating mothers and their breast milk concentration of iron, zinc and copper in rural Vietnam [J]. Journal of nutritional science and vitaminology, 2009, 554 (4): 338-345.

[163] SONGÜL Y S, ALI B, KADRIYE Y, et al. The factors that affect milk-to-serum ratio for iron during early lactation [J]. Journal of pediatric hematology/oncology, 2009, 312 (2).

[164] OTHMAN A A A, FAWAZ H E, HEWEDY F M, et al. Mineral and vitamin content of mature breast milk of Saudi lactating mothers [J]. Ecology of Food and Nutrition, 2010, 344 (4).

[165] ERGUL A B, OZTURK M A, LEBLEBICI Z. The comparison of zinc, copper and iron concentration in preterm and term babies mother's milk [J]. Turk Pediatri Arsivi-Turkish Archives of Pediatrics, 2010, 453 (3): 272-279.

[166] MAHDAVI R, NIKNIAZ L, GAYEMMAGAMI S J. Association between zinc, copper, and iron concentrations in breast milk and growth of healthy infants in Tabriz, Iran [J]. Biological Trace Element Research, 2010, 1351-3 (1-3): 174-181.

[167] KHAGHANI S, EZZATPANAH H, MAZHARI N, et al. Zinc and copper concentrations in human milk and infant formulas [J]. Iranian Journal of Pediatrics, 2010, 201 (1): 53-57.

[168] NIKNIAZ L, MAHDAVI R, GARGARI B P, et al. Maternal body mass index, dietary intake and socioeconomic status: differential effects on breast milk zinc, copper and iron content [J]. Health Promot Perspect, 2011, 12 (2): 140-146.

[169] BAMGBOSE O, OPEOLU B O, BAMGBOSE J T. Levels of zinc in breast milk of selected women in Abeokuta township, Ogun state, Nigeria [J]. Trace Elements and Electrolytes, 2012, 293 (3): 149-153.

[170] JULIO M-N, CARVALHO R P H, MARIE O, et al. Iron supplementation in pregnancy and breastfeeding and iron, copper and zinc status of lactating women from a human milk bank [J]. Journal of Tropical Pediatrics, 2013, 592 (2).

[171] BOLOGNINI PEREIRA K, DE AZEREDO V B, BARROS DA SILEIRA C, et al. Composition of breast milk of lactating adolescents in function of time of lactation [J]. Nutricion hospitalaria, 2013, 286 (6): 1971-1976.

[172] WINIARSKA-MIECZAN A. Cadmium, lead, copper and zinc in breast milk in Poland [J]. Biological Trace Element Research, 2014, 1571 (1): 36-44.

[173] ISLAM M M, BROWN K H. Zinc transferred through breast milk does not differ between appropriate- and small-for-gestational-age, predominantly breast-fed Bangladeshi infants [J]. The Journal of nutrition, 2014, 1445 (5): 771-776.

[174] CARDOSO O O, JULIÃO F C, ALVES R I, et al. Concentration profiles of metals in breast milk, drinking water, and soil: relationship between matrices [J]. Biological Trace Element Research, 2014, 1601 (1): 116-122.

[175] Bilandžić N S, Marija Đokić, Maja Božić, et al. Determination of macro-and microelements in cow, goat, and human milk [J]. Spectroscopy Letters, 2015, 48 (9): 677-684.

[176] NODOUSHAN M H S, REZAI Z, NASSIRI V, et al. Monitoring of zinc level in milk of breastfeeding mothers at first month of delivery [J]. Journal of Community Health Research, 2015, 34 (4).

[177] MAHDAVI R, TAGHIPOUR S, OSTADRAHIMI A, et al. A pilot study of synbiotic supplementation on breast milk mineral concentrations and growth of exclusively breast fed infants [J]. Journal of trace elements in medicine and biology: organ of the Society for Minerals and Trace Elements (GMS), 2015, 30.

[178] LI C, SOLOMONS NW, SCOTT ME, et al. Minerals and trace elements in human breast milk are associated with guatemalan infant anthropometric outcomes within the first 6 months [J]. The Journal of nutrition, 2016, 14610 (10).

[179] MOHD T N, CARTWRIGHT D, DAVIES M, et al. The effect of pasteurization on trace elements in donor breast milk [J]. Journal of Perinatology, 2016, 3610 (10).

[180] MOHD-TAUFEK N, CARTWRIGHT D, DAVIES M, et al. The simultaneous analysis of eight essential trace elements in human milk by ICP-MS [J]. Food Analytical Methods, 2016, 97 (7): 2068-2075.

[181] HASBALLAH A F, BEHEARY M S. Detection of heavy metals in breast milk and drinking water in Damietta Governorate, Egypt [J]. Asian Journal of Biology, 2017.

[182] DIJANA Đ, BRANKA M, MIRJANA N-V, et al. Determination of microelements in human milk and infant formula without digestion by ICP-OES [J]. Acta Chimica Slovenica, 2017, 642 (2).

[183] DJUROVIC D, MILISAVLJEVIC B, MUGOSA B, et al. Zinc concentrations in human milk and infant serum during the first six months of lactation [J]. Journal of Trace Elements in Medicine and Biology, 2017, 41: 75-78.

[184] KIM H, JUNG B M, LEE B N, et al. Retinol, α-tocopherol, and selected minerals in breast milk of lactating women with full-term infants in Korea [J]. Nutrition Research and Practice, 2017, 111 (1): 64-69.

[185] KLEIN L D, BREAKEY A A, SCELZA B, et al. Concentrations of trace elements in human milk: Comparisons among women in Argentina, Namibia, Poland, and the United States [J]. PLoS One, 2017, 128 (8): e0183367.

[186] PERRIN M T, FOGLEMAN A D, NEWBURG D S, et al. A longitudinal study of human milk composition in the second year postpartum: implications for human milk banking [J]. Maternal & child nutrition, 2017, 131 (1).

[187] EDEM V F, AKINTUNDE K, ADELAJA Y A, et al. Zinc, lead, and cadmium levels in serum and milk of lactating women in Ibadan, Nigeria [J]. Toxicology and industrial health, 2017, 331 (1): 28-35.

[188] LĪVA A, INGA C, DACE Z, et al. Zinc content in breast milk and its association with maternal diet [J]. Nutrients, 2018, 1010 (10).

[189] LI C, SOLOMONS N W, SCOTT M E, et al. Subclinical mastitis (SCM) and proinflammatory cytokines are associated with mineral and trace element concentrations in human breast milk [J]. Trace Elem Med Biol, 2018, 46: 55-61.

[190] ASTOLFI M L, MARCONI E, PROTANO C, et al. Optimization and validation of a fast digestion method for the determination of major and trace elements in breast milk by ICP-MS [J]. Analytica Chimica Acta, 2018.

[191] TARAVATI JAVAD M, VAHIDINIA A, SAMIEE F, et al. Analysis of aluminum, minerals and trace elements in the milk samples from lactating mothers in Hamadan, Iran [J]. J Trace Elem Med Biol, 2018, 50: 8-15.

[192] MARTÍNEZ M Á, CASTRO I, ROVIRA J, et al. Early-life intake of major trace elements, bisphenol A, tetrabromobisphenol A and fatty acids: Comparing human milk and commercial infant formulas [J]. Environmental Research, 2018, 169.

[193] REGINA A P R, REGINA B C C, VITOR L S, et al. Trace mineral composition of human breast milk from Brazilian mothers [J]. Journal of trace elements in medicine and biology: organ of the Society for Minerals and Trace Elements (GMS), 2019, 54.

[194] YOUNG B E, BORMAN L L, HEINRICH R, et al. Effect of pooling practices and time postpartum of milk donations on the energy, macronutrient, and zinc concentrations of resultant donor human milk pools [J]. Journal of Pediatrics, 2019, 214: 54-59.

[195] LI C, SOLOMONS N W, SCOTT M E, et al. Anthropometry before day 46 and growth velocity before 6 months of guatemalan breastfed infants are associated with subclinical mastitis and milk cytokines, minerals, and trace elements [J]. The Journal of nutrition, 2019, 1499 (9): 1651-1659.

[196] SABATIER M, GARCIA-RODENAS C L, DE CASTRO C A, et al. Longitudinal changes of mineral concentrations in preterm and term human milk from lactating swiss women [J]. Nutrients, 2019, 118 (8).

[197] PIETRZAK-FIEĆKO R, KAMELSKA-SADOWSKA A M. The Comparison of Nutritional Value of Human Milk with Other Mammals' Milk [J]. Nutrients, 2020, 125 (5).

[198] CHIDINMA LYNDA EKEANYANWUA, CHINWE SYLVANUS ALISIA, EKEANYANWUB. R C. Levels of Aflatoxin M-1 and selected heavy metals (Pb, Cd, Cr, Cu, Zn, Fe, As, and Hg) in the breast milk of lactating mothers in South Eastern, Nigeria [J]. Food Control, 2020, 112: 107150.

[199] GIBSON R S, RAHMANNIA S, DIANA A, et al. Association of maternal diet, micronutrient status, and milk volume with milk micronutrient concentrations in Indonesian mothers at 2 and 5 months postpartum [J]. The American journal of clinical nutrition, 2020.

[200] JAGODIC M, POTOČNIK D, TRATNIK J S, et al. Selected elements and fatty acid composition in human milk as indicators of seafood dietary habits [J]. Environmental Research, 2020, 180.

[201] ORAPORN D, NALINEE C, SUTHIDA C, et al. Dietary intake and milk micronutrient levels in lactating women with full and partial breastfeeding [J]. Maternal and child health journal, 2020.

[202] RAFAELLA R. Alves Peixoto, Sonia Fernández-Menéndez, Belén Fernández-Colomer, et al. Impact of Holder pasteurization on essential elements from human donor milk: Total contents and protein-binding profiles [J]. Journal of Food Composition and Analysis, 2020, 87: 103395.

[203] TAN S S, KHOR G L, STOUTJESDIJK E, et al. Case study of temporal changes in maternal dietary intake and the association with breast milk mineral contents [J]. Journal of Food Composition and Analysis, 2020, 89.

[204] TRDIN A, SNOJ TRATNIK J, STAJNKO A, et al. Trace elements and APOE polymorphisms in pregnant women and their new-borns [J]. Environment International, 2020, 143: 105626.

[205] KAHOKO M, TSUYOSHI I, YASUHIRO S, et al. Trace element levels in mature breast milk of recent lactating Japanese women [J]. Pediatrics international: official journal of the Japan Pediatric Society, 2020.

[206] KIBOI W, KIMIYWE J, CHEGE P. Longitudinal changes of human milk nutrient content in the first 6 months of lactation [J]. World Journal of Nutrition and Health, 2020, 81 (1).

[207] BZIKOWSKA-JURA A, SOBIERAJ P, MICHALSKA-KACYMIROW M, et al. Investigation of iron and zinc concentrations in human milk in correlation to maternal factors: An observational pilot study in Poland [J]. Nutrients, 2021, 132 (2): 1-16.

[208] TAHBOUB Y R, MASSADEH A M, AL-SHEYAB N A, et al. Levels of trace elements in human breast milk in jordan: a comparison with infant formula milk powder [J]. Biological Trace Element Research, 2021, 199 (11): 4066-4073.

[209] CONI E, BOCCA B, GALOPPI B, et al. Identification of chemical species of some trace and minor elements in mature breast milk [J]. Microchemical Journal, 2000, 671-3 (1-3): 187-194.

[210] CITRAKESUMASARI, KALSUM V, MAJIDING C M, et al. Mineral concentrations in breast milk across infant birth weight [J]. Pakistan Journal of Nutrition, 2019, 191 (1): 32-37.

[211] SANN L, BIENVENU F, LAHET C. Comparison of the composition of breast milk from mothers of term and preterm infants [J]. Acta paediatrica Scandinavica, 1981, 701 (1): 115-116.

[212] MORAN J R, VAUGHAN R, STROOP S. Concentrations and total daily output of micronutrients in breast milk of mothers delivering preterm: A longitudinal study [J]. Journal of pediatric gastroenterology and nutrition, 1983, 24 (4): 629-634.

[213] GUPTA A P, BHANDARI B, GUPTA ABHA, et al. Mineral content of breast milk from north indian mothers giving birth preterm and at term—implication for mineral nutrition of preterm infants [J]. Narnia, 1984, 305 (5).

[214] DEWEY K G, FINLEY D A, LONNERDAL B. Breast milk volume and composition during late lactation (7-20 months) [J]. Journal of pediatric gastroenterology and nutrition, 1984, 35(5): 713-720.

[215] 戴定威，唐泽媛．早产儿母乳主要成分的矿质物动态分析［J］．华西医科大学学报，1991, 22（3）.

[216] PERRONE L, DI PALMA L, DI TORO R, et al. Interaction of trace elements in a longitudinal study of human milk from full-term and preterm mothers [J]. Biological Trace Element Research, 1994, 413 (3): 321-330.

[217] SHARDA B, ADHIKARI R, AJMERA M, et al. Zinc and copper in preterm neonates: relationship with breast milk [J]. Indian journal of pediatrics, 1999, 665 (5): 685-695.

[218] AKANLE O A, BALOGUN F A, OWA J A, et al. Study of the nutritional status of maternal breast milk in preterm infants in Nigeria [J]. Journal of Radioanalytical and Nuclear Chemistry, 2000, 2441 (1): 231-235.

[219] COSTA D, CARMO D, SAUNDERS, et al. Characterization of iron, copper and zinc levels in the colostrum of mothers of term and pre-term infants before and after pasteurization [J]. International Journal of Food Sciences and Nutrition, 2003, 542 (2).

[220] BILAL U, ERDAL Y, YASAR D, et al. Levels of cytokines (IL-1beta, IL-2, IL-6, IL-8, TNF-alpha) and trace elements (Zn, Cu) in breast milk from mothers of preterm and term infants [J]. Mediators of inflammation, 2005 (6).

[221] VÂNIA D O T, PATRÍCIA D C P, SONALY P, et al. Total metal content and chemical speciation analysis of iron, copper, zinc and iodine in human breast milk using high-performance liquid chromatography separation and inductively coupled plasma mass spectrometry detection [J]. Food Chemistry, 2020.

[222] CAVELL P A, WIDDOWSON E M. Intakes and Excretions of Iron, Copper, and Zinc in the Neonatal Period [J]. Archives of Disease in Childhood, 1964, 39207 (207): 496-501.

[223] PRINSLOO J G, WITTMANN W, STRYDOM E S, et al. Composition of breast milk from Bantu and white women on the fifth pos tpartum day [J]. South African Medical Journal, 1970, 4425(25): 738-739.

[224] BELAVADY B. Lipid and trace element composition of human milk [J]. Acta paediatrica Scandinavica, 1978, 675 (5): 566-571.

[225] CLEMENTE G F, INGRAO G, SANTARONI G P. The concentration of some trace elements in human milk from Italy [J]. The Science of the total environment, 1982, 243 (3): 255-265.

[226] DANG H S, DESAI H B, JAISWAL D D, et al. A sequential multielement separation scheme for determination of As, Mn, Mo, Cu and Zn in human milk by neutron activation analysis [J]. Journal of Radioanalytical Chemistry, 1983, 771 (1).

[227] KOSTA L, BYRNE AR, DERMELJ M. Trace elements in some human milk samples by radiochemical neutron activation analysis [J]. Elsevier, 1983, 293 (3).

[228] DANG H S, JAISWAL D D, SOMASUNDARAM S, et al. Concentrations of four essential trace elements in breast milk of mothers from two socio-economic groups: Preliminary observations [J]. Elsevier, 1984, 351 (1).

[229] ROEKENS E, DEELSTRA H, ROBBERECHT H. Trace elements in human milk, selenium a case study [J]. The Science of the total environment, 1985, 421-2 (1-2): 91-108.

[230] 江正岐，李雪英. 母乳中的物质成份及其含量［J］. 实用儿科临床杂志，1987，03（3）：193.

[231] LI J Z, YOSHINAGA J, SUZUKI T, et al. Mineral and trace element content of human transitory milk indentified with inductively coupled plasma atomic emission spectrometry [J]. Journal of nutritional science and vitaminology, 1990, 361 (1): 65-74.

[232] PARR R M, DEMAEYER E M, IYENGAR V G, et al. Minor and trace elements in human milk from Guatemala, Hungary, Nigeria, Philippines, Sweden, and Zaire. Results from a WHO/IAEA joint project [J]. Biological Trace Element Research, 1991, 291 (1).

[233] GARG A N, WEGINWAR R G, CHUTKE N L. A comparative study of minor and trace elements in human, animal and commercial milk samples by neutron activation analysis [J]. Journal of Radioanalytical and Nuclear Chemistry Articles, 1993, 1721 (1).

[234] 梁玉华，周雁鸣. 母乳，牛乳及强化乳中铜，铁，锌，钙的测定及分析［J］. 天津医学院学报，1994，18（3）.

[235] BALOGUN F A, AKANLE O A, SPYROU N M, et al. A comparative study of elemental composition of human breast milk and infant milk substitutes [J]. Biological Trace Element Research, 1994, 43-451(1).

[236] 贺知敏，孙大泽，杨华，等. 健康乳母初乳中锌、铜、铁、钙的含量分析（附103例报告）［J］. 现代妇产科进展，1995，4（1）.

[237] BRÄTTER V E N D, RECKNAGEL S, GAWLIK D. Speciation of Se, Fe and Zn in Human Milk Whey: The use of Instrumental Neutron Activation Analysis (INAA) to corroborate element profiles measured with Inductively Coupled Plasma Atomic Emission Spectrometry (ICP-AES) [J]. Fresenius' Journal of Analytical Chemistry, 1995, 3532 (2).

[238] 张秀芬，王秀芬，王爱梅，等. 朝阳市人乳中五种元素的测定［J］. 辽宁医学杂志，1996，10（1）.

[239] BRATTER P, BRATTER V E, RECKNAGEL S, et al. Maternal selenium status influences the concentration and binding pattern of zinc in human milk [J]. Journal of trace elements in medicine and biology: organ of the Society for Minerals and Trace Elements (GMS), 1997, 114 (4): 203-209.

[240] GROSS R, HANSEL H, SCHULTINK W, et al. Moderate zinc and vitamin A deficiency in breast milk of mothers from East-Jakarta [J]. European journal of clinical nutrition, 1998, 5212 (12): 884-890.

[241] SAM A, OSMAN M, EL-KHANGI F. Determination of protein and trace elements in human milk using NAA and XFR techniques [J]. Journal of Radioanalytical and Nuclear Chemistry, 1998, 231: 21-23.

[242] BOCCA B, ALIMONTI A, CONI E, et al. Determination of the total content and binding pattern of elements in human milk by high performance liquid chromatography-inductively coupled plasma atomic emission spectrometry [J]. Talanta, 2000, 532 (2): 295-303.

[243] RODRÍGUEZ RODRÍGUEZ EM, SANZ ALAEJOS M, DÍAZ ROMERO C, et al. Concentrations of iron, copper and zinc in human milk and powdered infant formula [J]. International Journal of Food Sciences and Nutrition, 2000, 51 (5): 373-380.

[244] GULSON B L, MIZON K J, KORSCH M J, et al. Dietary intakes of selected elements from longitudinal 6-day duplicate diets for pregnant and nonpregnant subjects and elemental concentrations of breast milk and infant formula [J]. Environmental Research, 2001, 873 (3): 160-174.

[245] SPYROU N M. Variations in trace element concentrations in breast milk with stages of lactation [J]. Journal of Radioanalytical and Nuclear Chemistry, 2001, 2491 (1): 71-75.

[246] TURAN S, SAYGI S, KILIÇ Z, et al. Determination of heavy metal contents in human colostrum samples by electrothermal atomic absorption spectrophotometry [J]. Journal of Tropical Pediatrics, 2001, 472 (2): 81-85.

[247] 曹建明，方芳，许向阳. 5-Br-DMPAP分光光度法测定母乳锌［J］. 中国卫生检验杂志，2002，01（1）：75.

[248] COSTA R S S D, CARMO M D G T D, SAUNDERS C, et al. Trace elements content of colostrum milk in Brazil [J]. Journal of Food Composition and Analysis, 2002, 151 (1).

[249] HONDA R, TAWARA K, NISHIJO M, et al. Cadmium exposure and trace elements in human breast milk [J]. Toxicology, 2003, 1863 (3): 255-259.

[250] YANG L, ZHANG M, LIN S, et al. Minor and trace element analysis in breast milk using inductively coupled plasma mass spectrometry (ICP-MS) [J]. Microchimica Acta, 2003, 1421-2 (1-2).

[251] AHMED L, ISLAM S N, KHAN M N I, et al. Antioxidant micronutrient profile (Vitamin E, C, A, copper, zinc, iron) of colostrum: Association with maternal characteristics [J]. Journal of Tropical Pediatrics, 2004, 506 (6): 357-358.

[252] DOMELLOF M, LONNERDAL B, DEWEY K G, et al. Iron, zinc, and copper concentrations in breast milk are independent of maternal mineral status (vol 79, pg 111, 2004) [J]. American Journal of Clinical Nutrition, 2004, 806 (6): 1669-1669.

[253] HUNT C D, FRIEL J. Boron concentrations in milk from mothers of full-term, but not premature, breast-fed infants remain stable during the first three months of lactation while copper, iron, selenium, and zinc concentrations decrease regardless of gestational length [J]. Faseb Journal, 2004, 184 (4): A492-A492.

[254] 林贤高，刘汝河，蔡康荣. 母血、脐血、母乳锌、铁、硒水平配对分析［J］. 广东微量元素科学，2005，12（2）.

[255] HANNAN M A, DOGADKIN N N, ASHUR I A, et al. Copper, selenium, and zinc concentrations in human milk during the first three weeks of lactation [J]. Biological Trace Element Research, 2005, 1071 (1).

[256] COOPER J, KREBS N F, WESTCOTT J, et al. Low maternal dietary zinc intake and breast milk zinc concentrations in southern Ethiopia [J]. Journal of Investigative Medicine, 2006, 541 (1): S144-S144.

[257] MELNIKOV P, DA CRUZ MONTES MOURA A J, BATISTA PALHARES D, et al. Zinc and copper in colostrum [J]. Indian pediatrics, 2007, 445 (5): 355-357.

[258] 赵晓慧，赵艾，张玉梅，等. 北方某县乳母膳食及母乳中水溶性维生素、矿物质含量的相关性分析；营养与慢性病——中国营养学会第七届理事会青年工作委员会第一次学术交流会议，中国湖南张家界，F, 2010［C］.

[259] QIAN J, CHEN T, LU W, et al. Breast milk macro- and micronutrient composition in lactating mothers from suburban and urban Shanghai [J]. Journal of Paediatrics and Child Health, 2010, 463 (3): 115-120.

[260] YALÇIN S S, YURDAKÖK K, YALÇIN S, et al. Maternal and environmental determinants of breast-milk mercury concentrations [J]. The Turkish journal of pediatrics, 2010, 521 (1): 1-9.

[261] ADESIYAN A A, AKIIBINU M O, OLISEKODIAKA M J, et al. Concentrations of some biochemical parameters in breast milk of a population of Nigerian nursing mothers using hormonal contraceptives [J]. Pakistan Journal of Nutrition, 2011, 103 (3): 249-253.

[262] 钱林溪，颜世军，王蓓，等. 产前肥胖与哺乳期母乳锌含量的关系探讨［J］. 临床儿科杂志，2012，30（3）.

[263] BJÖRKLUND K L, VAHTER M, PALM B, et al. Metals and trace element concentrations in breast milk of first time healthy mothers: a biological monitoring study [J]. Environmental Health, 2012, 14: 11: 92.

[264] MARU M, BIRHANU T, TESSEMA D A. Calcium, magnesium, iron, zinc and copper, compositions of human milk from populations with cereal and ‘enset’ based diets [J]. Ethiopian journal of health sciences, 2013, 232 (2): 90-97.

[265] ANDRADE M T S, CIAMPO L A D, CIAMPO I R L D, et al. Breast milk micronutrients in lactating mothers from Ribeirão Preto (SP), Brazil [J]. Food and Nutrition Sciences, 2014, 513 (13).

[266] 刘静. 呼和浩特市113例母乳中矿物质含量的分析［J］. 食品研究与开发，2016，3705（5）：117-119.

[267] GRZUNOV LETINIĆ J, MATEK SARIĆ M, PIASEK M, et al. Use of human milk in the assessment of toxic metal exposure and essential element status in breastfeeding women and their infants in coastal Croatia [J]. Journal of Trace Elements in Medicine and Biology, 2016, 38: 117-125.

[268] CHOI Y K, KIM J M, LEE J E, et al. Association of maternal diet with zinc, copper, and iron concentrations in transitional human milk produced by Korean mothers [J]. Clinical nutrition research, 2016, 51 (1).

[269] BUTTS C A, HEDDERLEY D I, HERATH T D, et al. Human milk composition and dietary intakes of breastfeeding women of different ethnicity from the manawatu-wanganui region of New Zealand [J]. Nutrients, 2018, 109 (9).

[270] SERAP K A, HIKMET D, KARAÇAL T F, et al. Analyses of essential elements and heavy metals by using ICP-MS in maternal breast milk from Şanlıurfa, Turkey [J]. International journal of analytical chemistry, 2018, 2018: 1784073.

[271] 许晓英，杨琳，杨得花，等. 兰州城区母乳供能物质与部分矿物质成分研究［J］. 中华临床营养杂志，2019，01：62-64.

[272] SNOJ TRATNIK J, FALNOGA I, MAZEJ D, et al. Results of the first national human biomonitoring in Slovenia: Trace elements in men and lactating women, predictors of exposure and reference values [J]. International journal of hygiene and environmental health, 2019, 2223 (3): 563-582.

[273] SOBOLEVA S E, ZAKSAS N P, NEVINSKY G A, et al. Comparison of trace elements in high-molecular-mass multiprotein complex and in female milk from which it was obtained [J]. The Scientific World Journal, 2019, 2019: 2578975.

[274] 赵臻，王丹，王青云，等. 黑龙江省哈尔滨市母乳中矿物质含量的检测［J］. 中国乳业，2020，03（3）：71-73.

[275] DANG H S, JAISWAL D D, WADHWANI C N, et al. Breast feeding: Mo, As, Mn, Zn and Cu concentrations in milk of economically poor Indian tribal and urban women [J]. The Science of the total environment, 1985, 442 (2): 177-182.

[276] GARG M, THIRUPURAM S, SAHA K. Colostrum composition, maternal diet and nutrition in North India [J]. Journal of Tropical Pediatrics, 1988, 342 (2): 79-87.

[277] EL-FARRASH RA, ISMAIL EA, NADA AS. Cord blood iron profile and breast milk micronutrients in maternal iron deficiency anemia [J]. Pediatric blood & cancer, 2012, 58 (2): 233-238.

[278] DANG H S, JAISWAL D D, WADHWANI C N, et al. Infants with a congenital anomaly and the concentration of Mo, As, Mn, Zn and Cu in the mother's milk [J]. The Science of the total environment, 1983, 271 (1): 43-47.

[279] ARNAUD J, FAVIER A, ALARY J. Determination of zinc in human milk by electrothermal atomic absorption spectrometry [J]. Journal of Analytical Atomic Spectrometry, 1991, 68 (8): 647-652.

[280] SALMENPERA L, PERHEENTUPA J, NANTO V, et al. Low zinc intake during exclusive breast-feeding does not impair growth [J]. Journal of pediatric gastroenterology and nutrition, 1994, 183 (3): 361-370.

[281] DE FIGUEIREDO C S, PALHARES D B, Melnikov P, et al. Zinc and copper concentrations in human preterm milk [J]. Biological Trace Element Research, 2010, 1361 (1): 1-7.

[282] KLEIN L D, BREAKEY A A, SCELZA B, et al. Concentrations of trace elements in human milk: Comparisons among women in Argentina, Namibia, Poland, and the United States [J]. Plos One, 2017, 128 (8).

[283] KREBS N F. Zinc transfer to the breastfed infant [J]. Journal of Mammary Gland Biology and Neoplasia, 1999, 43 (3): 259-268.

[284] DROR D K, ALLEN L H. Overview of nutrients in human milk [J]. Advances in Nutrition, 2018, 9: 278S-294S.

第4节　硒

一、背景

硒是人体必需的微量元素之一。我国学者于1957年首先提出克山病与缺硒有关，并进一步验证和肯定了硒是人体必需的微量元素[1]。人体硒总量为14～21mg。硒存在于所有细胞与组织器官中，在肝脏、肾脏、胰腺、心脏、脾、牙釉质和指甲中浓度较高，肌肉、骨骼和血液中次之，脂肪组织中最低。体内硒主要以硒蛋氨酸和硒半胱氨酸两种形式存在，其中前者为非调节性储存形式，后者为具有生物活性化合物。母乳中硒的主要存在形式包括硒蛋氨酸，硒半胱氨酸和谷胱甘肽过氧化物酶[2, 3]。硒对婴儿的生长发育有非常重要的作用，婴儿缺硒会导致生长迟缓和感染等疾病，还可能对成年后的硒营养状态存在潜在风险[4]。探索母乳硒元素含量及其影响因素，将为母乳喂养及指导和规范婴幼儿配方食品提供科学依据，最终提高婴儿健康水平。

二、生理功能

硒作为人体必需的微量元素，具有以下生理功能[1, 5]：①抗氧化功能。硒是多种抗氧化酶（如谷胱甘肽过氧化物酶和硫氧还蛋白还原酶）的组成成分，可清除体内脂质过氧化物，阻断活性氧和其他自由基对细胞膜及组织的损伤，以维持细胞的正常功能。②保护心血管和心肌的健康。调查发现，机体缺硒可引起以心肌损害为特征的克山病；硒缺乏还可引起脂质过氧化反应增强，导致心肌纤维坏死、心肌小球动脉和毛细血管损伤。高硒地区人群中的心血管发病率较低。③增强免疫功能。硒存在于几乎所有的免疫细胞中，其可通过上调白细胞介素-2受体表达，增加淋巴细胞、NK细胞、淋巴因子激活杀伤细胞等的活性，从而提高机体免疫功能。④有毒重金属的解毒作用。硒能与体内重金属如汞、镉、铅等结合成金属–硒–蛋白复合物而起到解毒、排毒的作用。⑤调节甲状腺激素。硒作为碘甲腺原氨酸脱碘酶的组成成分，催化T_4脱碘转化为T_3；因此可通过调节甲状腺激素动态平衡影响机体代谢。

三、分析方法

（一）数据来源

1．营养素检索式

英文：‘mineral*’ OR ‘Selenium’ OR ‘trace element*’。

中文：“矿物质” OR “微量元素” OR “硒”。

2．母乳检索式

英文：‘breast milk’ OR ‘breast* milk’ OR ‘human* milk’ OR ‘mother* milk’ OR 'woman* milk' OR 'women* milk' OR ((lactating OR lactation) AND milk)。

中文："母乳" OR "人乳" OR "乳汁"。

3．检索数据库

①英文数据库：PubMed、Web of Science、Medline、Scopus、Embase、Cochrane Library。

②中文数据库：知网、万方、维普。

③通过文献追溯方法进一步收集相关文献。

4．检索时间

截至2021年5月10日。

（二）文献纳入与排除标准

1．纳入标准

①发表文章为中文或者英文，含学位论文；②母亲：年龄18~45岁，健康；③婴幼儿：年龄0~48月龄，健康；④干预研究和观察性研究(横断面研究、病例对照研究、队列研究)。

2．排除标准

①母亲患有乳腺炎等疾病；②泌乳阶段未说明；③重要数据不全者；④综述、生态学研究和病例报告、会议论文。

3．文献纳入流程

将各数据库检索结果导入文献管理器，通过题目筛选→摘要筛选→全文筛选→去除重复文献→得到最终纳入文献。文献检索具体流程见图8.4.1。

（三）数据提取

从纳入的文献中提取：文章作者，发表年份，国家，地区，泌乳阶段，样本量，母亲年龄，BMI，孕周，营养补充剂使用情况，胎次，婴儿男女比例，检测方法，采样时间，是否吸空乳，采样体积，采样乳房（左侧/右侧），样品储藏温度，均值或者中位数，标准误或标准差，95%CI，全距，四分位间距，原始单位。对提取数据进行双复核，以确保数据的准确性。

（四）统计方法

纳入的各项文献中，由于数据格式有所不同，有的采用均值±标准差，有的采用中位数（全距或者四分位间距）。本研究参照Wan等[10]及*Cochrane Handbook for Systematic Reviews of Interventions*推荐公式将中位数转化为均值，全距和四分位间距转化为标准差，最终将所有研究数据统一转化为均值±标准差。数据汇总采用样本量加权，计算样本量加权均值（$Mean_s$）和加权标准差（SD_s）。

$$Mean_s=(n_1 \cdot M_1+n_2 \cdot M_2+n_3 \cdot M_3+\cdots+n_i \cdot M_i)/(n_1+n_2+n_3+\cdots+n_i)$$

n_i和M_i分别代表个项研究均值及样本量；

$$SD_s^2=[(A_1+A_2+A_3+\cdots+A_i)-(M_1\cdot n_1+M_2\cdot n_2+M_3\cdot n_3+\cdots+M_i\cdot n_i)^2/(n_1+n_2+n_3+\cdots+n_i)]/(N-1)$$

$$A_i=\sum x^2=SD_i^2(n_i-1)+M_i^2n_i;$$

$$SD_s=\sqrt{\frac{\sum A_i-\frac{[\sum(M_in_i)]^2}{N}}{N-1}}$$

SD_i 代表个项研究标准差。

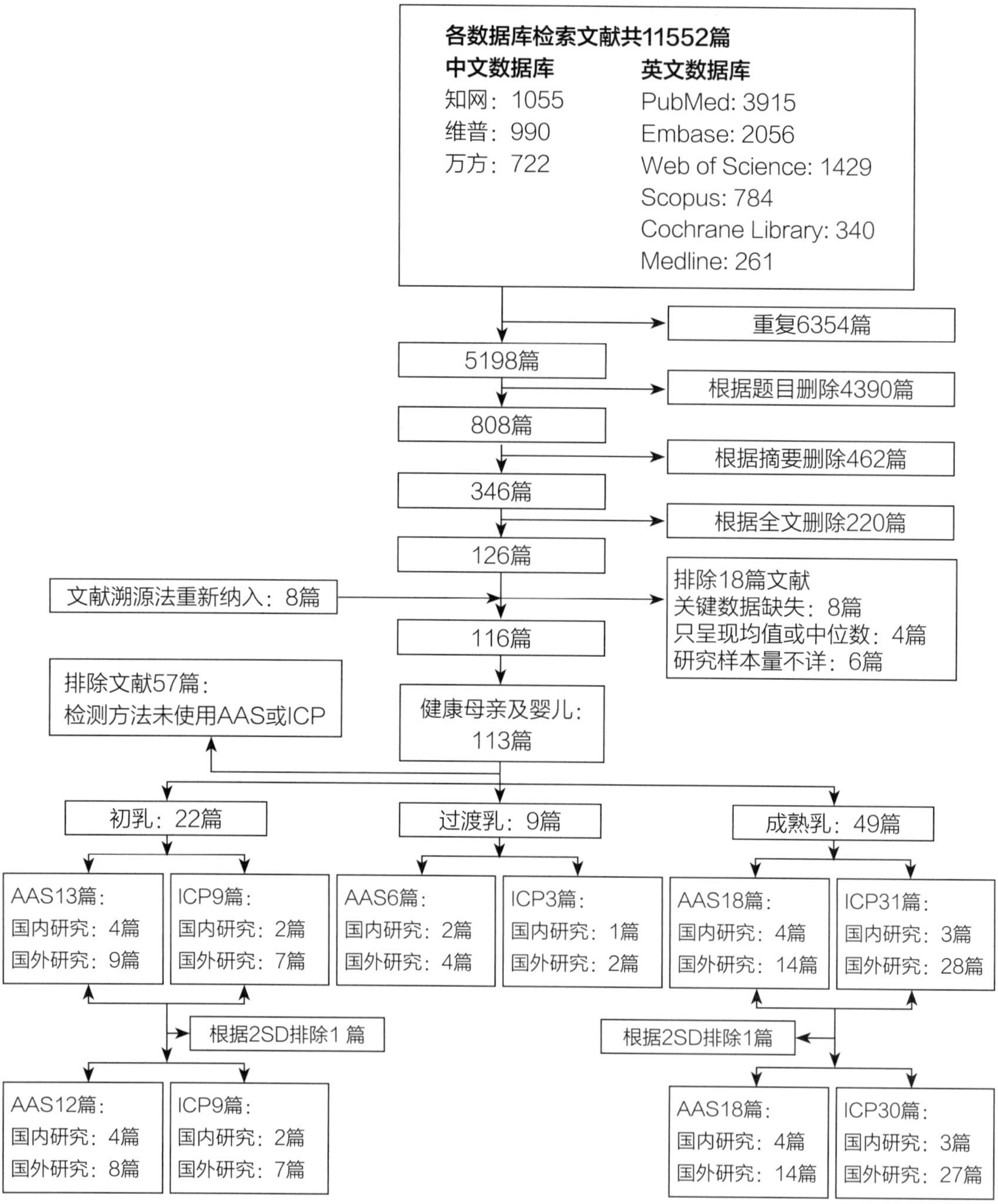

图8.4.1 硒含量文献检索流程图

四、健康母亲足月儿初乳

由表8.4.1可见，中国健康母亲足月儿初乳硒含量为（32.70 ± 24.50）μg/L，共纳入6项研究[6-11]，样本量为336；其中原子吸收分光光度法测得硒含量均值较电感耦合等离子体发射光谱法测得均值高［（35.57 ± 25.64）μg/L与（26.11 ± 20.27）μg/L，$P<0.001$］。国外健康母亲足月儿初乳硒含量为（20.06 ± 14.84）μg/L，共纳入15项研究[12-26]，样本量为753；而原子吸收分光光度法测得硒含量均值较电感耦合等离子体发射光谱法低［（16.08 ± 9.27）μg/L与（30.69 ± 25.83）μg/L，$P<0.001$］。

表8.4.1　健康母亲足月儿初乳中硒含量

检测方法	中国样本				国外样本				*P2*
	研究数目	样本量	平均值/（μg/L）	标准差/（μg/L）	研究数目	样本量	平均值/（μg/L）	标准差/（μg/L）	
AAS	4	234	35.57	25.64	8	512	16.08	9.27	＜0.001
ICP	2	102	26.11	20.27	7	251	30.69	25.83	0.078
P1	＜0.001				＜0.001				
AAS+ICP	6	336	32.70	24.50	15	753	20.06	14.84	＜0.001

注：AAS：原子吸收分光光度法；ICP：电感耦合等离子体发射光谱法。

P1：不同方法差异比较；*P2*：不同国家间差异比较。

五、健康母亲足月儿过渡乳

由表8.4.2可见，中国健康母亲足月儿过渡乳硒含量为（38.36 ± 26.23）μg/L，共纳入3项研究[7, 9, 11]，样本量为224；国外健康母亲足月儿过渡乳硒含量为（17.21 ± 20.83）μg/L，研究数目为6项[16, 17, 20, 22, 25, 27]，样本量为229；两组人群存在显著差异（$P<0.001$）。不论是中国还是国外母乳样本，原子吸收分光光度法测得含量均显著高于电感耦合等离子体发射光谱法。

表8.4.2　健康母亲足月儿过渡乳中硒含量

检测方法	中国样本				国外样本				*P2*
	研究数目	样本量	平均值/（μg/L）	标准差/（μg/L）	研究数目	样本量	平均值/（μg/L）	标准差/（μg/L）	
AAS	2	192	40.22	26.23	4	59	46.71	20.52	0.050
ICP	1	32	27.20	23.70	2	170	6.98	5.62	＜0.001

续表

检测方法	中国样本				国外样本				P2
	研究数目	样本量	平均值/（μg/L）	标准差/（μg/L）	研究数目	样本量	平均值/（μg/L）	标准差/（μg/L）	
P1	0.009				<0.001				
AAS+ICP	3	224	38.36	26.23	6	229	17.21	20.83	<0.001

注：AAS：原子吸收分光光度法；ICP：电感耦合等离子体发射光谱法。

P1：不同方法差异比较；*P2*：不同国家间差异比较。

六、健康母亲足月儿成熟乳

如表8.4.3所示，其中7项研究来自中国人群[7, 9-11, 28-30]，40项研究来自其他国家[12, 14, 15, 18-22, 24-26, 31-59]。将泌乳阶段进行划分后，中国样本中仅有180天前成熟乳，与国外样本相比，中国母乳硒含量显著较高［（42.47 ± 40.41）μg/L与（21.04 ± 39.09）μg/L，$P<0.001$］。国外有25项研究及6项研究分别报道180天前及180天后母乳硒含量，但两个阶段并无显著差异。

表8.4.3 健康母亲足月儿成熟乳中硒含量

泌乳阶段	检测方法	中国样本				国外样本				P3
		研究数目	样本量	平均值/（μg/L）	标准差/（μg/L）	研究数目	样本量	平均值/（μg/L）	标准差/（μg/L）	
成熟乳	AAS	4	394	50.22	30.92	14	472	11.24	4.67	<0.001
	ICP	3	277	31.46	48.93	26	3200	22.50	41.82	0.002
	P1	<0.001				<0.001				
	AAS+ICP	7	671	42.47	40.41	40	3704	21.04	39.09	<0.001
180天前成熟乳	AAS	4	394	50.22	30.92	10	444	11.00	4.52	<0.001
	ICP	2	120	41.60	71.16	16	1088	21.65	27.35	0.003
	P1	0.199				<0.001				
	AAS+ ICP	6	514	48.21	43.82	25	1439	14.49	9.27	<0.001

续表

泌乳阶段	检测方法	中国样本				国外样本				P3
		研究数目	样本量	平均值/（μg/L）	标准差/（μg/L）	研究数目	样本量	平均值/（μg/L）	标准差/（μg/L）	
180天后成熟乳	AAS	—	—	—	—	3	42	14.33	3.85	—
	ICP	—	—	—	—	3	42	18.42	27.23	—
	P1	—				0.341				
	AAS+ ICP	—	—	—	—	6	84	16.38	19.44	—
P2		—				0.379				

注：AAS：原子吸收分光光度法；ICP：电感耦合等离子体发射光谱法。
P1：不同检测方法组间差异P值；*P2*：不同泌乳阶段组间差异P值；*P3*：不同国家间差异比较。

七、母乳样本地域分布及均值

表8.4.4显示目前检索到的成熟乳硒含量报道的国家、样本量及平均含量。其中，中国671份成熟乳样本所测得的硒含量均值为42.47μg /L，居于全球最高水平；其次为西班牙，315份成熟乳硒平均含量为41.06μg /L；美国共有46份母乳样本检测硒含量，均值为15.83μg /L。

表8.4.4　各国报道的母乳硒检测样本量及平均含量

国家	样本量	平均含量/（μg/L）
亚洲		
中国	671	42.47
韩国	48	11.75
日本	352	17.88
约旦	76	23.30
科威特	34	17.00
马来西亚	20	18.68
阿拉伯联合酋长国	205	62.44
美洲		
巴西	96	9.12
美国	46	15.83
危地马拉	369	14.74

续表

国家	样本量	平均含量/（μg/L）
欧洲		
奥地利	24	11.55
比利时	26	11.12
克罗地亚	259	18.95
爱沙尼亚	8	11.68
芬兰	148	9.79
德国	119	15.78
意大利	630	19.54
葡萄牙	50	25.29
斯洛文尼亚	500	17.43
西班牙	315	41.06
瑞士	220	10.58
非洲		
布隆迪	5	7.63
尼日利亚	104	13.36
大洋洲		
澳大利亚	44	14.34

八、不同泌乳阶段母乳

对于不同泌乳阶段母乳硒含量，中国样本研究显示随泌乳阶段母乳硒含量逐渐升高，而国外研究显示过渡乳最低、成熟乳最高（表8.4.5）。

表8.4.5 不同泌乳阶段母乳硒含量的比较

	初乳				过渡乳				成熟乳			
	研究数目	样本量	平均值/（μg/L）	标准差/（μg/L）	研究数目	样本量	平均值/（μg/L）	标准差/（μg/L）	研究数目	样本量	平均值/（μg/L）	标准差/（μg/L）
国内	6	336	32.70[a]	24.50	3	224	38.36[b]	26.23	7	671	42.47[b]	40.41
国外	15	753	20.06[ab]	14.84	6	229	17.21[a]	20.83	40	3704	21.04[b]	39.09

注：同一行中不同的小写上标字母表示组间比较具有统计学差异。

九、特殊状况母乳

特殊状况母乳包括早产儿、母亲巨细胞病毒感染、母亲患乳腺炎/亚临床乳腺炎，以及其他疾病如肥胖、艾滋病等。

1. 早产儿

如表8.4.6所示，本研究共检索到6篇文献报道早产儿母乳硒含量[12, 41, 58, 60-62]，样本量为165。结果显示，早产儿母乳硒含量显著低于足月儿母乳[6-61, 63-118][（17.85 ± 13.55）μg/L与（23.15 ± 34.67）μg/L, $P<0.001$]。

2. 母亲巨细胞病毒感染

本项研究共检索到1篇文献报道母乳巨细胞病毒感染状态下硒元素含量为（79.32 ± 11.52）μg/L[30]，明显高于正常足月儿成熟乳含量。

3. 母亲患亚临床乳腺炎

如表8.4.6所示，共3篇国外的文献报道哺乳期母亲患亚临床乳腺炎时母乳中硒的含量[24, 31, 53]，样本量为239。结果发现，母亲患亚临床乳腺炎时母乳中硒的含量较正常母亲显著降低［（19.41 ± 10.99）μg/L与（23.15 ± 34.67）μg/L，$P<0.001$］。

表8.4.6 特殊状况母乳硒含量分析

	研究数目	样本量	平均值/（μg/L）	标准差/（μg/L）	*P*
早产/足月					<0.001
早产儿	6	165	17.85	13.55	
足月儿	114	9071	23.15	34.67	
农村/城市					0.717
农村	1	13	23.97	7.75	
城市	1	14	22.96	6.57	
是否患乳腺炎					<0.001
是	3	239	19.41	10.99	
否	114	9071	23.15	34.67	

4. 其他情况

其他特殊情况包括母亲肥胖及母亲患有艾滋病。其中，肥胖母亲母乳硒含量为（50 ± 40）μg/L[36]，患有艾滋病母亲母乳硒含量为（12.33 ± 9.22）μg/L[119]。

5. 不同经济发展地区

如表8.4.6所示，共1篇文献对比了不同经济发展地区母乳中的硒含量（n=27）[67]。结果显示，城乡地区母乳中硒含量的差异无统计学意义［（23.97 ± 7.75）μg/L与（22.96 ± 6.57）μg/L, P=0.717］。

十、服用膳食补充剂母亲母乳

有3篇研究报道，共60份母乳调查显示，服用硒补充剂的母亲母乳硒含量为（20.15 ± 10.21）μg/L[82, 113, 120]，较未服用补充剂者显著降低。

十一、影响因素

本研究发现，不同的测定方法、地域，及婴儿是否足月，母亲罹患乳腺炎与否均可影响母乳硒元素的含量。Keikha等[121]及Dror等[122]报道，母亲膳食硒摄入或者是否服用可显著改变母乳硒元素的含量。与本研究一致，Zachara等检测波兰不同省份母乳硒含量发现，不同地区含量差异较大[123]。植物性或动物性食物硒含量与其生长环境或饲料硒含量及存在形式有关[124]，这也导致不同地域母亲日常膳食硒的摄入量不同，从而对母乳中硒浓度造成影响。因此，环境缺硒地区的乳母需要特别关注母乳硒含量，必要时使用硒营养补充剂。然而硒安全摄入范围较窄，过量时又可能引起毒副作用[3]。因此，富硒地区也应注意硒过量摄入可能对婴幼儿发育的潜在危害[125]。Funk等报道，产次可能影响母乳硒含量[83]。目前其他因素如母亲不同疾病状态对母乳硒元素含量的影响，尚需更多研究以进一步阐明。

（编写：张喆庆，洪真，张轩睿）

参考文献

[1] 孙长颢，凌文华，黄国伟，等. 营养与食品卫生学（第8版）[M]. 北京：人民卫生出版社，2017.

[2] DOREA J G. Selenium and breast-feeding [J]. British Journal Of Nutrition, 2002, 88 (5): 443-461.

[3] BODNAR M, SZCZYGLOWSKA M, KONIECZKA P, et al. Methods of selenium supplementation: bioavailability and determination of selenium compounds [J]. Critical Reviews In Food Science And Nutrition, 2016, 56 (1): 36-55.

[4] WAN X, WANG W, LIU J, et al. Estimating the sample mean and standard deviation from the sample size, median, range and/or interquartile range [J]. Bmc Medical Research Methodology, 2014, 14: 135.

[5] 杨月欣，葛可佑. 中国营养科学全书（第2版）[M]. 北京：人民卫生出版社，2019.

[6] 陈宇辉，陈晓宇，赵玉荣，等. 孕产妇初乳及外周血矿物质含量及相关性分析 [J]. 公共卫生与预防医学，2021，32（2）：85-88.

[7] 丁祥娥，何聿忠，林文业，等. 母乳中10种元素的测定分析与临床应用 [J]. 微量元素与健康研究，1994（4）：49-51.

[8] 姜云卿，吕志萱，范红飞，等. 两种不同的母婴同室对母乳成分的影响——初乳中锌铁钙硒的研究 [J]. 微量元素与健康研究，1996（2）：20-21.

[9] 王亚玲，赵军英，乔为仓，等. 电感耦合等离子质谱法测定母乳中10种矿物元素［J］. 食品科学，2021，42（14）：165-169.

[10] SHI Y D, SUN G Q, ZHANG Z G, et al. The chemical composition of human milk from Inner Mongolia of China [J]. Food Chemistry, 2011, 127 (3): 1193-1198.

[11] WEI M, DENG Z, LIU B, et al. Investigation of amino acids and minerals in Chinese breast milk [J]. Journal of The Science of Food And Agriculture, 2020, 100 (10): 3920-3931.

[12] AQUILIO E, SPAGNOLI R, SERI S, et al. Trace element content in human milk during lactation of preterm newborns [J]. Biological Trace Element Research, 1996, 51 (1): 63-70.

[13] ARIAS-BORREGO A, CALLEJóN-LEBLIC B, RODRíGUEZ-MORO G, et al. A novel HPLC column switching method coupled to ICP-MS/QTOF for the first determination of selenoprotein P (SELENOP) in human breast milk [J]. Food Chemistry, 2020, 321: 126692.

[14] ARNAUD J, PRUAL A, PREZIOSI P, et al. Effect of iron supplementation during pregnancy on trace element (Cu, Se, Zn) concentrations in serum and breast milk from Nigerian women [J]. Annals of Nutrition And Metabolism, 1993, 37 (5): 262-271.

[15] BENEMARIYA H, ROBBERECHT H, DEELSTRA H. Copper, zinc and selenium concentrations in milk from middle-class women in Burundi (Africa) throughout the first 10 months of lactation [J]. The Science of The Total Environment, 1995, 164 (2): 161-174.

[16] EJEZIE F E, OKAKA A C, NWAGHA U I. Reduced maternal selenium levels in pregnant and lactating Nigerian women: should routine selenium supplementation be advocated? [J]. Nigerian Journal of Medicine, 2012, 21 (1): 98-102.

[17] GRZUNOV LETINIĆ J, MATEK SARIĆ M, PIASEK M, et al. Use of human milk in the assessment of toxic metal exposure and essential element status in breastfeeding women and their infants in coastal Croatia [J]. Journal of Trace Elements In Medicine And Biology, 2016, 38: 117-125.

[18] KANTOLA M, MAND E, VIITAK A, et al. Selenium contents of serum and human milk from Finland and neighbouring countries [J]. Journal of Trace Elements In Medicine And Biology, 1997, 10 (4): 225-232.

[19] KUMPULAINEN J, SALMENPERä L, SIIMES M A, et al. Selenium status of exclusively breast-fed infants as influenced by maternal organic or inorganic selenium supplementation [J]. American Journal of Clinical Nutrition, 1985, 42 (5): 829-835.

[20] LI F, ROSSIPAL E, IRGOLIC K J. Determination of selenium in human milk by hydride cold-trapping atomic absorption spectrometry and calculation of daily selenium intake [J]. Journal of Agricultural And Food Chemistry, 1999, 47 (8): 3265-3268.

[21] MATOS C, MOUTINHO C, BALCãO V, et al. Total antioxidant activity and trace elements in human milk: the first 4 months of breast-feeding [J]. European Food Research And Technology, 2009, 230 (2): 201-208.

[22] ROBBERECHT H, ROEKENS E, VAN CAILLIE-BERTRAND M, et al. Longitudinal study of the selenium content in human breast milk in Belgium [J]. Acta Paediatrica Scandinavica, 1985, 74 (2): 254-258.

[23] ROSSIPAL E, KRACHLER M, LI F, et al. Investigation of the transport of trace elements across barriers in humans: studies of placental and mammary transfer [J]. Acta Paediatrica, 2000, 89 (10): 1190-1195.

[24] SAMUEL T M, DE CASTRO C A, DUBASCOUX S, et al. Subclinical mastitis in a European multicenter cohort: prevalence, impact on human milk (HM) composition, and association with infant hm intake and growth [J]. Nutrients, 2019, 12 (1): 105.

[25] TAMARI Y, KIM E S. Longitudinal study of the dietary selenium intake of exclusively breast-fed infants during early lactation in Korea and Japan [J]. Journal Of Trace Elements In Medicine And Biology, 1999, 13 (3): 129-133.

[26] TORRES M A, VERDOY J, ALEGRíA A, et al. Selenium contents of human milk and infant formulas in Spain [J]. The Science Of The Total Environment, 1999, 228 (2-3): 185-192.

[27] DANIELS L, GIBSON R S, DIANA A, et al. Micronutrient intakes of lactating mothers and their association with breast milk concentrations and micronutrient adequacy of exclusively breastfed Indonesian infants [J]. American Journal Of Clinical Nutrition, 2019, 110 (2): 391-400.

[28] 邓波，张慧敏，颜春荣，等. 深圳市母乳中矿物质含量及重金属负荷水平研究［J］. 卫生研究，2009，38（3）：293-295.

[29] 何梦洁. 人乳中硒含量及硒形态研究［D］. 中国疾病预防控制中心，2017.

[30] 史双宏，李芬，王振林. 秦巴山区产妇乳汁中锌与围生期人类巨细胞病毒感染的相关性［J］. 中国全科医学，2003，（9）：758-760.

[31] LI C, SOLOMONS N W, SCOTT M E, et al. Anthropometry before Day 46 and Growth Velocity before 6 Months of Guatemalan Breastfed Infants Are Associated with Subclinical Mastitis and Milk Cytokines, Minerals, and Trace Elements [J]. Journal Of Nutrition, 2019, 149 (9): 1651-1659.

[32] SáNCHEZ C, FENTE C, BARREIRO R, et al. Association between breast milk mineral content and maternal adherence to healthy dietary patterns in Spain: a transversal study [J]. Foods, 2020, 9 (5): 659.

[33] TAN S S, KHOR G L, STOUTJESDIJK E, et al. Case study of temporal changes in maternal dietary intake and the association with breast milk mineral contents [J]. Journal Of Food Composition And Analysis, 2020, 89: 103468.

[34] BILANDZˇICˊ N, MARIJA SEDAK M Đ, BOZˇIC Đ. Determination of Macro- and Microelements in Cow,Goat, and Human Milk Using Inductively Coupled Plasma Optical Emission Spectrometry [J]. Spectroscopy Letters, 2015, 48: 677-684.

[35] AL-AWADI F M, SRIKUMAR T S. Determination of selenium concentration and its chemical forms in the milk of Kuwaiti and non-Kuwaiti lactating mothers [J]. Journal Of Trace Elements In Medicine And Biology, 2001, 14 (1): 57-67.

[36] MARTíNEZ M Á, CASTRO I, ROVIRA J, et al. Early-life intake of major trace elements, bisphenol A, tetrabromobisphenol A and fatty acids: Comparing human milk and commercial infant formulas [J]. Environmental Research, 2018, 169: 246-255.

[37] MOHD T N, CARTWRIGHT D, DAVIES M, et al. The effect of pasteurization on trace elements in donor breast milk [J]. Journal of Perinatology, 2016, 36 (10): 897-900.

[38] SHEN L, VAN DAEL P, LUTEN J, et al. Estimation of selenium bioavailability from human, cow's, goat and sheep milk by an in vitro method [J]. International Journal of Food Sciences and Nutrition, 1996, 47 (1): 75-81.

[39] ALVES PEIXOTO R R, FERNáNDEZ-MENéNDEZ S, FERNáNDEZ-COLOMER B. Impact of Holder pasteurization on essential elements from human donor milk: Total contents and protein-binding profile [J]. Journal Of Food Composition And Analysis, 2020, 87: 103395.

[40] TAHBOUB Y R, MASSADEH A M, AL-SHEYAB N A, et al. Levels of trace elements in human breast milk in Jordan: a comparison with infant formula milk powder [J]. Biological Trace Element Research, 2021, 199 (11): 4066-4073.

[41] SABATIER M, GARCIA-RODENAS C L, DE CASTRO C A, et al. Longitudinal changes of mineral concentrations in preterm and term human milk from lactating swiss women [J]. Nutrients, 2019, 11 (8): 1855.

[42] YAMAWAKI N, YAMADA M, KAN-NO T, et al. Macronutrient, mineral and trace element composition of breast milk from Japanese women [J]. Journal Of Trace Elements In Medicine And Biology, 2005, 19 (2-3): 171-181.

[43] HANNAN M A, FARAJI B, TANGUMA J, et al. Maternal milk concentration of zinc, iron, selenium, and iodine and its relationship to dietary intakes [J]. Biological Trace Element Research, 2009, 127 (1): 6-15.

[44] MIKLAVČIČ A, CASETTA A, SNOJ TRATNIK J, et al. Mercury, arsenic and selenium exposure levels in relation to fish consumption in the Mediterranean area [J]. Environmental Research, 2013, 120: 7-17.

[45] SCHRAMEL P, LILL G, HASSE S, et al. Mineral- and trace element concentrations in human breast milk, placenta, maternal blood, and the blood of the newborn [J]. Biological Trace Element Research, 1988, 16 (1): 67-75.

[46] LI C, SOLOMONS NW, SCOTT ME, et al. Minerals and trace elements in human breast milk are associated with guatemalan infant anthropometric outcomes within the first 6 months [J]. Journal Of Nutrition, 2016, 146 (10): 2067-2074.

[47] ASTOLFI M L, MARCONI E, PROTANO C, et al. Optimization and validation of a fast digestion method for the determination of major and trace elements in breast milk by ICP-MS [J]. Analytica Chimica Acta, 2018, 1040: 49-62.

[48] JAGODIC M, POTOČNIK D, TRATNIK J S, et al. Selected elements and fatty acid composition in human milk as indicators of seafood dietary habits [J]. Environmental Research, 2020, 180: 108820.

[49] MANDIĆ Z, MANDIĆ M L, GRGIĆ J, et al. Selenium content of breast milk [J]. Z Lebensm Unters Forsch, 1995, 201 (3): 209-212.

[50] NAVARRO-BLASCO I, ALVAREZ-GALINDO JI. Selenium content of Spanish infant formulae and human milk: influence of protein matrix, interactions with other trace elements and estimation of dietary intake by infants [J]. Journal Of Trace Elements In Medicine And Biology, 2004, 17 (4): 277-289.

[51] KIM E-S, KEUM H-K, TAMARI Y. Selenium Intake in Breast - fed Infants during Course of Lactation [J]. Preventive Nutrition And Food Science, 1996, 1 (2): 230-233.

[52] MOHD-TAUFEK N, CARTWRIGHT D, DAVIES M, et al. The simultaneous analysis of eight essential trace elements in human milk by ICP-MS [J]. Food Analytical Methods, 2016, 9 (7): 2068-2075.

[53] LI C, SOLOMONS N W, SCOTT M E, et al. Subclinical mastitis (SCM) and proinflammatory cytokines are associated with mineral and trace element concentrations in human breast milk [J]. Journal of Trace Elements In Medicine And Biology, 2018, 46: 55-61.

[54] ABDULRAZZAQ Y M, OSMAN N, NAGELKERKE N, et al. Trace element composition of plasma and breast milk of well-nourished women [J]. Journal Of Environmental Science And Health Part A-Toxic/Hazardous Substances & Environmental Engineering, 2008, 43 (3): 329-334.

[55] KAHOKO M, TSUYOSHI I, YASUHIRO S, et al. Trace element levels in mature breast milk of recent lactating Japanese women [J]. Pediatrics International, 2021； 63 (8): 910-917.

[56] TRDIN A, SNOJ TRATNIK J, STAJNKO A, et al. Trace elements and APOE polymorphisms in pregnant women and their new-borns [J]. Environment International, 2020, 143: 105626.

[57] ALMEIDA A A, LOPES C, SILVA A M S, et al. Trace elements in human milk: Correlation with blood levels, inter-element correlations and changes in concentration during the first month of lactation [J]. Journal Of Trace Elements In Medicine And Biology, 2008, 22 (3): 196-205.

[58] REGINA A P R, REGINA B C C, VITOR L S, et al. Trace mineral composition of human breast milk from Brazilian mothers [J]. Journal Of Trace Elements In Medicine And Biology, 2019, 54: 199-205.

[59] JOCHUM F, FUCHS A, CSER A, et al. Trace mineral status of full-term infants fed human milk, milk-based formula or partially hydrolysed whey protein formula [J]. Analyst, 1995, 120 (3): 905-909.

[60] ELLIS L, PICCIANO MF, SMITH AM, et al. The impact of gestational length on human milk selenium concentration and glutathione peroxidase activity [J]. Pediatric Research, 1990, 27 (1): 32-35.

[61] PERRONE L, DI PALMA L, DI TORO R, et al. Interaction of trace elements in a longitudinal study of human milk from full-term and preterm mothers [J]. Biological Trace Element Research, 1994, 41 (3): 321-330.

[62] KIM S Y, PARK J H, KIM E A, et al. Longitudinal study on trace mineral compositions (selenium, zinc, copper, manganese) in Korean human preterm milk [J]. Journal Of Korean Medical Science, 2012, 27 (5): 532-536.

[63] 丛涛，赵霖，袁艺，等. 初乳中矿物质与微量元素的测定及临床营养学意义［J］. 中国临床营养杂志，1999,（1）：12-14.

[64] 顾俊，王窕人. 荧光分光光度法测定母乳中硒［J］. 江苏预防医学，2000,（4）：58-59.

[65] 李晓南，陈荣华，吕太霞，等. 母乳中硒含量和谷胱甘肽过氧化物酶活性测定［J］. 实用儿科临床杂志，1997,（2）：99-100.

[66] 刘静. 呼和浩特市113例母乳中矿物质含量的分析［J］. 食品研究与开发，2016，37（5）：117-119.

[67] 田玉慧，杨立俭，高锦荣，等. 城乡居民母乳中微量元素与婴儿生长发育［J］. 新乡医学院学报，1993,（4）：284-287

[68] 王学生，王成刚. 正常母乳中钙、磷、硒含量以及GPX活性比较［J］. 中国公共卫生，2002，18（8）：991-991.

[69] 赵永魁，张玉新，吴敦虎，等. 大连市母乳与牛乳某些元素含量的评价［J］. 微量元素与健康研究，1994，11（1）：49-50.

[70] 赵臻，王丹，王青云，等. 黑龙江省哈尔滨市母乳中矿物质含量的检测［J］. 中国乳业，2020（3）：71-73.

[71] HANNAN M A, DOGADKIN N N, ASHUR I A, et al. Copper, selenium, and zinc concentrations in human milk during the first three weeks of lactation [J]. Biological Trace Element Research, 2005, 107 (1): 11-20.

[72] BIANCHI M L, CRUZ A, ZANETTI M A, et al. Dietary intake of selenium and its concentration in breast milk [J]. Biological Trace Element Research, 1999, 70 (3): 273-277.

[73] BJöRKLUND K L, VAHTER M, PALM B, et al. Metals and trace element concentrations in breast milk of first time healthy mothers: a biological monitoring study [J]. Environment Health, 2012, 11: 92.

[74] BRäTTER V E N D, RECKNAGEL S, GAWLIK D. Speciation of Se, Fe and Zn in Human Milk Whey: The use of Instrumental Neutron Activation Analysis (INAA) to corroborate element profiles measured with Inductively Coupled Plasma Atomic Emission Spectrometry (ICP-AES) [J]. Analytical And Bioanalytical Chemistry, 1995, 353 (2): 137-142.

[75] BUTTS C A, HEDDERLEY D I, HERATH T D, et al. Human milk composition and dietary intakes of breastfeeding women of different ethnicity from the Manawatu-Wanganui Region of New Zealand [J]. Nutrients, 2018, 10 (9): 1231.

[76] CLEMENTE G F, INGRAO G, SANTARONI G P. The concentration of some trace elements in human milk from Italy [J]. The Science Of The Total Environment, 1982, 24 (3): 255-265.

[77] CUMMING F J, FARDY J J, WOODWARD D R. Selenium and human lactation in Australia: milk and blood selenium levels in lactating women, and selenium intakes of their breast-fed infants [J]. Acta Paediatrica, 1992, 81 (4): 292-295.

[78] DANG H S, DESAI H B, KAYASTH S R, et al. Daily requirements of Fe, Co and Se during infancy [J]. Journal Of Radioanalytical And Nuclear Chemistr, 1984, 84 (1): 177-183.

[79] DEBSKI B, FINLEY D A, PICCIANO M F, et al. Selenium content and glutathione peroxidase activity of milk from vegetarian and nonvegetarian women [J]. Journal Of Nutrition, 1989, 119 (2): 215-220.

[80] DEBSKI B, PICCIANO M F, MILNER J A. Selenium content and distribution of human, cow and goat milk [J]. Journal Of Nutrition, 1987, 117 (6): 1091-1097.

[81] DEBSKI B, ZARSKI T P, MILNER J A. Selenium content and distribution in bovine and human milk from different regions of Poland [J]. Zentralblatt Fur Veterinarmedizin. Reihe A, 1992, 39 (4): 313-318.

[82] DYLEWSKI M L, PICCIANO M F. Milk selenium content is enhanced by modest selenium supplementation in extended lactation [J]. Journal Of Trace Elements In Medicine And Biology, 2002, 15 (4): 191-199.

[83] FUNK M A, HAMLIN L, PICCIANO M F, et al. Milk selenium of rural African women: influence of maternal nutrition, parity, and length of lactation [J]. American Journal Of Clinical Nutrition, 1990, 51 (2): 220-224.

[84] GARG A N, WEGINWAR R G, CHUTKE N L. A comparative study of minor and trace elements in human, animal and commercial milk samples by neutron activation analysis [J]. Journal Of Radioanalytical And Nuclear Chemistry, 1993, 172 (1): 125-135.

[85] HADJIMARKOS D M, SHEARER T R. Selenium in mature human milk [J]. American Journal Of Clinical Nutrition, 1973, 26 (6): 583-585.

[86] HIGASHI A, TAMARI H, KUROKI Y, et al. Longitudinal changes in selenium content of breast milk [J]. Acta Paediatrica Scandinavica, 1983, 72 (3): 433-436.

[87] HOJO Y. Selenium and glutathione peroxidase in human saliva and other human body fluids [J]. The Science Of The Total Environment, 1987, 65: 85-94.

[88] KANTOL M, VARTIAINEN T. Changes in selenium, zinc, copper and cadmium contents in human milk during the time when selenium has been supplemented to fertilizers in Finland [J]. Journal Of Trace Elements In Medicine And Biology, 2001, 15 (1): 11-17.

[89] KIM E S, KIM J S, CHO K H, et al. Quantitation of taurine and selenium levels in human milk and estimated intake of taurine by breast-fed infants during the early periods of lactation [J]. Advances in Experimental Medicine and Biology, 1998, 442: 477-486.

[90] KUMPULAINEN J, VUORI E, SIIMES M A. Effect of maternal dietary selenium intake on selenium levels in breast milk [J]. International Journal For Vitamin And Nutrition Research, 1984, 54 (2-3): 251-255.

[91] KOSTA L, BYRNE A.R, M D. Trace elements in some human milk samples by radiochemical neutron activation analysis [J]. The Science Of The Total Environment, 1983, 29 (3): 261-268.

[92] L'ABBé M R, TRICK K D, KOSHY A. The selenium content of Canadian infant formulas and breast milk [J]. Journal Of Food Composition And Analysis, 1996, 9 (2): 119-126.

[93] LEVANDER O A, MOSER P B, MORRIS V C. Dietary selenium intake and selenium concentrations of plasma, erythrocytes, and breast milk in pregnant and postpartum lactating and nonlactating women [J]. American Journal Of Clinical Nutrition, 1987, 46 (4): 694-698.

[94] LI J Z, YOSHINAGA J, SUZUKI T, et al. Mineral and trace element content of human transitory milk indentified with inductively coupled plasma atomic emission spectrometry [J]. Journal Of Nutritional Science And Vitaminology, 1990, 36 (1): 65-74.

[95] LITOV R E, SICKLES V S, CHAN G M, et al. Selenium status in term infants fed human milk or infant formula with or without added selenium [J]. Nutrition Research, 1989, 9 (6): 585-596.

[96] LOMBECK I, KASPEREK K, BONNERMANN B. Selenium content of human milk, cow's milk and cow's milk infant formulas [J]. European Journal Of Pediatrics, 1978, 129 (3): 139-145.

[97] PARR R M, DEMAEYER E M, IYENGAR V G, et al. Minor and trace elements in human milk from Guatemala, Hungary, Nigeria, Philippines, Sweden, and Zaire. Results from a WHO/IAEA joint project [J]. Biological Trace Element Research, 1991； 29 (1): 51-75.

[98] MAZEJ D, HORVAT M, BARBONE F, et al. Simple and rapid method for determination of selenium in breast milk by HG-AFS [J]. Microchimica Acta, 2004, 147 (1-2): 73-79.

[99] MILNER J A, SHERMAN L, PICCIANO M F. Distribution of selenium in human milk [J]. American Journal Of Clinical Nutrition, 1987, 45 (3): 617-624.

[100] MOSER P B, REYNOLDS R D, ACHARYA S, et al. Copper, iron, zinc, and selenium dietary intake and status of Nepalese lactating women and their breast-fed infants [J]. American Journal Of Clinical Nutrition, 1988, 47 (4): 729-734.

[101] OZDEMIR H S, KARADAS F, PAPPAS A C, et al. The selenium levels of mothers and their neonates using hair, breast milk, meconium, and maternal and umbilical cord blood in Van Basin [J]. Biological Trace Element Research, 2008, 122 (3): 206-215.

[102] SHEARER T R, HADJIMARKOS D M. Geographic distribution of selenium in human milk [J]. Archives of Environmental Health, 1975, 30 (5): 230-233.

[103] ROBBERECHT H, BENEMARIYA H, DEELSTRA H. Daily dietary intake of copper, zinc, and selenium of exclusively breast-fed infants of middle-class women in Burundi, Africa [J]. Biological Trace Element Research, 1995, 49 (2-3): 151-159.

[104] RODRíGUEZ E M R, ALAEJOS M S, ROMERO C D. Concentrations of selenium in human milk [J]. Zeitschrift für Lebensmitteluntersuchung und -Forschung A, 1998, 207 (2): 174-179.

[105] ROEKENS E, DEELSTRA H, ROBBERECHT H. Trace elements in human milk, selenium a case study [J]. The Science Of The Total Environment, 1985, 42 (1-2): 91-108.

[106] MANNAN S, PICCIANO M F. Influence of maternal selenium status on human milk selenium concentration and glutathione peroxidase activity [J]. American Journal Of Clinical Nutrition, 1987, 46 (1): 95-100.

[107] BRATAKOS M S, IOANNOU PV. Selenium in human milk and dietary selenium intake by Greeks [J]. The Science Of The Total Environment, 1991, 105: 101-107.

[108] SCHRAMEL P, HASSE S, OVCAR-PAVLU J. Selenium, cadmium, lead, and mercury concentrations in human breast milk, in placenta, maternal blood, and the blood of the newborn [J]. Biological Trace Element Research, 1988, 15: 111-124.

[109] SMITH A M, PICCIANO M F, MILNER J A. Selenium intakes and status of human milk and formula fed infants [J]. American Journal Of Clinical Nutrition, 1982, 35 (3): 521-526.

[110] SNOJ TRATNIK J, FALNOGA I, MAZEJ D, et al. Results of the first national human biomonitoring in Slovenia: Trace elements in men and lactating women, predictors of exposure and reference values [J]. International Journal Of Hygiene And Environmental Health, 2019, 222 (3): 563-582.

[111] TAMARI Y, CHAYAMA K, TSUJI H. Longitudinal study on selenium content in human milk particularly during early lactation compared to that in infant formulas and cow's milk in Japan [J]. Journal Of Trace Elements In Medicine And Biology, 1995, 9 (1): 34-39.

[112] TRAFIKOWSKA U, SOBKOWIAK E, BUTLER J A, et al. Organic and inorganic selenium supplementation to lactating mothers increase the blood and milk Se concentrations and Se intake by breast-fed infants [J]. Journal Of Trace Elements In Medicine And Biology, 1998, 12 (2): 77-85.

[113] TRAFIKOWSKA U, ZACHARA B, WIACEK M, et al. Selenium supply and glutathione peroxidase activity in breastfed Polish infants [J]. Acta Paediatrica, 1996, 85 (10): 1143-1145.

[114] VALENT F, HORVAT M, MAZEJ D, et al. Maternal diet and selenium concentration in human milk from an Italian population [J]. Journal Of Epidemiology, 2011, 21 (4): 285-292.

[115] WALIVAARA R, JANSSON L, AKESSON B. Selenium content of breast milk sampled in 1978 and 1983 in Sweden [J]. Acta paediatrica Scandinavica, 1986, 75 (2): 236-239.

[116] WASOWICZ W, GROMADZINSKA J, SZRAM K, et al. Selenium, zinc, and copper concentrations in the blood and milk of lactating women [J]. Biological Trace Element Research, 2001, 79 (3): 221-233.

[117] YANG L, ZHANG M, LIN S, et al. Minor and Trace Element Analysis in Breast Milk Using Inductively Coupled Plasma Mass Spectrometry (ICP-MS) [J]. Microchimica Acta, 2003, 142(1-2):

[118] YASUJI H. Sequential study on glutathione peroxidase and selenium contents of human milk [J]. The Science Of The Total Environment, 1986, 52 (1-2): 83-91.

[119] FLAX V L, BENTLEY M E, COMBS G F, et al. Plasma and breast-milk selenium in HIV-infected Malawian mothers are positively associated with infant selenium status but are not associated with maternal supplementation: results of the Breastfeeding, Antiretrovirals, and Nutrition study [J]. American Journal Of Clinical Nutrition, 2014, 99 (4): 950-956.

[120] MOORE M A, WANDER R C, XIA Y M, et al. Selenium supplementation of Chinese women with habitually low selenium intake increases plasma selenium, plasma glutathione peroxidase activity, and milk selenium, but not milk glutathione peroxidase activity [J]. Journal Of Nutritional Biochemistry, 2000, 11 (6): 341-347.

[121] KEIKHA M, SHAYAN-MOGHADAM R, BAHREYNIAN M, et al. Nutritional supplements and mother's milk composition: a systematic review of interventional studies [J]. International Breastfeeding Journal, 2021, 16 (1): 1.

[122] DROR D K, ALLEN L H. Overview of nutrients in human milk [J]. Advances In Nutrition, 2018, 9: 278s-294s.

[123] ZACHARA B A, PILECKI A. Selenium concentration in the milk of breast-feeding mothers and its geographic distribution [J]. Environmental Health Perspectives, 2000, 108 (11): 1043-1046.

[124] DINH Q T, CUI Z, HUANG J, et al. Selenium distribution in the Chinese environment and its relationship with human health: A review [J]. Environment International, 2018, 112: 294-309.

[125] CUI Z, HUANG J, PENG Q, et al. Risk assessment for human health in a seleniferous area, Shuang'an, China [J]. Environmental Science And Pollution Research International, 2017, 24 (21): 17701-17710.

第5节　铜

一、背景

铜是人体的必需营养素之一，广泛分布于身体组织和体液中，如肝脏、肌肉、骨骼、血液等。铜参与体内关键过程，包括线粒体呼吸、电子转移、铁摄取、抗氧化防御、神经递质合成和代谢等。人体如果缺乏铜元素可能会发生缺铜性贫血、心血管受损等问题。食物中的铜为人体摄入铜的主要形式，铜广泛存在于食物中。

二、生理功能

铜元素对造血过程起到一定作用，能促进铁的代谢，是多种酶的组成成分，能够影响生物体的免疫功能、激素代谢等，对骨骼、血管、发肤、心脏健康及大脑的发育都有重要影响。婴幼儿缺乏铜会阻碍和抑制骨组织的发育，导致智力和骨骼发育落后，生长发育停滞[1]。

三、分析方法

铜的检索中文数据库包括知网、万方和维普，英文数据库包括Pubmed、Web of Science、Embase和Cochrane Library，具体检索策略见表8.5.1、表8.5.2，检索流程图见图8.5.1。

表8.5.1　中文数据库及检索式

数据库	检索式	篇数
知网	（篇关摘=铜）AND（篇关摘=母乳 OR 人乳）—模糊匹配	21040
万方	（主题=铜）AND（主题=母乳 OR 人乳）—模糊匹配	16127
维普	（提名或关键词=铜）AND（提名或关键词=母乳 OR 人乳）—模糊匹配	450

表8.5.2　英文数据库及检索式

数据库	检索式	篇数
PubMed	breastfed OR breastfeed OR breastfeeding OR ‘breast fed’ OR ‘breast feed’ OR ‘breast feeding’ and ‘copper’ ‘breast milk’ OR ‘breast* milk’ OR ‘human* milk’ OR ‘mother* milk’ OR ‘woman* milk’ OR ‘women* milk’ OR ((lactating OR lactation) AND milk) and ‘copper’	1102

续表

数据库	检索式	篇数
Embase	copper: ab, ti AND ‘human milk’: ab, ti OR ‘breast milk’: ab, ti OR ‘mother milk’: ab, ti OR ‘woman milk’: ab, ti OR ((lactating:ab, ti OR lactation: ab, ti) AND milk: ab, ti)	73355
	copper: ab, ti AND breastfed: ab, ti OR breastfeed: ab, ti OR breastfeeding: ab, ti OR ‘breast fed’ : ab, ti OR ‘breast feed’ : ab, ti OR ‘breast feeding’ : ab, ti	
Web of Science	(TS=(copper) OR TI=(copper))AND (TS=(‘breast milk’ OR’ breast *milk’ OR ‘human*milk’ OR ‘mother* milk’ OR ‘woman* milk’ OR ‘women* milk’ OR ((lactating OR lactation) AND milk))) OR (TI=(‘breast milk’ OR’ breast *milk’ OR ‘human*milk’ OR ‘mother* milk’ OR ‘woman* milk’ OR ‘women* milk’ OR ((lactating OR lactation) AND milk)))	17191
	(TS=(copper) OR TI=(copper)) AND (TS=(breastfed OR breastfeed OR breastfeeding OR ‘breast fed’ OR ‘breast feed’ OR ‘breast feeding’)OR TI=(breastfed OR breastfeed OR ‘breast fed’ OR ‘breast feed’ OR ‘breast feeding’))	
Cochrane Library	‘copper’ and ‘breast milk’ OR ‘breast* milk’ OR ‘human* milk’ OR ‘mother* milk’ OR ‘woman* milk’ OR ‘women* milk’ OR ((lactating OR lactation) AND milk)	55
	‘copper’ in Title Abstract Keyword AND breastfed OR breastfeed OR breastfeeding OR ‘breast fed’ OR ‘breast feed’ OR ‘breast feeding’ in Title Abstract Keyword - (Word variations have been searched)	72

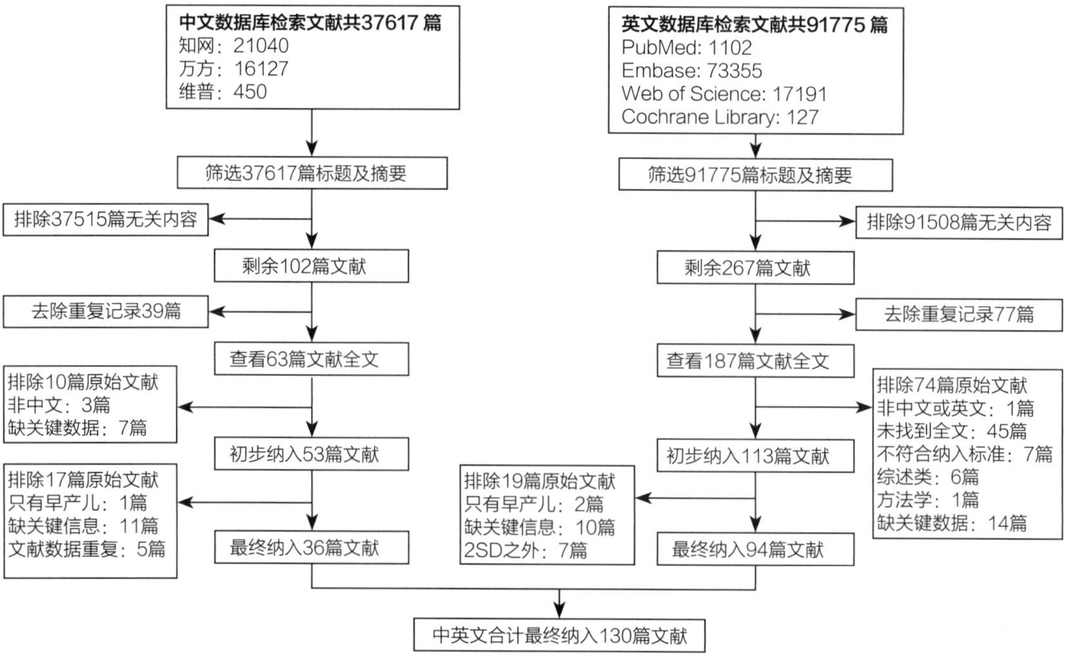

图8.5.1　铜含量文献检索流程图

四、健康母亲足月儿不同泌乳阶段母乳

共纳入中外母乳铜营养素含量研究130项，其中，36项为国内研究，94项为国外研究。不同泌乳阶段母乳的研究数量不同，其中，中国纳入研究的数量分别为初乳19项（包括3550份母乳），过渡乳6项（包括334份母乳），成熟乳8项（包括1286份母乳），成熟乳（180天以内）20项（包括3654份母乳），成熟乳（180天以外）2项（包括123份母乳）；国外纳入研究的数量分别为初乳36项（包括2069份母乳），过渡乳26项（包括3514份母乳），成熟乳23项（包括2127份母乳），成熟乳（180天以内）52项（包括14884份母乳），成熟乳（180天以外）15项（包括996份母乳）。

总体来看，中国初乳中铜含量合并均值（0.60mg/L）高于过渡乳（0.53mg/L）和成熟乳（0.25～0.37mg/L）[2-37]；国外过渡乳中铜含量合并均值（0.92mg/L）高于初乳（0.50mg/L）和成熟乳（0.26～0.61mg/L）[38-131]。中国初乳中铜含量合并均值（0.60mg/L）高于国外（0.50mg/L），过渡乳中铜含量中国（0.53mg/L）低于国外（0.92mg/L）。具体见表8.5.3。

表8.5.3　不同泌乳期母乳的铜含量

泌乳阶段	中国样本				国外样本			
	n	k	平均值/（mg/L）	标准差/（mg/L）	n	k	平均值/（mg/L）	标准差/（mg/L）
初乳	19	3550	0.60	0.29	36	2069	0.50	0.32
过渡乳	6	334	0.53	0.18	26	3514	0.92	0.37
成熟乳	8	1286	0.37	0.15	23	2127	0.31	0.18
成熟乳（180天以内）	20	3654	0.33	0.22	52	14884	0.61	0.31
成熟乳（180天之后）	2	123	0.25	0.12	15	996	0.26	0.21

注：n：研究的数目（若2篇文献是同一研究，计数为1）；k：样本量。

五、健康母亲足月儿母乳不同检测方法

按照不同检测方法分析，中外母乳中铜含量的检测较常采用的是原子吸收分光光度法，ICP法（包括ICP-MS和ICP-OES）。原子吸收分光光度法为测量母乳中铜含量的经典方法，亦是国标方法；而ICP-MS和ICP-OES是近年来发展起来的较为快速的检测方法。

在成熟乳中，总体来看，中国母乳铜含量合并均值在原子吸收分光光度法中显著高于ICP（0.39mg/L与0.26mg/L）（$P<0.05$）。国外母乳铜含量合并均值在原子吸收分光光度法中显著低于ICP（0.24mg/L与0.35mg/L）（$P<0.05$）。

在原子吸收分光光度法亚组中，母乳铜含量合并均值中国母乳高于国外母乳（0.39mg/L与0.24mg/L）（$P<0.05$）。在ICP亚组中，母乳铜含量合并均值中国母乳低于国外母乳（0.26mg/L与0.35mg/L）（$P<0.05$）。具体见表8.5.4。

表8.5.4　健康母亲足月儿母乳不同检测方法中铜含量对比

泌乳阶段	方法	中国样本				国外样本			
		n	k	平均值/（mg/L）	标准差/（mg/L）	n	k	平均值/（mg/L）	标准差/（mg/L）
成熟乳	原子吸收分光光度法	7	1129	0.39	0.15	13	852	0.24	0.17
	ICP	1	157	0.26	0.10	9	1191	0.35	0.18
成熟乳（180天内）	原子吸收分光光度法	15	3277	0.36	0.19	37	11775	0.68	0.30
	ICP	4	350	0.34	0.14	13	3040	0.32	0.18
成熟乳（180天后）	原子吸收分光光度法	1	108	0.25	0.11	12	698	0.25	0.22
	ICP	1	15	0.29	0.19	3	298	0.27	0.16

注：n：研究的数目（若2篇文献是同一研究，计数为1）；k：样本量。

（编写：叶文慧，刘彪）

参考文献

[1] 向思佳，刘扬中. 微量元素铜与人体生理功能和疾病［J］. 大学化学，2022，37（3）：1-7.

[2] 王亚玲，赵军英，乔为仓，等. 电感耦合等离子质谱法测定母乳中10种矿物元素［J］. 食品科学，2021，42（14）：165-169.

[3] 刘爱萍，张罡，赵翠生. 兰州市哺乳期妇女初乳与产后三个月乳汁中几种元素比较分析［J］. 甘肃科技，2014，30（4）：124-125.

[4] 刘建. 石家庄市乳母的乳成分动态变化与婴儿生长发育的影响因素研究［D］. 河北：河北医科大学，2013.

[5] 张丹，吴美琴，颜崇淮，等. 母乳中重金属等微量元素状况分析［J］. 中国妇幼保健，2011，26（17）：2652-2655.

[6] 张丹. 中国8城市母乳中重金属元素和微量元素状况及影响因素调查［D］. 上海：上海交通大学，2009.

[7] 张丹，陈桂霞，徐健，等. 母乳中微量元素间及与母血中微量元素的相关性研究［J］. 中国儿童保健杂志，2010，18（3）：199-201.

[8] 张洁，李艳红，刘晓军，等. 保定市母乳中微量元素及有毒元素含量的研究［J］. 河北医科大学学报，2010，31（11）：1326-1328.

[9] 李鸣. 早产儿铜及其他营养影响因素研究［D］. 四川大学，2006.
[10] 陈宇辉，陈晓宇，赵玉荣，等. 孕产妇初乳及外周血矿物质含量及相关性分析［J］. 公共卫生与预防医学，2021，32（2）：85-88.
[11] 傅雯萍. 初乳中免疫物质及微量元素的测量研究［D］. 山西：山西医科大学，1999.
[12] 廖宇龙，陈荣华. 母乳锌、铜含量的研究［J］. 实用儿科临床杂志，1994（3）：146-147.
[13] 李小毛，牛刚，于毅力，等. 产妇血清与初乳中的锌铜含量测定［J］. 新医学，1998（S1）：84-85.
[14] 贺知敏，孙大泽，杨华，等. 健康乳母初乳中锌、铜、铁、钙的含量分析（附103例报告）［J］. 现代妇产科进展，1995（1）：36-37.
[15] 叶伟民，张传建. 母乳微量元素含量的调查［J］. 上海医学检验杂志，1992（4）：249.
[16] 戴定威，唐泽媛. 早产儿和足月儿母乳及牛乳铜、铁、锌含量测定［J］. 微量元素，1992（1）：25-28.
[17] 梁玉华，周雁鸣. 母乳，牛乳及强化乳中铜，铁，锌，钙的测定及分析［J］. 天津医学院学报，1994，018（3）：67-69.
[18] 王爱婷，丁守生，许秀苓，等. 人乳的微量元素研究［J］. 微量元素与健康研究，1994，（3）：38-39，35.
[19] 田玉慧，杨立俭，高锦荣，等. 母乳中微量元素的动态研究及其与婴儿生长发育的关系［J］. 新乡医学院学报，1992（4）：291-294，354.
[20] 田玉慧，杨立俭，高锦荣，等. 城乡居民母乳中微量元素与婴儿生长发育［J］. 新乡医学院学报，1993（4）：284-287.
[21] 许凤娣，叶伟民. 正常足月产妇初乳及成熟乳中微量元素的含量［J］. 第二军医大学学报，1994（2）：194-196.
[22] 廖端平，管惠英，王桂珍，等. 母乳和牛奶中铜、铁、锌、锰、铬含量的比较［J］. 营养学报，1986（4）：360-365.
[23] 戴定威，唐泽媛. 早产儿和足月儿母乳及牛乳铜铁锌含量测定［J］. 华西医科大学学报，1991（4）：428-431.
[24] 杨雅莉. 单纯母乳喂养乳汁成分含量与产妇体重指数的相关性研究［J］. 心理医生，2015（1）：2-3，4.
[25] 林凯，张慧敏，姜杰，等. 母乳中多种重金属元素的原子吸收光谱法测定［J］. 实用预防医学，2015，22（2）：133-136.
[26] 钱继红，吴圣楣，张伟利，等. 上海地区母乳成分调查［J］. 上海医学，2002（7）：396-398.
[27] 朱红，阎春生. 初乳中必需营养元素含量与新生儿相关因素的分析［J］. 长治医学院学报，2001（4）：253-254.
[28] 殷泰安，刘冬生，李丽祥，等. 北京市城乡乳母的营养状况、乳成分、乳量及婴儿生长发育关系的研究 V.母乳中维生素及无机元素的含量［J］. 营养学报，1989（3）：233-239.
[29] 刘强，薛慧，关坤，等. 母乳锌、铜、铁、钙、镁测定及意义［J］. 中华妇幼临床医学杂志，2008，4（6）：537-539.
[30] 侯艳梅，于珊，郑晓霞，等. 济南市240例乳母乳汁成分分析［J］. 中国妇幼保健，2008，23（2）：241-243.

[31] 刘爱萍. 353例母乳微量元素检测结果分析［J］. 中国优生优育，2013，19（9）：727-729.

[32] 王文玲，王燕侠，吴岐珍，等. 产妇血、乳汁与婴儿血微量元素水平及相关性分析［J］. 中国医师杂志，2015，17（7）：984-986.

[33] 胡娅莉，罗月娥，戴鲁琴，等. 不同哺乳期母乳铁锌铜钙镁含量分析［J］. 中国实用妇科与产科杂志，1998，14（5）：303-304.

[34] 邓波，张慧敏，颜春荣，等. 深圳市母乳中矿物质含量及重金属负荷水平研究［J］. 卫生研究，2009，38（3）：293-295.

[35] 陈红慧，江蕙芸，杨万清，等. 广西三江县侗族、南宁市汉族乳母膳食与乳汁中营养素含量调查分析［J］. 广西医科大学学报，2007，24（4）：644-647.

[36] 霍建勋，杨翠英，刘素英. 不同泌乳期母乳中铜铁锌含量变化及与乳母血浆微量元素含量的关系［J］. 卫生研究，1991，20（2）：41-43.

[37] 黄志. 269例乳母膳食营养状况及乳汁中矿物质含量的研究［D］. 湖南：中南大学，2014.

[38] MENDELSON RA, ANDERSON GH, BRYAN MH. Zinc, copper and iron content of milk from mothers of preterm and full-term infants [J]. Early Human Development, 1982, 6 (2): 145-151.

[39] MORAN JR, VAUGHAN R, STROOP S, et al. Concentrations and total daily output of micronutrients in breast milk of mothers delivering preterm: a longitudinal study [J]. Journal of pediatric gastroenterology and nutrition, 1983, 2 (4): 629-634.

[40] OHTAKE M, TAMURA T. Changes in zinc and copper concentrations in breast milk and blood of Japanese women during lactation [J]. Journal of nutritional science and vitaminology, 1993, 39 (2): 189-200.

[41] RAJALAKSHMI K, SRIKANTIA SG. Copper, zinc, and magnesium content of breast milk of Indian women [J]. The American Journal of Clinical Nutrition, 1980, 33 (3): 664-669.

[42] SHARDA B, BHANDARI B, BHANDARI LM. Copper, zinc, magnesium and cadmium levels of breast milk of Indian women [J]. Transactions of the Royal Society of Tropical Medicine and Hygiene, 1983, 77 (2): 201-203.

[43] SILVESTRE MD, LAGARDA MJ, FARRÉ R, et al. A study of factors that may influence the determination of copper, iron, and zinc in human milk during sampling and in sample individuals [J]. Biological Trace Element Research, 2000, 76 (3): 217-227.

[44] WEI M, DENG Z, LIU B, et al. Investigation of amino acids and minerals in Chinese breast milk [J]. Journal of the Science of Food and Agriculture, 2020, 100 (10): 3920-3931.

[45] FRIEL JK, ANDREWS WL, JACKSON SE, et al. Elemental composition of human milk from mothers of premature and full-term infants during the first 3 months of lactation [J]. Biological trace element research, 1999, 67 (3): 225-247.

[46] LEOTSINIDIS M, ALEXOPOULOS A, KOSTOPOULOU-FARRI E. Toxic and essential trace elements in human milk from Greek lactating women: association with dietary habits and other factors [J]. Chemosphere, 2005, 61 (2): 238-247.

[47] LI C, SOLOMONS NW, SCOTT ME, et al. Minerals and trace elements in human breast milk are associated with Guatemalan infant anthropometric outcomes within the first 6 months [J]. The Journal of nutrition, 2016, 146 (10): 2067-2074.

[48] LI C, SOLOMONS NW, SCOTT ME, et al. Subclinical mastitis (SCM) and proinflammatory cytokines are associated with mineral and trace element concentrations in human breast milk [J]. Journal of Trace Elements in Medicine and Biology, 2018, 46: 55-61.

[49] PERRONE L, DI PALMA L, DI TORO R, et al. Interaction of trace elements in a longitudinal study of human milk from full-term and preterm mothers [J]. Biological Trace Element Research, 1994, 41 (3): 321-330.

[50] SILVESTRE D, MARTÌNEZ-COSTA C, LAGARDA MJ, et al. Copper, iron, and zinc contents in human milk during the first three months of lactation: a longitudinal study [J]. Biological trace element research, 2001 (1), 80: 1-11.

[51] USTUNDAG B, YILMAZ E, DOGAN Y, et al. Levels of cytokines (IL-1beta, IL-2, IL-6, IL-8, TNF-alpha) and trace elements (Zn, Cu) in breast milk from mothers of preterm and term infants [J]. Mediators Inflamm, 2005, 2005 (6): 331-336.

[52] YALCIN SS, YALCIN S, GUCUS AI. Zinc and Copper concentrations in breast milk during the first nine months of lactation: a longitudinal study [J]. 2015, 135 (Supplement_1): S13-S14.

[53] YAMAWAKI N, YAMADA M, KAN-NO T, et al. Macronutrient, mineral and trace element composition of breast milk from Japanese women [J]. Journal of trace elements in Medicine and Biology, 2005, 19（2-3): 171-181.

[54] ZAVALETA N, LANATA C, BUTRON B, et al. Effect of acute maternal infection on quantity and composition of breast milk [J]. The American journal of clinical nutrition, 1995, 62 (3): 559-563.

[55] DÖRNER K, DZIADZKA S, HÖHN A, et al. Longitudinal manganese and copper balances in young infants and preterm infants fed on breast-milk and adapted cow's milkformulas [J]. British Journal of Nutrition, 1989, 61 (3): 559-572.

[56] LÖNNERDAL B, ZAVALETA N, KUSUNOKI L, et al. Effect of postpartum maternal infection on proteins and trace elements in colostrum and early milk [J]. Acta Paediatrica, 1996, 85 (5): 537-542.

[57] NARANG APS, BAINS HS, KANSAL S, et al. Comparative study of trace elements of human milk in preterm and term mothers [J]. Trace Elements & Electrolytes, 2006, 23 (2).

[58] ROBBERECHT H, BENEMARIYA H, DEELSTRA H. Daily dietary intake of copper, zinc, and selenium of exclusively breast-fed infants of middle-class women in Burundi, Africa [J]. Biological trace element research, 1995, 499 (2-3): 151-159.

[59] SUAREZ-VILLA M, CARRERO C, GRANADILLO V, et al. Niveles de cobre y zinc en diferentes etapas de la leche materna y la influencia del estado nutricional de madres lactantes [J]. Revista chilena de nutrición, 2019, 46 (5): 511-517.

[60] WASOWICZ W, GROMADZINSKA J, SZRAM K, et al. Selenium, zinc, and copper concentrations in the blood and milk of lactating women [J]. Biological trace element research, 2001, 79 (3): 221-233.

[61] *DEMPSTER WS, POCOCK FH, KIRSTEN G,* et al. Measurement of zinc and copper levels in breast milk [J]. South African Medical Journal, 1981, 59 (22): 785-787.

[62] ĐUROVIĆ D, MILISAVLJEVIC B, NEDOVIC-VUKOVIC M, et al. Determination of microelements in

human milk and infant formula without digestion by ICP-OES [J]. Acta Chimica Slovenica, 2017, 64 (2): 276-282.

[63] HONDA R, TAWARA K, NISHIJO M, et al. Cadmium exposure and trace elements in human breast milk [J]. Toxicology, 2003, 186 (3): 255-259.

[64] KIRSTEN GF, HEESE H, WATERMEYER S, et al. Zinc and copper levels in the breast-milk of Cape Town mothers [J]. South African Medical Journal, 1985, 68 (6): 402-405.

[65] LI C, SOLOMONS NW, SCOTT ME, et al. Anthropometry before day 46 and growth velocity before 6 months of Guatemalan breastfed infants are associated with subclinical mastitis and milk cytokines, minerals, and trace elements [J]. The Journal of Nutrition, 2019, 149 (9): 1651-1659.

[66] SALMENPERÄ L, PERHEENTUPA J, PAKARINEN P, et al. Cu nutrition in infants during prolonged exclusive breast-feeding: low intake but rising serum concentrations of Cu and ceruloplasmin [J]. The American journal of clinical nutrition, 1986, 43 (2): 251-257.

[67] TURAN S, SAYGI Ş, KILIÇ Z, et al. Determination of heavy metal contents in human colostrum samples by electrothermal atomic absorption spectrophotometry [J]. Journal of Tropical Pediatrics, 2001, 47 (2): 81-85.

[68] ARNAUD J, PRUAL A, PREZIOSI P, et al. Effect of iron supplementation during pregnancy on trace element (Cu, Se, Zn) concentrations in serum and breast milk from Nigerien women [J]. Annals of nutrition and metabolism, 1993, 37 (5): 262-271.

[69] BENEMARIYA H, ROBBERECHT H, DEELSTRA H. Copper, zinc and selenium concentrations in milk from middle-class women in Burundi (Africa) throughout the first 10 months of lactation [J]. Science of the total environment, 1995, 164 (2): 161-174.

[70] CHIERICI R, SACCOMANDI D, VIGI V. Dietary supplements for the lactating mother: influence on the trace element content of milk [J]. Acta Paediatrica, 1999, 88 (430): 7-13.

[71] SAMUEL TM, DE CASTRO CA, DUBASCOUX S, et al. Subclinical mastitis in a European multicenter cohort: Prevalence, impact on human milk (HM) composition, and association with infant HM intake and growth [J]. Nutrients, 2019, 12 (1): 105.

[72] WU MQ, WU DQ, YANG Y, et al. Impact of delivery mode on the levels of essential trace elements in breast milk [J]. The Journal of Maternal-Fetal & Neonatal Medicine, 2020, 33 (19): 3293-3299.

[73] FRANSSON G, GEBRE - MEDHIN M, HAMBRAEUS L. The human milk contents of iron, copper, zinc, calcium and magnesium in a population with a habitually high intake of iron [J]. Acta Paediatrica, 1984, 73 (4): 471-476.

[74] MBOFUNG CMF, ATINMO T. Relationship between breast milk content and intake of zinc, copper and iron of Nigerian women [J]. Ecology of food and nutrition, 1986, 18 (2): 91-98.

[75] OHTAKE M, CHIBA RYO, MOCHIZUKI K, et al. Zinc and copper concentrations in human milk and in serum from exclusively-breast-fed infants during the first 3 months of life [J]. The Tohoku Journal of Experimental Medicine, 1981, 135 (4): 335-343.

[76] MURTHY GK, RHEA US. Cadmium, copper, iron, lead, manganese, and zinc in evaporated milk, infant products, and human milk [J]. Journal of Dairy Science, 1971, 54 (7): 1001-1005.

[77] ANDERSON RR. Comparison of trace elements in milk of four species [J]. Journal of Dairy Science, 1992, 75 (11): 3050-3055.

[78] FRANSSON GB, LÖNNERDAL B. Zinc, copper, calcium, and magnesium in human milk [J]. The Journal of Pediatrics, 1982, 101 (4): 504-508.

[79] KLEIN L D, BREAKEY AA, SCELZA B, et al. Concentrations of trace elements in human milk: Comparisons among women in Argentina, Namibia, Poland, and the United States [J]. PloS one, 2017, 12 (8): e0183367.

[80] LÖNNERDAL B, HOFFMAN B, HURLEY LS. Zinc and copper binding proteins in human milk [J]. The American Journal of Clinical Nutrition, 1982, 36 (6): 1170-1176.

[81] MARU M, BIRHANU T, TESSEMA DA. Calcium, magnesium, iron, zinc and copper, compositions of human milk from populations with cereal and 'enset' based diets [J]. Ethiopian journal of health sciences, 2013, 23 (2): 90-97.

[82] WINIARSKA-MIECZAN A. Cadmium, lead, copper and zinc in breast milk in Poland [J]. Biological trace element research, 2014, 157 (1): 36-44.

[83] CAMPILLO N, VIÑAS P, LOPEZ-GARC1A I, et al. Direct determination of copper and zinc in cow milk, human milk and infant formula samples using electrothermal atomization atomic absorption spectrometry [J]. Talanta, 1998, 46 (4): 615-622.

[84] GÓES HCA, TORRES AG, DONANGELO CM, et al. Nutrient composition of banked human milk in Brazil and influence of processing on zinc distribution in milk fractions [J]. Nutrition, 2002, 18 (7-8): 590-594.

[85] KIM H, JUNG BM, LEE BN, et al. Retinol, α-tocopherol, and selected minerals in breast milk of lactating women with full-term infants in Korea [J]. Nutrition research and practice, 2017, 11 (1): 64-69.

[86] KOSANOVIC M, ADEM A, JOKANOVIC M, et al. Simultaneous determination of cadmium, mercury, lead, arsenic, copper, and zinc in human breast milk by ICP - MS/microwave digestion [J]. Analytical letters, 2008, 41 (3): 406-416.

[87] SHORES JT, VANDERJAGT D J, MILLSON M, et al. Correlation between the content of intermediate chain-length fatty acids and copper in the milk of Fulani women [J]. Prostaglandins, Leukotrienes and Essential Fatty Acids (PLEFA), 2000, 63 (4): 203-207.

[88] SILVA PRM, DOREA JG, BOAVENTURA GR. Multielement determination in small samples of human milk by inductively coupled plasma atomic emission spectrometry [J]. Biological trace element research, 1997, 59 (1-3): 57-62.

[89] SILVESTRE MD, LAGARDA MJ, FARRÉ R, et al. Copper, iron and zinc determinations in human milk using FAAS with microwave digestion [J]. Food Chemistry, 2000, 68 (1): 95-99.

[90] TRATNIK JS, FALNOGA I, MAZEJ D, et al. Results of the first national human biomonitoring in Slovenia: Trace elements in men and lactating women, predictors of exposure and reference values [J]. International journal of hygiene and environmental health, 2019, 222 (3): 563-582.

[91] PEIXOTO RRA, CODO CRB, SANCHES VL, et al. Trace mineral composition of human breast milk from Brazilian mothers [J]. Journal of Trace Elements in Medicine and Biology, 2019, 54: 199-205.

[92] BIEGO GH, JOYEUX M, HARTEMANN P, et al. Determination of mineral contents in different kinds of milk and estimation of dietary intake in infants [J]. Food Additives & Contaminants, 1998, 15 (7): 775-781.

[93] DUMRONGWONGSIRI O, CHONGVIRIYAPHAN N, CHATVUTINUN S, et al. Dietary intake and milk micronutrient levels in lactating women with full and partial breastfeeding [J]. Maternal and Child Health Journal, 2021, 25 (6): 991-997.

[94] FRANSSON GB, LÖNNERDAL BO. Distribution of trace elements and minerals in human and cow's milk [J]. Pediatric research, 1983, 17 (11): 912-915.

[95] MOHD-TAUFEK N, CARTWRIGHT D, DAVIES M, et al. The effect of pasteurization on trace elements in donor breast milk [J]. Journal of Perinatology, 2016, 36 (10): 897-900.

[96] ATINMO T, OMOLOLU A. Trace element content of breastmilk from mothers of preterm infants in Nigeria [J]. Early Human Development, 1982, 6 (3): 309-313.

[97] CASEY CE, HAMBIDGE KM, NEVILLE MC. Studies in human lactation: zinc, copper, manganese and chromium in human milk in the first month of lactation [J]. The American journal of clinical nutrition, 1985, 41 (6): 1193-2000.

[98] CASEY CE, NEVILLE MC, HAMBIDGE KM. Studies in human lactation: secretion of zinc, copper, and manganese in human milk [J]. The American journal of clinical nutrition, 1989, 49 (5): 773-785.

[99] CHOI YK, KIM JM, LEE JE, et al. Association of maternal diet with zinc, copper, and iron concentrations in transitional human milk produced by Korean Mothers [J]. Clinical nutrition research, 2016, 5 (1): 15-25.

[100] FEELEY RM, EITENMILLER RR, JONES JB,et al. Copper, iron, and zinc contents of human milk at early stages of lactation [J]. The American journal of clinical nutrition, 1983, 37 (3): 443-448.

[101] HANNAN MOHAMMAD A, DOGADKIN NN, ASHUR IBRAHIM A, et al. Copper, selenium, and zinc concentrations in human milk during the first three weeks of lactation [J]. Biological trace element research, 2005, 107 (1): 11-20.

[102] HIBBERD CM, BROOKE OG, CARTER ND, et al. Variation in the composition of breast milk during the first 5 weeks of lactation: implications for the feeding of preterm infants [J]. Archives of disease in childhood, 1982, 57 (9): 658-662.

[103] HIGASHI A, IKEDA T, UEHARA I, et al. Zinc and copper contents in breast milk of Japanese women [J]. The Tohoku journal of experimental medicine, 1982, 137 (1): 41-47.

[104] BUTTE NF, GARZA C, SMITH EO, et al. Macro-and trace-mineral intakes of exclusively breast-fed infants [J]. The American journal of clinical nutrition, 1987, 45 (1): 42-48.

[105] DOMELLÖF M, LÖNNERDAL B, DEWEY KG, et al. Iron, zinc, and copper concentrations in breast milk are independent of maternal mineral status [J]. The American journal of clinical nutrition, 2004, 79 (1): 111-115.

[106] KHAGHANI S, EZZATPANAH H, MAZHARI N, et al. Zinc and copper concentrations in human milk and infant formulas [J]. Iranian Journal of Pediatrics, 2010, 20 (1): 53-57.

[107] SHARDA B, ADHIKARI R, AJMERA M, et al. Zinc and copper in preterm neonates: Relationship

with breast milk [J]. The Indian Journal of Pediatrics, 1999, 66 (5): 685-695.

[108] QIAN J, CHEN T, LU W, et al. Breast milk macro - and micronutrient composition in lactating mothers from suburban and urban Shanghai [J]. Journal of paediatrics and child health, 2010, 46 (3): 115-120.

[109] MORAN JR, VAUGHAN R, STROOP S, et al. Concentrations and total daily output of micronutrients in breast milk of mothers delivering preterm: a longitudinal study [J]. Journal of pediatric gastroenterology and nutrition, 1983, 2 (4): 629-634.

[110] PICCIANO MF, GUTHRIE HA. Copper, iron, and zinc contents of mature human milk [J]. The American journal of clinical nutrition, 1976, 29 (3): 242-254.

[111] VAUGHAN LA, WEBER CW, KEMBERLING SR. Longitudinal changes in the mineral content of human milk [J]. The American journal of clinical nutrition, 1979, 32 (11): 2301-2306.

[112] VAN DER ELST CW, DEMPSTER WS, WOODS DL, et al. Serum zinc and copper in thin mothers, their breast milk and their infants [J]. Journal of tropical pediatrics, 1986, 32 (3): 111-114.

[113] VUORI E, MÄKINEN SM, KARA R, et al. The effects of the dietary intakes of copper, iron, manganese, and zinc on the trace element content of human milk [J]. The American Journal of Clinical Nutrition, 1980, 33 (2): 227-231.

[114] DA COSTA RS, DO CARMO MG, SAUNDERS C, et al. Characterization of iron, copper and zinc levels in the colostrum of mothers of term and pre-term infants before and after pasteurization [J]. International journal of food sciences and nutrition, 2003, 54 (2): 111-117.

[115] KANTOLA M, VARTIAINEN T. Changes in selenium, zinc, copper and cadmium contents in human milk during the time when selenium has been supplemented to fertilizers in Finland [J]. Journal of Trace Elements in Medicine and Biology, 2001, 15 (1): 11-17.

[116] OKOLO SN, ONWUANAKU C, OKONJI M, et al. Concentration of eight trace minerals in milk and sera of mother-infant pairs in northern Nigeria [J]. Journal of Tropical Pediatrics, 2000, 46 (3): 160-162.

[117] SIMMER D, AHMED S, CARLSSON L, et al. Breast milk zinc and copper concentrations in Bangladesh [J]. British journal of nutrition, 1990, 63 (1): 91-96.

[118] RODRÍGUEZ RODRÍGUEZ EM, SANZ ALAEJOS M, DÍAZ ROMERO C. Concentrations of iron, copper and zinc in human milk and powdered infant formula [J]. International journal of food sciences and nutrition, 2000, 51 (5): 373-380.

[119] KıLıÇ ALTUN S, DINÇ H, TEMAMOĞULLARı FK, et al. Analyses of essential elements and heavy metals by using ICP-MS in maternal breast milk from Şanlıurfa, Turkey [J]. International Journal of Analytical Chemistry, 2018, 2018: 1784073.

[120] JAVAD MT, VAHIDINIA A, SAMIEE F, et al. Analysis of aluminum, minerals and trace elements in the milk samples from lactating mothers in Hamadan, Iran [J]. Journal of Trace Elements in Medicine and Biology, 2018, 50: 8-15.

[121] MAHDAVI R, NIKNIAZ L, GAYEMMAGAMI SJ. Association between zinc, copper, and iron concentrations in breast milk and growth of healthy infants in Tabriz, Iran [J]. Biological trace element research, 2010, 135 (1-3): 174-181.

[122] PEREIRA KB, DE AZEREDO VB, DA SILEIRA CB, et al. Composition of breast milk of lactating adolescents in function of time of lactation [J]. Nutrición Hospitalaria, 2013, 28 (6): 1971-1976.

[123] DHONUKSHE-RUTTEN RA, VOSSENAAR M, WEST CE, et al. Day-to-day variations in iron, zinc and copper in breast milk of Guatemalan mothers [J]. Journal of pediatric gastroenterology and nutrition, 2005, 40 (2): 128-134.

[124] EL - FARRASH RA, ISMAIL EA, NADA AS. Cord blood iron profile and breast milk micronutrients in maternal iron deficiency anemia [J]. Pediatric Blood & Cancer, 2012, 58 (2): 233-238.

[125] ELMASTAS M, CAN M, UZUN S, et al. Determinations of copper, zinc, cadmium, and nickel in cows', goats', ewes', and human milk samples using flame atomic absorption spectrometry (FAAS) microwave digestion [J]. Analytical letters, 2005, 38 (1): 157-165.

[126] MELLO-NETO J, RONDÓ PH, OSHIIWA M, et al. Iron supplementation in pregnancy and breastfeeding and iron, copper and zinc status of lactating women from a human milk bank [J]. Journal of tropical pediatrics, 2013, 59 (2): 140-144.

[127] NIKNIAZ L, MAHDAVI R, GARGARI BP, et al. Maternal body mass index, dietary intake and socioeconomic status: differential effects on breast milk zinc, copper and iron content [J]. Health promotion perspectives, 2012, 1 (2): 140-146.

[128] SABATIER M, GARCIA-RODENAS CL, DE CASTRO CA, et al. Longitudinal changes of mineral concentrations in preterm and term human milk from lactating Swiss women [J]. Nutrients, 2019, 11 (8): 1855.

[129] NAKAMORI M, NINH NX, ISOMURA H, et al. Nutritional status of lactating mothers and their breast milk concentration of iron, zinc and copper in rural Vietnam [J]. Journal of nutritional science and vitaminology, 2009, 55 (4): 338-345.

[130] ÖRÜN E, YALÇIN SS, AYKUT O, Et al. Zinc and copper concentrations in breastmilk at the second month of lactation [J]. Indian pediatrics, 2012, 49 (2): 133-135.

[131] AL-AWADI FM, SRIKUMAR TS. Trace-element status in milk and plasma of Kuwaiti and non-Kuwaiti lactating mothers [J]. Nutrition, 2000, 16 (11-12): 1069-1073.

第6节　氟

一、背景

氟，具有潜在毒性，但在低剂量时对人体可能是必需的微量元素。氟广泛存在于水、土壤和动植物体内。体内氟过量可能会引起氟中毒，不仅影响骨骼和牙齿，还会影响中枢神经、内分泌和生殖等多个系统。所以全面、及时了解母乳中氟含量有着重要意义[1]。

二、生理功能

适量摄入氟可以增强骨与牙齿结构稳定性，保护骨与牙齿的健康。

三、分析方法

氟的检索中文数据库包括知网、万方和维普，英文数据库包括Pubmed、Web of Science、Embase和Cochrane Library，具体检索策略见表8.6.1、表8.6.2，检索流程图见图8.6.1。

表8.6.1　中文数据库及检索式

数据库	检索式	篇数
知网	（主题=氟）AND（主题=母乳 OR 人乳）—精确匹配	1457
万方	主题：（氟）AND 主题：（母乳）OR主题：（人乳）—模糊匹配	12273
维普	（主题=氟）AND（主题=母乳 OR 人乳）—模糊匹配	441

表8.6.2　英文数据库及检索式

数据库	检索式	篇数
PubMed	‘breast milk’ OR ‘breast* milk’ OR ‘human* milk’ OR ‘mother* milk’ OR ‘woman* milk’ OR ‘women* milk’ OR ((lactating OR lactation) AND milk) AND ‘fluorine’ breastfed OR breastfeed OR breastfeeding OR ‘breast fed’ OR ‘breast feed’ OR ‘breast feeding’ AND “fluorine” human milk OR breast milk OR breastfed OR breastfeed OR breastfeeding AND fluorine	271

续表

数据库	检索式	篇数
Embase	‘breast milk’ OR ‘breast* milk’ OR ‘human* milk’ OR ‘mother* milk’ OR ‘woman* milk’ OR ‘women* milk’ OR ((lactating OR lactation) AND milk) AND ‘fluorine’ breastfed OR breastfeed OR breastfeeding OR ‘breast fed’ OR ‘breast feed’ OR ‘breast feeding’ AND ‘fluorine’	73235
Web of Science	‘breast milk’ OR ‘breast* milk’ OR ‘human* milk’ OR ‘mother* milk’ OR ‘woman* milk’ OR ‘women* milk’ OR ((lactating OR lactation) AND milk) AND ‘fluorine’ breastfed OR breastfeed OR breastfeeding OR ‘breast fed’ OR ‘breast feed’ OR ‘breast feeding’ AND ‘fluorine’	15760
Cochrane Library	‘fluorine’ AND breast milk’ OR ‘breast* milk’ OR ‘human* milk’ OR ‘mother* milk’ OR ‘woman* milk’ OR ‘women* milk’ OR ((lactating OR lactation) AND milk) breastfed OR breastfeed OR breastfeeding OR ‘breast fed’ OR ‘breast feed’ OR ‘breast feeding’ AND ‘fluorine’	0

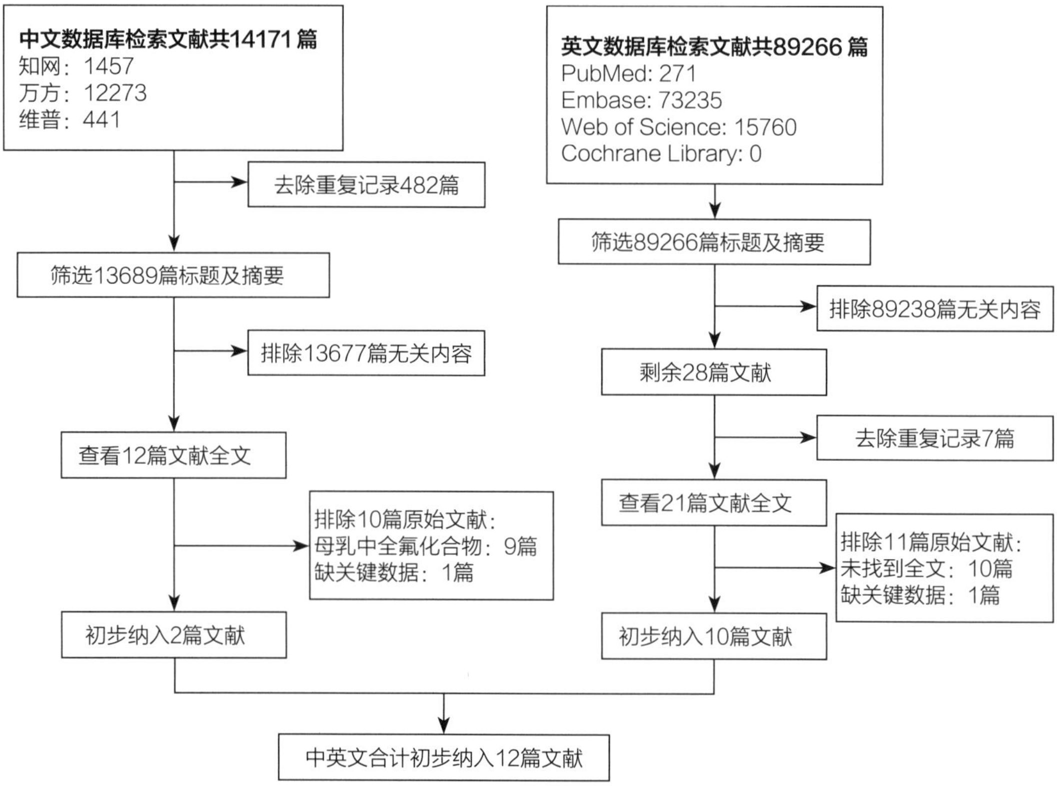

图8.6.1 氟含量文献检索流程图

四、健康母亲足月儿不同泌乳阶段母乳

共纳入中外母乳氟含量研究12项，其中，2项为国内研究、12项为国外研究。不同时段母乳的研究数量不同。其中，国内纳入的2项研究均为成熟乳（包括68份母乳）；国外纳入研究的数量分别为初乳6项（包括416份母乳），过渡乳1项（包括2份母乳），成熟乳5项（包括145份母乳），成熟乳（180天以内）20项（包括3654份母乳）。

总体来看，国外初乳中氟含量合并均值0.042mg/L [2-4]高于过渡乳0.0044mg/L [5]和成熟乳0.011mg/L [5-7]。成熟乳中氟含量中国0.008mg/L [1]低于国外0.011mg/L [5-7]。具体见表8.6.3。

表8.6.3　中国母乳样本与国外母乳样本不同泌乳期氟含量对比

泌乳阶段	中国样本[1, 8]				国外样本[2-4, 6, 7, 9-12]			
	n	k	平均值/（mg/L）	标准差/（mg/L）	n	k	平均值/（mg/L）	标准差/（mg/L）
初乳	—	—	—	—	6	416	0.042	0.086
过渡乳	—	—	—	—	1	2	0.004	0.002
成熟乳	1	33	0.008	0.003	5	145	0.011	0.016
成熟乳（180天以内）	1	26	0.064	0.018	2	256	0.408	0.130
成熟乳（180天之后）	1	9	0.035	0.004	—	—	—	—

注：n：研究的数目（若2篇文献是同一研究，计数为1）；k：样本量。

五、健康母亲足月儿母乳不同检测方法

按照不同检测方法分析，中外母乳中氟含量的检测较常采用的是电极法。采用电极法检测成熟乳，总体来看，中国母乳氟含量合并均值高于国外母乳（0.008mg/L[8]与0.006mg/L[2-7]），具体见表8.6.4。

表8.6.4　中外不同检测方法下成熟乳氟含量合并均值差异比较

泌乳阶段	方法	中国样本[1, 8]				国外样本[2-4, 6, 7, 9-12]			
		n	k	平均值/（mg/L）	标准差/（mg/L）	n	k	平均值/（mg/L）	标准差/（mg/L）
成熟乳	电极法	1	33	0.008	0.003	3	63	0.006	0.008
	微扩散法	—	—	—	—	2	82	0.015	0.019

续表

泌乳阶段	方法	中国样本[1, 8]				国外样本[2-4, 6, 7, 9-12]			
		n	k	平均值/（mg/L）	标准差/（mg/L）	n	k	平均值/（mg/L）	标准差/（mg/L）
成熟乳（180天以内）	电极法	1	26	0.064	0.018	—	—	—	—
	ICP-MS	—	—	—	—	1	8	0.013	0.002
	比色法	—	—	—	—	1	248	0.421	0.110
成熟乳（180天之后）	电极法	1	9	0.035	0.004	—	—	—	—

注：n：研究的数目（若2篇文献是同一研究，计数为1）；k：样本量。

（编写：叶文慧，祁璇婧）

参考文献

[1] 谢华国，李吉学，朱忠和，等．母乳氟随哺乳时间变化的初步研究［J］．南京军医学院学报，1994，（2）：102-103.

[2] KOPARAL E, ERTUGRUL F, OZTEKIN K. Fluoride levels in breast milk and infant foods [J]. Journal of Clinical Pediatric Dentistry, 2000, 24 (4): 299-302.

[3] ŞENER Y, TOSUN G, KAHVECIOĞLU F, et al. Fluoride levels of human plasma and breast milk [J]. European journal of dentistry, 2007, 1 (01): 021-024.

[4] DIRKS B, JONGELING-EIJNDHOVEN J, FLISSEBAALJE TD, et al. Total and free ionic fluoride in human and cow's milk as determined by gas-liquid chromatography and the fluoride electrode [J]. Caries research, 1974, 8 (2): 181-186.

[5] ESALA S, VUORI E, NIINISTÖ L. Bestimmung von Nanogramm-Mengen Fluor in Muttermilch mittels Veraschungsdiffusionsmethode und fluoridsensitiver Elektrode [J]. Microchimica Acta, 1983, 79 (1): 155-165.

[6] FARAJI H, MOHAMMADI AA, AKBARI-ADERGANI B, et al. Correlation between fluoride in drinking Water and its levels in breast milk in Golestan Province, Northern Iran [J]. Iranian Journal of Public Health, 2014, 43 (12): 1664.

[7] ESALA S, VUORI E, HELLE A. Effect of maternal fluorine intake on breast milk fluorine content [J]. British journal of nutrition, 1982, 48 (2): 201-204.

[8] 周长江，施晨英，任令飞．母乳氟含量与其婴儿尿氟含量关系的探讨［J］．中国卫生检验杂志，2000，10（5）：598-599.

[9] CHUCKPAIWONG S, NAKORNCHAI S, SURARIT R, et al. Fluoride analysis of human milk in remote area of Thailand [J]. Southeast Asian journal of tropical medicine and public health, 2000, 31 (3): 583-586.

[10] AQUILIO E, SPAGNOLI R, SERI S, et al. Trace element content in human milk during lactation of preterm newborns [J]. Biological trace element research, 1996, 51 (1): 63-70.

[11] SPAK CJ, HARDELL LI, DE CHATEAU P. Fluoride in human milk [J]. Acta Paediatrica, 1983, 72 (5): 699-701.

[12] BERCOVICI B, GEDALIA I, BRZEZINSKI A. Fluorine in human milk: Its relation to urinary fluorine levels [J]. Obstetrics & Gynecology, 1960, 16 (3): 319-321.

第7节　铬

一、背景

铬元素（化学式Cr）广泛存在于自然界中，在水、土壤和生物体内均能发现铬元素的踪影。铬元素的原子质量为51.9961Da，多以三价铬Cr（Ⅲ）和六价铬Cr（Ⅵ）的形式存在。Cr（Ⅲ）最初被认为是人体必需的微量元素，是蛋白质、脂质和碳水化合物代谢过程中必需的营养物质，与人体健康密切相关。但是EFSA和部分研究指出，目前没有明确证据显示三价铬是人体必需营养素，且过量的三价铬会对人体健康造成不利影响[1, 2, 3]。而Cr（Ⅵ）则多应用于油漆、钢铁制造和皮革等行业。有研究表明，Cr（Ⅵ）与疾病密切相关[4, 5]。Cr（Ⅲ）在人体健康和组织器官功能调控中起着重要作用，成年人体内大约有1.8mg铬，广泛分布于人体各个组织器官，其中肝脏、肾脏、心脏、脾、肺和大脑中含量较高[6, 7]。

母乳中铬的含量受多种因素影响，如泌乳期、是否早产、环境因素等，本研究对3个中文数据库和4个英文数据库进行了系统检索及分析，为提出我国母乳中铬元素的参考值提供数据支持。

二、生理功能

Cr（Ⅲ）可以激活胰岛素，调节糖代谢，从而降低血糖浓度。Cr（Ⅲ）通过与胰岛素B链第21位谷氨酸结合，增强胰岛素信号传导，从而提高胰岛素敏感性，减轻胰岛素抵抗[8]。Cr（Ⅲ）可以改善体内糖利用情况，一方面可以促进糖在机体内的利用，另一方面可以加快体内糖转化为糖元或脂肪，在糖代谢中起到重要作用[6]。临床研究结果表明，在低出生体重婴儿出生1周内补充铬可以改善葡萄糖耐受和能量供给情况[9]。

Cr（Ⅲ）在脂肪代谢中也发挥着重要作用。Cr（Ⅲ）是脂蛋白磷脂酶和卵磷脂-胆固醇酰基转移酶的必需金属元素，可以调节体内高密度脂蛋白的合成，降低血中胆固醇和甘油三酯含量[10, 11]。流行病学调查结果显示，饮用水中铬含量与人群心血管病死亡率成负相关。在给冠心病患者补充铬后，患者的糖与脂肪代谢情况均得到改善，血液中胆固醇含量降低[6]。

铬可与体内焦磷酸盐、核蛋白、甲硫氨酸、丝氨酸结合，从而参与体内蛋白质代谢。铬也参与体内糖代谢，调节机体糖耐受情况，影响氨基酸如甘氨酸、丝氨酸、甲硫氨酸等进入心肌的速度与数量，从而促进发育[6, 11]。

三、分析方法

本研究围绕母乳铬元素含量进行文献检索，共查阅958篇文献。中文文献和英文文献检索时间范围截至2021年5月前公开发表的文献，中文文献检索策略见表8.7.1，英文文献检索策略见表8.7.2。

文献排除及纳入标准如下，文献筛选流程见图8.7.1。

1. 排除标准

母亲患有乳腺炎、妊娠期糖尿病等疾病；母亲接受特殊膳食干预；研究中泌乳阶段未说明；研究中重要数据不全；综述、生态学研究和病例报告、会议论文相关文章。

2. 纳入标准

发表文章为中文或者英文，含学位论文；母亲：年龄18～45岁，健康；婴幼儿：年龄0～48月龄，健康；干预研究和观察性研究（横断面研究、病例对照研究、队列研究）。

表8.7.1　中文文献检索策略

数据库	检索式	篇数
知网	（篇关摘=母乳）OR（篇关摘=人乳）OR（篇关摘=泌乳）AND（篇关摘=铬）—模糊匹配	98
万方	（主题=母乳）OR（主题=人乳）OR（主题=泌乳）AND（主题=铬）—模糊匹配	43
维普	（题目名或关键词=母乳）OR（题目名或关键词=母乳）OR（题目名或关键词=母乳）AND（题目名或关键词=铬）—模糊匹配	46

表8.7.2　英文文献检索策略

数据库	检索式	篇数
PubMed	(((breastfed[Title/Abstract]) OR (breastfeed[Title/Abstract])) OR (breastfeeding[Title/Abstract])) AND (((((((chromium[Title/Abstract]) OR (breast* milk[Title/Abstract])) OR (human*milk[Title/Abstract])) OR (mother* milk[Title/Abstract])) OR (woman* milk[Title/Abstract])) OR (women* milk[Title/Abstract])))	149
Embase	(‘breast milk’ : ab, ti OR ‘breast* milk’ : ab, ti OR ‘human* milk’ : ab, ti OR ‘mother* milk’ : ab, ti OR ‘woman* milk’ : ab, ti OR ‘women* milk’ : ab, ti) AND (chromium:ab, ti)	105
Web of Science	TS=(chromium) AND TS=(‘breast milk’ OR ‘breast *milk’ OR ‘human* milk’ OR ‘mother* milk’ OR ‘woman* milk’ OR ‘women* milk’ OR lactating milk)	509
Cochrane Library	((chromium): ti, ab, kw) AND ((breast milk)：ti, ab, kw OR (breast *milk): ti, ab, kw OR (human* milk): ti, ab, kw OR (mother* milk): ti, ab, kw OR (women* milk): ti, ab, kw)	8

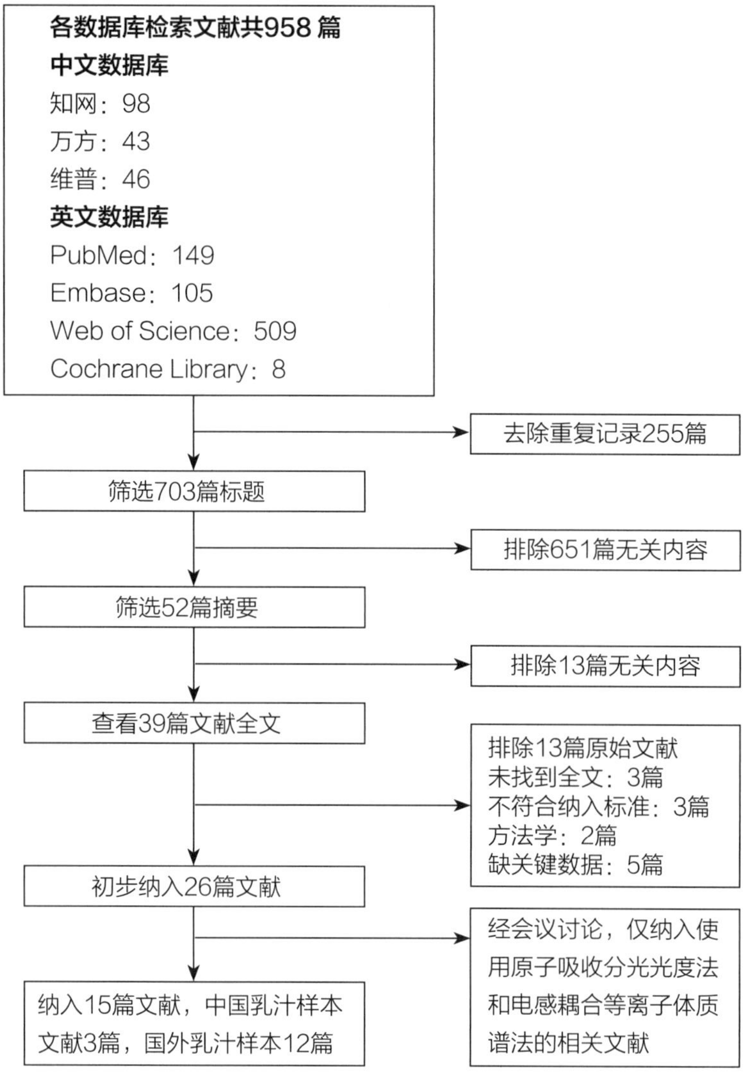

图8.7.1 铬含量文献检索流程图

四、健康母亲足月儿初乳

涉及初乳铬含量的有4篇国外研究，分析了美国、西班牙、比利时和意大利四个地区的母乳样本，整合后数值为（0.89 ± 0.67）μg/L。然而中国母乳初乳中铬含量情况目前尚无文献报道，可在未来研究中开展相关检测。

五、健康母亲足月儿过渡乳

涉及过渡乳铬含量的有3篇国外研究，检测了美国、比利时、意大利和日本4个地区的母乳样本，整合后数值为（0.93 ± 0.42）μg /L。与初乳中铬含量情况相似，中国过渡乳中铬含量情况目前尚无文献报道，可在未来研究中开展相关检测。

六、健康母亲足月儿成熟乳

涉及成熟乳铬含量的有3篇国内研究和3篇国外研究，整合后数值分别为（2.27 ± 2.65）μg/L和（5.85 ± 7.71）μg/L。母乳中铬含量随泌乳期逐渐升高（表8.7.3），且中国母乳中铬含量显著低于国外母乳。

在分析检测方法方面，可使用原子吸收分光光度法、气相质谱联用法、电感耦合等离子体质谱法（ICP-MS）、电感耦合等离子体原子发射光谱法，结合国内外推荐的方法和研究现况，选定原子吸收分光光度法和ICP-MS。

表8.7.3　中国母乳样本与国外母乳样本不同泌乳期Cr含量对比

	中国样本				国外样本			
	n	k	平均值/（μg/L）	标准差/（μg/L）	n	k	平均值/（μg/L）	标准差/（μg/L）
初乳	0	0	NA	NA	4	114	0.89	0.67
过渡乳	0	0	NA	NA	3	118	0.93	0.42
成熟乳	3	103	2.27	2.65	3	64	5.85	7.71

注：n：研究的数目（若2篇文献是同一研究，计数为1）；k：样本量。

七、特殊状况母乳

早产儿母亲初乳铬含量有1篇国外研究，数值为（1.3 ± 0.2）μg/L。早产儿母亲过渡乳铬含量有1篇国外研究，数值为（1.1 ± 0.1）μg/L。早产儿母亲成熟乳铬含量有1篇国内研究和1篇国外研究，数值分别为（8.11 ± 3.23）μg/L和（1.2 ± 0.2）μg/L（表8.7.4）。

表8.7.4　特殊状况母乳不同泌乳期Cr含量对比

泌乳阶段	特殊母亲	中国样本				国外样本			
		研究数目	样本量	平均值/（μg/L）	标准差/（μg/L）	研究数目	样本量	平均值/（μg/L）	标准差/（μg/L）
初乳	早产母亲	NA	NA	NA	NA	1	6	1.3	0.2
过渡乳	早产母亲	NA	NA	NA	NA	1	6	1.1	0.1
成熟乳	早产母亲	1	20	8.11	3.23	1	6	1.2	0.2

注：n：研究的数目（若2篇文献是同一研究，计数为1）；k：样本量；NA：无有效值。

八、服用膳食补充剂母亲母乳

未查到服用膳食补充剂母亲母乳中铬含量的相关报道。

九、影响因素

影响母乳铬含量的因素很多，如泌乳期、环境因素等。Kumpulainen[12]研究了8 ~ 18天、47 ~ 54天和128 ~ 159天母乳中铬元素含量的变化情况。结果显示，虽然不同泌乳期母乳中铬含量存在差异，但未发现泌乳期与铬含量之间的关系。类似的结果也在Casey[13]等人的研究得到印证。Cinar[14]等人研究了环境因素对母乳中重金属元素含量的影响，结果显示，环境因素会影响母乳中铬含量。在受环境污染小的农村地区，母乳中铬含量较低；而在工业化程度较高的地区，母乳中铜和锌的含量则更高。Anderson[15]等人研究了母乳中铬含量与膳食摄入量的关联，表明母亲铬摄入量与母乳中铬含量没有相关性。此外，Aquilio[16]研究了足月儿和早产儿母乳中金属元素含量，结果显示足月儿和早产儿母乳中铬含量并无明显差异，但早产儿体内铬储存量可能不足，导致早产儿容易出现糖代谢方面的问题，需在喂养和护理时特别注意。

（编写：闫雅璐，段素芳，司徒文佑）

参考文献

[1] European Food Safety Authority. Scientific opinion on dietary reference values for chromium [J]. EFSA Journal, 2014, 12 (7): 4185-4185.

[2] DI BONA KR, LOVE S, RHODES NR, et al. Chromium is not an essential trace element for mammals: effects of a "low-chromium" diet [J]. Journal of Biological Inorganic Chemistry, 2011, 16 (3): 381-390.

[3] EASTMOND DA, MACGREGOR JT, SLESINSKI RS. Trivalent chromium: assessing the genotoxic risk of an essential trace element and widely used human and animal nutritional supplement [J]. Critical Reviews in Toxicology, 2008, 38 (3): 173-190.

[4] MEHRI A. Trace elements in human nutrition (II) - an update [J]. International Journal of Preventive Medicine, 2020, 11: 2.

[5] CANNAS D, LOI E, SERRA M, et al. Relevance of essential trace elements in nutrition and drinking water for human health and autoimmune disease Risk [J]. Nutrients, 2020, 12 (7): 2074.

[6] 吴茂江．铬与人体健康［J］．微量元素与健康研究，2014，31（4）：2.

[7] MARET W. Chromium Supplementation in Human Health, Metabolic Syndrome, and Diabetes [M]. Metal Ions in Life Sciences, 2019, 19: 232-248.

[8] KANDADI MR, UNNIKRISHNAN MK, WARRIER AK, et al. Chromium (D-Phenylalanine) 3 alleviates

high fat-induced insulin resistance and lipid abnormalities [J]. Journal of Inorganic Biochemistry, 2011, 105 (1): 58-62.

[9] CAPONE K, SRIRAM S, PATON T, et al. Effects of chromium on glucose tolerance in infants receiving parenteral nutrition therapy [J]. Nutrition in Clinical Practice, 2018, 33 (3): 426-432.

[10] SHARMA S, AGRAWAL RP, CHOUDHARY M, et al. Beneficial effect of chromium supplementation on glucose, hba1c and lipid variables in individuals with newly onset type-2 diabetes [J]. Journal of Trace Elements in Medicine and Biology, 2011, 25 (3): 149-53.

[11] 朱予津，胡雅君，杨淑敏，等. 铬元素对糖脂代谢的影响［J］. 医学与哲学，2014，35（9）：53-55.

[12] KUMPULAINEN J, VUORI E, MÄKINEN S, et al. Dietary chromium intake of lactating finnish mothers: effect on the cr content of their breast milk [J]. British Journal of Nutrition, 1980, 44 (3): 257-263.

[13] CASEY CE, HAMBIDGE KM, NEVILLE MC. Studies in human lactation: zinc, copper, manganese and chromium in human milk in the first month of lactation [J]. The American Journal of Clinical Nutrition, 1985, 41 (6): 1193-1200.

[14] [CINAR N, OZDEMIR S, YUCEL O, et al. In which regions is breast-feeding safer from the impact of toxic elements from the environment? [J]. Bosnian Journal of Basic Medical Sciences, 2011，11（4）: 234-239.

[15] ANDERSON RA, BRYDEN NA, PATTERSON KY, et al. Breast milk chromium and its association with chromium intake, chromium excretion, and serum chromium [J]. The American Journal of Clinical Nutrition, 1993, 57 (4): 519-523.

[16] AQUILIO E, SPAGNOLI R, SERI S, et al. Trace element content in human milk during lactation of preterm newborns [J]. Biological Trace Element Research, 1996, 51 (1): 63-70.

第8节 锰

一、背景

锰元素是人体必需金属元素之一，在维持人体健康中有着重要作用。锰元素的原子质量为54.94Da，其价态从-3到+7，共11种，生物体内多以Mn^{2}+、Mn^{3}+的形式存在[1]。锰存在于矿石、氧化物、盐酸盐和硅酸盐中，经过空气、土壤、饮水和膳食等方式进入人体。人体中锰多存在于骨骼、肝脏、肾脏、胰腺、肾上腺和脑垂体中，其中骨骼、胰腺、肾皮质中分别为1mg/kg、1.04mg/kg、0.98mg/kg[2]。锰参与多种生物酶的合成及活性调控，如氧化还原酶、水解酶、异构酶和连接酶等[3]。锰在葡萄糖和脂质代谢、蛋白质合成、B族维生素和维生素C的合成中均发挥着重要作用[3]。此外，锰可以维持免疫功能并调控体内对活性氧的防御[4]。锰缺乏会影响人体生长发育、新陈代谢和骨骼健康等，然而摄入过量锰可能引起说话含糊不清、口吃、神经元萎缩，甚至诱发帕金森症等不良反应[5]。

母乳中锰含量受多种因素影响，如泌乳期、环境因素等，本研究对3个中文数据库和4个英文数据库进行了系统检索及分析，为提出我国母乳中锰元素的参考值提供数据支持。

二、生理功能

锰是体内多种酶必需的金属元素，这类酶可统称为“锰元素依赖酶”，其中包括精氨酸酶、胍丁胺酶、谷氨酰胺合成酶和锰超氧化物歧化酶（MnSOD）等。线粒体是产生活性氧的主要场所，当ROS积累时，会影响糖皮质激素的表达，进而影响碳水化合物、脂质和蛋白质的合成与代谢。MnSOD与锰共同作用，调节氧化还原状态和ROS生成，保护细胞免受氧化应激[3, 4]。

锰在碳水化合物和脂质代谢过程中起着重要作用，通过调节胰岛素和合成与分泌来调节体内糖脂代谢。Eshak[6]等在一项临床研究中调查了膳食中锰摄入量与2型糖尿病之间的关联。结果显示，锰摄入量与女性2型糖尿病患病风险成负相关。中国研究人员发现，锰摄入量与男性腹部肥胖和甘油三酯偏高成负相关，与男性和女性的低HDL-C成正相关[7]。

此外，锰是神经大脑和认知功能的发育不可或缺的营养素。锰作为谷氨酰胺合成酶的辅助因子，调节脑内谷氨酸代谢成谷氨酰胺的过程[4]。临床和动物模型研究通过磁共振成像技术，发现锰在脑中，尤其是在神经节、海马体和垂体中积累，与神经毒性风险成正相关[8]。

此外，锰能改善机体对铜元素的利用并刺激产生红细胞生成素，从而促进机体造血功能。锰在骨代谢和生殖能力方面也发挥着一定作用[9]。

三、分析方法

本研究围绕母乳锰含量进行文献检索，共查阅文献1367篇。中文文献和英文文献检索时间范围截至2021年5月前公开发表的文献，中文文献检索策略见表8.8.1，英文文献检索策略见表8.8.2。

文献排除及纳入标准如下，文献筛选流程见图8.8.1。

1. 排除标准

母亲患有乳腺炎、妊娠期糖尿病等疾病；母亲接受特殊膳食干预；研究中泌乳阶段未说明；研究中重要数据不全；综述、生态学研究和病例报告、会议论文相关文章。

2. 纳入标准

发表文章为中文或英文，含学位论文；母亲：年龄18～45岁，健康；婴幼儿：年龄0～48月龄，健康；干预研究和观察性研究（横断面研究、病例对照研究、队列研究）。

表8.8.1 中文文献检索策略

数据库	检索式	篇数
知网	（篇关摘=母乳）OR（篇关摘=人乳）OR（篇关摘=泌乳）AND（篇关摘=锰）—模糊匹配	145
万方	（主题=母乳）OR（主题=人乳）OR（主题=泌乳）AND（主题=锰）—模糊匹配	48
维普	（题目名或关键词=母乳）OR（题目名或关键词=母乳）OR（题目名或关键词=母乳）AND（题目名或关键词=锰）—模糊匹配	79

表8.8.2 英文文献检索策略

数据库	检索式	篇数
PubMed	(((breastfed [Title/Abstract]) OR (breastfeed [Title/Abstract])) OR (breastfeeding [Title/Abstract])) AND ((((((((manganese [Title/Abstract]) OR (breast* milk [Title/Abstract])) OR (human*milk [Title/Abstract])) OR (mother* milk [Title/Abstract])) OR (woman* milk [Title/Abstract])) OR (women* milk [Title/Abstract])))	237
Embase	('breast milk' : ab, ti OR 'breast* milk' : ab, ti OR 'human* milk' : ab, ti OR 'mother* milk' : ab, ti OR 'woman* milk' : ab, ti OR 'women* milk' : ab, ti) AND (manganese:ab, ti)	178
Web of Science	TS=(manganese) AND TS=('breast milk' OR 'breast *milk' OR 'human* milk' OR 'mother* milk' OR 'woman* milk' OR 'women* milk' OR lactating milk)	668
Cochrane Library	((manganese): ti, ab, kw) AND ((breast milk): ti, ab, kw OR (breast *milk): ti, ab, kw OR (human* milk): ti, ab, kw OR (mother* milk): ti, ab, kw OR (women* milk): ti, ab, kw)	12

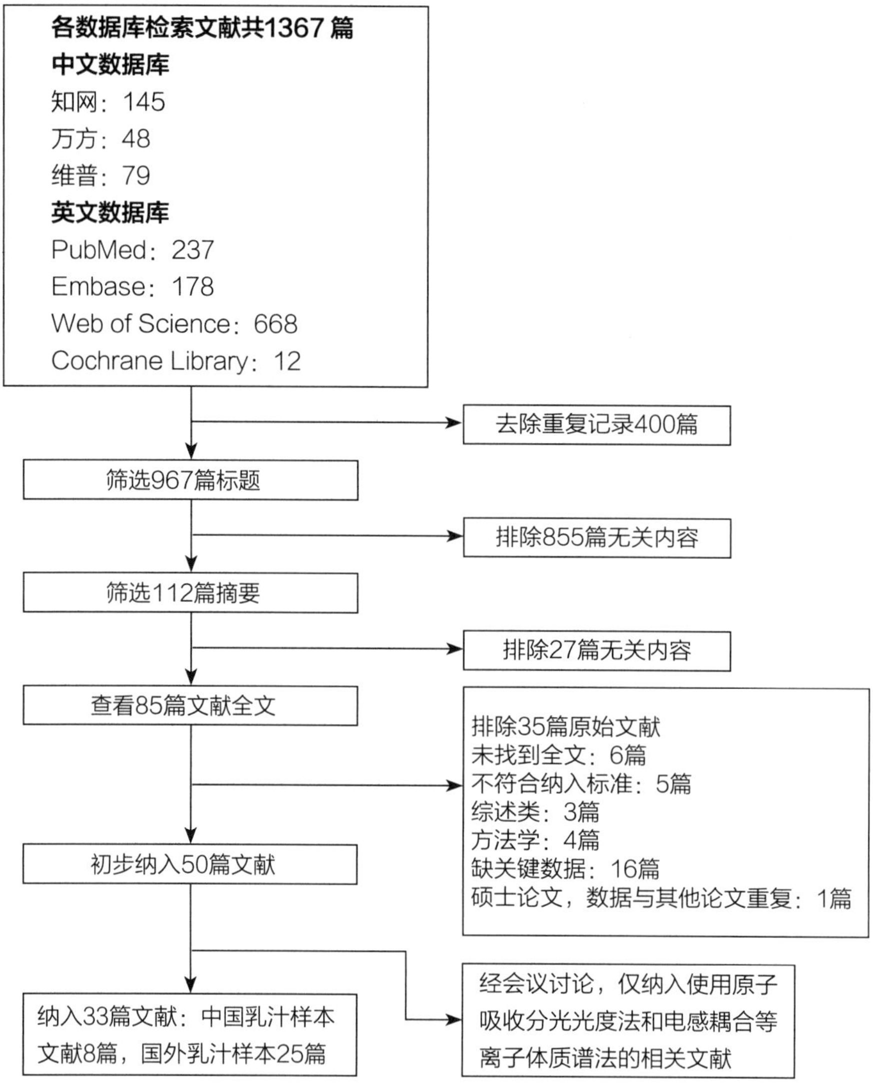

图8.8.1　锰含量文献检索流程图

四、健康母亲足月儿初乳

涉及初乳中锰含量的有7篇国内研究，分析了山东、黑龙江、上海、福建、广东、湖北、辽宁、陕西和云南等地区健康母亲初乳中锰的含量，整合后数值为（0.029 ± 0.031）mg/L。有4篇文献研究了国外母乳中锰含量，分析了意大利、希腊、美国和日本四个地区的母乳样本，整合后数值为（0.005 ± 0.0037）mg/L。

五、健康母亲足月儿过渡乳

涉及过渡乳中锰含量的有4篇国内研究，分析了山东、北京、武汉、上海和南昌等地区健康母亲过渡乳中锰的含量，整合后数值为（0.022 ± 0.013）mg/L。有4篇文献研究了国外母乳中锰含量，分析了意大利、希腊、美国和日本四个地区的母乳样本，整合后数值为（0.009 ± 0.032）mg/L。

六、健康母亲足月儿成熟乳

成熟乳锰含量有3篇国内研究和10篇国外研究，整合后数值分别为（0.017 ± 0.014）mg/L和（0.013 ± 0.011）mg/L（表8.8.3）。

在研究方法方面，有原子吸收分光光度法、火焰原子吸收分光光度法、电感耦合等离子体质谱法（ICP-MS）、电感耦合等离子体发射光谱法。结合国内外推荐的方法和研究现况，选定原子吸收分光光度法和ICP-MS。整合两种检测方法后，国内样本成熟乳中锰含量为（0.079 ± 0.14）mg/L，国外样本成熟乳的锰含量为（0.016 ± 0.0061）mg/L。

表8.8.3　中国母乳样本与国外母乳样本不同泌乳期锰含量对比

泌乳阶段	中国样本				国外样本			
	n	k	平均值/（mg/L）	标准差/（mg/L）	n	k	平均值/（mg/L）	标准差/（mg/L）
初乳	7	3478	0.029	0.031	4	295	0.0050	0.0037
过渡乳	4	346	0.022	0.013	4	206	0.009	0.032
所有成熟乳	3	572	0.017	0.014	10	751	0.013	0.011

注：n：研究的数目（若2篇文献是同一研究，计数为1）；k：样本量。

七、特殊状况母乳

早产儿母亲初乳锰含量有1篇国内研究和2篇国外研究，整理后数值分别为（0.3 ± 0.2）mg/L和（0.122 ± 0.036）mg/L。早产儿母亲过渡乳锰含量有1篇国外研究，数值为（0.116 ± 0.035）mg/L。早产儿母亲成熟乳锰含量有1篇国内研究和2篇国外研究，数值分别为（0.5 ± 0.3）mg/L和（0.118 ± 0.020）mg/L。

表8.8.4　特殊状况母乳不同泌乳期锰含量对比

泌乳阶段	特殊母亲	中国样本				国外样本			
		研究数目	样本量	平均值/（mg/L）	标准差/（mg/L）	研究数目	样本量	平均值/（mg/L）	标准差/（mg/L）
初乳	早产母亲	1	32	0.3	0.2	2	73	0.122	0.036
过渡乳	早产母亲	NA	NA	NA	NA	2	73	0.116	0.035
成熟乳	早产母亲	1	32	0.5	0.3	2	274	0.118	0.020

注：n：研究的数目（若2篇文献是同一研究，计数为1）；k：样本量；NA：无有效值。

八、服用膳食补充剂母亲母乳

未查到服用膳食补充剂母亲母乳中锰含量的相关报道。

九、影响因素

影响母乳锰含量的因素包括许多方面，如泌乳期、乳母膳食和环境因素等。王爱婷等[10]和米延[11]研究了足月儿和早产儿母乳中锰含量。结果显示，无论是足月儿还是早产儿，母乳中锰含量都随着泌乳期的进展而呈现上升趋势。张丹等[12]在保定和厦门两城市开展母乳中微量元素含量的研究，结果显示，锰元素在保定市母乳中含量较高，而其他元素如铅、锌、铜则在厦门市母乳中含量偏高，表明母乳中锰含量与环境是否有污染、妊娠期间是否使用口红、膳食中豆类和谷物类食品的添加有关。Wu[13]分析了不同分娩方式对母乳中微量元素的影响，结果显示，母乳中锰含量与分娩方式不具有相关性。此外，Al-Awadi and Srikumar[14]总结了不同国家母乳中的锰含量。美国地区母乳中锰含量为0.66～1.23μg/L，低于德国、意大利和加拿大，可能因为不同地区不同的膳食习惯，导致母乳中锰含量存在差异。

（编写：闫雅璐，段素芳，司徒文佑）

参考文献

[1] ROTH JA. Homeostatic and toxic mechanisms regulating manganese uptake, retention, and elimination [J]. Biological Research, 2006, 39 (1): 45-57.

[2] O'NEAL SL, ZHENG W. Manganese toxicity upon overexposure: a decade in review [J]. Current Environmental Health Reports 2015, 2 (3): 315-328.

[3] LI L, YANG X. The essential element manganese, oxidative stress, and metabolic diseases: links and interactions [J]. Oxidative Medicine and Cellular Longevity, 2018, 2018: 7580707.

[4] HORNING KJ, CAITO SW, TIPPS KG, et al. Manganese is essential for neuronal health [J]. Annual Review of Nutrition, 2015, 35: 71-108.

[5] 李争显，李伟，Lei J，等. 常见金属元素对人体的作用及危害［J］. 中国材料进展，2020，39（12）：934-944.

[6] ESHAK ES, MURAKI I, IMANO H, et al. Manganese intake from foods and beverages is associated with a reduced risk of type 2 diabetes [J]. Maturitas, 2021, 143: 127-131.

[7] ZHOU B, SU X, SU D, et al. Dietary intake of manganese and the risk of the metabolic syndrome in a chinese population [J]. British Journal of Nutrition, 2016, 116 (5): 853-863.

[8] BALACHANDRAN RC, MUKHOPADHYAY S, MCBRIDE D, et al. Brain manganese and the balance

between essential roles and neurotoxicity [J]. Journal of Biological Chemistry, 2020, 295 (19): 6312-6329.

[9] MIRNAMNIHA M, FAROUGHI F, TAHMASBPOUR E, et al. An overview on role of some trace elements in human reproductive health, sperm function and fertilization process [J]. Reviews on Environmental Health, 2019, 34 (4): 339-348.

[10] 王爱婷，丁守生，许秀苓，等. 人乳的微量元素研究［J］. 微量元素与健康研究，1994，11（3）：38-39.

[11] 米延，张馨丹，哈尔滨地区早产儿母乳营养素含量的调查研究［J］. 中华新生儿科杂志，2007，22（6）：337-339.

[12] 张丹，陈桂霞，徐健，等. 母乳中微量元素间及与母血中微量元素的相关性研究［J］. 中国儿童保健杂志，2010，18（3）：199-201.

[13] WU MQ, WU DQ, YANG Y, et al. Impact of delivery mode on the levels of essential trace elements in breast milk [J]. The Journal of Maternal-Fetal & Neonatal Medicine, 2020, 33 (19): 3293-3299.

[14] AL-AWADI FM, SRIKUMAR TS. Trace-element status in milk and plasma of kuwaiti and non-kuwaiti lactating mothers [J]. Nutrition, 2000, 16 (11-12): 1069-1073.

第9节 钼

一、背景

钼元素是人体必需微量金属元素之一，在维持人体各项生命活动中有着重要作用。钼元素的原子质量为95.94Da，其价态从0到+6，以多种氧化形态存在。自然界中钼主要分布于水体、土壤、大气和植物中，主要以含钼矿形式存在。人体中钼含量较低，多集中在肾脏、肝脏和小肠中，血清中含量仅为0.6ng/mL[1]。钼是钼酶的重要组成部分，人体中钼酶主要有黄嘌呤脱氧/氧化酶、醛氧化酶、亚硫酸盐氧化酶、硝酸盐还原酶、亚硝酸盐还原酶等[1-3]。钼酶与含钼辅助因子共同作用，参与体内多种生物催化反应，从而调节体内糖、脂肪、蛋白质的代谢。此外，研究表明钼缺乏与某些疾病的发生相关，如龋齿、食管癌、鼻咽癌、肝癌和胃癌等[4]。增加钼的摄入后，可明显降低该地区龋齿的发生率；而钼丰富的地区，食管癌的发病率也相对较低。

母乳中钼含量受多种因素影响，如泌乳期、环境因素等。本研究对3个中文数据库和4个英文数据库进行了系统检索及分析，为提出我国母乳中钼元素的参考值提供数据支持。

二、生理功能

钼是体内钼酶必需的金属元素，钼酶如黄嘌呤氧化酶可将次黄嘌呤氧化为黄嘌呤，并进一步氧化成尿酸，钼可通过分解嘌呤来维持人体健康[5]。此外，钼可以通过调节硝酸盐还原酶的活性，降低体内硝酸盐的堆积；同时亚硝酸盐在亚硝酸盐还原酶催化下还原为蛋白合成原料NH_3，并合成抗菌蛋白，预防疾病[3, 4]。

钼在维护心血管健康方面也起着一定作用。有研究表明，钼可以改善动脉弹性，减少动脉硬化和冠心病等[4]。此外，流行病学研究指出，适量的钼摄入可能改善由钨元素导致的心血管疾病发病率[6]。

钼与人体免疫功能息息相关。对生活在克山病地区的儿童进行免疫功能筛查，钼丰富的地区有62%儿童免疫皮肤测试呈阳性，远高于钼贫瘠地区儿童的26%；且补充钼可以提高该人群的免疫皮肤测试阳性率，改善儿童免疫功能[4]。

此外，钼可能会干扰其他金属元素如铜、铁等的吸收代谢。钼过量会影响体内铁和铜的吸收利用，影响人体健康。

三、分析方法

本研究围绕母乳钼含量进行文献检索，共查阅490篇。中文文献和英文文献检索时间范围截至2021年5月前公开发表的文献，中文文献检索策略见表8.9.1，英文文献检索策略见表8.9.2。

文献排除及纳入标准如下，文献筛选流程见图8.9.1。

1. 排除标准

母亲患有乳腺炎、妊娠期糖尿病等疾病；母亲接受特殊膳食干预；研究中泌乳阶段未说明；研究中重要数据不全；综述、生态学研究和病例报告、会议论文相关文章。

2. 纳入标准

发表文章为中文或英文，含学位论文；母亲：年龄18～45岁，健康；婴幼儿：年龄0～48月龄，健康；干预研究和观察性研究（横断面研究、病例对照研究、队列研究）。

表8.9.1　中文文献检索策略

数据库	检索式	篇数
知网	（篇关摘=母乳）OR（篇关摘=人乳）OR（篇关摘=泌乳）AND（篇关摘=钼）—模糊匹配	42
万方	（主题=母乳）OR（主题=人乳）OR（主题=泌乳）AND（主题=钼）—模糊匹配	43
维普	（题目名或关键词=母乳）OR（题目名或关键词=母乳）OR（题目名或关键词=母乳）AND（题目名或关键词=钼）—模糊匹配	11

表8.9.2　英文文献检索策略

数据库	检索式	篇数
PubMed	(((breastfed[Title/Abstract]) OR (breastfeed[Title/Abstract])) OR (breastfeeding[Title/Abstract])) AND ((((((((Molybdenum[Title/Abstract]) OR (breast* milk[Title/Abstract])) OR (human*milk[Title/Abstract])) OR (mother* milk[Title/Abstract])) OR (woman* milk[Title/Abstract])) OR (women* milk[Title/Abstract])))	58
Embase	(‘breast milk’: ab, ti OR ‘breast* milk’: ab, ti OR ‘human* milk’: ab, ti OR ‘mother* milk’: ab, ti OR ‘woman* milk’: ab, ti OR ‘women* milk’: ab, ti) AND (Molybdenum:ab, ti)	47
Web of Science	TS=(molybdenum) AND TS=(‘breast milk’ OR ‘breast *milk’ OR ‘human* milk’ OR ‘mother* milk’ OR ‘woman* milk’ OR ‘women* milk’ OR lactating milk)	289
Cochrane Library	((molybdenum): ti, ab, kw) AND ((breast milk): ti, ab, kw OR (breast *milk): ti, ab, kw OR (human* milk): ti, ab, kw OR (mother* milk): ti, ab, kw OR (women* milk): ti, ab, kw)	0

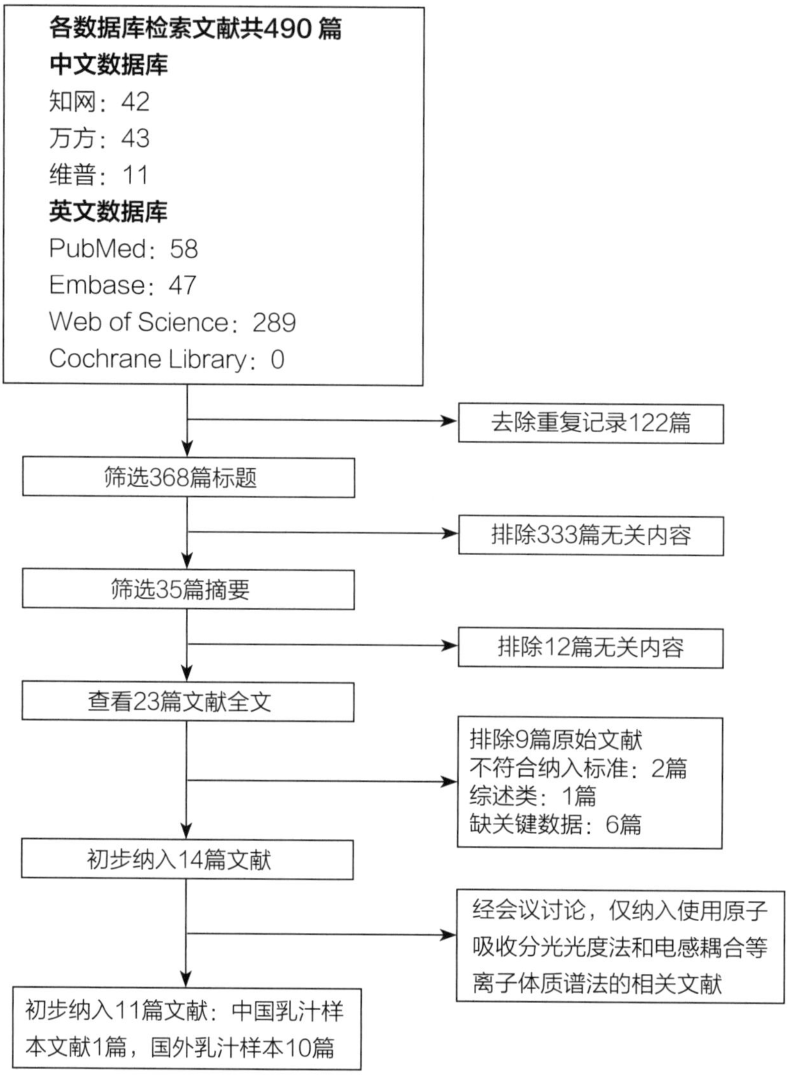

图8.9.1　钼含量文献检索流程图

四、健康母亲足月儿初乳

涉及初乳中钼含量的有3篇国外研究。分析了法国、美国和意大利3个地区健康母亲初乳中钼的含量，整合后数值为（9.17 ± 5.47）μg/L。中国母亲初乳中钼含量情况目前尚无文献报道，可在未来研究中开展相关检测。

五、健康母亲足月儿过渡乳

涉及过渡乳钼含量的有3篇国外研究，检测了美国、法国和意大利3个地区的母乳样本，整合后数值为（5.41 ± 2.69）μg/L。与初乳中钼含量情况相似，中国过渡乳中钼含量情况目前尚无文献报道，可在未来研究中开展相关检测。

六、健康母亲足月儿成熟乳

成熟乳钼含量有1篇国内研究和6篇国外研究，整合后数值分别为（5.44 ± 4.41）μg/L和（15.11 ± 6.53）μg/L。此外，中国母乳钼含量低于国外母乳钼含量（表8.9.3）。

在研究方法方面，有原子吸收分光光度法、电子热吸收光谱法、电感耦合等离子体质谱法（ICP-MS）。结合国内外推荐的方法和研究现况，选定原子吸收分光光度法和ICP-MS。整合两种分析方法结果显示，国内样本成熟乳中的钼含量为（5.44 ± 4.41）μg/L，国外样本成熟乳的钼含量为（2.01 ± 2.78）μg/L。

表8.9.3　中国母乳样本与国外母乳样本不同泌乳期钼含量对比

	中国样本				国外样本			
	n	k	平均值/（μg/L）	标准差/（μg/L）	n	k	平均值/（μg/L）	标准差/（μg/L）
初乳	NA	NA	NA	NA	3	95	9.17	5.47
过渡乳	NA	NA	NA	NA	3	86	5.41	2.69
所有成熟乳	1	349	5.44	4.41	6	313	15.11	6.53

注：n：研究的数目（若2篇文献是同一研究，计数为1）；k：样本量；NA：无有效值。

七、特殊状况母乳

早产儿母亲初乳钼含量有2篇国外研究，整理后数值为（3.96 ± 3.12）μg/L。早产儿母亲过渡乳钼含量有2篇国外研究，整理后数值为（3.24 ± 3.25）μg/L。早产儿母亲成熟乳钼含量有2篇国外研究，整理后数值为（2.17 ± 1.90）μg/L。

表8.9.4　特殊状况母乳不同泌乳期钼含量对比

泌乳阶段	特殊母亲	中国样本				国外样本			
		研究数目	样本量	平均值/（μg/L）	标准差/（μg/L）	研究数目	样本量	平均值/（μg/L）	标准差/（μg/L）
初乳	早产母亲	NA	NA	NA	NA	2	17	3.96	3.12
过渡乳	早产母亲	NA	NA	NA	NA	2	17	3.24	3.25
成熟乳	早产母亲	NA	NA	NA	NA	2	30	2.17	1.90

注：n：研究的数目（若2篇文献是同一研究，计数为1）；k：样本量；NA：无有效值。

八、服用膳食补充剂母亲母乳

未查到服用膳食补充剂母亲母乳中钼含量的相关报道。

九、影响因素

影响母乳钼含量的因素很多，包括泌乳期、乳母膳食和环境因素等。Casey等[7]研究了母乳中钼在前30天泌乳期的变化。结果显示，母乳中钼的含量随着泌乳期的进展而逐步降低，初乳中钼含量最高，约为15ng/mL；成熟乳中钼含量不足5ng/mL。此外，Casey[7]还指出母乳中钼含量与乳母的膳食和环境密切相关。印度地区环境中钼含量高且膳食摄入量高达15ng/mL，因此印度母乳中钼含量为6～35ng/mL，远高于美国。然而，Wappelhorst[8]等人针对乳母钼摄入量与母乳浓度之间的关系进行研究，结果显示二者并无明显关联，未来可能需要进一步研究确认母乳中钼含量是否与泌乳期膳食摄入相关。此外，Aquilio[9]对比了早产儿与足月儿母乳中微量元素的含量，分析发现早产儿母乳中钼的含量低于足月儿母乳。因钼在婴儿生长发育中有着重要作用，所以在早产儿的喂养和护理中应予以重视。由于研究数目有限，未来需要进一步明确早产儿母乳与足月儿母乳钼等元素的差别和各自对不同元素的营养需求。

（编写：闫雅璐，段素芳，司徒文佑）

参考文献

[1] SCHWARZ G, BELAIDI AA. Molybdenum in Human Health And Disease [M]. Metal Ions in Life Sciences, 2013, 13: 415-450.

[2] 王佳炜，程楠，王训．微量元素钼的生理作用及其对机体功能的影响研究进展［J］．医学综述，2013，19（19）：3460-3463.

[3] 胡相红．人体必需的微量元素钼与人类健康［J］．化学世界，2002，43（3）：166-168.

[4] 韦友欢，黄秋婵．钼对人体健康的生理效应及其机制研究［J］．广西民族师范学院学报，2010，27（5）：10-12.

[5] MENDEL RR, BITTNER F. Cell biology of molybdenum [J]. Biofactors, 2009, 35 (5): 429-434.

[6] NIGRA AE, HOWARD BV, UMANS JG, et al. Urinary tungsten and incident cardiovascular disease in the strong heart study: an interaction with urinary molybdenum [J]. Environmental Research, 2018, 166: 444-451.

[7] CASEY CE, HAMBIDGE KM, NEVILLE MC. Studies in human lactation: zinc, copper, manganese and chromium in human milk in the first month of lactation [J]. The American Journal of Clinical Nutrition, 1985, 41 (6): 1193-2000.

[8] WAPPELHORST O, KÜHN I, HEIDENREICH H, et al. Transfer of selected elements from food into human milk [J]. Nutrition, 2002, 18 (4): 316-322.
[9] AQUILIO E, SPAGNOLI R, SERI S, et al. Trace element content in human milk during lactation of preterm newborns [J]. Biological Trace Element Research, 1996, 51 (1): 63-70.